新编大学物理实验

主　编　刘增良　贾晓东　杜　静
副主编　胡珑珑　贺长伟　王宝林

北京邮电大学出版社
www. buptpress. com

内 容 简 介

本教材是在山东建筑大学物理实验教学改革和实践的基础上，根据教育部颁发的《高等工业学校物理实验课程教学的基本要求》，结合21世纪人才培养目标，广泛吸取国内同类教科书的精华重新编写而成的。本次编写融进了近几年教学改革中新的成果，增加了反映时代特点的实验内容和方法。

全书共分5章，包括测量误差及数据处理、基本实验知识、基础物理实验、综合性物理实验及近代物理实验、设计性物理实验等内容，共46个实验。

本书可作为高等工科院校各专业的物理实验教学用书，也可作为有关实验教师和实验技术人员的参考资料。

图书在版编目(CIP)数据

新编大学物理实验 / 刘增良，贾晓东，杜静主编. -- 北京 ：北京邮电大学出版社，2016.7

ISBN 978-7-5635-4791-3

Ⅰ.①新… Ⅱ.①刘… ②贾… ③杜… Ⅲ.①物理学—实验—高等学校—教材 Ⅳ.①O4－33

中国版本图书馆CIP数据核字(2016)第135494号

书　　名：新编大学物理实验
著作责任者：刘增良　贾晓东　杜　静　主编
责 任 编 辑：王丹丹　刘　佳
出 版 发 行：北京邮电大学出版社
社　　址：北京市海淀区西土城路10号(邮编:100876)
发 行 部：电话：010-62282185　传真：010-62283578
E-mail：publish@bupt.edu.cn
经　　销：各地新华书店
印　　刷：北京通州皇家印刷厂
开　　本：787 mm×1 092 mm　1/16
印　　张：16.5
字　　数：406千字
印　　数：1—4 000册
版　　次：2016年7月第1版　2016年7月第1次印刷

ISBN 978-7-5635-4791-3　　定　价：33.00元

· 如有印装质量问题，请与北京邮电大学出版社发行部联系 ·

前　言

本书是根据高等工业学校物理实验课程新的教学基本要求，结合国内各高校物理实验教学的新发展，并针对近年来山东建筑大学物理实验教学的需要而编写的。

为了适应时代的发展以及更好地培养学生跨学科思维能力和创造能力，我校购进了大量改进型实验仪器和新型实验仪器。编写本书时，我们参照山东建筑大学新版物理实验教学大纲，对所开设的工科实验和理科实验作了挑选和修改，按照基础物理实验、综合性物理实验及近代物理实验、设计性物理实验体系安排实验内容。

物理实验教学是一项是体现集体智慧和劳动结晶的事业，离不开实验室多年来的建设和发展，是一个日积月累、逐步完善及发展和升华的过程。本书的编写凝聚着实验室全体教师和实验技术人员长期辛勤劳动的成果，他们长期工作在实验教学第一线，积累了丰富的教学经验。在本书编写过程中，我们得到了山东建筑大学理学院和实验设备处领导的大力支持和帮助，得到了陈文智、赵苏生和谭金凤三位副教授的关心和指导。

参加本书编写工作的有张慧军、连鲁云、胡珑珑、贾晓东、杜静、王宝林、贺长伟、曹坤波、张玲、赵金花和刘增良。其中第1章由贾晓东、杜静和刘增良执笔，实验3.4、实验3.8、实验4.5、实验5.2、实验5.5由张慧军执笔，2.2节、实验3.1、实验3.14、实验3.15、实验3.17由连鲁云执笔，2.3节、实验3.2、实验3.13、实验4.9、实验5.3由胡珑珑执笔，实验3.6、实验3.16、实验4.10、实验5.1、实验5.8由贾晓东执笔，实验3.10、实验3.11、实验4.7、实验4.11、实验5.4由杜静执笔，实验3.18、实验4.2、实验4.4、实验4.6、实验5.9由王宝林执笔，实验3.3、实验3.9、实验4.12、实验4.13、实验5.11由贺长伟执笔，2.1节由曹坤波执笔，实验3.7、实验5.6由张玲执笔，实验3.12、实验4.1、实验4.3、实验4.8、实验4.14、实验4.15、实验5.7、实验5.10由刘增良执笔，实验3.5、实验5.12、实验5.13由赵金花执笔。编者感谢以上各位老师在繁忙的教学和科研工作中抽出时间参与本书的编写工作。

在这里，编者还要感谢书中引用到的参考资料涉及的众多专家和学者，感谢山东建筑大学历年来对实验课提出宝贵意见的诸多学生。

由于编者的水平和经验有限，书中难免存在缺点和不妥之处，真诚欢迎各位专家、同行和广大同学批评指正。

编　者

2016年3月于山东建筑大学

目　录

第 1 章　测量误差及数据处理的基本知识

1.1　测量与误差

1.1.1　测量

物理实验不仅要定性观察各种物理现象,更重要的是找出有关物理量之间的定量关系,为此,就需要进行测量。测量就是将待测的物理量与一个选作为标准的同类量进行比较,得出它们之间的倍数关系。选作为标准的同类量的分度值称为 1 个单位,倍数称为测量数值。由此可见,一个物理量的测量值等于测量数值与单位的乘积,其包含三层含义:①大小;②单位;③可信赖的程度。

1.1.2　测量的分类

按测量方式,测量可分为直接测量和间接测量。由仪器直接读出测量结果的测量称为直接测量。直接测量按测量次数又分为单次测量和多次测量。利用直接测量量与被测量量之间的已知函数关系,求得该被测物理量的过程称为间接测量。在物理量的测量中,绝大部分是间接测量,但直接测量是一切测量的基础。不论是直接测量,还是间接测量,都需要满足一定的实验条件,都要按照严格的方法,正确地使用测量仪器。

按测量条件,测量可分为等精度测量和非等精度测量。等精度测量是指在同等条件下进行的多次重复性测量,即环境、人员、仪器、方法等不变,对同一个待测量进行多次重复测量。由于各次测量的条件相同,测量结果的可靠性是相同的,测量精度也是相同的。而非等精度测量是指在特定的不同测量条件下,用不同的仪器、不同的测量方法、不同的测量次数,派不同的人员进行测量和研究,这种测量主要用于高精度的测量中。

1.1.3　误差

每一个待测物理量在一定实验条件下都客观地具有确定的大小,称为该物理量的真值,记为 x_0。由于任何测量仪器、测量方法、测量条件及测量者的观察力等都不能做到绝对精确,这就不可避免地伴随有误差产生,实际测得的数值(即测量值 x)只能是一个真值的近似值,"误差存在于一切测量的始终"。

被测量的真值只是一个理想的概念,对测量者来说真值一般是不可知的。在实际测量中常用多次测量的算术平均值、测量量的理论值或公认值或计量学约定值、相对真值等几种量值来代替真值，称为约定真值。

测量值与真值(或约定真值)之差称为测量误差，简称误差 Δx。测量误差可用绝对误差表示，也可用相对误差表示。

绝对误差
$$\Delta x = x - x_0 \tag{1.1.1}$$

相对误差
$$E = \left|\frac{\Delta x}{x_0}\right| \times 100\% \tag{1.1.2}$$

绝对误差反映了误差本身的大小，而相对误差反映了误差的严重程度。

任何测量都不可避免地存在误差，所以，一个完整的测量结果应包括测量值和误差两部分。必须注意，绝对误差大的，相对误差不一定大。

1.1.4 误差的分类

既然测量不能得到真值，那么怎样才能最大限度地减小测量误差，并估算出误差的范围呢？要回答这些问题，就必须了解误差产生的原因及其性质。为了便于分析，根据产生误差的原因和误差所表现出的性质，将误差分为三类：系统误差、随机误差和粗大误差。

1. 系统误差

系统误差是在相同测量条件下，对同一量进行的多次测量过程中，大小和符号保持恒定或以可预知的方式变化的测量误差分量。

系统误差是由固定不变或按照确定规律变化的因素造成的，故这些误差一般可以掌握。产生系统误差的原因一般有以下几方面：

① 测量装置方面的因素：由仪器、实验装置引起的误差，如仪器未校准、安装不正确、组件老化等。例如，用秒表测单摆周期时，若表自身就走得慢，测得的时间 t 肯定偏大，多次重复测量也无济于事。

② 测量方法方面的因素：测量所依据公式自身的近似性，或实验条件达不到公式所规定的要求，或测量方法等所引起的误差。例如，高灵敏度测量仪器规定在洁净实验室使用却在一般实验室使用；单摆周期公式 $T=2\pi\sqrt{l/g}$ 成立条件是摆角应趋于零，实验时摆角超过5°等。

③ 环境方面的因素：由于测量仪器偏离了仪器本身规定的使用环境或者测量条件而引起的误差，如室温的逐渐升高、外界电磁场的干扰、外界的振动等。

④ 测量人员方面的因素：由于实验者生理特点或固有习惯所造成的误差，如在估读数据时总是偏大或偏小等。

2. 随机误差

在相同条件下，对同一物理量进行多次重复测量，即使系统误差减小到最低程度之后，测量值仍会出现一些难以预料和无法控制的起伏，而且测量值误差的绝对值和符号在随机变化着，这种误差称为随机误差(又称偶然误差)。随机误差主要来源有测量仪器、环境条件和测量人员等，其特征是随机性。它是大量因素对测量结果所产生的众多微小影响的综合结果，无法预知，也难以控制。随机误差不可能修正。对个体而言，随机误差是不确定的，但其总体(大量个体的总和)服从一定的统计规律，因此可用统计方法估计其对测量结果的影响。

(1) 随机误差的统计规律

大量的随机误差服从正态分布（高斯分布）规律，其分布曲线如图 1.1.1 所示。图中横坐标 δ 表示随机误差，纵坐标表示随机误差出现的概率密度分布函数 $f(\delta)$，函数的数学表述为

$$f(\delta)=\frac{1}{\sqrt{2\pi}\sigma}\mathrm{e}^{-\frac{\delta^2}{2\sigma^2}} \tag{1.1.3}$$

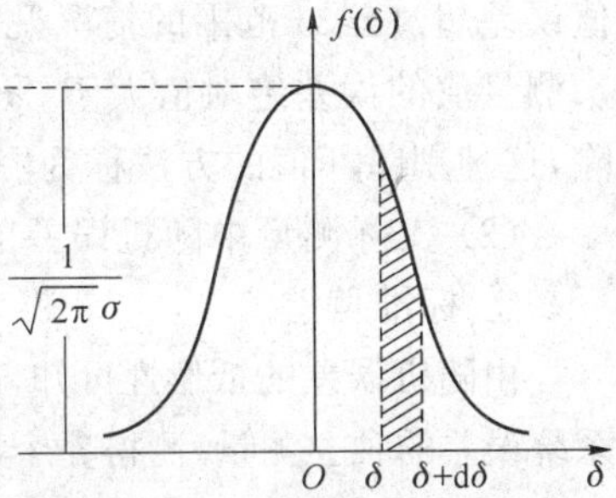

测量值的随机误差出现在 δ 到 $\delta+\mathrm{d}\delta$ 区间内的可能性（概率）为 $f(\delta)\mathrm{d}\delta$，即图 1.1.1 中阴影线所包含的面积元。

图 1.1.1　正态分布曲线

式(1.1.3)中的 σ 是用统计方法（计算标准差）估计的随机误差的一个特征值，称为标准误差。

$$\sigma=\lim_{n\to\infty}\sqrt{\frac{1}{n}\sum_{i=1}^{n}\delta^2}=\lim_{n\to\infty}\sqrt{\frac{1}{n}\sum_{i=1}^{n}(x-x_0)^2} \tag{1.1.4}$$

服从正态分布的随机误差具有以下四个显著的特征：

① 单峰性：小误差多而集中，形成一个峰值，在 $\delta=0$ 处，真值出现的概率最大。

② 对称性：绝对值相等的正负误差出现的概率基本相等。

③ 有界性：非常大的误差出现的概率趋近于零。

④ 抵偿性：当测量次数 $n\to\infty$ 时，由于正负误差相互抵消，故各误差的代数和趋于零。

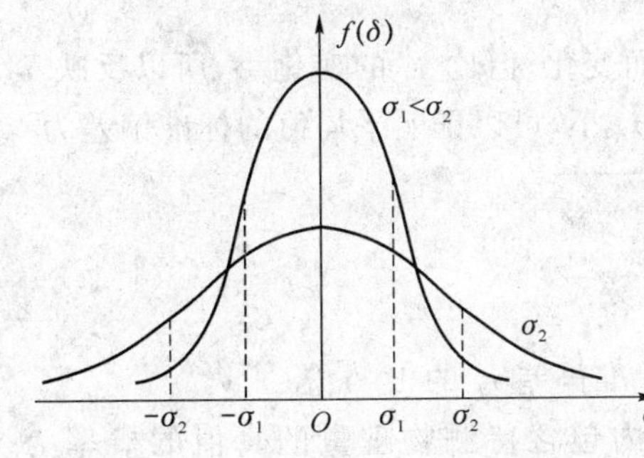

图 1.1.2　不同 σ 值的 $f(\delta)$ 曲线

由式(1.1.3)可知，随机误差正态分布曲线的形状取决于 σ 值的大小，如图 1.1.2 所示。σ 越小，分布曲线越陡峭，峰值越高，说明绝对值小的误差占多数，且测量值的重复性好，分散性小；反之，σ 越大，曲线越平坦，峰值越低，说明测量值的重复性差，分散性大。标准误差 σ 反映了测量值的离散程度。

但应注意，标准误差 σ 和各测量值的误差 Δx 有着完全不同的含义。Δx 是实在的误差值，亦称真误差；而 σ 并不是一个具体的测量误差值，它反映在相同条件下进行一组测量后的随机误差出现的概率的分布情况，只具有统计性质的意义，是一个统计性的特征值。

σ 表示的概率意义可以从 $f(\delta)$ 函数式求出，由于 $f(\delta)\mathrm{d}\delta$ 是测量值随机误差出现在小区间 $(\delta,\delta+\mathrm{d}\delta)$ 的概率，那么测量值随机误差出现在 $(-\sigma,\sigma)$ 区间内的概率就是

$$P=\int_{-\sigma}^{+\sigma}f(\delta)\mathrm{d}\delta=68.3\% \tag{1.1.5}$$

由此可见，标准误差 σ 所表示的物理意义是：任一次测量，测量误差落在 $(-\sigma,\sigma)$ 范围内的概率 $P(\sigma)=68.3\%$。区间 $(-\sigma,\sigma)$ 称为置信区间，其相应的概率 68.3% 称为置信概率。显然，置信区间扩大，置信概率提高。置信区间取 $(-2\sigma,2\sigma)$、$(-3\sigma,3\sigma)$，相应的置信概率 $P(2\sigma)=95.4\%$，$P(3\sigma)=99.7\%$。

以上说明，绝对值大于 $\pm3\sigma$ 的误差出现的概率只有 0.003，即 1 000 次测量中只有 3 次

测量的误差的绝对值会超过 3σ。一般的物理实验中的测量次数不会超过几十次，所以测量值误差超过 $\pm3\sigma$ 范围的情况几乎不会出现，因此把 3σ 称为极限误差。若发现测量列中某次测量值的误差绝对值大于 3σ，就可以认为它是由某种非正常因素造成的“坏值”，予以剔除，这种剔除坏值的方法称为“3σ 法则”。

(2) 实际测量中随机误差的估算

① 标准偏差

由随机误差的抵偿性可知，若对某一物理量在测量条件相同的情况下进行了 n 次无明显系统误差的独立测量，测得 n 个测量值 $x_1, x_2, \cdots, x_n$，则当系统误差已被消除时，测量值的算术平均值最接近被测量的真值。测量次数越多，接近程度越好(当 $n\to\infty$时，平均值趋近于真值)，因此我们用算术平均值表示测量结果的最佳值。测量值与算术平均值之差称为残差。

$$\Delta x_i = x_i - \overline{x} \ (i=1,2,3,\cdots,n) \tag{1.1.6}$$

由于残差可正可负，有大有小，所以常用“方、均、根”法对它们进行统计，得到的结果就是测量列的任一次测量值的标准误差，用 σ_x 表示为

$$\sigma_x = \sqrt{\frac{\sum_{i=1}^{n}(x_i - \overline{x})^2}{n-1}} \tag{1.1.7}$$

式(1.1.7)称为贝塞尔公式。σ_x 是 σ 在实际测量中用算术平均值 $\overline{x}$ 代替真值 x_0 后的估算值，为示二者的区别，以下将 σ_x 称为标准偏差(也有教材用符号 S_x 表示)。σ_x 反映了各次测量值的离散程度，任一次测量值 x_i 的误差落在$(-\sigma_x, +\sigma_x)$范围内的概率为 68.3%。

② 算术平均值的标准偏差

由于 $\overline{x}$ 也是随机变量，其值随测量次数 n 的增减而变化，但比 x_i 的变化小，所以反映 $\overline{x}$ 离散程度的标准差 $\sigma_{\overline{x}}$(也有教材换用符号 $S_{\overline{x}}$ 表示)比 σ_x 小，可以证明平均值的标准偏差为

$$\sigma_{\overline{x}} = \frac{\sigma_x}{\sqrt{n}} = \sqrt{\frac{\sum_{i=1}^{n}(x_i - \overline{x})^2}{n(n-1)}} \tag{1.1.8}$$

即平均值的标准偏差 $\sigma_{\overline{x}}$ 是 n 次测量中任一次测量值标准偏差 σ_x 的 $1/\sqrt{n}$ 倍。

平均值标准偏差的物理意义是：在区间$(\overline{x}\pm\sigma_{\overline{x}})$内包含待测物理量的真值的概率为 68.3%；在$(\overline{x}\pm2\sigma_{\overline{x}})$内包含真值的概率为 95.4%；在$(\overline{x}\pm3\sigma_{\overline{x}})$内包含真值的概率为 99.7%。

由式(1.1.8)可知，$\sigma_{\overline{x}}$ 随着测量次数 n 增加而减小，即通过测量次数的增加可减小随机误差。但由于 $n>10$ 以后 $\sigma_{\overline{x}}$ 变化得很慢，所以测量次数一般不需要很多。

大量的随机误差服从正态分布规律，但实际测量只可能是有限次，此时的随机误差不完全服从正态分布规律，而是服从所谓的 t 分布。t 分布曲线较正态分布曲线平缓，要获得与正态分布同样的置信概率，需对式(1.1.8)进行修正，即 $\sigma_{\overline{x}}$ 乘以因子 t_p：

$$t_p\sigma_{\overline{x}} = t_p\frac{\sigma_x}{\sqrt{n}} = \frac{t_p}{\sqrt{n}}\sqrt{\frac{1}{(n-1)}\sum(x_i - \overline{x})^2} \tag{1.1.9}$$

因子 t_p 是与测量次数 n 及置信概率 p 有关的量，当置信概率 p 以及测量次数 n 确定后，t_p 也就确定了。表 1.1.1 列出了几个常用的 t_p 因子。

表 1.1.1　t_p 与 $n-1$ 的关系

$n-1$	2	3	4	5	6	7	8	9	10
$t_{0.683}$	1.32	1.20	1.14	1.11	1.09	1.08	1.07	1.06	1.05
$t_{0.954}$	4.30	3.18	2.78	2.57	2.45	2.36	2.31	2.26	2.23
$t_{0.997}$	9.92	5.84	4.60	4.03	3.71	3.50	3.36	3.25	3.17

普物实验中,若不特别指出,一般默认 0.954 的置信概率,这时相应的置信区间可写为 $\left(-\frac{t_{0.954}}{\sqrt{n}}\sigma_x, +\frac{t_{0.954}}{\sqrt{n}}\sigma_x\right)$。一般 $5<n\leqslant 10$ 时,$\frac{t_{0.954}}{\sqrt{n}}\approx 1$,如表 1.1.2 所示。

表 1.1.2　$\frac{t_{0.954}}{\sqrt{n}}$ 与 n 的关系

n	3	4	5	6	7
$\frac{t_{0.954}}{\sqrt{n}}$	2.48	1.59	1.24	1.05	0.926

3. 粗大误差

在一定的测量条件下,由于实验者粗心大意或环境突发性干扰而造成的、超出规定条件下预期的误差称为粗大误差。一般地,可以采用“3σ 法则”来剔除粗大误差。

产生粗大误差的主要原因如下:

① 客观原因:电压突变、机械冲击、外界震动、电磁(静电)干扰、仪器故障等引起了测试仪器的测量值异常或被测物品的位置相对移动,从而产生了粗大误差。

② 主观原因:使用了有缺陷的量具,操作时疏忽大意,读数、记录、计算的错误等。另外,环境条件的反常突变因素也是产生这些误差的原因。

1.2　测量结果的评价

对测量结果的可信赖程度进行评价的时候,可以用精度的概念定性评价,也可以用不确定度来定量评价。

1.2.1　测量结果的定性评价

反映测量结果与真值接近程度的量称为精度。一般用测量精度的高低对测量结果进行定性评价。精度可分精密度、正确度、准确度。

① 精密度:表示重复测量所得各测量值的离散程度。它反映了随机误差的大小,与系统误差无关。

② 正确度:表示测量值或实验结果偏离真值的程度。它反映了系统误差的大小,与随机误差无关。

③ 准确度:它是正确度和精密度的综合,它反映了系统误差和随机误差对测量结果综合影响的大小。

如图 1.2.1 所示的打靶情况形象地描绘了三者的区别。

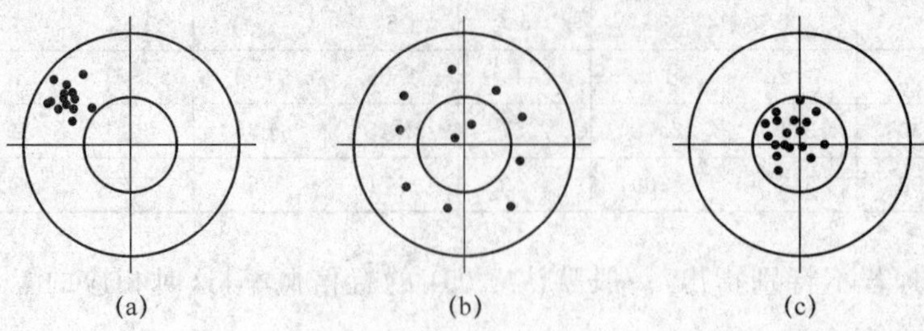

图 1.2.1　打靶情况分布图

图 1.2.1(a)属于随机误差小,系统误差大,故表示精密度高而正确度低;图 1.2.1(b)属于系统误差小,随机误差大,故表示正确度高而精密度低;图 1.2.1(c)属于系统误差和随机误差都小,故表示精密度与正确度都高,即准确度高。

正确度、精密度、准确度只是对测量结果作定性评价,要对测量结果作定量评价,就必须定量地估算测量结果的可信赖程度,即它的不确定度为多少。

1.2.2　测量结果的定量评价:不确定度

不确定度是建立在误差理论基础上的一个新概念,它表示由于测量误差的存在而对被测量量值不能确定的程度,或者说表征被测量的真值包含在某个量值范围内的一个评定。依照国际标准化组织等 7 个国际组织联合发表的《测量不确定度表示指南 ISO 1993(E)》的精神,对普通物理实验中,完整的测量结果应给出被测量的量值 $x_{测}$,同时还要标出测量的不确定度 Δ,将实验结果写成 $x_{测}\pm\Delta$ 形式,这表示被测量量的真值包含在 $(x_{测}-\Delta, x_{测}+\Delta)$ 的范围以外的可能性很小。

由于误差来源很多,在修正了可以修正的系统误差后,测量结果的总不确定度从估算方法上可分为以下两类:

① A 类不确定度:多次等精度测量时,用统计方法计算的分量,用 Δ_A 表示。

② B 类不确定度:用其他非统计方法估算出的"等价标准误差"分量,用 Δ_B 表示。

上述两类不确定度采用"方、和、根"法运算合成为总不确定度 Δ:

$$\Delta=\sqrt{\Delta_A^2+\Delta_B^2} \tag{1.2.1}$$

$$相对不确定度\ E=\frac{\Delta}{x_{测}}\times 100\%$$

采用不确定度表示误差范围,改变了以往测量误差分为系统误差和随机误差的传统处理方法,它将修正系统误差后余下的全部误差划为 A、B 两类分量,且均以标准误差形式表示。

1. 直接测量的不确定度估算

(1) 多次直接测量的不确定度估算

在基础物理实验教学中,为简便计算,直接取 $\Delta_A=\sigma_x$。实际上标准偏差 σ_x 和 A 类不确定度 Δ_A 是两个不同的概念,基础物理实验中,当测量次数 $5<n\leqslant 10$ 时,取 σ_x 值当作 Δ_A 是一种最方便的简化处理方法。因为在有限次测量时,用统计方法估算的随机误差为 $t_p\cdot\sigma_{\bar{x}}$,在量值上和 A 类不确定度基本相等,即

$$\Delta_A = t_p \cdot \sigma_{\overline{x}} = \frac{t_p}{\sqrt{n}}\sigma_x$$

而在普通物理实验中，置信概率一般取 0.954，并且对同一量作多次直接测量时，一般测量次数 n 不大于 10，只要测量次数 $n>5$，则 $\frac{t_{0.95}}{\sqrt{n}} \approx 1$（见表 1.1.2），所以

$$\Delta_A = \sigma_x = \sqrt{\frac{\sum_{i=1}^{n}(x_i - \overline{x})^2}{n-1}} \quad (5 < n \leqslant 10, p = 0.954) \tag{1.2.2}$$

B 类不确定度 Δ_B 的评定比较复杂，一般用近似的仪器误差的等价标准误差 $\sigma_{仪}$ 表征，即

$$\Delta_B = \sigma_{仪} = \frac{\Delta_{仪}}{c}$$

式中，$\Delta_{仪}$ 为仪器误差，c 为修正因子。根据统计规律可以证明，服从均匀分布的仪器误差的等价标准误差为：$\sigma_{仪} = \frac{\Delta_{仪}}{\sqrt{3}}(p=0.577)$，若统一置信概率 p 取 0.954，则需修正 $\sigma_{仪} = (\frac{0.954}{0.577})\frac{\Delta_{仪}}{\sqrt{3}} \approx \Delta_{仪}$，所以普通物理实验中简化地把 $\Delta_{仪}$ 直接当作 Δ_B 分量，即

$$\Delta_B = \Delta_{仪}$$

最后利用式(1.2.1)合成总不确定度：

$$\Delta = \sqrt{\sigma_x^2 + (\Delta_{仪})^2} \quad (5<n\leqslant 10, p=0.954) \tag{1.2.3}$$

式(1.2.3)中仪器误差 $\Delta_{仪}$ 在普通物理实验教学中是一种简化表示，通常取 $\Delta_{仪}$ 等于仪表、器具的示值误差限或基本误差限。许多计量仪表、器具的误差产生原因及误差分量的计算分析，大多超出了本课程的要求范围。$\Delta_{仪}$ 一般情况可由仪器说明书提供，如果无厂家提供的仪器误差，有的粗略地取仪器的分度值或分度值的一半，有的根据仪器准确度等级与量程（或测量值）的乘积得到，具体实验中，实验室根据所用实验仪器的具体情况提供 $\Delta_{仪}$。实验室常用仪器的 $\Delta_{仪}$ 取值可查阅相关资料。

多次直接测量的最终量值取算术平均值 $\overline{x}$，此时多次直接测量结果完整表示为

$$x = \overline{x} \pm \Delta \quad (p=0.954)$$

其物理意义表示在 $(\overline{x}-\Delta, \overline{x}+\Delta)$ 区间内包含真值的概率为 0.954。

(2) 单次直接测量的不确定度估算

在普通物理实验中往往有以下几种情况进行单次测量：①测量结果的准确程度要求不高，可以粗略地估计不确定度，不必考虑随机误差的影响；②实验室在安排实验时早已做过分析，$\sigma_x << \sigma_{仪}$；③因条件受限制只能进行单次测量。

尽管单次直接测量的 A 类不确定度分量 Δ_A 依然存在，但此时 $\Delta_{仪}$ 比 Δ_A 大得多。按照微小误差原则，只要 $\Delta_A \leqslant \frac{1}{3}\Delta_B$（或 $\sigma_x \leqslant \frac{1}{3}\Delta_{仪}$），在计算 Δ 时就可忽略 Δ_A 对其影响。所以，对于单次测量，Δ 可简单地用仪器误差 $\Delta_{仪}$ 来表示。即

$$\Delta = \Delta_B = \Delta_{仪} \tag{1.2.4}$$

最终量值就取该次测量值，结果表示为：$x = x_{测} \pm \Delta_{仪}$

2. 间接测量的不确定度估算

在很多实验中，进行的测量都是间接测量。间接测量结果由直接测量数据依据一定的

数学公式计算出来，这样一来，直接测量结果的不确定度必然影响到间接测量结果，这就是不确定度的传递与合成问题。

设间接测量的函数式为 $N=F(x,y,z,\cdots)$，$x,y,z,\cdots$ 是直接测量结果，它们之间相互独立。它们各自的不确定度分别为 $\Delta_x,\Delta_y,\Delta_z,\cdots$，它们必然影响间接测量结果，由于不确定度都是微小的量，可用数学中的全微分公式推导得到间接测量的不确定度计算式，即

$$\Delta_N=\sqrt{\left(\frac{\partial F}{\partial x}\right)^2(\Delta_x)^2+\left(\frac{\partial F}{\partial y}\right)^2(\Delta_y)^2+\left(\frac{\partial F}{\partial z}\right)^2(\Delta_z)^2+\cdots} \tag{1.2.5}$$

或

$$\frac{\Delta_N}{N}=\sqrt{\left(\frac{\partial \ln F}{\partial x}\right)^2\Delta_x^2+\left(\frac{\partial \ln F}{\partial y}\right)^2\Delta_y^2+\left(\frac{\partial \ln F}{\partial z}\right)^2\Delta_z^2+\cdots} \tag{1.2.6}$$

和差形式的函数应用式(1.2.5)，积商形式函数应用式(1.2.6)计算方便。

间接测量结果表示为：

$$N\pm\Delta_N$$

3. 不确定度估算举例

首先说明有关测量结果及不确定度的有效数字的问题。

① 不确定度最多保留两位有效数字，当首位非零数字等于或大于 3 时取 1 位；小于 3 时取两位。取好不确定度应保留的位数以后，后面的数字采用进位法舍去。例如：计算结果得到不确定度为 $0.241\,4\times10^{-3}$ m，则应取 $\Delta=0.25\times10^{-3}$ m。

② 测量结果的有效位数由不确定度的有效位数决定，即其有效数字末位与不确定度末位要对齐。例：$\rho=6.659\ \mathrm{g/cm^3}$，$\Delta=0.03\ \mathrm{g/cm^3}$，则结果：$(6.66\pm0.03)\ \mathrm{g/cm^3}$。

③ 相对不确定度一般保留 1～2 位数字。

例 1 使用 0～25 mm 的一级螺旋测微计（$\Delta_{仪}=0.004$ mm），测量钢球的直径 d 共 6 次，测得的数据如下（单位：mm）：$d_i=5.244$、5.246、5.243、5.247、5.249、5.246，写出该直接测量结果的最终表达式。

解：经检查，没有异常数据。可计算出

$$\overline{d}=\frac{\sum\limits_{i=1}^{6}d_i}{n}=5.245\,8\ \mathrm{mm}$$

计算标准偏差为

$$\sigma_d=\sqrt{\frac{\sum\limits_{i=1}^{6}(d_i-\overline{d})^2}{(n-1)}}=0.002\,2\ \mathrm{mm}$$

A 类不确定度为

$$\Delta_{\mathrm{A}}=\sigma_d=0.002\,2\ \mathrm{mm}$$

B 类不确定度为

$$\Delta_{\mathrm{B}}=\Delta_{仪}=0.004\ \mathrm{mm}$$

测量结果不确定度为

$$\Delta=\sqrt{\Delta_{\mathrm{A}}^2+\Delta_{\mathrm{B}}^2}=\sqrt{0.002\,2^2+0.004^2}=0.004\,47\approx0.005\ \mathrm{mm}$$

测量结果为

$$d=(5.246\pm0.005)\ \text{mm}$$

例 2　$N=3x+y-z$。x、y、z 是直接测量量，已知：

$$x=(0.5756\pm0.0003)\ \text{cm}$$

$$y=(75.1\pm0.4)\ \text{cm}$$

$$z=(5.368\pm0.001)\ \text{cm}$$

计算 N 的结果和不确定度。

解：　$N=3x+y-z=3\times0.5756+75.1-5.368=71.46\ \text{cm}$

求偏导数

$$\frac{\partial N}{\partial x}=3,\frac{\partial N}{\partial y}=1,\frac{\partial N}{\partial z}=-1$$

代入方和根合成公式(1.2.5)，则有

$$\Delta_N=\sqrt{(3\Delta_x)^2+(\Delta_y)^2+(-\Delta_z)^2}=\sqrt{(3\times0.0003)^2+(0.4)^2+(-0.001)^2}=0.4\ \text{cm}$$

因此结果为

$$N=(71.5\pm0.4)\ \text{cm}$$

例 3　已测得金属环的外径 $D_2=(3.600\pm0.004)$ cm，内径 $D_1=(2.880\pm0.004)$ cm，高度 $h=(2.575+0.004)$ cm，求环的体积 V 和不确定度 Δ_V。

解：环体积为

$$V=\frac{\pi}{4}(D_2^2-D_1^2)h$$

$$=\frac{\pi}{4}(3.600^2-2.880^2)\times2.575$$

$$=9.431\ \text{cm}^3$$

环体积的对数及其微分式为：

$$\ln V=\ln\frac{\pi}{4}+\ln(D_2^2-D_1^2)+\ln h$$

$$\frac{\partial\ln V}{\partial D_2}=\frac{2D_2}{D_2^2-D_1^2},\frac{\partial\ln V}{\partial D_1}=-\frac{2D_1}{D_2^2-D_1^2},\frac{\partial\ln V}{\partial h}=\frac{1}{h}$$

代入方和根合成公式(1.2.6)，则有

$$\frac{\Delta_V}{V}=\sqrt{\left(\frac{2D_2\Delta_{D_2}}{D_2^2-D_1^2}\right)^2+\left(\frac{-2D_1\Delta_{D_1}}{D_2^2-D_1^2}\right)^2+\left(\frac{\Delta_h}{h}\right)^2}$$

$$=\sqrt{\left(\frac{2\times3.600\times0.004}{3.600^2-2.880^2}\right)^2+\left(-\frac{2\times2.880\times0.004}{3.600^2-2.880^2}\right)^2+\left(\frac{0.004}{2.575}\right)^2}$$

$$=\sqrt{(38.1+24.4+2.4)\times10^{-6}}$$

$$=0.0081=0.81\%$$

$$\Delta_V=V\cdot\frac{\Delta_V}{V}=9.431\times0.0081\approx0.08\ \text{cm}^3$$

因此环体积为

$$V=(9.43\pm0.08)\ \text{cm}^3$$

1.3 有效数字及其运算法则

1. 有效数字的基本概念

有效数字是测量和处理数据的位数法则。位数的多少可以定性地表征仪器和测量的精度高低，位数不能随意丢弃或增添。把测量结果中可靠的几位数字加上可疑的一位数字统称为测量结果的有效数字。有效数字的最后一位可疑，但它还是在一定程度上反映了客观实际。

例如，用毫米分度的米尺测一物体的长度，正确的读数应是确切读出米尺上有刻线的位数后，还应该估读一位，即在毫米后还应估读一位。如图 1.3.1 所示，测出某物体长度 15.2 mm，表明"5"是确切数字，而"2"是可疑估读数字。在测量读数时，不要忘了估读位的"0"，如米尺测一物体长度刚好是 15 mm 整，应记为 15.0 mm，不要写成 15 mm。

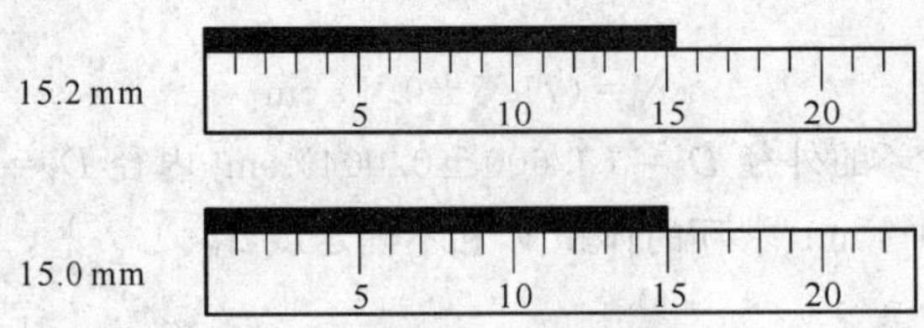

图 1.3.1　米尺测长度时有效数字的读取

2. 写有效数字时应注意的要点

(1) 有效数字位数的多少反映测量结果的准确程度。有效数字位数越多，测量的准确度越高。例如，用不同的量具测量同一物体的厚度 d 时，用米尺测量 $d=6.2$ mm，仪器误差 0.5 mm，$E=\frac{0.5}{6.2}=8\%$；用 50 分度游标卡尺测量 $d=6.36$ mm，仪器误差 0.02 mm，$E=\frac{0.02}{6.36}=0.3\%$；用螺旋测微器测量 $d=6.347$ mm，仪器误差 0.004 mm，$E=\frac{0.004}{6.347}=0.06\%$。

由此可见，有效数字多一位，相对误差 E 差不多要小一个数量级，因此取几位有效数字是件严肃的事情，不能任意取舍。

(2) 有效数字的位数与十进制单位的变换无关，即与小数点的位置无关。如 1.35 cm 换成以毫米为单位时为 13.5 mm，以米为单位则为 0.013 5 m。这三种表示法完全等效，均为三位有效数字。

当"0"不是用来表示小数点位置时，它与其他数字 1、2、3、…具有相等地位。1.003 5 cm 有效数字为 5 位；1.0 cm 有效数字为 2 位；1.000 cm 有效数字为四位。即数字之后的零是不能随意加上或去掉的。

(3) 对较大或较小数值，常采用科学计数法书写，即写 $\times 10^{\pm n}$（n 为正整数）形式。用这种方法计数时，通常在小数点前只写一位数字，例如地球平均半径 6 371 km，可写成 6.371×10^3 km 或 6.371×10^6 m，四位有效数字；而 0.000 062 3 m，写成 6.23×10^{-5} m，三位有效数字。显然，测量数据不能因为单位换算而改变其有效数字的位数。

3. 有效数字的运算法则

间接测量结果要通过运算才能得出，运算结果的有效数字位数的多少仍应由不确定度计算结果来确定，但若在实验中没有做不确定度的估算，或在做不确定度计算以前的测量值运算过程中，可由有效数字运算规则进行初步取舍。

(1) 加减运算：计算结果的有效末位，应和参与运算的各量的尾数位最高的取齐。运算过程中可比它多保留一位。

例如：

$$\begin{array}{r} 32.\underline{5} \\ +\ 5.\underline{286} \\ \hline 37.\underline{786} \end{array} \qquad \begin{array}{r} 21.\underline{3} \\ -4.\underline{281} \\ \hline 17.\underline{019} \end{array}$$

此例中加法结果应为 37.8。减法结果应为 17.0。

(2) 乘除法运算：计算结果的有效数字位数应与参与运算的各分量中有效数字最少的相同。

例如：$$\frac{3.4\times 5.78}{12.03}=1.6$$

(3) 乘方开方：计算结果的有效数字位数与底的有效数字位数相同。

例如：$$(7.32\underline{5})^2=53.\underline{66}$$

(4) 对数函数：运算后的小数点后尾数位数与真数位数相同。

例如：$$\lg 1.938=0.2973$$

(5) 指数函数：运算后的有效数字的位数与指数的小数点后的位数相同(包括紧接小数点后的零)。

例如：$$10^{6.25}=1.8\times 10^{6} \qquad 10^{0.0035}=1.008$$

(6) 三角函数：取位随角度有效数字而定。

例如：$$\sin 30^\circ 00'=0.5000 \qquad \cos 20^\circ 16'=0.9381$$

(7) 常数：取常数与测量值的有效数字的位数相同。

以上这些结论在一般情况下是成立的，有时会有一位的出入。为了防止数字截尾后运算引入新误差，在中间过程，参与运算的数据可多取一位有效数字。合成不确定度时也可按此原则处理，最后得到的总不确定度按不确定度的取位规则来取位。

1.4　实验数据处理方法

1.4.1　列表法

在记录和处理数据时常常将数据列成表。列表法可简单而明确地表示出有关物理量间对应关系，便于随时检查测量数据是否合理和分析计算，可提高处理数据效率，利于计算和分析误差。

列表的要求如下：

(1) 设计的表格要简单明了，便于看出相关量间关系；

(2) 各栏目都要注明名称和单位，单位和量值的数量级写在标题栏中，一般不要重复记在数字后；

(3) 原始测量数据及处理过程中的一些重要中间运算结果均应列入表中，且应正确反映测量结果的有效数字；

(4) 要充分注意数据之间的联系，要有主要的计算公式。

例 测圆柱体的密度 ρ 所用的公式为

$$\rho=\frac{4m}{\pi D^2 H}$$

式中，m、D、H 分别表示圆柱体质量、直径和高。将测得数据列入表 1.4.1。

表 1.4.1 圆柱体的测量

测量次数	D/cm	$(D_i-\overline{D})\times10^{-3}$/cm	H/cm	$(H_i-\overline{H})\times10^{-3}$/cm	m/g	$(m_i-\overline{m})$/g
1	2.126	−5	6.216	2	197.40	2
2	2.140	9	6.230	16	197.43	5
3	2.130	−1	6.216	2	197.36	−2
4	2.126	−5	6.220	6	197.37	−1
5	2.134	3	6.212	−2	197.42	4
6	2.140	9	6.190	−24	197.37	−1
7	2.128	−3	6.222	8	197.34	−4
8	2.134	3	6.218	4	197.42	4
9	2.126	−5	6.192	−22	197.35	3
10	2.128	−3	6.228	14	197.39	1
平均值	2.131		6.214		197.38	
	$\sigma_D=0.006$		$\sigma_H=0.014$		$\sigma_m=0.03$	

1.4.2 图示法

图示法就是用图线直观描述物理量之间的函数变化规律。从做出的图线中可求得所需物理量的数值，并从其中帮助发现测量中的误差和不足；通过对图线的插值或外延还可得到列表法中没有的中间数值和测量区间以外的数值。定量的图线一般是科学工作者最感兴趣的实验结果表达形式之一。

作图大体分为列表、描点、连线。图线的描绘与数学上函数图像的描绘方法、步骤基本一致。为了有效地反映物理量之间对应函数关系，描绘图线应遵循的原则如下。

(1) 作图必须用坐标纸。根据变量之间的变化规律选择相应类型坐标纸，如直角坐标纸、对数坐标纸或极坐标纸等。

(2) 选坐标轴并确定坐标的分度。以横轴代表自变量，纵轴代表因变量，在轴的端部注明物理量的名称、符号及单位。坐标的分度应与测量的有效数字对应，即坐标纸最小分格内的估读数应与测量值有效数字的最后一位（即可疑数字）相对应。纵横坐标轴的标度可以不同，两轴交点可以不为零，一般取数据中比最小值稍小一点整数开始标值，要尽量使图线均匀位于坐标纸中间。

(3) 描点和连线。图中实验点用"×"或"·"符号表明;利用直尺、曲线板作为工具,根据具体情况把描绘点连成直线或光滑曲线,曲线不必通过每个实验点,实验点应均匀分布图线两侧,对严重"偏离点"即所谓坏值可剔除。

(4) 写图名和图注。在图纸的上部空旷处写出图名和实验条件等;在右下方写明作者和实验日期,并将图纸贴在实验报告的适当位置。

1.4.3　逐差法

在两个变量间存在多项式函数关系,且自变量为等差级数变化的情况下,用逐差法处理数据,既能充分利用实验数据,又具有减少误差的效果。逐差法是把实验测量的数据列成表格进行逐次相减,或者等间隔相减。例如,在拉伸法测金属丝杨氏模量实验中,在钩码上每次对金属丝加载等重量砝码,金属丝每次对应地伸长量相近。如何计算每次间隔加载后金属丝的伸长量?一般会认为将测量量的每个间隔伸长量相加,再除以间隔数(简单平均法)。然而,当每次加载相等重量,以 l_i 表示光杠杆放大后测得的每次加载后杠杆的读数,这样 $b_i=l_{i+1}-l_i(i=1,2,3,\cdots,n-1)$为金属丝的伸长所引起标尺变化量,各次差值平均值

$$
\begin{aligned}
\Delta \bar{l} &= \frac{1}{n-1}\sum_{i=1}^{n-1}(l_{i+1}-l_i) \\
&= \frac{1}{n-1}[(l_2-l_1)+(l_3-l_2)+\cdots+(l_n-l_{n-1})] \\
&= \frac{1}{n-1}(l_n-l_1)
\end{aligned}
$$

可看出 $n-1$ 次间隔量的测量,仅只首末两次测量值才对平均值起作用,中间测量量全部未用。所以,若改用多项间隔逐差,即将测量数据按顺序分成数量相等的两组。即$(l_1,l_2,\cdots,l_n)$为一组,而$(l_{n+1},l_{n+2},\cdots,l_{2n})$为另一组,然后把两组中各对应项相减求平均值。即

$$
\Delta \bar{l}=\frac{1}{n/2}[(l_{n+1}-l_1)+(l_{n+2}-l_2)+\cdots+(l_{2n}-l_n)]
$$

这样全部数据都用上了,相当于重复测量了 $n/2$ 次,这个计算结果比前面的计算结果要准确些。逐差法保持了多次测量的优点,充分利用数据,消除了一些定值系统误差,减小了随机误差的影响。

1.4.4　最小二乘法(线性回归)

在科学实验中,物理量之间的函数关系往往是未知的,那么如何来确定这种具体的函数关系呢?最小二乘法是人们常用的一种方法,它的思路是:对于由实验测量的一组数据,根据数据的变化趋势以及自己的理论知识、经验等预先假设存在某种函数关系 $y=f(x)$(如一次关系式 $y=a+bx$、二次关系式 $y=a+bx+cx^2$ 等),然后利用"最小二乘原理"计算出预设函数的各项参数,最后将参数代入函数关系式,检验其合理性。所得的变量之间的相关函数关系称为回归方程。这里仅讨论用最小二乘法进行的一元线性方程的回归,或称直线拟合。

由于最小二乘法原理与计算较繁,这里只对其作一简单介绍:

设某一实验获得一系列函数值(x_i,y_i)(其中 $i=1,2,\cdots,n$),现从(x_i,y_i)中任取两组实验数据即可得出一条直线。然而,这条直线的误差可能很大。现在我们的任务就是通过数学分析的方法从这些测量到的数据中找出一个误差最小的最佳经验公式。做出的图线不一定通过每一个实验点,但是它却能以最接近的方式平滑地通过这些点。

显然,对每一个实验值 x_i 所对应的值 y_i,它与最佳经验公式中 y 值都存在偏差,记 σ_{y_i},即:

$$\sigma_{y_i}=y_i-y=y_i-(a+bx_i) \qquad (i=1,2,\cdots,n) \tag{1.4.1}$$

最小二乘法原理就是:由于各观测值 y_i 独立,当然它的误差也独立,若能使各 y_i 偏差的平方和最小,便能寻找到最佳经验方程公式 $y=a+bx$,现依据这一原理求解常数 a 和 b。

由于每次测量误差 σ_{y_i} 可正可负,现求它们的平方和最小,故先对 σ_{y_i} 各项平方(历史上曾将平方称二乘,最小二乘法由此得名),得

$$\sum_{i=1}^{n}\sigma_{y_i}^2=\sum_{i=1}^{n}(y_i-a-bx_i)^2 \tag{1.4.2}$$

欲使 $\sum\limits_{i=1}^{n}\sigma_{y_i}^2$ 最小,将式(1.4.2)对 a、b 求偏导(这时视实验数据 x_i、y_i 为已知量,变量是 a、b),令一阶偏导数为零,得

$$\frac{\partial}{\partial a}\sum_{i=1}^{n}(\sigma_{y_i})^2=-2\sum_{i=1}^{n}(y_i-a-bx_i)=0 \tag{1.4.3}$$

$$\frac{\partial}{\partial b}\sum_{i=1}^{n}(\sigma_{y_i})^2=-2\sum_{i=1}^{n}(y_i-a-bx_i)x_i=0 \tag{1.4.4}$$

即

$$\begin{cases} na+b\sum x_i=\sum y_i \\ a\sum x_i+b\sum x_i^2=\sum x_iy_i \end{cases} \tag{1.4.5}$$

式(1.4.5)是关于 a,b 的线性方程组,a,b 由上式便可解出。以 $\overline{x}$、$\overline{y}$、$\overline{xy}$、$\overline{x^2}$ 分别表示各量算术平均值(如 $\overline{x}=\frac{1}{n}\sum\limits_{i=1}^{n}x_i$),有

$$\begin{cases} a+b\,\overline{x}=\overline{y} \\ a\,\overline{x}+b\,\overline{x^2}=\overline{xy} \end{cases} \tag{1.4.6}$$

解得

$$\begin{cases} b=(\overline{x}\cdot\overline{y}-\overline{x\cdot y})/(\overline{x}^2-\overline{x^2}) \\ a=\overline{y}-b\,\overline{x} \end{cases} \tag{1.4.7}$$

把各实验数据 x_i、y_i 代入(1.4.7)即可得 a、b,便找出了所寻求的最佳的线性拟合方程式 $y=a+bx$。

而各实验数据是否都在所求拟合的直线 $y=a+bx$ 上,或者各实验数据完全分散于直线附近,这可通过回归系数 r 加以检验。

$$r=(\overline{x\cdot y}-\overline{x}\cdot\overline{y})/\sqrt{(\overline{x^2}-\overline{x}^2)(\overline{y^2}-\overline{y}^2)} \tag{1.4.8}$$

可证明 $r\in[-1,1]$,当 $|r|$ 越接近 1,表明实验数据均密集所求直线两旁。普通物理实验中 r 如果达到 0.999,说明实验数据线性关系良好,反之 $|r|$ 接近于零,实验数据无线性关系,对实验数据进行线性回归不妥,需采用其他的函数形式对实验数据进行重新试探。

附录:实验室常用仪器误差

任何测量都需要借助一定的仪器或装置进行,任何仪器在制造或装配过程中都难免有一些缺陷,如轴承摩擦、游丝不匀、分度不匀、检测标准本身的误差等,即使在正确使用情况下,这种缺陷也会带来误差。仪器误差就是指在正确使用仪器的条件下,测量所得结果的最大误差,或误差限,用 $\Delta_{仪}$ 表示。

对照通用的国际标准,按允许出现的误差的大小,国家计量局将仪器分级为准确度级别,使用时根据仪器的量程和准确度级别,有些只根据级别就可计算出该仪器的仪器误差 $\Delta_{仪}$ 的大小,结合物理实验的特点,下面作简单的介绍。

仪器的最大误差:

长度测量类

物理实验中最基本的长度测量工具是米尺、游标卡尺和螺旋测微器(又称千分尺)。在物理实验中,长度测量工具的仪器误差按下列办法确定:仪器说明书中已规定的取其给定的数值。无仪器说明书或说明中未明确规定的,查有关标准和规定,本书摘录了其中的一部分,见附表 1 和附表 2。既没有仪器说明书,又不能查表得出的,通常约定:直尺等可估读测长工具的仪器误差限按其最小分度值的一半估算。

附表 1　游标卡尺的示值误差

示值误差/mm　分度值/mm　测量范围/mm	0.02	0.05	0.1
0～300	±0.02	±0.05	±0.1
300～500	±0.05	±0.08	±0.1
500～1 000	±0.07	±0.10	±0.15

附表 2　螺旋测微器的示值误差

测量范围	0～100	100～150	150～200
示值误差	±0.004	±0.005	±0.006

质量测量类

物理实验中称量质量的主要工具是天平。某些型号物理天平的感量及其允许误差见附表 3。

附表 3　天平误差的相关规定

型号	最大称量/g	感量/mg	不等臂偏差/mg	示值变动性误差/mg
WL	500	20	60	20
WL	1 000	50	100	50
TW-02	200	20	<60	<20
TW-0.5	500	50	<150	<50
TW-1	1 000	100	<3 000	<100

时间测量类

秒表是物理实验中最常用的计时仪表,属于不可估读仪器,较短时间内通常取其最小分度值作为其仪器误差。

温度测量类

物理实验中常用的测温仪器包括水银温度计、热电偶和电阻温度计等，本书中约定水银温度计的仪器误差按其最小分度值的一半计算，不同量程下的热电偶和电阻温度计的仪器误差，可自行查阅有关手册。

电学测量类

(1) 电磁仪表(指针式电流表、电压表)

$$\Delta_{仪}=量程\times准确度等级\%=x_m\times a_n\%$$

电表准确度 a_n 分为 0.1、0.2、0.5、1.0、1.5、2.5、5.0 七级。

例如：0.5 级电压表量程为 3 V 时，$\Delta_{仪}=3\times0.5\%=0.015$ V

(2) 数字式电表

在实验中一般根据数字仪器仪表的准确度和精度，取其分度值为仪器误差。

(3) 直流电阻器

实验室常用的直流电阻器包括标准电阻和电阻箱。在规定的使用范围内直流电阻的基本误差限由准确度级别和电阻值乘积决定。

$$\Delta_{仪}=Ra\%$$

式中，a 为直流电阻的准确度等级，R 为电阻示值。

(4) 直流电位差计(箱式)

直流电位差计的仪器误差为：

$$\Delta_{仪}=(a\%\cdot V_x+b\Delta V)$$

式中，a 是电位差计的准确度等级，V_x 为测量度盘读数值，ΔV 为测量度盘最小步进值(或分度值)，b 为附加误差项系数，实验型电位差计一般取 $b=0.5$，便携式电位差计一般取 $b=1$。

(5) 直流电桥(箱式)

$$\Delta_{仪}=c(a\%\cdot R_0+b\Delta R)$$

式中，a 是电桥的准确度等级，c 是电桥比率臂比值，R_0 为电桥比较臂度盘示值，b 为附加误差项系数，它与 a 有关(当 a 为 0.01 和 0.02 时，b 为 0.03；当 a 为 0.05 和 0.1 时，b 为 0.2；当 a 为 0.2 和 0.5、0.1 时，b 为 1)。ΔR 为电桥比较臂度盘最小步进值。

第2章 基本实验知识

2.1 力学和热学实验基础知识

力学和热学实验是大学物理实验的开端，也是后继实验课程的基础。它对加深物理规律的认识，培养基本的实验技能，养成良好的实验习惯，具有重要的意义。物理学中有7个基本物理量，在力学、热学实验中就遇到了4个：长度、质量、时间、温度。这些基本物理量的测量现已有了更为现代化的测量方法和手段，但在力学、热学实验中学习并掌握常规的测量方法和手段，仍然是十分必要的基本训练。它是进一步学习现代测量方法的基础，应引起足够的重视。下面简要介绍基本力学、热学测量仪器。

1. 长度测量

长度的测量是一切测量的基础，是最基本的物理量的测量。熟练地使用长度测量仪器以及测量方法是力学实验的最基本的技能之一。物理实验中常用的长度测量仪器有：米尺、游标卡尺、螺旋测微器、读数显微镜等。通常用量程和分度值表示这些仪器的规格。

(1) 米尺

米尺是一种最简单的测长仪器，一般其最小分度值为1 mm，所以毫米后的一位数只能估读。实验中读取数据的最后一位应该是读数随机误差所在位，这是仪器读数的一般规律。米尺能够精确读到毫米一位，毫米以下则需凭眼睛估计。米尺的仪器误差取最小分度值的一半，即0.5 mm。

使用米尺测量长度时应该注意以下问题：

① 避免误差应使米尺刻度贴近被测物体，读数时，视线应垂直所读刻度，以避免因视线方向改变而产生的误差。

② 避免因米尺端点磨损带来误差，因此测量时起点可以不从端点开始。

③ 避免因米尺刻度不均匀带来的误差，可取米尺不同位置作起点进行多次测量。

(2) 游标卡尺

游标卡尺的结构如图2.1.1所示。有一最小分度为毫米的主尺2和套在主尺上可以滑动的游标6。主尺一端有两个垂直于主尺长度的固定量爪7′和5′。游标左端也有两个垂直于主尺长度的活动量爪7和5，且有一测量深度的尾尺1。7、5和1都随游标一起移动。

游标上有一个止动螺丝4，松开4可使游标沿主尺滑动。当量爪7′和7密切接触时(此时，5′和5也密切接触，且尾尺1的尾端恰与主尺的尾端对齐)，主尺上的“0”刻线和游标上的“0”刻线也正好对齐。外量爪5′、5用以测量物体长度，内量爪7′、7用于测量空心物体的内径。

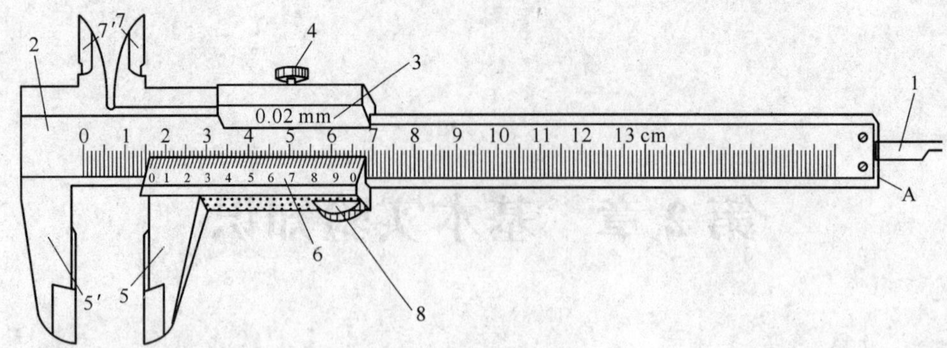

图 2.1.1 游标卡尺

使用游标卡尺时应该左手拿待测物，右手握尺，用拇指按游标上凸起部位，或推或拉，把物体轻轻卡住即可读数。不要把被夹紧的待测物在量爪间挪动，以免磨损量爪。游标测长时，读数方法为：先从主尺上读的游标"0"刻度所在的整数分度值 b(毫米数)，再看游标上与主尺对齐的刻线的序数(即格数)k，则待测物长度为：

$$L=b+k\frac{c}{N}$$

式中，c 为主尺上最小分度，N 为游标上刻线总数，c/N 为游标的精度值或最小分度值。游标卡尺的仪器误差一般为游标最小分度值。

(3) 千分尺(螺旋测微器)

外径千分尺的外形如图 2.1.2 所示。

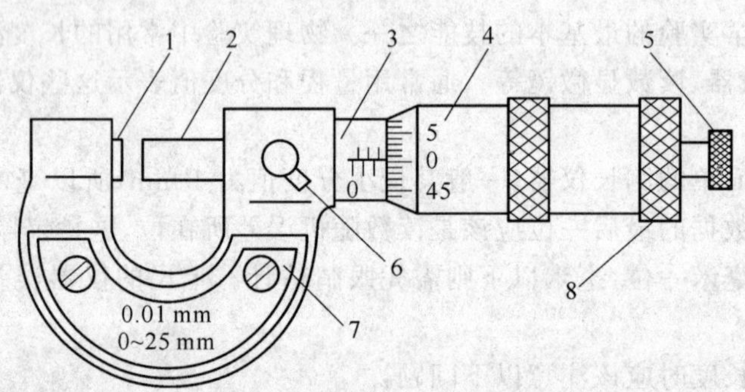

图 2.1.2 千分尺

1—测钻；2—侧微螺杆；3—固定套筒；4—微分筒；

5—测力装置；6—锁紧装置；7—尺架；8—后盖

固定在套筒上的标尺刻度在水平基线的上下，其上面刻度线是毫米数，下面刻度线在上面二刻线之中，表示 0.5 mm 数，在微分筒端部圆周上等分 50 个刻度。

千分尺结构的主要部件是一个高精度螺旋丝杆，螺距是 0.5 mm，根据螺旋推进原理，微分筒转过一周，测微螺杆位移一个螺距距离 0.5 mm。所以，微分筒转过一分度，相当于测微螺杆位移 0.5 mm/50＝0.01 mm。

读千分尺和读游标一样，也分三步。

① 读整数。微分筒的端面是读取整数的基准，读数时，看微分筒端面左边固定套筒上露出的刻线的数字，该数字就是主尺的读数，即整数。

② 读小数。固定套筒的基线是读取小数的基准。读数时，看微分筒上是哪一条刻线与固定套筒基线重合。如果固定套筒上的 0.5 mm 刻线没有露出，则微分筒上与基线重合的那条刻线的数字就是测量所得的小数，如果 0.5 mm 刻线已经露出，则从微分筒上读得的数字再加上 0.5 mm 才是测量所得的小数。这点要特别注意，不然会少读或多读 0.5 mm，造成读数错误。

当微分筒上没有任何一条刻线与基线恰好重合时，应该估读到小数点后第三位数。

③ 求和。将上述两次读数相加，即为所求的测量结果。

作为一个实际的千分尺，往往有零点读数，如图 2.1.3 所示，在使用中要进行零点修正（补足或扣除）。

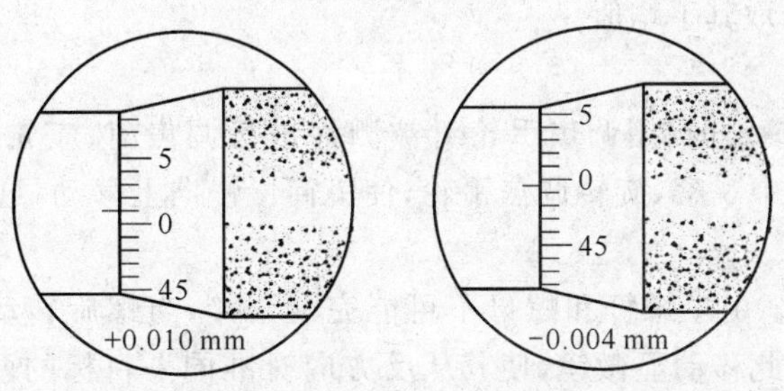

图 2.1.3　零点误差示意图

(4) 读数显微镜

读数显微镜可以放大物体，还可测量物体的大小，主要用来精确测量微小物体的大小。

① 仪器构造。读数显微镜的构造如图 2.1.4 所示。

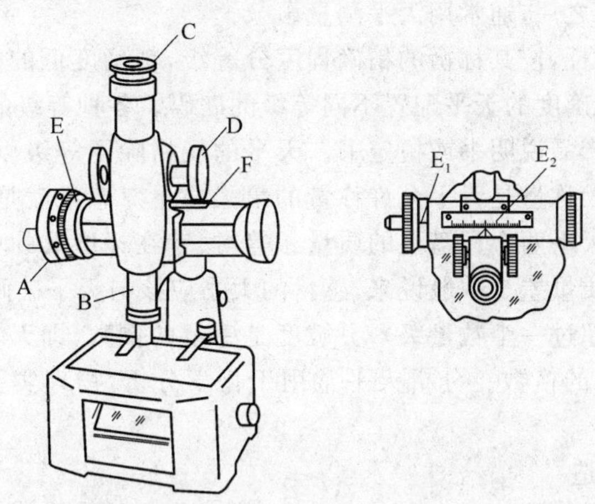

图 2.1.4　读数显微镜

显微镜由目镜 C、物镜 B 和十字叉丝（装在目镜筒 C 内）组成。主尺 F 是毫米刻度尺，测微鼓轮的周界上等分 100 个分格，每转一个分格，显微镜移动 0.01 mm。转动测微鼓轮使显微镜移动的距离，可从主尺上的指示值（毫米整数）加上测微鼓轮上的读数（精确到 0.01 mm，估读到 0.001 mm）得到。

② 使用步骤。

a. 将待测件置于工作台上，旋转反光镜调节手轮，改变反光镜的角度，使反光镜将待测件照亮。

b. 旋转目镜,改变目镜与叉丝之间的距离,直至十字叉丝成像最清晰。

c. 旋转调焦手轮 D,由下而上移动显微镜筒,改变物镜到待测件之间的距离,使待测件通过物镜成的像恰好在叉丝平面上,直到在目镜中能同时看清叉丝和放大的、清晰的、待测件的像并消除视差。

d. 转动测微鼓轮 A,使目镜中的纵向叉丝对准被测件的起点(另一条叉丝和镜筒的移动方向平行),从指示箭头和主尺读出毫米的整数部分,从指标和测微鼓轮上读出毫米以下的小数部分,两数之和即为被测件的起点读数 x;沿同方向继续转动测微鼓轮移动显微镜筒,使十字叉丝纵丝恰好停在被测件的终点,读得终点读数 x',于是被测件的长度 $L=|x'-x|$。为提高精度,可重复测量,取其平均值。

③ 注意事项。

a. 在眼睛注视目镜之前,用调焦手轮对被测件进行调焦前,应先使物镜筒下降接近被测件,然后眼睛从目镜中观察,旋转调焦手轮,使镜筒慢慢向上移动,这就避免了两者相碰挤坏被测件的危险。

b. 防止空程误差。由于螺杆和螺母不可能完全密接,当螺旋转动方向改变时,它们的接触状态也将改变,因此移动显微镜,使其从反方向对准同一目标的两次读数将不同,由此产生的误差称为空程误差,为防止空程误差,在测量时应向同一方向转动测微鼓轮,使叉丝和各目标对准,若移动叉丝超过目标时,应多退回一些,再重新向统一方向转动测微鼓轮去对准目标。

2. 质量测量

质量是基本物理量之一,通常用天平测量。

天平是一种等臂杠杆,按其称衡的精确程度分等级,精确度低的是物理天平,精确度高的是分析天平。不同精确度的天平配置不同等级的砝码。各种等级的天平和砝码的允许误差都有规定,可以查看产品说明书或检定书。天平的规格除了等级以外主要还有最大称量和感量(或灵敏度),最大称量是天平允许称量的最大质量。感量就是天平的摆针从标度尺上零点平衡位置(这时天平两个秤盘上的质量相等,摆针在标度尺的中间)偏转一个最小分格时,天平两秤盘上的质量差。一般说来,感量的大小应该与天平砝码(游码)读数的最小分度值相适应(如相差不超过一个数量级),灵敏度是感量的倒数,即天平平衡时,在一个盘中加单位质量后摆针偏转的格数。分析天平常用于化学分析,物理实验一般使用物理天平。这里介绍一下物理天平。

(1) 物理天平的构造

物理天平的构造如图 2.1.5 所示,在横梁 BB′的中点和两端共有三个刀口,中间刀口 a 安置在支柱 H 顶端的玛瑙刀垫上,作为横梁的支点。在两端的刀口 b 和 b′上悬挂两个秤盘 P 和 P′。每架物理天平都配有一套砝码,我们常用的物理天平最大称量为 500 g。1 g 以下的砝码太小,用起来很不方便,所以在横梁上附有可以移动的游码 D。横梁上每个分度值为 50 mg。横梁下部装有读数指针 J 立柱 H 上装有标尺 S。根据指针在刻度标盘上的示数来判断天平是否平衡。横梁两端有螺母 E 和 E′用来调节平衡。

为了便利某些实验,在底板左面装有托架 Q。例如,用阿基米德原理测量物体的体积时,可将盛有水的烧杯放在托架上,以便于将物体浸沉在水中进行称衡。

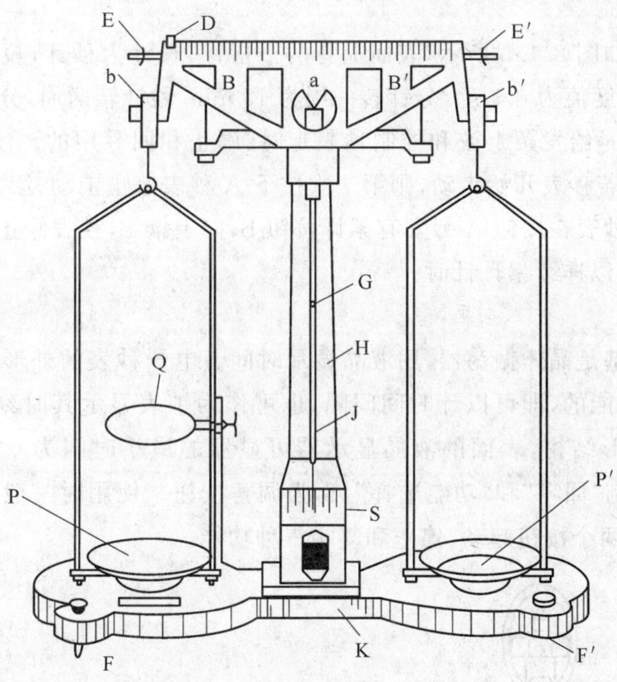

图 2.1.5　物理天平

(2) 物理天平的调节与使用

① 调水平。调节底脚螺丝,使水平仪的气泡居中。

② 调零点。将游码移到左端零刻度处,两秤盘悬挂端挂到刀口上,右旋制动旋钮 K 启动天平,观察天平是否平衡。当指针指在标尺的中线位置,既可以为零点调好,否则左旋制动旋钮使之处于制动位置,调整平衡螺母,直到调好零点。

③ 称衡。先让横梁在制动位置,将待测物放入左盘,砝码放入右盘,旋动制动旋钮试探平衡与否,若不平衡则旋回制动处,调右盘砝码和游码,直到平衡。此时测的待测物的质量就是右盘砝码与游码的质量之和。

(3) 使用注意事项

① 天平的载荷量不得超过天平的最大称量;取放物体、砝码、移动游码或调节天平时,必须在天平制动后进行。

② 取放砝码时必须用镊子,砝码使用完应立即放回盒内。

③ 秤盘、砝码要一致,不得随意调用。

④ 加砝码应按从大到小的次序。

⑤ 测量完毕天平应处于制动处,两端秤盘挂口应摘离刀口。

⑥ 天平各部分和砝码需防潮、防锈、防蚀。高温物、液体、腐蚀性化学品严禁直接放在秤盘上。

3. 时间测量

测量时间的方法很多,测时器具通常基于物体机械、电磁或原子等运动的周期性而设计的。在物理实验中常用的计时仪器有机械秒表、电子秒表和数字毫秒计等。

(1) 机械秒表

机械秒表结构如图 2.1.6 所示,表面上有两个指针,长针为秒针,短针为分针。秒针转一周为 30 s,最小分度值为 0.1 s。分针转一周为 15 min,秒针转两周,分针走一格。秒表上端的可旋转按钮 A 是给发条上弦和控制秒表走时、停止和回零用的。使用时先旋紧发条,第一次按下按钮 A 若秒表开始走动,则第二次按下 A 秒表停止走动,第三次按下 A 时指针都回到零位。有的秒表在按钮 A 旁安有累计按钮 B,向上推 B,秒表停止走动;向下推 B,秒表继续走动,这样可以连续累计计时。

(2) 电子秒表

电子秒表的时基是晶体振荡器,用液晶显示时间。电子秒表的外形和使用方法千差万别,但一般都是多功能的,即可以计时间间隔,也可作为钟表显示其时刻的时间。图 2.1.7 所示电子秒表的外形结构,表面的液晶显示器可显示的最小时间为 0.01 s。S_1 按钮控制“走/停”,S_3 按钮控制“回零”和“功能选择”,S_2 为调整按钮。使用时一般把秒表调到秒表状态,只需使用 S_1、S_3 两个按钮起动、停止和复零三种功能。

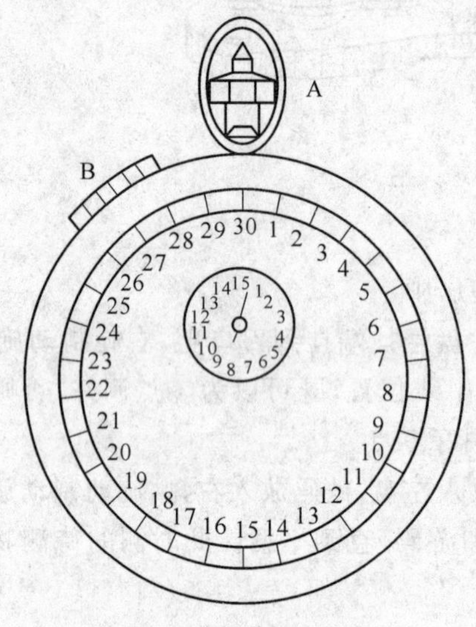

图 2.1.6 机械秒表

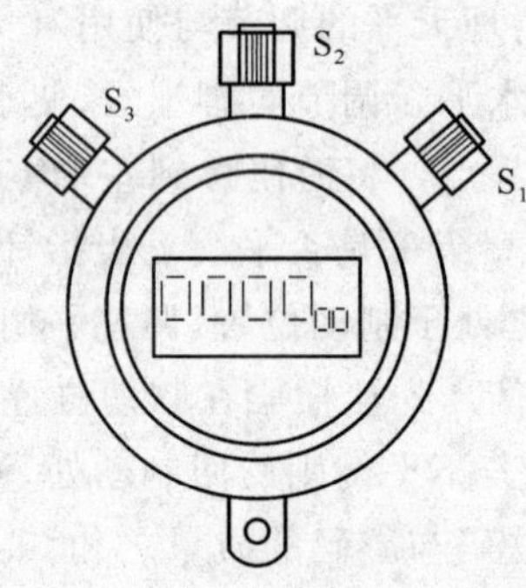

图 2.1.7 电子秒表

(3) 数字毫秒计

数字毫秒计是一种测量时间间隔的数字式电子仪器,它是采用高精度的石英晶体振动周期控制计时。数字毫秒计的种类很多,功能也有差别,但基本原理大体相同。数字毫秒计主要是有晶体振荡器、分频电路、控制电路和计数电路等组成。晶体振荡器产生的高频脉冲经分频电路转换成频率较低的计数脉冲,在主控门打开时,计数脉冲进入计数电路开始计数,并由数码管直接显示出来;当主控门关闭时,停止计数。

数字毫秒计有两种计时控制方法:

① 机控。用手动来控制开关的通和断,使毫秒计“开始计时”和“停止计时”。

② 光控。例用光信号来控制“开始计时”和“停止计时”,它又可分为 S_1 和 S_2 两挡。

S_1 挡:光电门被遮光瞬间计时,遮光结束瞬间停止计时,即记录光电门被遮光的时间。

S_2挡：光电门第一次被遮光时开始计时，第二次被遮光计时停止，即记录两次遮光信号的时间间隔。

另外，数字毫秒计上还有手动和自动复位装置，可在一次测量之后，消去显示的数字，便于下一次计时。

4. 温度测量

热力学中的基本物理量是温度，温度是表征物质热运动的一个状态参量，它描述了物体的冷热程度。热力学温标是作为国际基本量之一的温度标准，其单位是开尔文，简称开，符号位 K。其定义是：1 K 等于水的三相点（水、水蒸气、冰平衡共存的状态）的热力学温标的 1/273.16。

物理实验中常用的测量温度的基本仪器有：液体温度计、气体温度计、电阻温度计和热电偶等。

(1) 液体温度计

测温物质为某种液体（如水银、酒精等），将其装在细而均匀的毛细玻璃管中。用体积随温度的变化来标志温度，一般体积随温度呈线性变化。但是这类温度计存在测温范围窄、玻璃热滞的缺点。

(2) 气体温度计

测温物质为某种气体，如氢气、二氧化碳等。气体温度计分两种，一种是一定质量的气体，保持体积不变，用压强随温度的变化来标志温度，称为定容气体温度计；另一种是保持压强不变，用体积随温度的变化来标志温度，称为定压温度计。

(3) 电阻温度计

用某种导体作为测温物体，根据导体的电阻随温度的变化规律来标志温度。电阻温度计的测量精度高，测温范围为－260～1 000 ℃。一般常使用的有铂电阻温度计、铜电阻温度计，低温下使用铑铁、碳和锗电阻温度计。

(4) 热电偶（温差电偶）

将两种不同的金属材料 A、B 两端彼此焊接成一闭合回路，即制成热电偶，如图 2.1.8 所示。若使两接点处在不同温度下，回路中就会产生电动势及电流，这种现象为温差电现象，该电动势称作温差电动势。温差电动势的大小与组成热电偶的金属材料有关，与热端和冷端的温度差有关。

在 A、B 两种金属之间插入另一种金属 C，如图 2.1.9 所示，使 A、B 接点处温度 t，接点 C、A 及 C、B 处于相同的温度 t_0，这个由 A、B、C 构成的回路中的温差电动势与由 A、B 构成的回路（在 t 和 t_0 温度条件下）的电动势相同。测温时，使热电偶的两种金属 A、B 的一个接头处于温度 t 的介质中，A、B 的另一端置于已知温度为 t_0 的恒温物质（如冰水混合物）中，用两根材料为 C 的导线将 A、B 在恒温物质的一端分别联到电位差计上，测出温差电动势，由该热电偶的校准曲线或数据，就可得知待测温度 t。

热电偶的测温范围广（使用范围为－200～2 000 ℃）；灵敏度和准确度很高（在 10^{-3} ℃以下），特别是铂和铑的合金制成的热电偶稳定性很高，常用作标准温度计等。

常用的热电偶有以下几种：铜-康铜热电偶，用于 300 ℃以下的温度测量；测高达

1 100 ℃的温度用镍铬-镍镁合金组成的热电偶；测更高的温度，通常用铂-铂铑合金的热电偶（测温范围为－200～1 700 ℃）；如果温度高达到 2 000 ℃，则可用钨-钛热电偶。

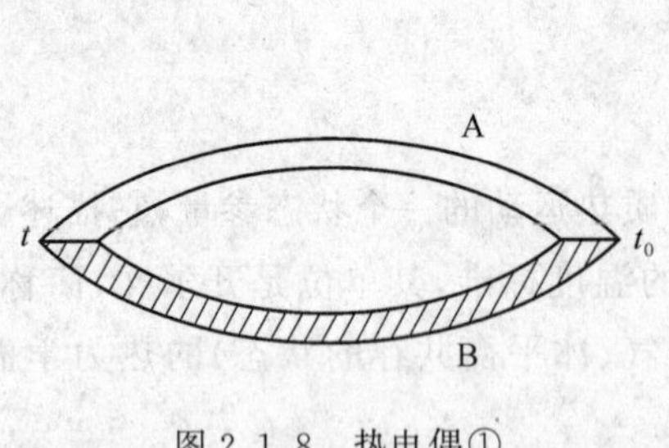

图 2.1.8 热电偶①

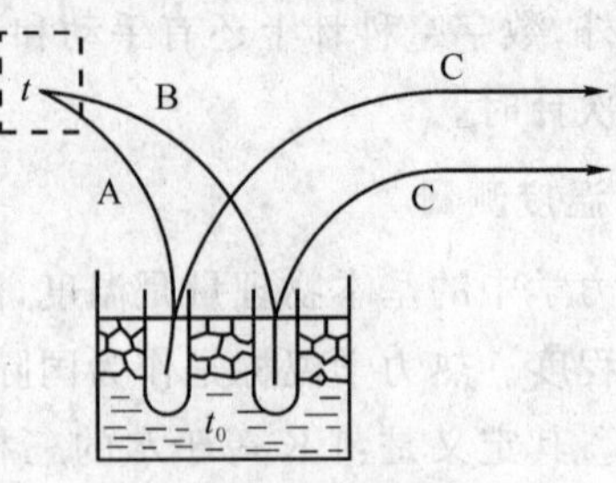

图 2.1.9 热电偶②

2.2 电磁学实验基础知识

电磁测量是现代生产和科学研究中应用很广的一种测量方法和技术。它除了测量电磁量外，还可以通过换能器把非电量变为电量来测量。物理量测量中的电磁量测量基本知识，主要是学习电磁学中常用的典型测量方法（如伏安法、电桥法、补偿法、模拟法等）以及技能的训练，培养看电路图、正确连接线路和分析判断实验故障的能力。同时，通过实际的测量和观察，深入认识和掌握电磁学理论的基本规律。由于电磁学实验中的一些基本仪器是经常要用到的，掌握其性能和用法对顺利进行各项实验都有重要意义。因此，有必要先对一些常用电学仪器及其性能做出介绍。在做实验前应认真阅读这些内容。

1. 电源

电源是把其他形式的能量转变为电能的装置。电源分为直流和交流两类。

（1）直流电源

实验室常用的直流电源有晶体管（集成电路）直流稳压电源、干电池和铅蓄电池。目前，晶体管直流电源的生产厂家很多，型号、外观各异，但其共同特点是这种电源的稳定性能好、内阻小、功率较大，输出电压可在一定范围内调节。多数稳压电源上装有自动保护装置，当输出过载或瞬时短路时，会自动停止工作。电源的面板上还装有电压、电流指示表和电压调节波段开关等装置。使用时要注意它的正负极以及最大允许输出电压和电流，切勿超过。

干电池也是实验室常用的直流电源之一。它的电动势为 1.5 V 左右，供电电流一般较小，使用时应防止过载或短路。

铅蓄电池的电动势为 2 V 左右，其额定供电电流比干电池大，它的电动势降低到 1.8 V 以下时应及时充电，长期不用时也必须每隔 2～3 周充电一次。因为维护比较麻烦，又加之体积较大、有腐蚀性等缺点，目前铅蓄电池在实验室中已不多见。

（2）交流电源

常用的电网电源是交流电源，用符号“AC”或“～”表示。常用的交流电源有两种，一种是单相 220 V，一种是三相 380 V，频率为 50 Hz。

2. 电阻器

电阻器分为固定电阻和可变电阻两类。固定电阻的标称阻值一般在电阻上标出,使用时除了选择阻值外还应注意其额定功率,防止因电压(或电流)过大而烧坏电阻。实验室常用的可变电阻有滑线变阻器和电阻箱两种,下面分别介绍其特性和使用方法。

(1) 滑线变阻器

滑线变阻器在电学实验中使用较多,常用于控制电路中的电压和电流,它的构造如图 2.2.1 所示。把金属电阻丝(如镍铬丝)密绕在绝缘瓷管上,电阻丝的两端分别接于接线柱 a、b 上,a、b 间的电阻即是总电阻。瓷管上方有一金属杆,滑动头 M 通过金属杆与接线柱 c 相连。改变 M 在 a、b 间的位置,即可改变 a、c 或 b、c 间的电阻值。

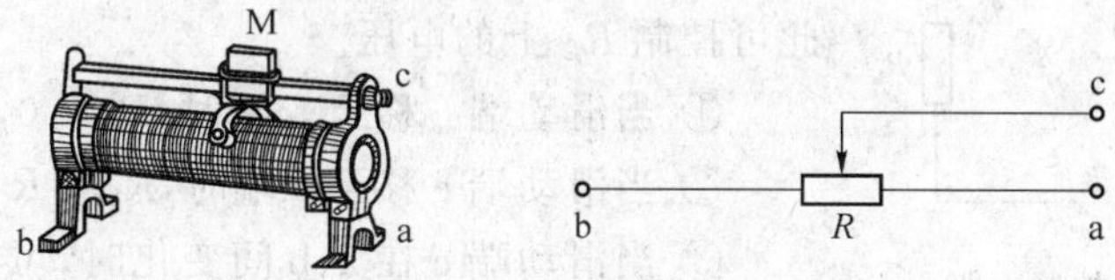

图 2.2.1　滑线变阻器

滑线变阻器有两个主要参数:

a. 阻值:指 a、b 间的电阻值,以 R_0 表示。实验室常用的变阻器的总电阻由几欧到几千欧。

b. 额定电流:指变阻器允许通过的最大电流,使用时变阻器上任何一部分的电流都不可超过此值。这两个参数均标在仪器的铭牌上,使用时应先查阅。

滑线变阻器在电路中接成限流控制电路和分压控制电路时,应分别注意它们的作用和使用方法。

① 限流控制电路

如图 2.2.2 所示,将滑线变阻器的一个固定端和滑动端串联在电路中,通过改变电阻器的阻值来改变回路总阻值,从而达到控制电流的目的。根据欧姆定律,R_L 上的电流和电压分别为

$$I=\frac{E}{R_{ac}+R_L}$$

$$U=IR_L=\frac{R_L}{R_{ac}+R_L}E$$

当滑动端移至 a 端时,$R_{ac}=0$,则有

$$I_{max}=\frac{E}{R_L}\qquad U_{max}=E$$

当滑动端移至 b 端时,$R_{ac}=R_0$(R_0 即为滑线变阻器总阻值),则有

$$I_{min}=\frac{E}{R_0+R_L}\qquad U_{min}=\frac{R_L}{R_0+R_L}E$$

由此可见,滑线变阻器作为限流控制电路仪器,可使负载电路电流在 $I_{min}\sim I_{max}$ 之间变化,负载电压相应地在 $U_{min}\sim U_{max}$ 间变化。

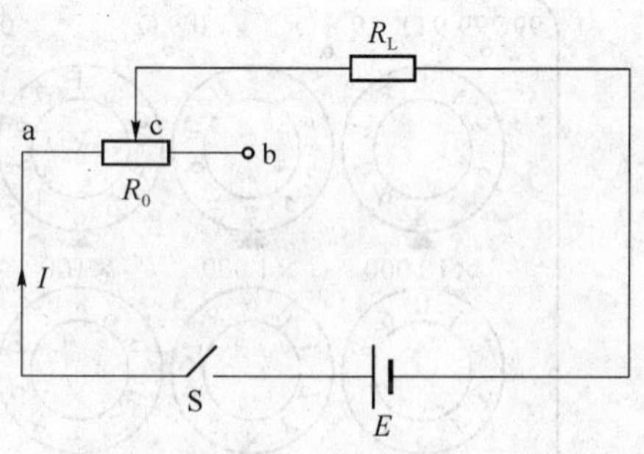

图 2.2.2　限流控制电路

用滑线变阻器组成电流控制电路时,一定要注意:变阻器额定电流必须大于实验要求的电流。实验中为安全起见,在电源接通前应使滑动触头 M 置于回路中电流最小的位置(b 端)。

② 分压控制电路

如图 2.2.3 所示,将滑线变阻器的两个固定端 a、b 与电源两极相连,滑动端 c 和一个固定端 b(或 a)与负载相接。通过滑动头 M 的滑动,可以分出电源电压的任何一部分,以达到控制负载电压的目的。

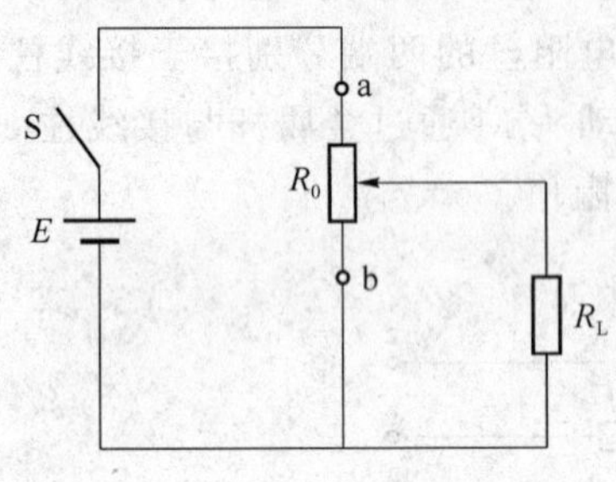

图 2.2.3　分压控制电路

当 $R_L \gg R_0$ 时,可以看作滑线变阻器中有固定电流通过,且 $I=\dfrac{E}{R_0}$,这时 R_L 两端的电压 $U=IR_{bc}=\dfrac{R_{bc}E}{R_0}$。

由于 R_0 与 E 已确定,故电压 U 与 R_{bc} 大小成正比,由此可控制 R_L 上的电压。

① 当滑动端 c 移至 b 端时,$R_{bc}=0$,故 $U_{min}=0$;

② 当滑动端 c 移至 a 端时,$R_{bc}=R_0$,故 $U_{max}=E$;

③ 当滑动端 c 在 a、b 间变化时,可得到 $0\sim E$ 之间的负载电压。

用滑线变阻器作分压控制电路时,应注意滑线变阻器允许通过的最大电流应大于回路中的总电流 I,一般情况下 $I=E/(R_{ac}+R_{并})$,$R_{并}$ 是 R_L 与 R_{bc} 的并联值。同样,为使电路安全,在接通电源前应使滑动端 c 移至电压最小位置(即 b 端)。

(2) 电阻箱

常用的电阻箱是转盘式的,它是由若干个电阻元件按一定的组合方式连接而成。旋转电阻箱上的旋钮可以得到不同的电阻值。实验室用 ZX-21 型旋转式电阻箱,它的面板如图 2.2.4 所示。箱面上有 4 个接线柱和 6 个旋转盘,每个转盘都有 0～9 共 10 个数字。盘下方有一小三角形箭头,并注有×0.1,×1,×10,…字样,称作倍率。使用时将导线接入 0 和 99 999.9 两个接线柱,电阻值由转盘读出,方法是:各转盘箭头所指读数乘上箭头下面的倍率,然后全部相加。例如,图 2.2.4 面板上的数值为 87 654.3 Ω。在测量阻值较小的电阻时,为了减小系统误差,电阻箱上设有 0.9 和 9.9 两个接线柱。从图 2.2.5 的内部线路图可以看出,这时分别只接入了一个或两个转盘,这样就减少了多余旋钮触点所带来的误差。

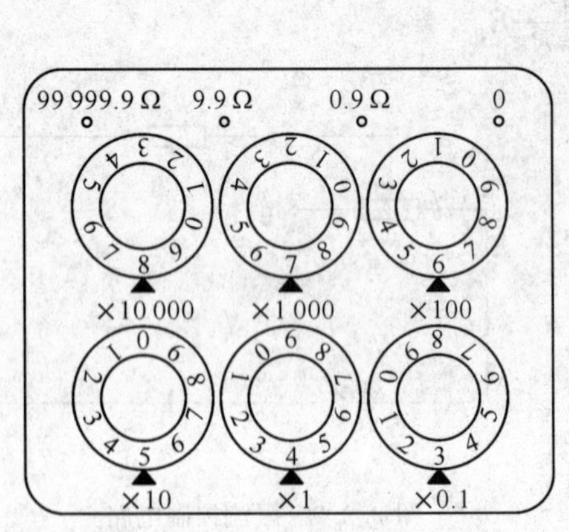

图 2.2.4　电阻箱面板

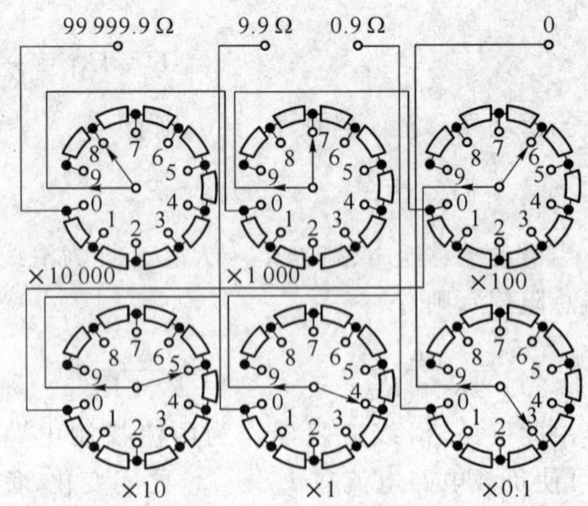

图 2.2.5　电阻箱内部线路图

电阻箱有准确度等级，标在仪器的铭牌上。电阻箱的基本误差值，可用下式表示：

$$\Delta R = a\% R \tag{2.2.1}$$

式中，ΔR 为基本误差；a 为准确度等级；R 为电阻指示值。

使用电阻箱时，应注意勿使电流过大，以免因发热造成阻值改变或烧毁电阻。一般旋转式电阻箱允许功率为 0.25 W，各挡电阻允许通过的电流不等，如表 2.2.1 所示。

表 2.2.1　ZX-21 型电阻箱各挡电阻容许电流

旋钮倍率	×0.1	×1	×10	×100	×1 000	×10 000
容许电流/A	1.5	0.5	0.15	0.05	0.015	0.005

使用电阻箱时，还应注意数值从 9 到 0 的跃变。若某一转盘增加到 9 后还需增加，必须先把比它高的那一位数的转盘先增加 1，再将此转盘从 9 变至 0。否则，电阻的跃变会引起线路电流的跃变，带来不利的后果。

3. 电表

电表是测量电学量量值的直读式仪器。它可直接将被测的电学量转换为可动部分的偏转角位移，并通过指示器在标尺上显示出被测量（如电流、电压、功率、频率等）的大小。电表按工作原理可以分为磁电式、电磁式、电动式、感应式、整流式、静电式、热电式等。实验室中常用的电表绝大多数是磁电式仪表，它们主要由表头与扩程电阻（分流电阻或分压电阻）两部分组成。表头的作用是将接受的电流（或电压）变成指针或光点的偏转；扩程电阻部分是将被测量的物理量转换成表头所能承受的电流（或电压）。

（1）表头（检流计）

实验室常用的表头多数是磁电式的，其内部结构如图 2.2.6 所示。永久磁铁和圆柱形铁芯在其空气间隙中形成一个均匀的辐射状磁场，在间隙内放一个可绕中心轴转动的长方形线圈，轴上固定表指针并装有螺旋状的游丝。当电流通过线圈时，线圈在磁场中受磁力矩作用而偏转。无论线圈转到什么位置，线圈平面的法线方向（结构上为表指针方向）总是和线圈所处的磁场方向垂直。所以，线圈所受磁力矩大小为

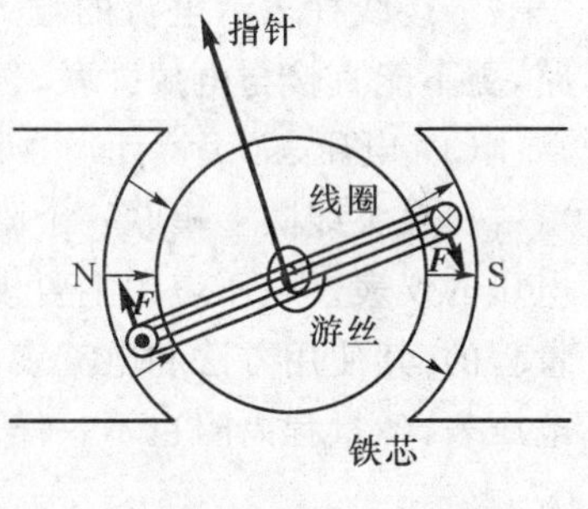

图 2.2.6

$$M = NBSI \tag{2.2.2}$$

式中，B 为磁感应强度；N 为线圈匝数；S 为线圈面积；I 为通过线圈的电流。线圈偏转后，游丝即产生一个反向力矩作用于线圈，其方向与磁力矩正好相反。在游丝弹性范围内，扭力矩 M' 与转角 α 成正比，即

$$M' = D\alpha \tag{2.2.3}$$

式中，D 为游丝的扭转系数。

当磁力矩 M 和扭力矩 M' 相等时，线圈处于平衡位置，由(2.2.2)、(2.2.3)两式得

$$\alpha = \frac{NBS}{D} I = KI \tag{2.2.4}$$

由此可知，线圈（指针）的转角大小与通过线圈的电流大小成正比。式(2.2.4)中的 $K=$

NBS/D 为一常数，由表头的内部结构参数确定，故可将式(2.2.4)改写为

$$K=\frac{\alpha}{I} \tag{2.2.5}$$

式(2.2.5)说明，K 是单位电流所能引起的偏转角。所以，K 称为表头的灵敏度。

表头的主要规格有以下两个。

① 满偏电流：即表针偏转到满度时，线圈所通过的电流值，以 I_g 表示。一般表头满偏电流为 50 μA、100 μA、200 μA 和 1 mA。

② 内阻：主要指表头内线圈的电阻，以 R_g 表示。表头内阻一般为几十欧姆到数千欧姆，表头满偏电流越小，内阻越大。

(2) 电流表(安培计)

在表头线圈上并联一个附加低电阻，就成了电流表，它是用来测量电路中电流强度的仪表。电流表的主要规格有以下两个。

① 量程：即指针偏转满度时所通过的电流值，电流表一般是多量程的。

② 内阻：指表头内阻与为了扩程而并联的分流电阻的总电阻。对多量程电流表，各量程内阻不同。量程越大，内阻越小。安培计的内阻一般在 1 Ω 以下，毫安表的内阻一般在几欧到几十欧。电表的内阻可由下式算出：

$$R_A=\frac{U_m}{I_m} \tag{2.2.6}$$

式中，R_A 为电流表内阻；V_m 为电流表额定电压；I_m 为电流表所用量程。

使用电流表时应注意把它串接在被测电路中，并选好合适的量程。对于直流电表，标“+”号接线柱表示电流的输入端，不可接反。由于电流表的内阻很小，绝不可并联接入电路，更不能直接与电源并联，否则电流表和电源都将被烧坏。

(3) 电压表(伏特计)

在表头线圈上串联一个附加高电阻，即成为电压表。它是用来测量电路中某两点之间电压的仪表。电压表的主要规格：①量程，即指针偏转满度时的电压值，电压表通常也是多量程的，其使用方法和电流表相同。②内阻，指表头内阻加上扩程而串联的电阻。对多量程电压表，各量程内阻也不一样。其内阻可由下式算出：

$$R_V=\frac{U_m}{I_m} \tag{2.2.7}$$

式中，R_V 为电压表内阻；V_m 为电压表所用量程；I_m 为电压表额定电流。

电压表的内阻一般以“Ω/V”表示，其关系式为

$$R_V=V_m\times(\Omega/V) \tag{2.2.8}$$

使用电压表时应注意将电压表并联在被测电路的两端。接线柱的“+”端接高电位，并选择合适的量程。

(4) 电流表和电压表使用中的几个共同问题

① 读数问题

电表中的弧形标尺，是用来读取电表数值的。对多量程电表，量程改变后标尺所对应的值也将改变。为了准确而方便地读数，用下式进行换算：

$$A=n\frac{\alpha}{N} \tag{2.2.9}$$

式中,A 为测量终值;α 为对应量程值;N 为标尺总分格数;n 为表针所指格数。不论量程怎样变化,用上式都可准确得到读数。

② 电表的基本误差

由于电表结构和制作上的不完善,即使按规定条件正确使用电表,电表的指示数仍有一定误差,这些误差属于系统误差。根据国家标准规定,各类电表的准确度等级分为 0.1、0.2、0.5、1.0、1.5、2.5、5.0 共七级,表示级别的数字越小,电表级别越高,其准确度越好。

使用级别为 K 的电表进行测量时,其测量值的允许误差为

$$\Delta_m = A_m K\% \tag{2.2.10}$$

式中,Δ_m 为电表允许误差(或称仪器误差);A_m 为电表量程;K 是电表的准确度等级。

③ 电表的技术指标

电表制作时主要的技术性能都用一定的符号表示,并在表面上给出了一些主要的技术参数,如表 2.2.2 所示。使用前应了解这些性能和参数,例如,直流表不能测交流电,水平放置的表不能垂直放置等。

表 2.2.2　常用电气仪表面板上的标记

名称	符号	名称	符号
指示测量仪表的一般符号	○	正端钮	+
检流计	Ⓖ或(↑)	公共端钮	*
磁电系仪表	[符号]	直流	—
静电系仪表	[符号]	交流(单相)	~
安培表	A	直流和交流	≃
毫安表	mA	以标度尺量限的百分数表示的准确度等级,例如 1.5 级	1.5
微安表	μA	以指示值的百分数表示的准确度等级,例如 1.5 级	(1.5)
伏特表	V	标度尺位置为垂直的	⊥
毫伏表	mV	标度尺位置为水平的	⊓
千伏表	kV	绝缘强度试验电压为 2 kV	☆2
欧姆表	Ω	接地用的端钮	⏚
兆欧表	MΩ	调零器	[符号]
负端钮	—	Ⅱ级防外磁场及电场	[Ⅱ] [Ⅱ]

(5) 万用电表

万用电表是最常用的检测仪表,可以测直流电流、直流电压、交流电流、交流电压、电阻

等,有些万用电表还可以测电功率、电感、电容以及晶体二极管、三极管的某些参数。它用途广,使用方便,但准确度较低。

万用电表使用方法如下。

① 万用电表使用时应水平放置,检查指针是否在零位,若不指零位,则应调整零位调节器,使其指零。

② 认清万用电表面板和刻度,根据待测量的种类和大小,将选择开关拨至合适的位置。

③ 电压挡和电流挡的使用方法和注意事项与普通电表相同。

④ 使用欧姆挡时要注意选择合适的量程,由于欧姆计表盘刻度不均匀,它的中点阻值称为中值电阻,使用时应尽量使用表盘中间一段。每次测量前均应先将两表笔短接,调节“欧姆零点”,以保证欧姆计刻度值正确。不得用欧姆计测带电的电阻,不得测额定电流小的电阻。使用时不得双手同时接触两笔尖的金属部分。万用电表使用完毕应将转换开关旋至空挡或最高电压挡。

4. 电学实验的基本训练要求

(1) 对照实验中的电路图进行仪器摆放。摆放的原则是:做到使接线尽量不交叉;电源离人体远些,特别对较高电压的电源更应如此;需读取测量值的仪表应尽量靠近实验者,并且不能横放和倒放,以免影响读数准确;需要在实验中改变数值的仪器(如滑线变阻器、电阻箱等),应尽量放在方便操作的位置。

(2) 线路连接和检查线路应从电源正极开始,把电路分成多个回路(必要时),一个回路一个回路地连(查)线,连线时,先连主回路,再连其他部分。

(3) 实验中必须遵守“先接线路,后通电源;先断电源,后拆电路”的原则。电源接通后应先观察各仪表偏转是否正常,量程选择是否合适,闭合开关时应采用跃接法(轻合开关立即断开)。

(4) 实验完毕后,将仪表调到安全位置(例如,电桥的电源开关应松开,较高级别的检流计应锁住指针等),整理好仪器和导线,恢复到实验前的状态。

2.3 光学实验基础知识

光学在现代科学中占有十分重要的地位,光学的发展,特别是20世纪60年代激光的问世,把人类社会迅速推向信息时代、光电子时代。激光也被广泛应用于精密测量、医疗、通信、科研、国防等方面。同时也为光学实验技术提供了重要的实验手段,丰富了经典光学的实验内容。

在高科技的今天,更应学好光学理论,认真做好光学实验。由于光学实验中使用的实验仪器多为贵重的精密仪器,因此实验前作好预习,了解仪器的结构、调试方法及注意事项,尤为重要。本节将对光学实验中常用的一些光源、光学元件和光学仪器进行简单介绍,以便了解它们的性能原理、使用方法。实验前请仔细阅读这些内容。

1. 光源

(1) 白炽灯

白炽灯是热辐射光源,可作白光光源和照明使用。白炽灯以钨丝作为发光体,灯泡内充以惰性气体，它熔点高、蒸发率底、使用寿命长。白炽灯发出的光，光谱为连续光谱的复色光。光谱的成分和光强与钨丝的加热温度有关。

(2) 气体放电灯

主要有辉光放电光源和弧光放电光源两类，其结构原理基本相同：利用灯管内蒸汽（例如汞蒸汽或钠蒸汽）在强电场中游离放电而形成弧光。根据灯管内所充气体不同，而发射其特有的原子光谱或分子光谱。下面介绍的汞灯和钠光灯是实验室较为常用的光源。

① 汞灯

汞灯是一种发绿白色光的复色光源。在可见光范围内几条强谱线波长为 404.66 nm、404.78 nm、435.83 nm、546.07 nm、576.96 nm、579.07 nm、632.45 nm。其中 435.83 nm 和 546.07 nm 两条谱线较强。汞灯辐射的紫外线较强，注意不要裸眼正视。

② 钠光灯

钠光灯常作为单色光源使用，在可见光范围内有两条波长为 589.0 nm 和 589.6 nm 的黄色谱线，通常取 589.3 nm 作单色波长。

汞灯与钠光灯的工作原理相似，都是金属蒸气弧光放电，因此使用这两种灯时，都必须注意：

① 与一定规格的限流器串联后才能接到电源上，以稳定工作电流，否则即被烧坏。

② 气体放电灯启动后需经几分钟后才会正常发光，又因为忽燃忽熄容易损坏灯管，故点燃后就不要轻易熄灭它。光源切断后不可马上重新开启，以免烧断保险丝，并会缩短灯管寿命。

③ 在点燃时不得撞击或振动，否则灼热的灯丝容易震坏。

(3) 激光器

氦氖激光器是实验室常用的激光电源，它单色性好、亮度高、方向性好、空间相干性高。其发出的光为波长 632.8 nm 的红光。普通光源是自发发射而发光的，激光器是受激发射而发光的。因此，其正常工作管压降要一两千伏以上，激发电压要几千伏。使用时要注意人身安全，不要触及电极；激光器关闭后，也不能触及电极，以免电源内的电容器高压放电伤人。由于激光束的能量高度集中，应注意保护眼睛，切勿迎着激光束直接观看。

2. 常用的光学仪器及调试

(1) 透镜——基本的成像元件

透镜是光学实验中的基本成像元件，理想的成像应是物面上某点与像面上的点一一对应的，这些对应点是唯一的，由这些点所组成的像是清晰的，也是唯一的。因此要想得到一个与物完全相似的像，必须满足光是单色的近轴光这一条件。而实际的光学系统不能满足这个条件。在实验室使用光具座确定透镜成像时，会发现单一的凸透镜或简单的透镜组所成的像，不是唯一的，而是在一个小范围内，都可以得到清晰的像。这是由于透镜成像所产生的像差造成的。那么如何确定像的准确位置成为实验中首先要解决的问题。下面简单了解一下产生像差的原因。现实中由于客观存在的诸多因素，使透镜成的像，总存在着各种各样的像差。最为明显的是球差和色差。

① 球差

如图 2.3.1 所示，图中点 S 是单色光物点，在 S 发出的光线中，由于对透镜的入射角度不同及透镜各点的厚度差异，光线经过透镜两次折射后，成像不在同一点上。如孔径为 θ_1

的光线，它的像点为 S_1；孔径为 θ_2 的光线，它的像点为 S_2，由此产生的球差为 S_1 与 S_2 之间的距离。

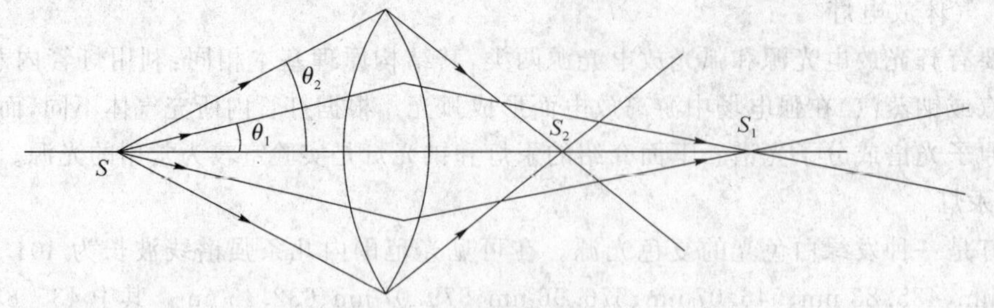

图 2.3.1　球差的形成

② 色差

如图 2.3.2 所示，若有一复色光物点 S'，由于不同颜色的光的波长不同，透镜材料对不同颜色光的折射率不同，那么，经透镜折射后，有不同的焦距，因此不同颜色的光所成的像点不能重合，这种现象称为色差。例如，紫光的像点为 S'_1，红光的像点为 S'_2，则由此产生的色差为 S'_1 与 S'_2 之间的距离。

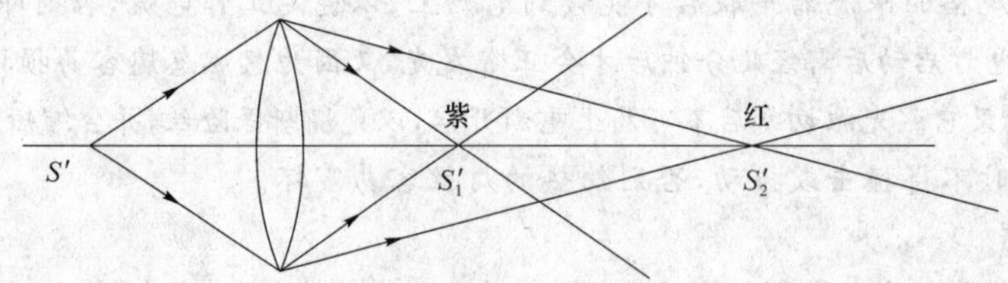

图 2.3.2　色差的形成

③ 像差的消除

光学仪器中，常采用复合透镜组。对于简单的透镜成像，实验中常采用左右逼近法：在光具座上移动像屏分别从左右两侧逼近像点，找到左右两侧使像刚好清晰的点，两点的中点即是像的准确位置。

(2) 光具座上各元件同轴等高的调节

使用光具座做各种光学实验的第一步，应首先做好同轴等高的调节。

① 粗调

先将各光学元件(光源、物屏、透镜、像屏等)夹在光具座上靠拢，调节高低、左右，使各元件中心大致都在平行与轨道的直线上，各元件平面与导轨垂直，以上步骤靠目测完成。

② 细调

依靠成像规律来判断，将物屏、像屏距离拉开，适当改变物屏、透镜、像屏的相对位置，使像屏上出现清晰放大的(或缩小的)像，然后平移透镜，使像屏上再次出现清晰缩小的(或放大的)像，若两次成像的中心位置不变，则说明各光学元件同轴等高。

如果需要调节两个以上的透镜，可在调节好的光路中，再加入下一个凹(凸)透镜，适当调整加入透镜的位置，使再次所成的像的中心与原像中心重合，依次调整，便可调好整个系统。

(3) 测微目镜

① 测微目镜的结构

测微目镜一般作为光学精密计量仪器的附件使用,如读数显微镜、调焦望远镜、内调焦平行光管以及各种测长仪等都装有这种目镜,也可以单独使用。它的量程较小只有 8 mm,但准确度较高,其结构如图 2.3.3 所示。在靠近目镜焦平面的固定分划板上刻有量程8 mm的玻璃标尺,其分度值为 1 mm,与它相距 0.1 mm 处,平行放置一块玻璃的活动分划板,其上刻有十字准线和竖直双线。当眼睛贴近目镜筒观察时,即可在明视距离处看到玻璃尺上放大的刻线及与其相叠的叉丝像如图 2.3.3(b)所示。活动分划板的框架与测微鼓轮丝杆相连,故测微鼓轮旋转时,丝杆就会推动分划板左右移动,这时目镜中的竖直双线和叉丝将沿垂直目镜光轴的平面横向移动。测微鼓轮每旋转一圈,活动分划板就移动 1 mm;由于鼓轮上分有 100 个小格,因此每转过一个小格,分划板移动 0.01 mm。

测微目镜的读数方法与螺旋测微计相似,双线和叉丝交点位置的毫米数从固定分划板上读出,毫米以下的位数由测微器鼓轮上读出;两数之和即为被测点所在的位置。

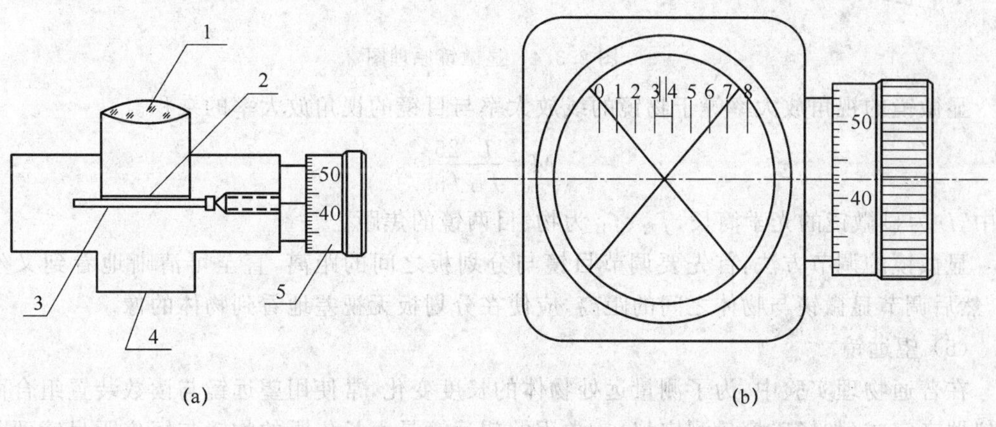

1—目镜;2—固定器鼓轮;3—活动分划板;4—防尘玻璃;5—测微器鼓轮

图 2.3.3　测微目镜结构图

② 调节方法

测量时,先调节目镜与分划板的间距,直到看清楚叉丝为止;然后调节目镜筒与被测实像之间的距离,调至可清晰地观察到被测物体的像;并须仔细调节到叉丝与被测像无视差为止,即两者处在同一平面上。判断无视差的方法是,当左右或上下稍微改变视线方向时,两个像之间没有相对移动。只有无视差的调焦,才能保证测量精度。测量时应注意:由于螺旋与螺套之间存有间隙,因此当测微目镜对同一目标测量时,只能沿着同一方向缓慢转动鼓轮依次测量,中途不可反向,以免产生回程差,否则会出现鼓轮开始反转而分划板却尚未被带动的现象。若旋过头必须退回一圈再沿原方向旋进,对准目标重测。对被测目标进行长度测量时,先使叉丝的叉点对准目标一侧,记下读数,再使叉丝对准目标的另一侧,记下读数,两数之差即是被测目标的大小。旋转鼓轮时,动作一定缓慢,若叉丝已达刻度尺一端,则不能再强行旋转测微鼓轮,否则损坏读数机构。

(4) 显微镜

显微镜是能将微小物体放大的助视光学仪器,如果与读数装置组合,即可构成读数显微镜,用它可精密测量微小物体的长度。显微镜的工作原理图如图 2.3.4 所示。图中物体 AB 应置于焦点 F_1 外侧并靠近 F_1 处,使物体 AB 发出的光线通过物镜 L_1 后,在目镜 L_2 焦点 F_2 内侧且紧靠 F_2 处的分划板(叉丝)上,成一倒立放大的实像 $A'B'$,$A'B'$ 再经过目镜放大后,便可在人眼前的明视距离 25 cm 处成一放大的虚像 $A''B''$。

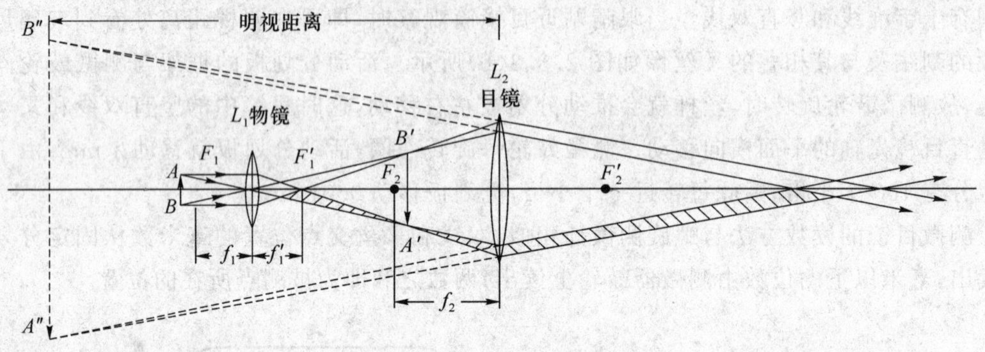

图 2.3.4　显微镜原理图

显微镜的视角放大率等于物镜的线放大率与目镜的视角放大率的乘积。

$$M=\frac{L}{f_{物}}\frac{25}{f_{目}}$$

式中,L 为显微镜的光学筒长,$f_{物}$、$f_{目}$ 为物、目两镜的焦距。

显微镜的调节方法:首先要调节目镜与分划板之间的距离,直至可清晰地看到叉丝的像,然后调节显微镜与物体之间的距离,应使在分划板无视差地看到物体的像。

(5) 望远镜

在普通物理实验中,为了测量远处物体的长度变化,常使用望远镜与读数装置组合而成的仪器来完成(如杨氏模量测定仪)。常用的望远镜是由长焦距的物镜与短焦距目镜两凸透镜构成的开普勒望远镜。其视角放大率由物镜焦距与目镜焦距的比来决定。光路图如图 2.3.5 所示。

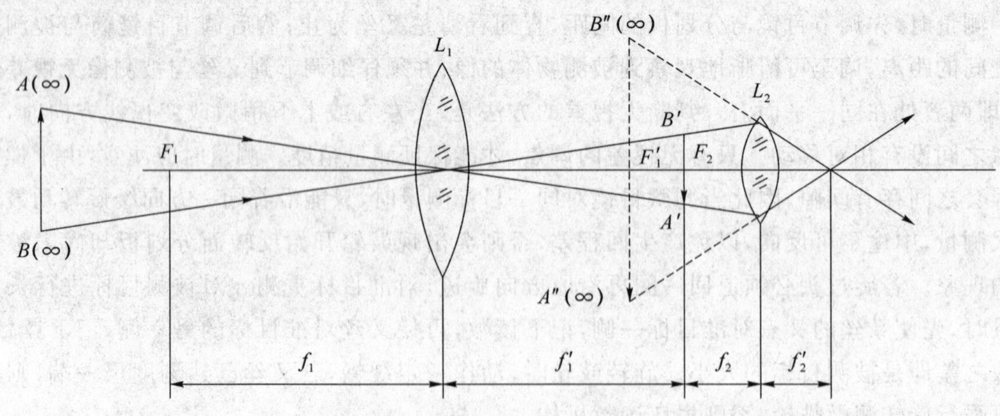

图 2.3.5　望远镜原理图

图 2.3.5 中,AB 为无限远处的物体,物镜像方焦点 F'_1 与目镜焦点 F_2 重合,或 F_2 在 F'_1 外侧一点,AB 的光线经过物镜后,所成倒立实像 $A'B'$,应恰好位于 F'_1 外侧贴近 F_2 内侧的分划板上,于是 $A'B'$ 经目镜后,便得到放大的虚像 $A''B''$。

调节时与显微镜基本相同,先调节目镜与分划板之间的距离,看到清晰的十字叉丝后,再调节分划板与物镜之间的距离,直至物体的像与叉丝准线无视差为止。

3. 光学实验注意事项

(1) 实验前必须了解光学仪器的操作要求后方能使用仪器。

(2) 大部分光学元件是用玻璃制成,使用时要轻拿、轻放,避免受震、摔碰。暂时不用的元件要放回原处,不要随手乱放,以免碰落损坏。

(3) 由于光学元件的光学表面经过精细抛光、镀膜而成,任何时候都不能用手触摸。只能拿非光学表面部分,如磨砂面、透镜的边缘、棱镜的上下表面等。

(4) 对光学表面、镀膜表面要注意防止水汽、灰尘的污染。不要对着光学元件说话、打喷嚏、咳嗽。

(5) 光学表面有污垢时,不要用手擦拭,对于轻微的污痕、指印,可用洁净的镜头纸轻轻擦拭。对于有较严重的污痕、指印光学元件,应由实验室管理人员用乙醚、丙酮或酒精等清洗。除实验规定外,不允许任何溶液接触光学表面。

(6) 光学仪器的机械部件大多加工精细,部件间配合精密,造价昂贵。转动或调节各个部件时,要缓慢均匀,不可蛮扭强旋,更不许随便拆卸仪器。

(7) 实验数据需经老师检查后,方能拆除光路,然后将实验仪器整理好,保持实验室内整洁。

(8) 在暗室做实验时,应先熟悉各种仪器用具安放的位置,在黑暗环境下摸索仪器时,手应贴着桌面,动作轻缓,以免碰倒或带落仪器。黑暗中特别要注意用电安全,防止触电。

第 3 章　基础物理实验

实验 3.1　长度、质量和密度的测量

密度是物质的基本属性之一，在特定条件下各种物质都具有其确定的密度值。测定密度的方法很多，本实验介绍几种测定固体和液体密度的原理和方法。

【实验目的】

(1) 进一步熟悉米尺、游标卡尺、螺旋测微器的测量原理和使用方法。

(2) 学习物理天平的使用方法。

(3) 掌握用流体静力称衡法测定不规则固体密度的原理和方法。

【实验仪器】

米尺、游标卡尺、螺旋测微器、物理天平、烧杯、待测物等。

【实验原理】

密度表示物质单位体积内所具有的质量，不同的物质由于成分或组织结构不同而具有不同的密度，相同的物质由于所处的状态不同也具有不同的密度。物质通常有三种状态：固态、液态和气态，对不同的状态，选择不同的测量方法测其密度。

若物体的质量为 m，所占有的体积为 V，则该物质的密度为

$$\rho=\frac{m}{V} \tag{3.1.1}$$

1. 规则物体密度的测定

对于形状规则、密度均匀的物体，可直接根据定义，通过测定其质量和体积而求得。质量 m 由天平测定，体积 V 通过测量长度和计算可得到，再代入式(3.1.1)算出 ρ。

2. 用液体静力称衡法测量不规则物体的密度

对于形状不规则的物体，可用液体静力称衡法间接测出其体积。这是测量不规则物体体积常用的方法。

(1) 物体密度大于水的密度

根据阿基米德原理可知，物体在液体中受到的浮力等于物体排开液体的重量。取待测

固体（如一钢块）用天平称量，在空气中称得天平相应砝码质量为 m，物体完全浸入但悬浮在水中，称得相应砝码质量为 m_1，根据阿基米德原理

$$mg-m_1g=\rho_0Vg \tag{3.1.2}$$

式中，ρ_0 为水的密度，V 为物体的体积，即排开水的体积。

将式(3.1.2)代入式(3.1.1)可得

$$\rho=\frac{m}{m-m_1}\rho_0 \tag{3.1.3}$$

(2) 物体密度小于水的密度

如果待测物体的密度小于液体的密度，可以采用如下方法：将待测物体用细丝绳拴上一个重物，先将待测物体在液面之上而重物全部浸没在液体中进行称衡，如图 3.1.1(a)所示，相应的砝码质量为 m_2，再将重物连同待测物体一起浸没在液体中进行称衡，如图 3.1.1(b)所示，相应的砝码质量为 m_3，待测物体在液体中所受的浮力为

$$F=(m_2-m_3)g \tag{3.1.4}$$

由式(3.1.4)和 $F=\rho_0Vg$ 得到

$$V=\frac{m_2-m_3}{\rho_0} \tag{3.1.5}$$

待测物体的密度

$$\rho=\frac{m}{V}=\frac{m}{m_2-m_3}\rho_0 \tag{3.1.6}$$

式中，m 为待测物体在空气中称衡的质量。

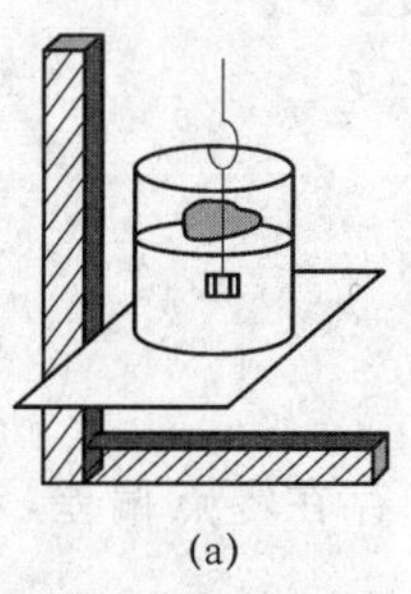
(a)

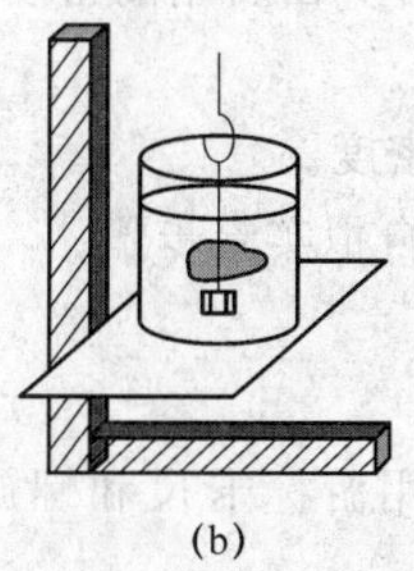
(b)

图 3.1.1　密度测量示意图

(3) 测液体的密度

将上述实验中的液体换成另一种密度为 ρ'_0 的液体，重做上述实验。按图 3.1.1(a)和(b)进行称衡，相应砝码的质量分别为 m'_2 和 m'_3，测得同一待测物体的密度为

$$\rho=\frac{m}{m'_2-m'_3}\rho'_0 \tag{3.1.7}$$

由式(3.1.6)和式(3.1.7)可得

$$\rho'_0=\frac{m'_2-m'_3}{m_2-m_3}\rho_0 \tag{3.1.8}$$

在采用液体称衡法时，必须保证浸入液体后物体的性质保持不变。

【实验内容】

1. 测量规则物体的密度

(1) 用米尺测金属板的长度,用螺旋测微器测金属板的厚度,每个部位分别测量五次。

(2) 用游标卡尺测圆柱体的外径、内径、高、深,每个部位分别测量五次。

(3) 用天平称量圆柱体、金属板的质量。

(4) 由式(3.1.1)计算圆柱体金属板的密度及其不确定度。

米尺、螺旋测微计、游标卡尺、物理天平的使用及读数方法参看第 2 章基本实验知识中的介绍。

2. 用流体静力称衡法测量不规则物体的密度

(1) 测量铝块的密度。

① 用天平称量铝块在空气中的质量 m。

② 用天平称量铝块在水中的质量 m_1,室温下纯水的密度 ρ_0。可由附表查出(注意物体完全浸入但悬浮在水中时不要接触杯子),由式(3.1.3)计算出铝块的密度及其不确定度。

(2) 测量石蜡的密度。

① 用天平称量石蜡在空气中的质量 m。

② 将石蜡下面系一重物,用天平称量重物在水中、石蜡在水外时的质量 m_2。

③ 用天平称量石蜡和重物同在水中时的质量 m_3。

④ 由式(3.1.6)计算出石蜡的密度及其不确定度。

⑤ 数据表格自拟。

(3) 测量液体的密度。

可根据实验原理自拟实验步骤。

【思考题】

(1) 如何正确使用游标卡尺和螺旋测微器?若存在零点偏差,对测得的数据应如何修正?

(2) 使用物理天平应进行哪些操作?在操作中如何保护刀口?

(3) 流体静力称衡法的优点是什么?它能解决什么关键问题?

(4) 平衡态的天平启动时为何会不停地摆动?当天平略失平衡时,为何只偏倾一定范围,而不致无限地向一侧偏倾?

(5) 试分析使用物理天平时可能存在的系统误差,以及消除或减少它们的方法。

实验 3.2　三线摆测定刚体的转动惯量

转动惯量是刚体转动惯性大小的量度,是表征刚体特征的一个物理量。它的大小与物体的质量大小及质量分布和转轴的位置有关。如果刚体形状简单,质量分布均匀,可以通过数学方法计算出它绕特定轴的转动惯量。但在工程实践中,常常碰到大量的形状复杂且质量分布不均匀的刚体，理论计算极其复杂，这时通常采用实验方法来测定。

测量刚体转动惯量的方法有多种，三线摆法具有设备简单、直观、操作简单的优点。

【实验目的】

（1）掌握三线摆法测定物体转动惯量的原理和方法。

（2）验证平行轴定理。

【实验仪器】

三线摆、电子秒表、钢卷尺、水准仪、待测物体。

【实验原理】

图 3.2.1 是三线摆实验装置示意图。三线摆由上、下两个匀质圆盘用三条等长的摆线（摆线为不易拉伸的细线）连接而成。上、下圆盘上的线的三个系点均构成等边三角形，下盘处于悬挂状态，并可绕垂直于盘面而又通过上、下盘中心的轴线 OO' 作扭转摆动，转动的同时下圆盘的质心 O' 将沿着转轴 OO' 移动（升降），如图 3.2.2 所示。由于三线摆的摆动周期与摆盘的转动惯量有一定关系，当待测样品放在下盘上后，三线摆系统的摆动周期就要随之改变。根据摆动周期与有关参量的关系，就能求出三线摆系统的转动惯量。

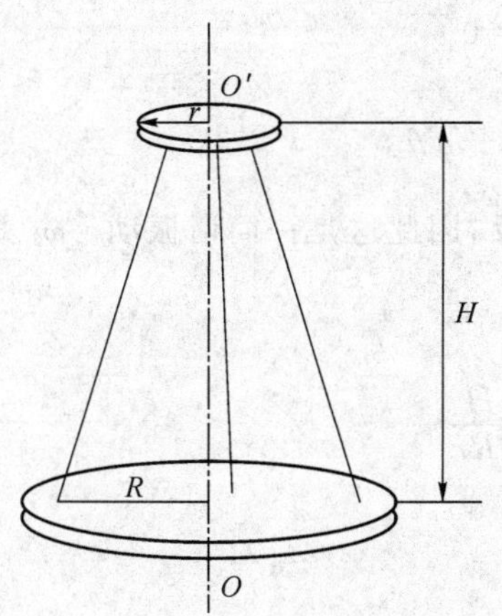

图 3.2.1　三线摆实验装置示意图

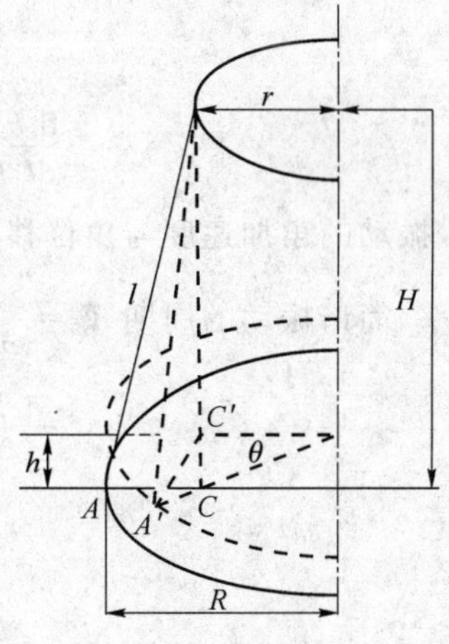

图 3.2.2　下盘扭转示意图

1. 三摆线的运动方程

设下圆盘的质量为 m，线系点到盘心 O 的距离为 R，当它离开平衡位置绕中心轴线 OO' 转过一角度 θ 后，其质心升高 h，此时它的势能增加为 E_p，

$$E_p = mgh$$

式中，g 为重力加速度。同时，它的转动角速度为 $\omega = \frac{d\theta}{dt}$，相应的转动动能 E_k 为

$$E_k = \frac{1}{2} I_0 \omega^2 = \frac{1}{2} I_0 \left(\frac{d\theta}{dt}\right)^2$$

式中，I_0 是下盘绕转轴 OO' 的转动惯量。

如果不考虑摩擦力，则在重力场中机械能守恒，

$$mgh=\frac{1}{2}I_0\omega^2 \tag{3.2.1}$$

即

$$I_0=\frac{2mgh}{\omega^2} \tag{3.2.2}$$

由几何方法不难求出 θ 与 h 之间的关系。

$$l^2=H^2+(R-r)^2 \tag{3.2.3}$$

当摆盘转过 θ 角，升高 h 后，有

$$(H-h)^2=l^2-(R^2+r^2-2Rr\cos\theta) \tag{3.2.4}$$

将式(3.2.3)代入式(3.2.4)，简化得到

$$Hh-\frac{h^2}{2}=Rr(1-\cos\theta)$$

H 为上、下圆盘间的垂直距离。当 θ 较小（小于 5°）时，下盘升高的 h 很小，$\frac{h^2}{2}$ 可略去，取 $1-\cos\theta\approx\theta^2/2$，则有

$$h=\frac{Rr\theta^2}{2H} \tag{3.2.5}$$

将它代入式(3.2.1)后，再对时间 t 微分，得到三线摆的运动方程：

$$I_0\frac{\mathrm{d}^2\theta}{\mathrm{d}t^2}+mg\frac{Rr}{H}\theta=0$$

或

$$\frac{\mathrm{d}^2\theta}{\mathrm{d}t^2}=-\left(\frac{mgRr}{I_0H}\right)\theta=-\omega_0^2\theta \tag{3.2.6}$$

可以看出，振动的角加速度与角位移成正比，方向相反，因此这是一简谐振动。ω_0 是简谐振动的圆频率，简谐振动的周期 $T_0=\frac{2\pi}{\omega_0}$，因此

$$T_0^2=\frac{4\pi^2}{\omega_0^2}=4\pi^2\frac{I_0H}{mgRr}$$

由此解出

$$I_0=\frac{mgRr}{4\pi^2H}T_0^2 \tag{3.2.7}$$

注意，式(3.2.6)在 θ 角很小，三边 l 相等，张力相等，上、下盘水平绕过两盘中心的轴转动条件下成立。可见，式(3.2.6)右边各量都可以直接测量，因此下圆盘的转动惯量可以测得。

如果在下盘上放有质量为 m_1，对 OO' 轴转动惯量为 I_1 的物体，则转动周期 T_1 将为

$$T_1^2=4\pi^2\frac{(I_0+I_1)H}{(m+m_1)gRr} \tag{3.2.8}$$

故待测物体的转动惯量 I_1 为

$$I_1=\frac{(m+m_1)gRr}{4\pi^2H}T_1^2-I_0$$

$$=\frac{gRr}{4\pi^2H}[(m+m_1)T_1^2-mT_0^2] \tag{3.2.9}$$

2. 转动惯量的平行轴定理

同一物体绕不同转轴其转动惯量值不同。对于两平行转轴来说，物体绕任意转轴的转动惯量 I_2 等于绕通过质心的平行转轴的转动惯量值 I 加上该物体的质量 M 和两轴间距离平方的积 Md^2，即

$$I_2 = I + Md^2$$

这叫作平行轴定理，如图 3.2.3 所示。

【实验内容】

1. 测定圆盘和圆环绕中心轴的转动惯量

(1) 记下圆盘和圆环的质量(质量已称好，直接刻在其上，无须再测量)，并测出圆环的内径、外径。

(2) 量出上、下圆盘三悬点形成的等边三角形 $\Delta a_1a_2a_3$ 和 $\Delta b_1b_2b_3$ 的边长 d_1、d_2，如图 3.2.4 所示，由此算出 $r=\dfrac{\sqrt{3}d_1}{3}$ 和 $R=\dfrac{\sqrt{3}d_2}{3}$。

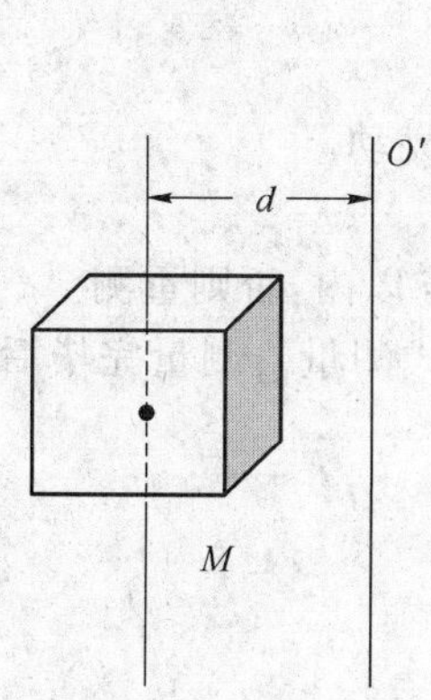

图 3.2.3　平行轴定理

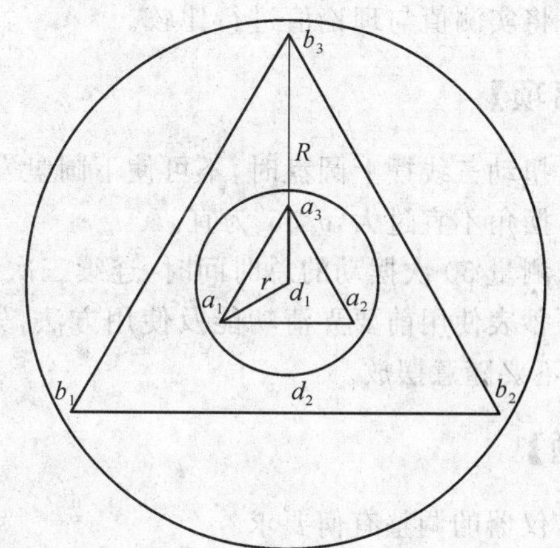

图 3.2.4　三线摆上下圆盘俯视图

(3) 用水准仪先将上盘调成水平。再把水准仪放到下盘上，通过调节三根悬线长度，使下盘水平。

(4) 用米尺测出上圆盘悬点至下圆盘的垂直距离 H。

(5) 扭动上圆盘($\theta < 5°$)，通过悬线的扭力使下圆盘作扭转摆动。

(6) 待下圆盘作稳定摆动后，在圆盘经过平衡位置时(自己认定一个中间位置)开始倒数 3—2—1—0，数到“0”时按下秒表，并开始数摆动的次数。记下完全摆动(当圆盘第二次以同一方向经过平衡位置时为一个完全摆动)50 次的时间，并算出它的周期 T。

(7) 将待测圆环放在下圆盘上，并使其中心对准圆盘中心，重复(5)、(6)两步，求出 T_1。

(8) 由公式(3.2.7)计算出圆环的转动惯量 I_1。

(9) 将圆环转动惯量的测定值与它的理论值比较。

圆环转动惯量的理论值：

$$I_{1理论} = \frac{1}{2}m_1(a^2+b^2) = \frac{1}{8}m_1(D_{内}^2+D_{外}^2)$$

式中，m_1 为圆环的质量；a、b 为圆环的内外半径；$D_内$、$D_外$ 为圆环的内外直径。

2. 验证平行轴定理

(1) 将两个质量均为 m_2、形状完全相同的圆柱体相对于系统的转轴 OO' 对称地放在下圆盘上，离圆盘中心的距离都为 d。

(2) 重复以上(5)、(6)两步，可测得两圆柱体绕圆盘中心轴的转动惯量为

$$I_2=\frac{(m+2m_2)gRr}{4\pi^2 H}T_2^2-I_0$$

$$=\frac{gRr}{4\pi^2 H}[(m+2m_2)T_2^2-mT_0^2]$$

(3) 根据平行轴定理，当两个圆柱体对称地放在下盘中心两侧时，它们绕中心轴的转动惯量

$$I_{2理论}=2\left[\frac{1}{2}m_2\left(\frac{D_2}{2}\right)^2+m_2 d^2\right]$$

式中，m_2 是每一圆柱体的质量；D_2 是每一圆柱体的直径；d 是每一圆柱体中心到中心转轴的距离。

(4) 将实测值与理论值进行比较。

【注意事项】

(1) 扭动三线摆上圆盘时，不可使下圆盘发生前后、左右的晃动。

(2) 摆角不宜过大，$\theta<5°$为宜。

(3) 测量 50 次摆动的总时间时，连续三次读数应相差在 1 s 以内，否则重测。

(4) 秒表使用前要弄清功能及使用方法，先试用几次再正式测量。测量完毕后要归还实验室，不要随意摆放。

【思考题】

(1) 仪器的调整有何要求？

(2) 如何使下圆盘扭转摆动？有何要求？

(3) 如何测得周期？如何测得上、下圆盘悬点至中心的距离 r、R？

(4) 验证平行轴定理时，两圆柱体应如何放置？$I_{2理论}=2\left[\frac{1}{2}m_2\left(\frac{D_2}{2}\right)^2+m_2 d^2\right]$中 D_2 和 d 是什么量？m_2 是一个圆柱体还是两个圆柱体的质量？

(5) 三线摆在摆动中因受到空气的阻尼，振幅会越来越小，它的周期是否会变化？为什么？

实验 3.3　拉伸法测定金属材料的杨氏模量

杨氏模量(Young's modulus)是描述固体材料抵抗形变能力的物理量，是工程设计上选用材料时常需涉及的重要参数之一，一般只与材料的性质和温度有关，与其形状大小无关。1807 年因英国物理学家托马斯·杨所得到的结果而命名。

测量杨氏弹性模量有拉伸法、梁弯曲法、振动法等(前两种可称为静态法，后一种可称为

动态法)，本实验采用拉伸法测定金属材料的杨氏弹性模量。

【实验目的】

(1) 了解用拉伸法测量钢丝杨氏弹性模量的原理和方法。

(2) 学会使用几种基本长度的测量仪器。

(3) 掌握用光杠杆测量微小长度变化的方法。

(4) 学习用“逐差法”处理实验数据。

【实验仪器】

杨氏弹性模量测定仪、光杠杆、望远镜直尺组、砝码、米尺、螺旋测微计。

【实验原理】

任何固体在外力作用下都会发生形变，同外力与形变相关的两个物理量应力与应变之间的关系一般是较为复杂的。最简单的形变情况是，一根细而长得均匀棒状固体只受轴向外力的作用，此时我们可以认为该物体只产生轴向形变，就是沿外力作用的方向伸长或缩短。

如钢丝在轴向力 F 作用下发生伸长形变，在拉力 F 不太大的情况下，钢丝的形变是弹性形变，即取消拉力作用后，钢丝又能恢复到原来的长度。若钢丝的原有长度为 L，当它受到拉力 F 作用时，长度变为 $L+\Delta L$，它的伸长量 ΔL 称为绝对伸长。钢丝材料相同，长度不同，在相同的拉力作用下绝对伸长量 ΔL 也不相同。长度 L 越长，长度的改变量 ΔL 也越大，但是单位长度的伸长量 $\Delta L/L$ 是确定的数值。把 ΔL 与 L 的比值称为相对伸长，或者称为钢丝的拉伸应变。钢丝的截面(粗细)不同，在相同的拉力作用下，其拉伸应变也是不同的，把单位截面积上所受的拉力 F/S 称为钢丝的拉伸应力。根据胡克定律，在弹性限度内，物体的拉伸应力 F/S 和所产生的拉伸应变 $\Delta L/L$ 成正比，即

$$\frac{F}{S}=Y\frac{\Delta L}{L} \tag{3.3.1}$$

式中，比例系数 Y 称为钢丝的杨氏弹性模量，它在数值上等于产生单位应变的应力。它的单位是牛顿/米^2，记为 N/m^2。钢丝的杨氏弹性模量 Y 与材料的性质和温度有关，而与钢丝长度、截面积无关。它是描述固体材料抵抗形变能力的物理量，其大小为

$$Y=\frac{FL}{S\Delta L} \tag{3.3.2}$$

根据式(3.3.2)，测出等号右边的各量，杨氏模量 Y 便可求得。外力 F、金属丝长度 L 和截积 S 都可用一般方法测出，唯有伸长量 ΔL，由于数值较小，为了测量准确，本实验采用光杠杆放大法测量伸长量 ΔL。

根据杠杆原理和光的直线传播的性质，在“T”形架横架上装一小镜，使它起到杠杆的作用，这就是光杠杆。光杠杆上部是一块平面镜，镜下有刀刃或薄片和一根主杆。主杆尖脚到刀刃或薄片的距离为 b。

测量时刀刃或片放在平台的沟槽内，尖脚放在圆柱体尖头的上面。调节平面镜大致铅直，在镜前距离 D 处竖放一标尺(D 约 2 m)，尺旁安置一架望远镜，适当调节后，从望远镜可以看清由小镜反射的标尺像，并可读出与望远镜叉丝横线相重合的标尺读数。其原理如图 3.3.1 所示。

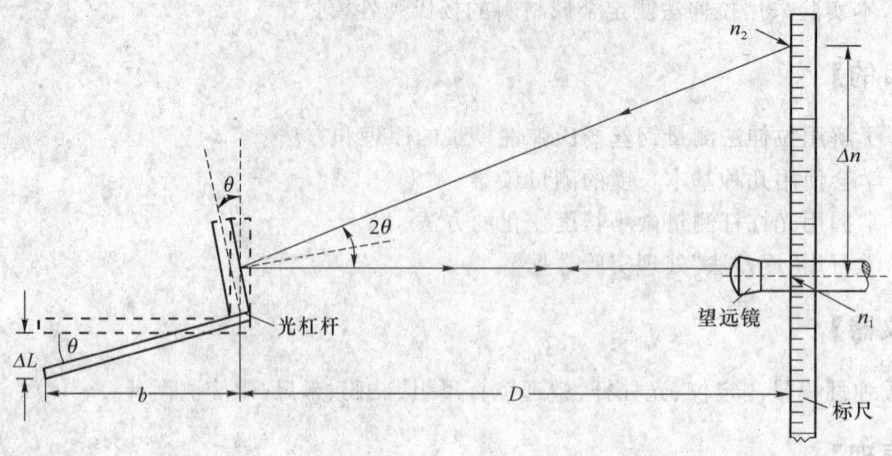

图 3.3.1　光杠杆原理光路图

金属丝在没有被拉伸的原始状态时，光杠杆应与望远镜保持在同一水平面。此时通过望远镜观测到的光杠杆镜面里标尺的刻度假设为 n_1。当金属丝下方加上(减少)砝码，杠杆支脚随金属丝下降(上升)微小距离 ΔL，镜面法线转过一个角度 θ，此时从望远镜观测到的刻度值假设变为 n_2，于是 n_1 和 n_2 的刻度差 Δn 为加(减)砝码前后观测到的刻度尺上的刻度变化量。那么 Δn 与 ΔL 有什么关系呢？我们来推导一下。

当 θ 很小时，有

$$\tan\theta \approx \theta \approx \frac{\Delta L}{b} \tag{3.3.3}$$

式中，b 为光杠杆的臂长，即后脚到前脚尖的垂直距离。根据光的反射定律，当入射角与反射角相等，即当镜面转动 θ，反射光线转动 2θ 时，由图 3.3.1 可知

$$\tan 2\theta \approx 2\theta \approx \frac{\Delta n}{D} \tag{3.3.4}$$

式中，Δn 为从望远镜中观察到的标尺像的移动距离；D 为镜面到标尺的距离。

把式(3.3.3)代入式(3.3.4)得

$$\Delta n/D = 2\Delta L/b$$

于是

$$\Delta L = b\Delta n/(2D) \tag{3.3.5}$$

由上式可见，由于 D 远大于 b，所以 Δn 必远大于 ΔL。这样，光杠杆就把一个原来数值较小的钢丝长度变化量 ΔL 转换成一个数值较大的标尺读数变化量 Δn。由此可见，光杠杆装置对测量数据的放大作用。比值 $\Delta n/\Delta L$ 就是光杠杆的放大倍数 K。由式(3.3.5)可得放大倍数

$$K = 2D/b \tag{3.3.6}$$

将式(3.3.5)代入式(3.3.2)，则

$$Y = 2FLD/(Sb\Delta n)$$

用 $S=\pi d^2/4$ 代入上式，则有

$$Y = 8FLD/(\pi d^2 b\Delta n) \tag{3.3.7}$$

【实验内容】

按如图 3.3.2 把实验仪器调整好。

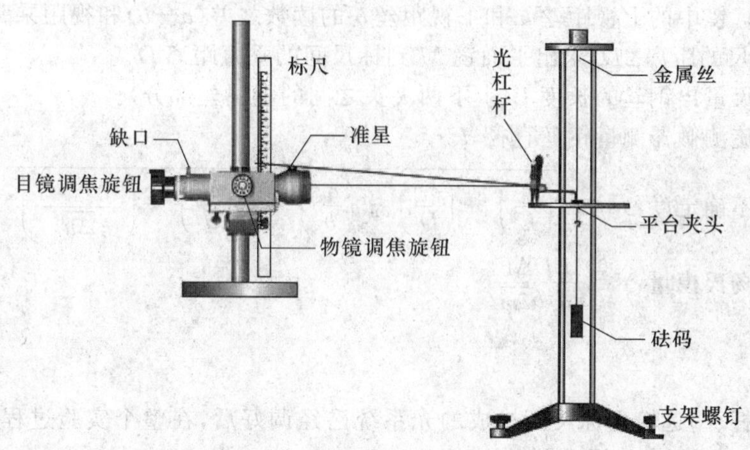

图 3.3.2　杨氏弹性模量测定仪

被测钢丝的上端固定于上圆柱体夹缝中，下端固定在圆柱体中心，并穿过平台上的小孔，使其能在其中自由地上下移动，圆柱体下悬有砝码。将光杠杆的前刀刃置于平台上的横槽中，后足放在圆柱体上，并靠近钢丝（但不接触），光杠杆前面安有望远镜标尺组。当砝码钩上增加砝码时，钢丝即被拉长，圆柱体就下降。于是光杠杆的后足被降低，从望远镜中就可以观察到米尺刻度的变化，根据光杠杆原理，便可测出钢丝伸长的数据 ΔL。

1. 仪器安置与调节

（1）调节测量架三角的底脚螺钉，使其两支柱铅直，待测量金属丝处于铅直位置。

（2）在金属丝下端的砝码钩上先挂两个砝码（此砝码不计入所加作用力 F 之内），使金属丝拉直，并检查金属丝下端夹头能否在平台圆孔中自由地上下滑动。

（3）将光杠杆刀刃脚放在平台前面的横槽内，主杆尖脚放在圆柱夹头的上端平面上（但必须注意不能与金属丝相碰）。望远镜标尺组放在离光杠杆镜面前方两米左右处。安置时使望远镜和光杠杆处于同一高度，并使望远镜的镜筒与光杠杆的反射镜面垂直。光杠杆镜面、标尺面都尽量铅直。

（4）调节望远镜、光杠杆和标尺的位置。安置好仪器后，先在望远镜外面，沿镜筒方向望过去，观察光杠杆镜面中是否有标尺像（如果没有，调节镜面方位与标尺位置）。左右转动望远镜，使其缺口与准星对准镜中标尺像。

（5）调节望远镜的目镜，使人眼贴近目镜时，能看清望远镜的十字叉丝。

（6）调节望远镜的物镜（即望远镜焦距），使眼睛贴近目镜可以看清镜面所反射的标尺读数与十字叉丝而无视差为止。视差是由于目镜的成像面没有落在十字叉丝面上，所以当眼睛左右移动时，物像与叉丝有相对移动。

2. 测量

（1）读出无荷载时望远镜中的标尺读数 n_0，每加 m kg 砝码（$m=1.000$ kg）记录标尺读数 n_i'（$i=0,1,2,3,\cdots$），直到 5 kg 为止。然后，将砝码逐次减少到 m kg，相应地记下标尺读

数 n''_i。取增荷和减荷时对应于同一荷重下两读数的平均值 $n_x = 1/2(n_i + n'_i)$（如果读数 n_i 与 n'_i 相差较大，应检查装置和测量过程中存在的问题，纠正后，重新进行测量）。

(2) 将光杠杆放在平坦的纸上，印得三个尖足的痕迹，用直尺测量出距离 b。

(3) 从望远镜中的上视距丝 a 和下视距丝 b 的读数之差 $(a-b)$ 和视距乘常数 100 之积可得仪器到标尺的距离 $2D$，求出平面镜 M 到标尺间的垂直距离 D。

(4) 用米尺量出钢丝的长度 L（上下两夹头之间的金属丝部分）。

(5) 用螺旋测微器测量钢丝直径 d。

(6) 计算不确定度：$\sigma_Y = \sqrt{\left(\frac{\sigma_L}{L}\right)^2 + \left(\frac{\sigma_D}{D}\right)^2 + \left(\frac{\sigma_b}{b}\right)^2 + \left(2\frac{\sigma_d}{d}\right)^2 + \left(\frac{\sigma_{\overline{\Delta n}}}{\overline{\Delta n}}\right)^2}\,\overline{Y}$。

(7) 计算杨氏模量：$\overline{Y} = \frac{8LD\Delta F}{\pi d^2 b \overline{\Delta n}}$。

【注意事项】

(1) 光杠杆、望远镜和标尺所构成的光系统已经调好后，在整个实验过程中，不可再移动，否则数据无效，实验必须重做。

(2) 加减砝码动作应该轻、稳、慢，绝不要使钢丝受到冲力或使仪器振动，否则会影响测量结果的准确度。

(3) 用千分尺测量钢丝直径时，不能压得过紧，听到“叭叭”声后即可读数。

(4) 望远镜的光学元件表面不能用手、纸去擦，要用镜头纸来擦。

【思考题】

(1) 拉伸法测钢丝杨氏弹性模量实验中，为什么要加砝码测一次，再减砝码测一次？

(2) 用光杠杆原理如何测得一张薄金属板的厚度？

实验 3.4　测定冰的融解热

量热学实验是热学实验的基本内容。通过量度实验系统内或系统之间热量的传递及温度的变化来测定热学量，寻求热学方面的有关物理规律。在量热学实验中最基本的内容有两个方面：一是被传递的热量的量度，二是温度的测定。系统对外界传递的热量通常是通过测定系统的热容量 C_s 及系统温度的改变量 δT 后计算得到。当系统内无热源存在时，被传递的热量 $Q = C_s\delta T$。量热学实验的基本仪器是量热器，就是尽量保证热学系统的热量不向外散失或减小其向外散失（或从系统外吸热）或者把这部分向外散失的热量予以补偿，或者是能够更好地把这部分与外界交换的热量算出来予以修正。

【实验目的】

(1) 用混合量热法测定冰的融解热。

(2) 学习选择实验参量及粗略修正散热的方法。

【实验仪器】

量热器、物理天平、水银温度计（0～50 ℃）、烧杯、冰、秒表、干布、量筒。

【实验原理】

一定压强下晶体开始融解时的温度称为该晶体在此压强下的融点。一定质量的某种晶体融解成为同温度的液体时所吸收的热量叫作该晶体的融解热。

本实验采用混合量热法来测定冰的融解热。它的基本做法是:把待测系统和一个已知其热容的放热系统混合起来,并使混合物成为与外界没有热交换的孤立系统。这样,已知热容的放热系统在实验过程中所传递的热量可由其温度的改变和热容计算出来,那么待测系统在实验过程中所吸收的热量也就知道了。

实验时,在量热器中使温水与质量为 M、温度为 0 ℃的纯冰混合直至冰完全溶解,测出水的初始温度 T_1 和系统达到热平衡后的终温 T_2,即可求出冰的融解热 L。实验中放热的物体为温水(质量 m_0、比热容 c_0)、量热器内筒(质量 m_1、比热容 c_1)、搅拌器(质量 m_2、比热容 c_2)及水银温度计(热容 $\delta_m=0.46\,V$),按热平衡原理有

$$ML+Mc_0T_2=(m_0c_0+m_1c_1+m_2c_2+\delta_m)(T_1-T_2) \tag{3.4.1}$$

则

$$L=\frac{1}{M}(m_0c_0+m_1c_1+m_2c_2+\delta_m)(T_1-T_2)-c_0T_2 \tag{3.4.2}$$

进行实验时,要尽量避免系统与环境的热交换,如不要用手去把握量热器的任何部分,不要在阳光直射、通风处或暖气旁做实验,要尽可能使系统与外界温度差小,实验过程尽可能缩短等。尽管如此,系统与环境的热交换还是不可避免的,除非系统与环境的温度时时刻刻完全相同,否则就不可能完全达到绝热的要求。因此,在做精确测量时,对于内筒的散热(不可避免的),就需要采取修正系统散热的方法。当系统与环境温差不大时,可根据牛顿冷却定律进行修正。

由牛顿冷却定律可知,当系统的温度 T 与外界温度 θ 相差不大(10～15 ℃)时,系统的散热速度$\frac{dQ}{dt}$与温差$(T-\theta)$成正比。数学表达式为

$$\frac{dQ}{dt}=k(T-\theta) \tag{3.4.3}$$

式中,k 是散热系数,与系统表面积和热辐射本领有关。

本实验介绍根据牛顿冷却定律粗略修正散热的方法,以室温 θ 为参考,取热水初温 T_1 高于室温 θ,冰完全融化后的终温 T_2 低于 θ,以使整个实验过程中,系统与环境的热量传递前后互相抵消。

考虑到实验中的具体情况,在刚投入冰时,水温高,冰的有效面积大,融解快,因此系统表面温度 T(即水温)下降较快;随着冰的不断融化,冰块不断变小,水温逐渐降低,冰的融解速度就变慢了,水温下降也就相应得慢了。量热器中水温随时间的变化曲线如图 3.4.1 所示。

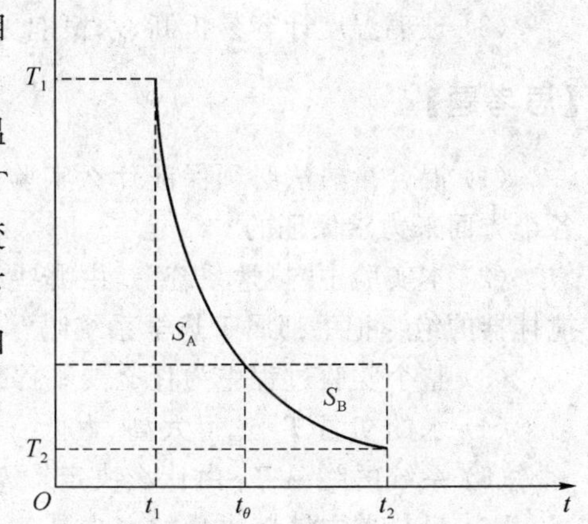

图 3.4.1　水温随时间的变化曲线

根据式(3.4.3)可得,

$$dQ=k(T-\theta)\,dt$$

实验过程中,即系统温度从 T_1 变为 T_2 这段时间

$(t_1 \to t_2)$内系统散失的热量为

$$Q = \int_{t_1}^{t_2} k(T-\theta)\mathrm{d}t \tag{3.4.4}$$

式(3.4.4)可写成如下形式：

$$Q = k\int_{t_1}^{t_\theta}(T-\theta)\mathrm{d}t + k\int_{t_\theta}^{t_2}(T-\theta)\mathrm{d}t$$

前一项 $T-\theta>0$，系统散热，后一项 $T-\theta<0$，系统吸热，图 3.4.1 中的面积 $S_A = \int_{t_1}^{t_\theta}(T-\theta)\mathrm{d}t$，面积 $S_B = \int_{t_\theta}^{t_2}(T-\theta)\mathrm{d}t$。由此可见，面积 S_A 与系统向外界散失的热量成正比，即 $Q_{散} = kS_A$，面积 S_B 与系统由外界吸收的热量成正比，即 $Q_{吸} = kS_B$，因此，只要使 $S_A \approx S_B$，系统对外界的吸热和散热就可以相互抵消，从而实现了冷热补偿。要使 $S_A \approx S_B$，就要选择合适的实验参量，如热水的质量及初温、冰的质量等。

【实验内容】

(1) 称出量热器内筒和搅拌器(除去绝缘把手)的质量 m_1、m_2。

(2) 记录室温 θ，取比室温高约 13 ℃的温水，水的质量为 m_0(水的体积约取量热器内筒容量的 2/3)。

(3) 从冰水混合物中取出 0 ℃纯冰，用布擦干冰块表面的水，测出内筒中的水温 T_1 和相对应的时间 t_1，即将冰块轻放入内筒，盖上绝缘盖，轻缓搅拌，每隔 15 s 记录一次水温及相应的时间，直至水温不再下降为止。记下最低温度 T_2 和对应的时间 t_2，此时冰应刚好全部溶解完毕。

(4) 求冰的质量 M。可由冰溶解后，冰与水的总质量减去水的质量求得。

(5) 用小量筒量出温度计浸入水中的体积 V。

(6) 将实验测得的原始数据填入自行设计的表格中，按公式(3.4.2)计算冰的熔解热 L。

(7) 用坐标纸作系统温度随时间变化的 T-t 图，考察面积 S_A 和 S_B，检验散热与吸热是否基本上抵消。

【注意事项】

(1) 投冰、搅拌都要注意不要将水溅出。

(2) 玻璃温度计容易折断，水银泡更容易破碎，水银逸出会造成污染。

【思考题】

(1) 混合量热法必须保证什么实验条件？本实验中是如何从仪器、实验安排和操作等各个方面来力求保证的？

(2) 本实验中"热学系统"是由哪些组成的？量热器的内筒、外筒、盖、温度计、搅拌器及搅拌器的绝缘把手都属于热学系统吗？

(3) 整个实验过程中为什么要不停地轻缓搅拌？不搅拌行吗？

(4) 水的初温 T_1 选得太高、太低有什么不好？

(5) 系统的终温 T_2 由什么决定？T_2 太高、太低有什么不好？

(6) 量热器内筒装水量的多少是怎么考虑的？过多、过少有什么不好？

(7) 冰的质量选多大较好？用一块大的好还是几块小的好？

实验 3.5　稳态法测量不良导体的导热系数

导热系数是表征物质热传导性质的物理量。材料结构的变化与所含杂质的不同对材料导热系数数值都有明显的影响,因此材料的导热系数常常需要由实验去具体测定。

测量导热系数的实验方法一般分为稳态法和动态法两类。在稳态法中,先利用热源对样品加热,样品内部的温差使热量从高温向低温处传导,样品内部各点的温度将随加热快慢和传热快慢的影响而变动;当适当控制实验条件和实验参数使加热和传热的过程达到平衡状态,则待测样品内部可能形成稳定的温度分布,根据这一温度分布就可以计算出导热系数。而在动态法中,最终在样品内部所形成的温度分布是随时间变化的,如呈周期性的变化,变化的周期和幅度亦受实验条件和加热快慢的影响,与导热系数的大小有关。

本实验应用稳态法测量不良导体(橡皮样品)的导热系数,学习用物体散热速率求传导速率的实验方法。

【实验目的】

(1) 测量不良导体的导热系数。

(2) 学习用物体散热速率求热传导速率的实验方法。

(3) 学会用作图法求冷却速率。

(4) 学习温度传感器的应用方法。

【实验仪器】

FD-TC-B 导热系数测定仪、直尺、游标卡尺、DS18B20 温度传感器、橡皮样品、导热硅脂等。

【实验原理】

1898 年 C. H. Lees 首先使用平板法测量不良导体的导热系数,这是一种稳态法,实验中,样品制成平板状,其上端面与一个稳定的均匀发热体充分接触,下端面与一均匀散热体相接触。由于平板样品的侧面积比平板平面小很多,可以认为热量只沿着上下方向垂直传递,横向由侧面散去的热量可以忽略不计,即可以认为,样品内只有在垂直样品平面的方向上有温度梯度,在同一平面内,各处的温度相同。

设稳态时,样品的上下平面温度分别为 θ_1、θ_2,根据傅立叶传导方程,在 Δt 时间内通过样品的热量 ΔQ 满足下式:

$$\frac{\Delta Q}{\Delta t}=\lambda\frac{\theta_1-\theta_2}{h_B}S \tag{3.5.1}$$

式中,λ 为样品的导热系数,h_B 为样品的厚度,S 为样品的平面面积,实验中样品为圆盘状,设圆盘样品的直径为 d_B,则由式(3.5.1)得:

$$\frac{\Delta Q}{\Delta t}=\lambda\frac{\theta_1-\theta_2}{4\,h_B}\pi d_B^2 \tag{3.5.2}$$

实验装置如图 3.5.1 所示,固定于底座的三个支架上,支撑着一个铜散热盘 P,散热盘 P 可以借助底座内的风扇,达到稳定有效地散热。散热盘上安放面积相同的圆盘样品 B,样品 B 上放置一个圆盘状加热盘 C,其面积也与样品 B 的面积相同,加热盘 C 是由单片机控制的自适应电加热，可以设定加热盘的温度。

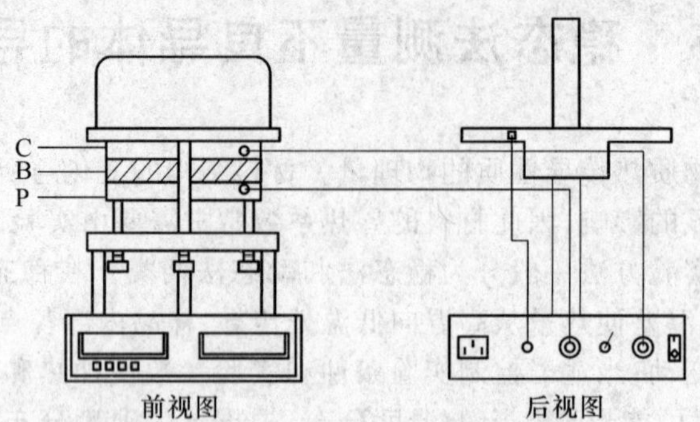

图 3.5.1　FD-TC-B 导热系数测定仪装置图

当传热达到稳定状态时，样品上下表面的温度 θ_1 和 θ_2 不变，这时可以认为加热盘 C 通过样品传递的热流量与散热盘 P 向周围环境散热量相等。因此可以通过散热盘 P 在稳定温度 θ_2 时的散热速率来求出热流量 $\frac{\Delta Q}{\Delta t}$。

实验时，当测得稳态时的样品上下表面温度 θ_1 和 θ_2 后，将样品 B 抽去，让加热盘 C 与散热盘 P 接触，当散热盘的温度上升到高于稳态时的 θ_2 值 20 ℃或者20 ℃以上后，移开加热盘，让散热盘在电扇作用下冷却，记录散热盘温度 θ 随时间 t 的下降情况，求出散热盘在 θ_2 时的冷却速率 $\left.\frac{\Delta\theta}{\Delta t}\right|_{\theta=\theta_2}$，则散热盘 P 在 θ_2 时的散热速率为：

$$\frac{\Delta Q}{\Delta t}=mc\left.\frac{\Delta\theta}{\Delta t}\right|_{\theta=\theta_2} \tag{3.5.3}$$

其中，m 为散热盘 P 的质量，c 为其比热容。

由式(3.5.2)和式(3.5.3)可得：

$$\lambda=mc\left.\frac{\Delta\theta}{\Delta t}\right|_{\theta=\theta_2}\frac{h_B}{\theta_1-\theta_2}\times\frac{1}{\pi R_B^2} \tag{3.5.4}$$

在达到稳态的过程中，P 盘的上表面并未暴露在空气中，而物体的冷却速率与它的散热表面积成正比，为此，稳态时铜盘 P 的散热速率的表达式应作面积修正：

$$\frac{\Delta Q}{\Delta t}=mc\left.\frac{\Delta\theta}{\Delta t}\right|_{\theta=\theta_2}\frac{(\pi R_P^2+2\pi R_P h_P)}{(2\pi R_P^2+2\pi R_P h_P)} \tag{3.5.5}$$

式中，R_P 为散热盘 P 的半径，h_P 为其厚度。

由式(3.5.2)和式(3.5.4)可得：

$$\lambda\frac{\theta_1-\theta_2}{4h_B}\pi d_B^2=mc\left.\frac{\Delta\theta}{\Delta t}\right|_{\theta=\theta_2}\frac{(\pi R_P{}^2+2\pi R_P h_P)}{(2\pi R_P^2+2\pi R_P h_P)} \tag{3.5.6}$$

所以样品的导热系数 λ 为：

$$\lambda=mc\left.\frac{\Delta\theta}{\Delta t}\right|_{\theta=\theta_2}\frac{(R_P+2h_P)}{(2R_P+2h_P)}\frac{4h_B}{(\theta_1-\theta_2)}\frac{1}{\pi d_B^2} \tag{3.5.7}$$

【实验内容】

(1) 取下固定螺丝，将橡皮样品放在加热盘与散热盘中间，橡皮样品要求与加热盘、散热盘完全对准，调节散热盘底下的三个微调螺丝，使样品与加热盘、散热盘接触良好，但注意不宜过紧或过松。

(2) 按照图 3.5.1 所示，插好加热盘的电源插头；再将 2 根连接线的一端与机壳相连，另一有传感器端插在加热盘和散热盘小孔中，要求传感器完全插入小孔中，并在传感器上抹一些导热硅脂，以确保传感器与加热盘和散热盘接触良好。在安放加热盘和散热盘时，还应注意使放置传感器的小孔上下对齐。(注意：加热盘和散热盘两个传感器要一一对应，不可互换)。

(3) 设定加热器控制温度：按升温键左边表显示由 B00.0 可上升到 B80.0 ℃。一般设定 75～80 ℃较为适宜。根据室温选择后，再按确定键，显示变为 AXX.X 之值，即表示加热盘此刻的温度值，加热指示灯闪亮，打开电扇开关，仪器开始加热。

(4) 加热盘的温度上升到设定温度值时，开始记录散热盘的温度，可每隔一分钟记录一次，待在 10 min 或更长的时间内加热盘和散热盘的温度值基本不变，可以认为已经达到稳定状态了。

(5) 按复位键停止加热，取走样品，调节三个螺栓使加热盘和散热盘接触良好，再设定温度到80 ℃，加快散热盘的温度上升，使散热盘温度上升到高于稳态时的 θ_2 值20 ℃左右即可。

(6) 移去加热盘，让散热圆盘在风扇作用下冷却，每隔 10 s(或者稍长时间，如 20 s 或者 30 s)记录一次散热盘的温度示值，由临近 θ_2 值的温度数据中计算冷却速率$\left.\frac{\Delta\theta}{\Delta t}\right|_{\theta=\theta_2}$。

(7) 根据测量得到的稳态时的温度值 θ_1 和 θ_2，以及在温度 θ_2 时的冷却速率，由公式 $\lambda=mc\left.\frac{\Delta\theta}{\Delta t}\right|_{\theta=\theta_2}\frac{(R_P+2h_P)}{(2R_P+2h_P)}\frac{4h_B}{(\theta_1-\theta_2)}\frac{1}{\pi d_B^2}$计算不良导体样品的导热系数。

【注意事项】

(1) 为了准确测定加热盘和散热盘的温度，实验中应该在两个传感器上涂些导热硅脂或者硅油，以使传感器和加热盘、散热盘充分接触；另外，加热橡皮样品的时候，为达到稳定的传热，调节底部的三个微调螺丝，使样品与加热盘、散热盘紧密接触，注意不要中间有空气隙；也不要将螺丝旋太紧，以影响样品的厚度。

(2) 导热系数测定仪铜盘下方的风扇做强迫对流换热用，减小样品侧面与底面的放热比，增加样品内部的温度梯度，从而减小实验误差，所以实验过程中，风扇一定要打开。

(3) 加热盘和散热盘侧面两个小孔安装数字式温度传感器，不可插错。近电源开关的接插件为加热传感器，应插入加热盘上，另一个传感器插在散热盘上的小孔，特别注意插小孔之前涂上少许导热硅脂或者硅油，使其接触良好。

(4) 在实验过程中，需移开加热盘时，请先关闭加热电源，移开热圆筒时，手应握固定轴转动，以免烫伤手；实验结束后，切断总电源，保管好测量样品，不要使样品两端面划伤，以至影响实验的精度。

【思考题】

(1) 应用稳态法如何是否可以测量良导体的导热系数？如可以，对实验样品有什么要求？实验方法与测不良导体有什么区别？

(2) 何谓稳态法？实验中如何去实现它？

(3) 测量 P 盘的冷却速率时，为什么要在稳态温度 θ_2 附近选值？

(4) 测量 P 盘的冷却速率时，样品圆盘 B 不覆盖上去可以吗？为什么？

【参考资料】

1. 贾玉润,王公治,凌佩玲. 大学物理实验. 上海:复旦大学出版社. 1986:171-173.
2. 陆申龙,郭有思. 热学实验. 上海:上海科学技术出版社. 1985:197-201.

实验 3.6 空气比热容比的测定

气体的定压比热容和定容比热容之比称为气体的比热容比 γ(亦称绝热指数)。测量 γ 的方法有多种,实验室通常采用绝热膨胀法、振动法及声速法等进行测量。本实验采用绝热膨胀法进行测量,用新型扩散硅压力传感器测量空气的压强,用电流型集成电路温度传感器测空气的温度变化,克服了传统的测量气体比热容比的方法中用水银温度计和水银压强计测量气体的温度和压强时所带来的测量精度不高,难以测量微小的压强变化和温度变化的缺陷。通过实验,学生能明显地观察分析热力学现象,并掌握测量气体比热容比的一种方法,实验结果较为准确,同时,通过实验还可以了解压力传感器和电流型温度传感器的使用方法及特性。

【实验目的】

(1) 用绝热膨胀法测定空气的比热容比。

(2) 观测热力学过程中气体状态变化及基本物理规律。

(3) 学习气体压力传感器和电流型集成电路温度传感器的工作原理及使用方法。

【实验仪器】

FD-NCD 空气比热容比测定仪(三位半、四位半数字电压表各一只,内置电源及相关电路)、储气瓶(包括瓶、阀门、橡皮塞、打气球)、扩散硅压力传感器及同轴电缆、电流型集成电路温度传感器 AD590 及电缆、精密数字温度气压表、电阻箱(取值 5 kΩ)、直流稳压电源(6 V)、导线等。

1. 实验装置

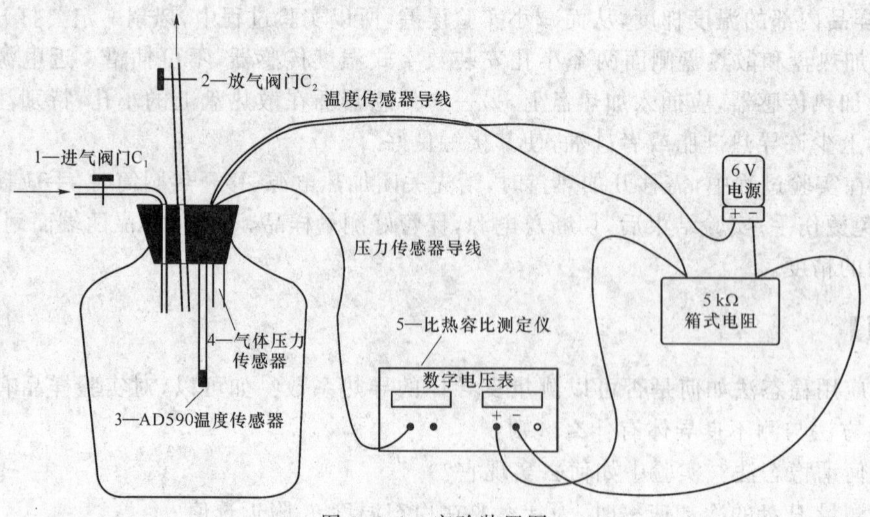

图 3.6.1 实验装置图

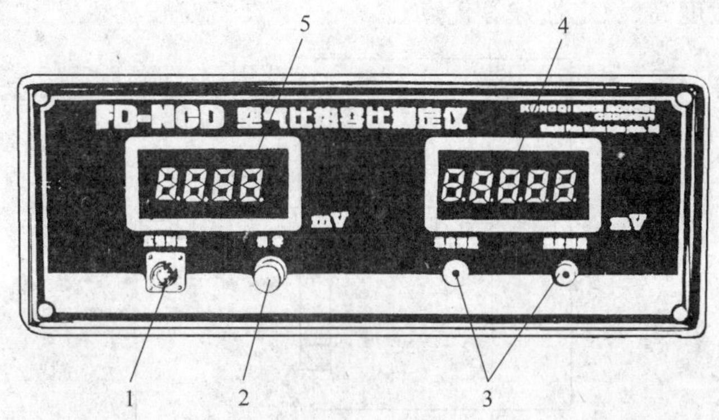

图 3.6.2　比热容比测定仪电源面板示意图

1—压力传感器接线端口；2—调零电位器旋钮；3—温度传感器接线插孔；4—四位半数字电压表面板(对应温度)；5—三位半数字电压表面板(对应压强)

2. 电流型集成电路温度传感器 AD590

温度传感器是利用金属、半导体材料(硅、砷化锌等)的热敏特性及 PN 结的正向压降随温度变化的特性而制成的。当半导体材料的温度升高时，激发到导带上的载流子数目增加，导致半导体中的载流子浓度和迁移率发生变化，引起电阻发生变化。

AD590 型电流型集成电路温度传感器是由多个参数相同的三极管和电阻组成，具有精度高、线性好、使用方便等特点，是一种新型的电流输出型温度传感器，测温范围为－50～＋150 ℃。当施加＋4～＋30 V 的激励电压时，这种传感器起恒流源的作用，其输出电流与传感器所处的热力学温度 T(单位为 K)成正比，且转换系数为 $k=1\ \mu A/K$ 或 $1\ \mu A/℃$。AD590输出的电流 I 可在远距离处通过一个适当阻值的电阻 R 转化为一个电压 U，由 $I=U/R$ 算出 AD590 输出的电流，从而算出温度值。本实验在 AD590 上串接 5 kΩ 电阻后，可产生 5 mV/℃的信号电压，接 0～2 V 量程四位半数字电压表，最小可检测到 0.02 ℃温度变化，测温电路如图 3.6.3 所示。

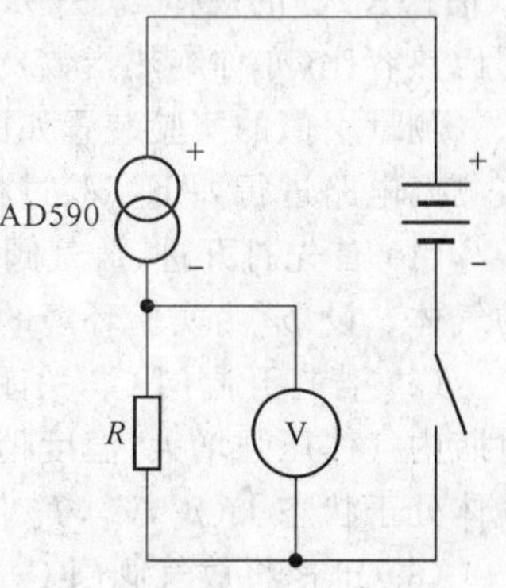

图 3.6.3　测温电路图

3. 扩散硅压力传感器

半导体材料(如单晶硅)因受力而产生应变时，由于载流子的浓度和迁移率的变化而导致电阻率发生变化的现象称为压阻效应。压力传感器就是利用半导体压阻效应制成的。

在硅膜片表面扩散一个四端元件，如图 3.6.4 所示。由于硅是各向异性材料，十字形四端应变片应设置在剪切应力最大的位置和剪切压阻系数最大的方向上。在四端应变片的一个方向上加电流源或电压源，当有剪切应力作用时，将会产生一个垂直电流方向的电场变化，引起该方向的电位分布发生变化，从而在该方向的两端可以得到由被测压力引起的输出电压，此电压由同轴电缆线输出，与仪器内的放大器及 0～200 mV 三位半数字电压表相连接，测量容器瓶内的气体压强高于容器瓶外环境大气压的压强差值。当待测气体压强为环境大气压 p_0 时，数字电压表显示为 0，当待测气体压强为 $p_0+10.00$ kPa 时，数字电压表显示为 200 mV，仪器测量气体压强灵敏度为 20 mV/kPa，测量精度为 5 Pa。扩散硅压力传感器具有体积小、灵敏度高、稳定性好等优点。

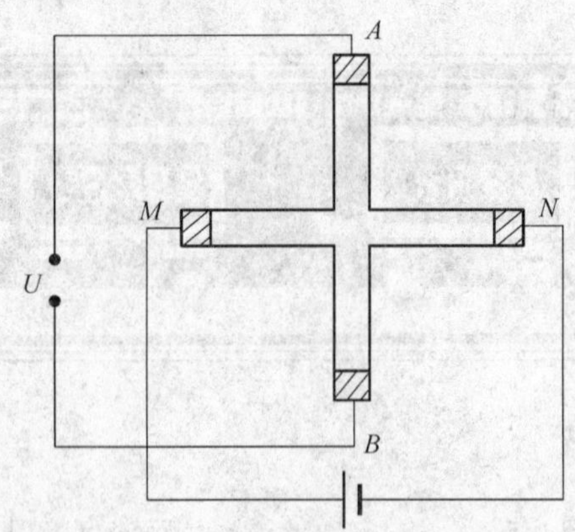

图 3.6.4　四端元件示意图

【实验原理】

理想气体的压强 P、体积 V 和温度 T 在准静态绝热过程中，遵守绝热过程方程 $PV^\gamma=C$(泊松公式)的规律，式中 γ(文献值 $\gamma_{理}=1.402$)为定压比热容 C_p 和定容比热容 C_v 的比值即比热容比(亦称绝热指数)。

测量 γ 值的实验装置如图 3.6.1 所示。我们以储气瓶内的空气作为研究的热学系统，接测温电路进行如下实验过程：

(1) 首先打开进、放气阀门 C_1、C_2，储气瓶与大气相通，瓶内充满与周围空气同温同压的气体。设 p_0 为实验环境的大气压强，T_0 为室温。

(2) 若打开阀门 C_1，关闭阀门 C_2，用充气球将空气缓缓压入瓶中，然后关闭阀门 C_1，此时瓶内气体压强增大，温度稍有升高，待内部气体温度稳定，即达到与周围温度平衡，此时的气体处于状态Ⅰ(p_1,V_1,T_0)。

(3) 迅速将放气阀门 C_2 打开，瓶内气体迅速膨胀喷出，待瓶内气体与瓶外大气相通、压强降到环境压强 p_0 时，将阀门 C_2 急速关闭，这时，原瓶内空气温度稍有下降，降为 T_1，体积膨胀变为 V_2(为储气瓶体积和放出的那部分气体在 p_0、T_1 下的体积之和)。由于放气过程较快，瓶内空气压强变化极快，以至于空气与瓶壁之间来不及热传递，故此过程可看作是绝热膨胀过程，因而满足泊松公式：

$$p_1V_1^\gamma=p_0V_2^\gamma \tag{3.6.1}$$

式中，γ 为气体比热容比。此时，瓶中气体由状态Ⅰ(p_1,V_1,T_0)转变为状态Ⅱ(p_0,V_2,T_1)。

(4) 阀门 C_2 关闭后，由于瓶内空气温度 T_1 低于室温 T_0，因而从周围吸热，瓶内空气温度回升，当回升到放气前室温 T_0 时，此时瓶内气体压强也随之增大到 p_2，则稳定后的气体状态为Ⅲ(p_2,V_2,T_0)，从状态Ⅱ→状态Ⅲ的过程可以看作是一个等容吸热的过程。

总之，由状态Ⅰ→Ⅱ→Ⅲ的过程如图 3.6.5 所示。

Ⅲ→Ⅰ可视为等温过程，由理想气体状态方程得

$$p_1V_1=p_2V_2 \tag{3.6.2}$$

联立式(3.6.1)、式(3.6.2)解得

$$\gamma=\frac{\lg p_1-\lg p_0}{\lg p_1-\lg p_2}=\frac{\lg(p_1/p_0)}{\lg(p_1/p_2)} \tag{3.6.3}$$

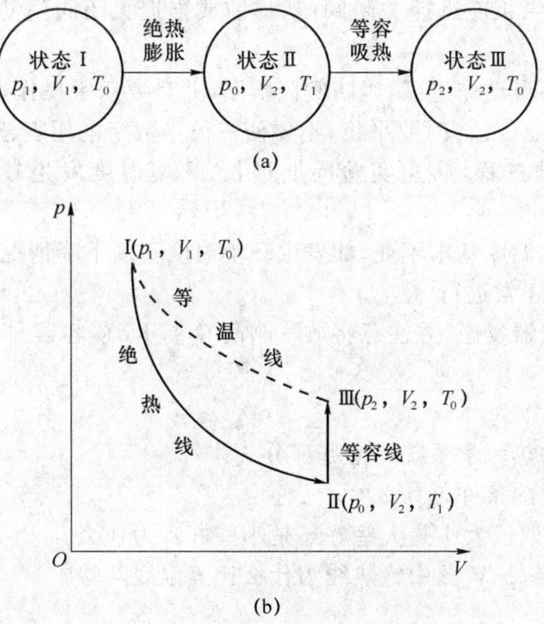

图 3.6.5　气体状态变化及 p-V 图

实验时只要满足Ⅰ→Ⅱ的绝热过程，Ⅲ→Ⅰ的等温过程，操作无误，那么由测量值 p_0、p_1、p_2 可以求得空气的比热容比 γ。

【实验内容】

(1) 按图 3.6.3 接好测温电路，温度传感器的正负极勿接错。由精密数字温度气压表读取大气压强 p_0。开启电源，把电子仪器部分预热 20 min，打开阀门 C_1、C_2，然后用调零电位器调节测压强的三位半数字电压表零点。注意测温度的四位半数字电压表读数非零。

(2) 把阀门 C_2 关闭，用充气球把空气稳定地徐徐压入储气瓶内，使瓶内压强升高 6 kPa 左右，然后关闭阀门 C_1，待瓶内温度、压强均匀稳定后（瓶内空气和周围环境达到热平衡），瓶内气体状态为Ⅰ(p_1,V_1,T_0)，记录(U_{p_1},U_{T_0})。

(3) 迅速打开阀门 C_2，由于瓶内气压高于大气压，瓶内部分气体将突然喷出，发出“嗤”的声音。当瓶内压强降至 p_0 时（“嗤”声刚结束），立刻关闭放气阀门 C_2，此时气体状态为Ⅱ(p_0,V_2,T_1)，此过程为绝热膨胀过程，气体状态变化过程中压强降低、体积增大、温度降低。

(4) 阀门 C_2 关闭后，由于瓶内空气温度 T_1 低于室温 T_0，因而从周围吸热，当瓶内气体温度升至室温 T_0，且压强稳定后，此时气体状态为Ⅲ(p_2,V_2,T_0)，记下(U_{p_2},U_{T_0})。

(5) 打开放气阀 C_2，使储气瓶与大气相通，以便于下一次测量。重复测量 5 次。

【注意事项】

(1) 注意系统密封性，实验前应检查系统是否漏气，方法是关闭放气阀门 C_2，打开充气阀门 C_1，用充气球向瓶内打气，使瓶内压强升高 1 000～2 000 Pa 左右后关闭 C_1，观察压强是否能够稳定下来，若始终下降则说明系统有漏气之处，须找出原因。

(2) 做好本实验的关键是放气要进行得十分迅速。即打开放气阀门后又关上放气阀门的动作要快捷，使瓶内气体与大气相通要充分且尽快地完成。按实验内容(3)打开阀门 C_2

放气时，当听到放气声结束应迅速关闭阀门，提前或推迟关闭阀门 C_2，都影响实验结果，引起较大误差。

(3) 旋转阀门时不可动作过猛，以防阀门折断，并且要双手操作，即一手扶住阀门，另一只手转动阀门活塞。压入气体时要平稳，不要使三位半数字电压表超程。

(4) 注意掌握实验进程，防止实验周期过长、环境温度发生较大变化对实验造成的影响。

(5) 实验要求环境温度基本不变，如发生环境温度不断下降情况，可在远离实验仪器处适当加温，以保证实验正常进行。

(6) 实验完毕将仪器复原，并注意将放气阀门 C_2 打开，使容器与大气相通。

【思考题】

(1) 本实验研究的热力学系统是指哪部分气体？

(2) 泊松公式成立的条件是什么？

(3) 实验时，p_1 的取值大小是大些好还是小些好？为什么？

(4) 结合实验，解释 p-V 图中绝热线为什么比等温线陡峻？

实验 3.7　模拟法测绘静电场

静电场是由电荷分布产生的，要描绘静电场就必须测定电荷的分布。因为静电场中无电流通过，所以直接测量静电场的电位分布是很困难的。如果用分布相同的恒定电流模拟静电场，即根据测量结果描绘出与静电场对应的电流场分布，即可确定静电场的电位分布。

【实验目的】

(1) 加深和巩固静电场的知识，对简单的对称场，能从对称性中找出电力线或等位面的位置。

(2) 理解均匀导体内恒定电流场的特点。

(3) 学习用恒定电流场模拟静电场的等势线和电力线。

【实验仪器】

静电场描绘仪、静电场描绘专用电源、毫米方格纸及游标卡尺等。

【实验原理】

带电体周围存在静电场，场的分布是由电荷的分布、带电体的几何形状及周围介质所决定的。由于带电体的形状复杂，大多数情况求不出电场分布的解析解，因此只能靠数值解法求出或用实验方法测出电场分布。直接测量静电场需要复杂的设备，且仪器的引入会导致原来电场发生变化，所以常常用模拟的方法研究静电场分布。静电场的模拟在电子管、示波器和电子显微镜等电子束器件的设计研究中具有实用意义。

1. 用电流场模拟静电场的条件

由电磁理论知道，电介质中稳恒电流场与电介质(或真空)中的静电场之间具有相似性。

对于导电媒质中的稳恒电流场，电荷在导电媒质内的分布与时间无关，于是电荷守恒定律的积分形式可写为

$$\oiint \boldsymbol{j} \cdot \mathrm{d}\boldsymbol{s} = 0 \qquad \oint \boldsymbol{j} \cdot \mathrm{d}\boldsymbol{l} = 0$$

对于电介质中的静电场在无源区域内，下列方程同时成立：

$$\oiint \boldsymbol{E}_{\mathrm{e}} \cdot \mathrm{d}\boldsymbol{s} = 0 \qquad \oint \boldsymbol{E}_{\mathrm{e}} \cdot \mathrm{d}\boldsymbol{l} = 0$$

对比上面两组方程可知静电场的电场强度 $\boldsymbol{E}_{\mathrm{e}}$ 和电流场中的电流密度 j 所遵循的物理规律具有相同的数学形式，在相同的边界条件下，二者的解亦具有相同的数学形式，所以我们可以仿造一个与静电场分布完全一样的电流场来模拟静电场。

为了达到上述要求，实验中的稳恒电流场必须满足如下条件。

(1) 电流场中的电极形状及分布要与静电场中的带电导体形状及分布相似。

(2) 电流场中的导电介质应为各向同性的均匀导电介质。

(3) 如果产生静电场的带电体表面是等位面，则产生电流场的电极表面也应是等位面。

为此，可采用良导体做成电流场的电极，而用电阻率远大于电极电阻率的不良导体(如石墨粉、自来水或稀硫酸铜溶液等)充当导电质。

2. 同轴圆柱面形电极间的静电场与电流场

静电场应是一个三维空间场，为了得知电场在空间各点的情况，模拟用的电流场也应是三维的。也就是导电物质应充满整个模拟空间。由于无限长均匀带电圆柱体周围的电场具有对称性，它的电力线总是垂直于柱体轴线的，所以模拟的电流场也需在垂直于柱体轴线的平面内。这样只要测量一个薄层平面内电流的电势分布，即可模拟两个带等量异号电荷的无限长同轴圆柱面间的电场分布。

如图 3.7.1 所示是长直同轴圆柱形电极的横截面图，设内圆柱体 A 的半径为 r_0，外圆筒 B 的内半径为 R_0。

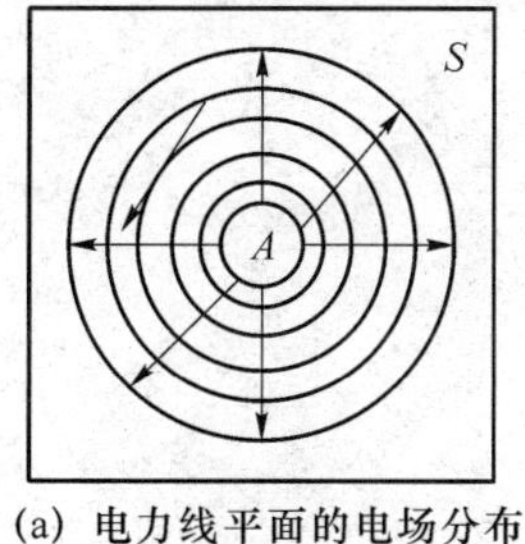

(a) 电力线平面的电场分布

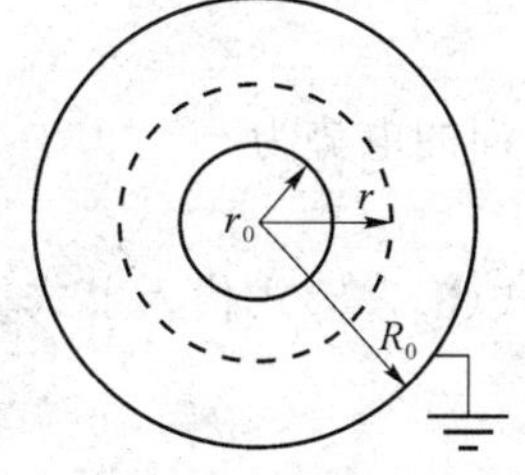

(b) 电极组态

图 3.7.1　均匀带电同轴长圆柱截面电场分布图

(1) 静电场

为了计算两电极 A、B 间的静电场，我们在轴线方向上取一段单位长度的同轴柱面，并设内外柱面各带电量(即线密度)$+\eta$ 和 $-\eta$。作半径为 r 的高斯面(闭合圆柱面)，设此面上的电场强度大小为 E，由高斯定理可求得

$$E = \frac{\eta}{2\pi\varepsilon r} \tag{3.7.1}$$

则两极间的电势差为

$$U_0=\int_{r_0}^{R_0}E\mathrm{d}r=\int_{r_0}^{R_0}\frac{\eta}{2\pi\varepsilon r}\mathrm{d}r=\frac{\eta}{2\pi\varepsilon}\ln\frac{R_0}{r_0} \tag{3.7.2}$$

同样,半径为 r 的柱面上任意一点与外电极 B 间的电势差为

$$U_r=\int_{r}^{R_0}E\mathrm{d}r=\int_{r}^{R_0}\frac{\eta}{2\pi\varepsilon r}\mathrm{d}r=\frac{\eta}{2\pi\varepsilon}\ln\frac{R_0}{r} \tag{3.7.3}$$

由式(3.7.2)和式(3.7.3)得

$$U_r=U_0\frac{\ln\frac{R_0}{r}}{\ln\frac{R_0}{r_0}} \tag{3.7.4}$$

U_r 与 $\ln\frac{R_0}{r}$呈线性关系。

(2) 电流场

设不良导电介质薄层(如导电纸)厚度为 t,电阻率为 ρ,则任意半径 r 到 $r+\mathrm{d}r$ 的圆周之间的电阻为

$$\mathrm{d}R=\rho\frac{\mathrm{d}r}{s}=\rho\frac{\mathrm{d}r}{2\pi rt}=\frac{\rho}{2\pi t}\frac{\mathrm{d}r}{r} \tag{3.7.5}$$

那么,半径为 r 的柱面到半径为 R_0 的外柱面之间的电阻为

$$R_{rR_0}=\frac{\rho}{2\pi t}\int_{r}^{R_0}\frac{\mathrm{d}r}{r}=\frac{\rho}{2\pi t}\ln\frac{R_0}{r} \tag{3.7.6}$$

同理可得半径为 r_0 的内柱面到半径为 R_0 的外柱面之间的总电阻为

$$R_{r_0R_0}=\frac{\rho}{2\pi t}\int_{r_0}^{R_0}\frac{\mathrm{d}r}{r}=\frac{\rho}{2\pi t}\ln\frac{R_0}{r_0} \tag{3.7.7}$$

因此,从内柱面到外柱面的电流为

$$I=\frac{U_0}{R_{r_0R_0}}=\frac{2\pi t}{\rho\ln\frac{R_0}{r_0}}U_0$$

则半径为 r 的柱面的电势为

$$U_r=IR_{rR_0} \tag{3.7.8}$$

将式(3.7.6)和式(3.7.8)式代入上式得

$$U_r=U_0\frac{\ln\frac{R_0}{r}}{\ln\frac{R_0}{r_0}} \tag{3.7.9}$$

比较式(3.7.4)和式(3.7.9)可知,静电场与模拟场的电势分布完全相同。

为了数据处理的方便,式(3.7.9)可以改写为

$$\ln r=\ln R_0+[\ln(R_0/r_0)]\frac{U_r}{U_0} \tag{3.7.10}$$

由式(3.7.10)不难看出,$\ln r$ 与$\frac{U_r}{U_0}$呈线性关系。

【实验内容】

(1) 按图 3.7.2 连接好电路,接入电源测出两极间的电势差。

(2) 测量并描绘 6～8 条不同电势的等位线，要求相邻两等势线间的电势差为 0.5 V 或 1 V，每种电势在不同方向测定 8 个均匀分布的等势点，用探针记下它的位置。

(3) 用游标卡尺测出两电极的半径 R_0 和 r_0。

(4) 取下毫米方格纸，确定两极的中心，用钢直尺测量各条等势线上每个等势点到中心的距离 r 画出等势线、电力线，并注明相应的电势值。

(5) 求出各等势线的平均半径 r。

(6) 作出 $\ln r$-U_r/U_{r_0} 图线，考察它是否为一条直线。根据该直线的截距和斜率分别求出内外电极的半径 r_0 和 R_0，并与实际测量值比较，以判断实验的准确程度。

(7) 数据处理(表格自拟)。

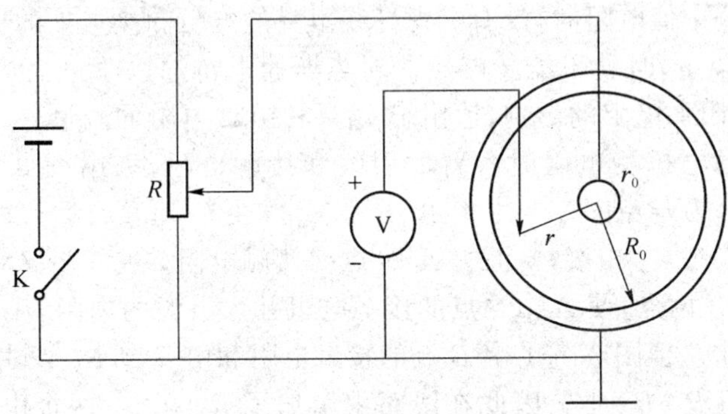

图 3.7.2　测量电路图

【注意事项】

(1) 测量过程中两极间的电压要保持不变。

(2) 实验时上下探针应置于同一垂线上，并保持记录纸位置固定。

【思考题】

(1) 若交换电极间电压的正负，所做的等位线有变化吗？为什么？

(2) 用稳恒电流场模拟静电场的条件是什么？

(3) 等势线和电力线之间有什么关系？

(4) 用电压表找等位点时，电压表内阻对测量结果有什么影响？

实验 3.8　双臂电桥测低电阻

按阻值的大小来分，电阻大致可分为三类：在 1 Ω 以下的为低电阻；在 1 Ω～100 kΩ 之间的为中电阻；100 kΩ 以上的为高电阻。对于不同阻值的电阻，测量方法是不尽相同的，它们都有本身的特殊问题。由于导线电阻和接触电阻(数量级为 10^{-2}～10^{-5} Ω)的存在，用惠斯通电桥测量 1 Ω 以下的低电阻时误差很大，为了减少误差，需要改进线路设计，于是发展成为双臂电桥。

【实验目的】

(1) 了解双臂电桥测低电阻的原理和方法。
(2) 用双臂电桥测量导体的电阻率。

【实验仪器】

单双臂两用直流电桥、开关、电源、导线、待测金属材料等。

【实验原理】

用惠斯通电桥测中值电阻时,没有考虑导线本身的电阻和接点处的接触电阻的影响,但用它测低电阻(1 Ω 以下)时就不能忽略了。对惠斯通电桥加以改进而成的双臂电桥(又称开尔文电桥)消除了附加电阻的影响,适用于 10^{-6}～10 Ω 电阻的测量。

为消除用惠斯通电桥测电阻时各臂的引线和接触电阻,采用图 3.8.2 的线路。与图 3.8.1比较可以看出,为避免图 3.8.1 中由 A 到 R_x 和由 C 到 R_S 的导线电阻,使 A 点直接与 R_x 相接,C 点直接与 R_S 相接,要消去 A、C 点的接触电阻,进一步又将 A 点分成 A_1、A_2 两点,C 点分成 C_1、C_2 两点,使 A_1、C_1 点的接触电阻并入电源的内阻,A_2、C_2 点的接触电阻并入 R_1、R_2 的电阻中。但图 3.8.1 中 B 点的接触电阻和由 B 到 R_x 及由 B 到 R_S 的导线电阻就不能并入低电阻 R_x、R_S 中。因此在线路中增加了 R_3 和 R_4 两个电阻,让 B 点移至跟 R_3、R_4 及检流计相连,这样就只剩下 R_x 和 R_S 相连的附加电阻了。同样,把 R_x 和 R_S 相连的两个接点各自分开,分成 B_1、B_3 和 B_2、B_4,这时 B_3、B_4 的接触电阻并入附加的两个较高电阻 R_3、R_4 中。将 B_1、B_2 用粗导线相连,并设 B_3、B_4 间连线电阻与接触电阻的总和为 r,下面将要证明,适当调节 R_1、R_2、R_3、R_4 和 R_S 的阻值,就可以消去附加电阻 r 对测量结果的影响。

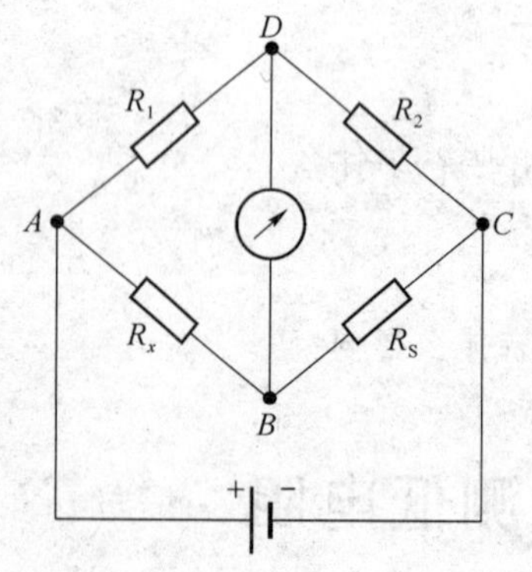

图 3.8.1　惠斯通电桥原理图

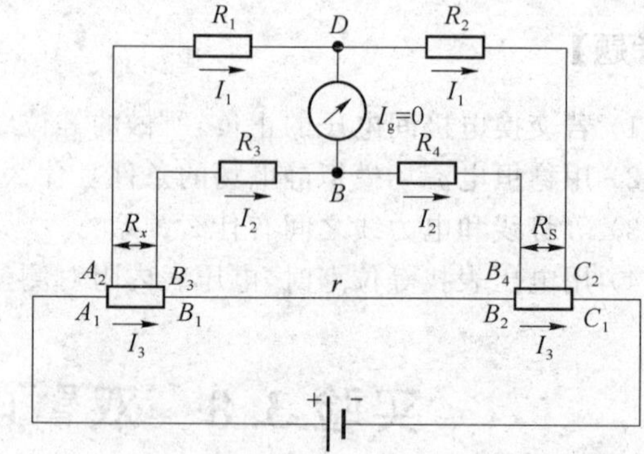

图 3.8.2　双臂电桥原理图

调节电桥平衡的过程就是调整电阻 R_1、R_2、R_3、R_4 和 R_S 使检流计中的电流 I_g 等于零的过程。

当检流计中电流为零,电桥平衡时,通过 R_1 和 R_2 的电流相等,图中以 I_1 表示。通过 R_3 和 R_4 的电流相等,以 I_2 表示。通过 R_x 和 R_S 的电流也相等,以 I_3 表示。因为 B、D 两点的电位相等,故有

$$I_1R_1=I_3R_x+I_2R_3$$

$$I_1R_2=I_3R_S+I_2R_4$$

$$I_2(R_3+R_4)=(I_3-I_2)r$$

联立求解，得到

$$R_x=\frac{R_1}{R_2}R_S+\frac{rR_4}{R_3+R_4+r}\left(\frac{R_1}{R_2}-\frac{R_3}{R_4}\right) \tag{3.8.1}$$

式(3.8.1)中第一项与惠斯通电桥计算公式相同，现在我们来讨论第二项。如果 $R_1=R_3$，$R_2=R_4$ 或者 $\frac{R_1}{R_2}=\frac{R_3}{R_4}$，则式(3.8.1)右边的第二项为零，即

$$\frac{rR_4}{R_3+R_4+r}\left(\frac{R_1}{R_2}-\frac{R_3}{R_4}\right)=0$$

这时式(3.8.1)变为

$$R_x=\frac{R_1}{R_2}R_S \tag{3.8.2}$$

式(3.8.2)说明开尔文电桥的平衡条件与惠斯通电桥具有相同的表达式，同时由上面的讨论可知，欲使式(3.8.2)成立，要求在改变比率 $\frac{R_1}{R_2}$ 时要同时改变 $\frac{R_3}{R_4}$，为了保证等式 $\frac{R_1}{R_2}=\frac{R_3}{R_4}$ 在电桥使用过程中始终成立，通常将电桥做成一种特殊的结构，即将两对比率臂 $\left(\frac{R_1}{R_2}和\frac{R_3}{R_4}\right)$ 采用所谓双十进电阻箱。在这种电阻箱里，两个相同十进电阻的转臂连接在同一转轴上，因此在转臂的任一位置上都保持 R_1 和 R_3 相等，R_2 和 R_4 相等。

还应指出，在双臂电桥中电阻 R_x（或 R_S）有四个接线端，这类接线方式的电阻称为四端电阻，由于流经 $A_1R_xB_1$ 的电流比较大，通常称接点 A_1 和 B_1 为"电流端"，在双臂电桥上用符号 C_1 和 C_2 表示，而接点 A_2 和 B_3 则称为"电压端"，在双臂电桥上用符号 P_1 和 P_2 表示，采用四端电阻可以大大减小测电阻时导线电阻和接触电阻（总称附加电阻）对测量结果的影响。

QJ19 型单双臂直流电桥作为双臂电桥用的话，其测量线路原理图如图 3.8.3 所示。在图中，3、4 端接标准电阻 R_N，待测未知电阻 R_x 接 7、8 两端，r 为小于 0.001 Ω 的导线。调节平衡前使 $R_1=R_2$，调 R（这时 R' 也跟着同步变动，即 $R'=R$）平衡时有

$$R_x=\frac{R}{R_1}R_N=\frac{R}{R_2}R_N$$

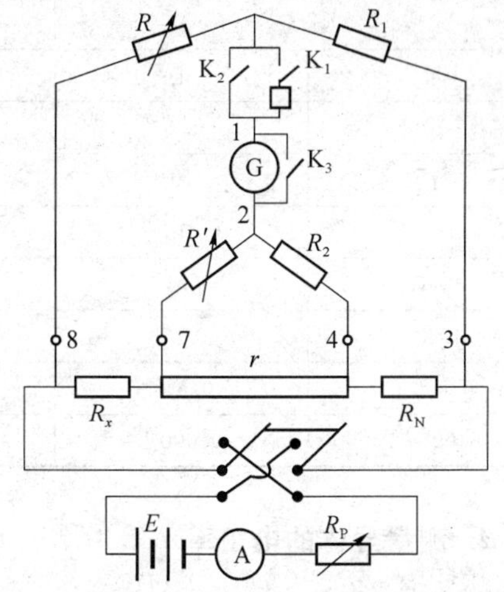

图 3.8.3　测量线路原理图

【实验内容】

1. 测量导体电阻

(1) 按图 3.8.4 所示将线路接好。

(2) 将待测金属圆柱体（如铝、黄铜、铁棒等）做成图 3.8.5 所示的四端电阻，接入双臂电桥电压输入端 P_1、P_2 及电流输入端 C_1、C_2，调节 R_P，使电源输出电流在 4 A 左右，选择

$R_1=R_2$，接通检流计，调节 R 使电桥平衡，这时

$$R_x=\frac{R}{R_1}R_N$$

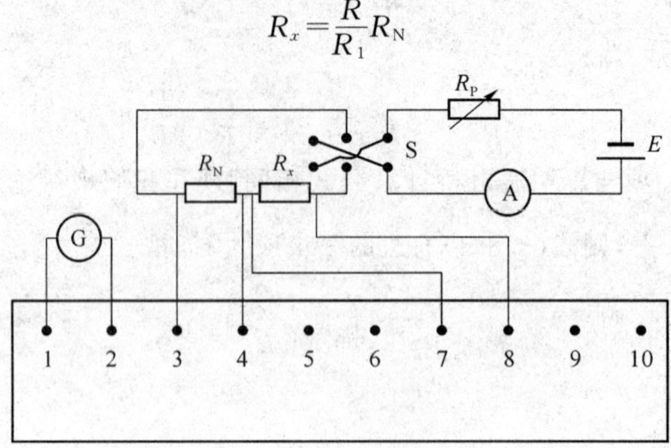

图 3.8.4　电桥接线图

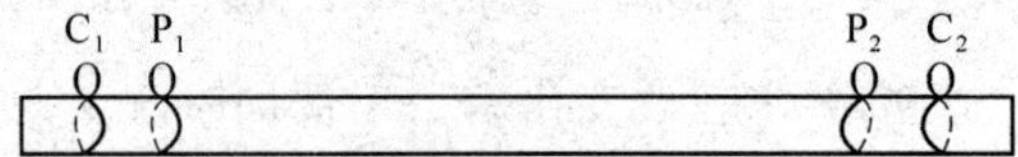

图 3.8.5　四端钮接法示意图

(3) 标准电阻 R_N 可按表 3.8.1 选择。

(4) 用上述方法测出两种金属棒的电阻。

表 3.8.1　标准电阻 R_N

R_x/Ω		R_N/Ω	$R_1=R_2/\Omega$	电源电压/V
起	止			
10	100	10	100	3
1	10	1	100	
0.1	1	0.1	100	
0.01	0.1	0.01	100	
0.001	0.01	0.001	100	
0.000 1	0.001	0.001	1 000	5
0.000 01	0.000 1	0.001	1 000	

2. 测量导体的电阻率

导体的电阻 $R=\rho\frac{l}{S}$，其中 l 是该导体的长度，S 是其横截面积，而 ρ 称为导体的电阻率，其大小与导体的材料性质有关。对圆柱形导体 $\rho=R\pi d^2/(4l)$，其中 d 为圆柱体截面直径。

(1) 用游标卡尺测导体直径 d 三次，取平均值，如图 3.8.5 所示，用米尺测 P_1、P_2 之间的长度三次，取平均值。

(2) 根据测得的 R 值计算电阻率。

(3) 再用箱式惠斯通电桥测出导体电阻，并与用开尔文双臂电桥所测出的结果进行比较，做出分析说明。

【注意事项】

(1) 在测量电阻过程中应尽量使通电时间短。

(2) 标准电阻与被测电阻之间的连线电阻应小于 0.001 Ω,导线两头应有可以夹紧的接头,并具有良好的清洁表面。同时 R_N 与 R_x 的电压端的接线电阻也应尽量减小。

【思考题】

(1) 在测量电阻过程中用跃接法尽量使通电时间短,为什么?

(2) 在测低电阻时,为什么要有四个端钮,即电流端钮 C_1、C_2,电压端钮 P_1、P_2,测量结果 R_x 是 C_1、C_2、P_1、P_2 哪两个端钮间的电阻值?

(3) 请从原理并结合实践讨论一下双臂电桥与惠斯通电桥的异同点。

实验 3.9　单双臂电桥测电阻

电桥电路是电磁测量中电路连接的一种基本方式。用电桥测电阻利用比较法,其特点为测量准确、使用方便、方法巧妙,因此得到广泛应用。

电桥分直流和交流两大类。直流电桥主要用于测电阻,分单臂电桥和双臂电桥两种。单臂电桥又称惠斯登电桥,主要用于测量 $10 \sim 10^6$ Ω 的中值电阻,双臂电桥又称为开尔文电桥,用于测量 $10^{-5} \sim 10$ Ω 低值电阻。通过传感器,利用电桥电路还可以测量一些非电学量,例如温度、湿度等。

【实验目的】

(1) 掌握用单臂和双臂电桥测电阻的原理和方法。

(2) 学习在单臂电桥中用交换法消除系统误差。

【实验仪器】

电阻箱(3 个)、检流计、电源、待测电阻、QJ44 型直流双臂电桥箱、开关(2 个)、导线若干。

图 3.9.1 为惠斯登电桥电路原理图。

【实验原理】

电阻是电路中的基本元件,电阻值的测量是基本的电学测量之一,测量电阻的方法很多,其中以电桥法应用得最为普遍。

单臂电桥原理

单臂电桥的电路如图 3.9.1 所示。四个电阻 R_1、R_2、R_x 和 R_0 连成一个四边形,每一条边称作电桥的一个臂,其中 R_x 为待测臂电阻,R_0 称为比较臂电阻,R_1 和 R_2 称为比率臂电阻。对角 A 和 C 上加上电源 E,对角 B 和 D 之间连接检流计 G,所谓"桥"就是指 BD 这条对角线而言,它的作用是将"桥"的两个端点的电位直接进行比较,如适当设置四个桥臂的电

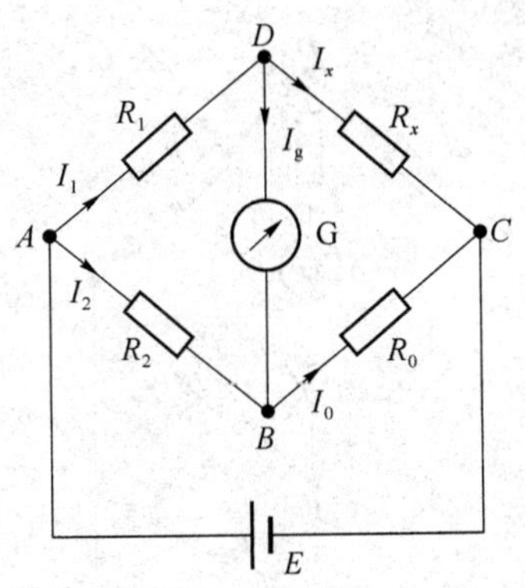

图 3.9.1　惠斯登电桥电路原理图

阻可使 BD 两点的电位相等,此时检流计中无电流通过,称为电桥达到了平衡。

当电桥平衡时,有 $I_g=0$,故:

$$I_1=I_x \qquad I_2=I_0$$

各桥臂电阻上的电压降之间有以下关系:

$$I_1R_1=I_2R_2 \qquad I_xR_x=I_0R_0$$

于是有:$R_1/R_2=R_x/R_0$,

即:

$$R_x=\frac{R_1}{R_2}R_0 \tag{3.9.1}$$

由式(3.9.1)可知,如将 R_1、R_2 设置为一定比例的电阻,那么未知电阻可与已知电阻 R_0 比较而求出。在测量过程中对电源的稳定度要求不高,测量结果由精密电阻箱给出。因此,电桥能准确地测量电阻,在实验操作中,一般先选定比率系数 R_1/R_2 的数值,再调节比较臂电阻 R_0 就可以使电桥达到平衡。

从式(3.9.1)可以看出,当电桥平衡时,被测电阻的测量准确度只取决于已知电阻 R_0,而电桥的平衡是依据检流计指针是否偏转来判断的,由于判断检流计指零时存在着视差(一般取指针偏离 0.2 格作为眼睛能觉察的界限),因而给结果引进一定的误差,这个影响的大小取决于电桥的灵敏度。

什么是电桥的灵敏度呢?在已经平衡的电桥里,当比较臂电阻 R_0 变动某电阻值 ΔR_0 时,检流计的指针离开平衡位置 Δd 格,则电桥灵敏度 S 定义为:

$$S=\frac{\Delta d}{\Delta R_0}(\text{格/欧}) \tag{3.9.2}$$

表示改变单位电阻时,检流计偏转的格数。S 越大,电桥也越灵敏,因而能提高测量的精确度。提高检流计的电流灵敏度和适当加大电桥的工作电压,均有利于提高电桥的灵敏度。

当电桥灵敏度足够高,且已知电阻 R_0 足够准确时,由式(3.9.1)看出,被测电阻 R_x 的准确程度取决于 R_1/R_2 的准确程度。为消除比值 R_1/R_2 引入的测量误差,实验中可通过交换法消除。方法是:如图 3.9.1 所示,调节 R_0 使电桥平衡,则 $R_x=R_0R_1/R_2$。然后,若保持 R_1 和 R_2 不变,把 R_0 和 R_x 的位置互换,再调节 R_0 使电桥重新平衡,设电桥重新平衡后 R_0 变为 R'_0。根据电桥原理则有:

$$R_x=\frac{R_2}{R_1}R'_0 \tag{3.9.3}$$

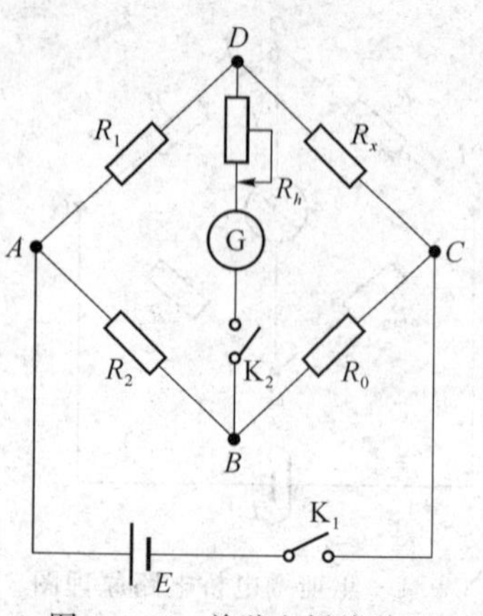

图 3.9.2　单臂电桥线路图

联立式(3.9.1)和式(3.9.3)可得:

$$R_x=\sqrt{R_0R'_0} \tag{3.9.4}$$

由于式(3.9.4)中没有 R_1 和 R_2,就可以消除由于 R_1 和 R_2 数值不准而带来的系统误差,这种交换测量方法由于将测量的某些条件(如被测物的位置)相互交换,使产生系统误差的因素对测量的结果起相反的作用,从而抵消了系统误差,这是处理系统误差的基本方法之一。

在用电桥法测电阻时,进行交换测量理论上可以消除由于比率臂存在误差而造成的系统误差,在实际的操作中,交换法一般只能用于等比率臂 $R_1/R_2=1$ 的情况,以保证交换位置后的测量结果总能与交换前有同样的数量级。用交换测量法测量电阻，一般只用于自组电桥的情况，对于箱式电桥，则无法采用交换测量法。

双臂电桥原理

直流双臂电桥又叫凯尔文电桥，其工作原理电路如图 3.9.3 所示，图中 R_x 是被测电阻，R_n 是比较用的可调电阻。R_x 和 R_n 各有两对端钮，C1 和 C2、Cn1 和 Cn2 是它们的电流端钮，P1 和 P2、Pn1 和 Pn2 是它们的电位端钮。接线时必须使被测电阻 R_x 只在电位端钮 P1 和 P2 之间，而电流端钮在电位端钮的外侧，否则就不能排除和减少接线电阻与接触电阻对测量结果的影响。比较用可调电阻的电流端钮 Cn2 与被测电阻的电流端钮 C2 用电阻为 r 的粗导线连接起来。R_1、R'、R_2 和 R'_2 是桥臂电阻，其阻值均在 10 Ω 以上。在结构上把 R_1 和 R'_1 以及 R_2 和 R'_2 做成同轴调节电阻，以便改变 R_1 或 R_2 的同时，R'_1 和 R'_2 也会随之变化，并能始终保持。

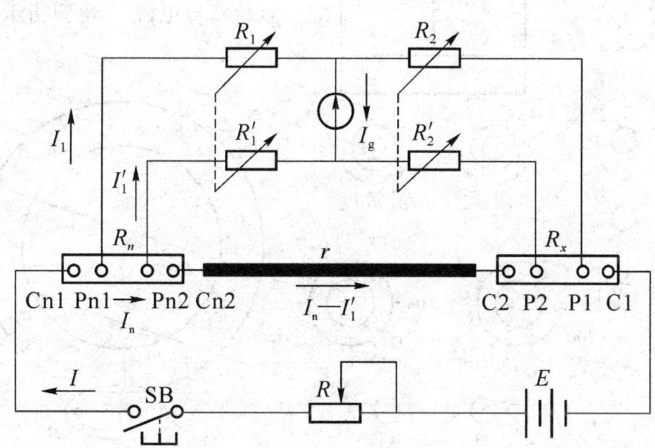

图 3.9.3　双臂电桥原理图

可见，被测电阻 R_x 仅决定于桥臂电阻 R_1 和 R_2 的比值及比较用可调电阻 R_n 而与粗导线电阻 r 无关。比值 R_2/R_1 称为直流双臂电桥的倍率。所以电桥平衡时

被测电阻值＝倍率读数×比较用可调电阻读数

因此，为了保证测量的准确性，连接 R_x 和 R_n 电流端钮的导线应尽量选用导电性能良好且短而粗的导线。

【实验内容】

1. 用自组单臂电桥测电阻

(1) 按图 3.9.2 连接线路。其中 R_1、R_2 和 R_0 均为标准电阻箱，R_h 为滑线变阻器。

(2) 确定比率臂 R_1/R_2 中 R_1、R_2 的值。

(3) 利用跃接法，通过调节 R_0 直至检流计指零，记下此时 R_0 的值。

(4) 交换 R_0 与 R_x 的位置，重复上述测量步骤测得 R'_0。

(5) 计算电阻 R_x 及其 ΔR_x。

(6) 用上述方法测出另一电阻。

(7) 测量操作说明：

① 开始操作时，电桥一般处在不平衡的状态，为了防止过大的电流通过检流计，应将 R_h 调至于最大，随着电桥逐步接近平衡，应逐渐减小 R_h 直至零。

② 为了保护检流计，开关闭合的顺序应注意先合 K_1 后合 K_2。

③ 在电桥接近平衡时,为了更好地判断检流计电流是否为零,应反复开合开关 K_2(跃接法),细心观察检流计指针是否有摆动。

④ 采用逐步逼近法调节电桥平衡,即闭合开关 K_2 时观察检流计指针偏转的方向来判断应增加或减少 R_0 的值,直到调节 R_0 使电桥平衡。

2. 用箱式双臂电桥测电阻

(1) 熟悉 QJ44 型实验箱结构,如图 3.9.4 所示。

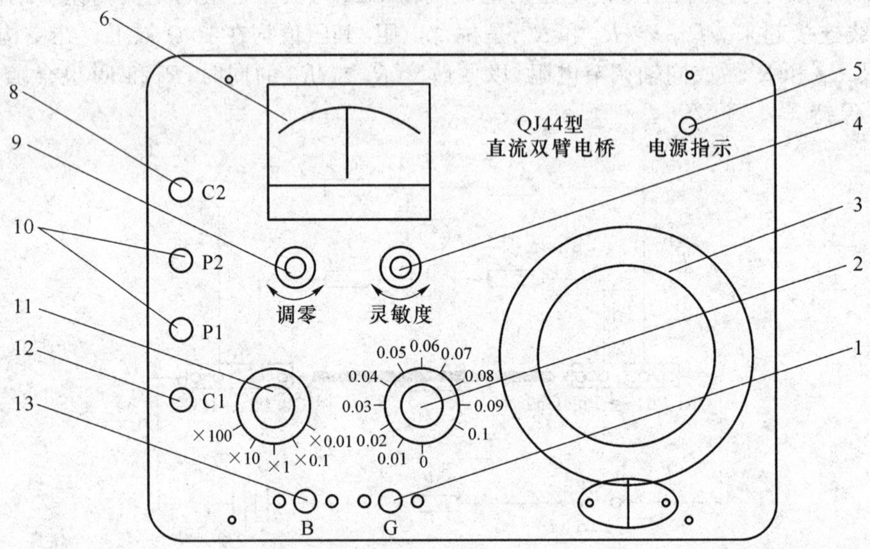

图 3.9.4 QJ44 型实验箱面板图

1—检流计按钮开关;2—步进读数开关;3—滑线读数盘;4—检流计灵敏度调节旋钮;5—电源指示灯;6—检流计;8、12—被测电阻电流端接线柱;9—检流计电气调零旋钮;10—被测电阻电位端接线柱;11—倍率开关;13—电桥工作电源按钮开关

线路和结构

① QJ44 型双臂电桥比例臂由×100、×10、×1、×0.1 和×0.01 所组成。读数盘由一个十进盘和一个滑线盘组成。

② 集成运放指零仪包括一个放大器、一个调零电位器和一个调节灵敏度电位器以及一个中心零位的指示表头。指示表头上备有机械调零装置,在测量前,可预先调整零位。当放大器接通电源后,若表针不在中间零位,可用调零电位器,调整表针至中央零位。

③ QJ44 型双臂电阻电桥的原理线路如图 3.9.5 所示。

④ 仪器上有四只接线柱,供接被测电阻。

(2) 利用 QJ44 型实验箱测量电阻

① 在机箱的后部电源插座内,接入 220 V±10%,50 Hz 交流电,打开旁边的交流电开关,面板上电源指示灯亮。打开面板上 B1 开关(旋转可自锁保持),电桥即可工作。

② 将被测电阻,按四端连接法,接在电桥相应的 C1、P1、P2、C2 的接线柱上。如图 3.9.6 所示,AB 之间为被测电阻。

③ 加电后,等待 5 min,调节指零仪指针指在零位上。

④ 估计被测电阻值大小,选择适当量程位置,先按下“G”按钮,再按下“B”按钮,调节步进盘和滑线读数盘,使指零仪指针指在零位上,电桥平衡。

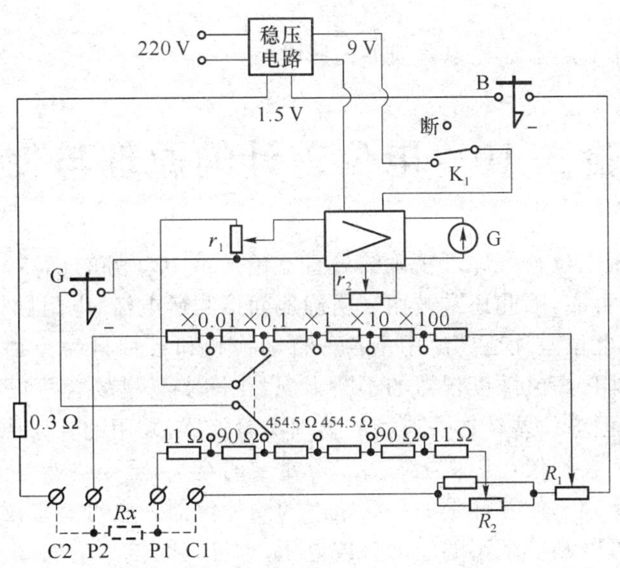

图 3.9.5　QJ44(市电型)电原理图

被测电阻按下式计算:被测电阻值(Rx)=量程因素读数×(步进盘读数+滑线盘读数)

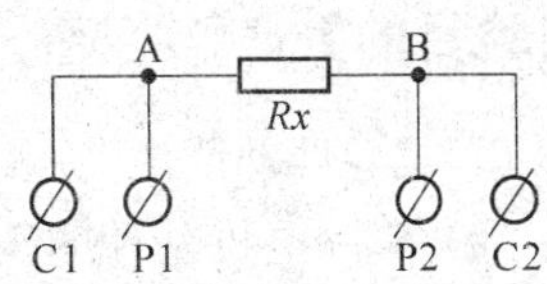

图 3.9.6　待测电阻连接方法

⑤在测量未知电阻时,为保护指零仪指针不被打坏。指零仪的灵敏度调节旋钮应放在最底位置,使电桥初步平衡后再增加指零仪灵敏度。在改变指零仪灵敏度或环境等因素时,有时会引起指零仪指针偏离零位,在测量之前,随时都应调节指零仪指零。

表 3.9.1　QJ44 电桥各级指数选择表

量程因素	有效量程(Ω)	等级指数(C)	基准值 R_N(Ω)
×100	1～11	0.2	10
×10	0.1～1.1	0.2	1
×1	0.01～0.11	0.2	0.1
×0.1	0.001～0.011	0.5	0.01
×0.01	0.000 1～0.001 1	1	0.001

【注意事项】

(1) 自组电桥的连接时,交换电阻不要连接反向。

(2) QJ44 在测量电感电路的直流电阻时,应先按下“B”按钮,再按下“G”按钮,断开时,应先端开“G”按钮,后断开“B”按钮,以免反冲电势损坏指零电路。

(3) 测量 0.1 Ω 以下阻值时,“B”按钮应间歇使用。

【思考题】

(1) 如果按图 3.9.2 连成电路,接通电源后,检流计指针始终向一边偏转,试分析出现这种情况的原因。

(2) 交换法为什么能消除比率臂误差的影响?

实验 3.10 电位差计的原理与使用

电位差计是利用电位补偿原理精确测量直流电压或电动势的仪器。它准确度高、使用方便,测量结果稳定可靠,因此还常被用来精确地间接测量电流、电阻和校正各种精密电表。在现代工程技术中,电位差计还广泛用于各种自动检测和各种自动控制系统。虽然随着科学技术的进步,高内阻、高灵敏度仪器的不断出现,在许多测量场合可以由新型仪表逐步取代电位差计的作用,但电位差计这一典型的物理实验仪器,采用的补偿原理是一种十分可贵的实验方法和手段。它不仅在历史上有着十分重要的意义,至今仍然是值得借鉴的好方法。

我们所采用的箱式电位差计是一种高精度的测量仪器。它可直接读出待测电动势或电势差的数值。用它可以测量微小的电动势或电压,也可以间接测量电流、电阻、磁场、校正电表等。

【实验目的】

(1) 学习"补偿法"在实验测量中的应用。

(2) 掌握电位差计的工作原理及其进行测量的基本方法。

(3) 学会用电位差计测电源电动势和内阻。

【实验仪器】

UJ25 型电位差计、检流计、标准电池、待测电池、直流稳压电源或干电池、电阻箱、温度计等。

【实验原理】

1. 补偿法测电动势

用电压表测量电池的电动势时,如图 3.10.1(a)所示,由于电压表内阻不可能无穷大,当有电流 I 流过时,它在被测电动势内阻 r 上的电压降为 Ir,则电压表测出的值应为 $U=E_x-Ir$,而不是电动势 E_x。用补偿法测量电动势如图 3.10.1(b)中所示,图中 E_0 是连续可调且能准确知道电压值的电源,称为补偿电源。G 为检流计,当流过 G 的电流为零(或 G 两端的电压为零)时,G 指零。测量时,调节补偿电压 E_0,当 G 指零时,称 E_0 和 E_x 达到补偿状态。此时 $E_x=E_0$,可除去 Ir 的影响。这种用补偿电压和被测量电压相等(检流计指零)来测量电压(或电动势)的方法,称为补偿法。用补偿法测量电压(或电动势)的优点是,被测量和测量仪器之间没有电流,因而用补偿法可以准确测得电动势或被测电压值。

2. 电位差计原理

按电位补偿原理构成的测量电动势的仪器称为电位差计。由上述补偿原理可知,采用补偿法测量未知电动势对 E_0 应有两点要求:第一,可调。能使 E_0 和 E_x 补偿;第二,精确。能方便而准确地读出其电动势的大小,且数值稳定。

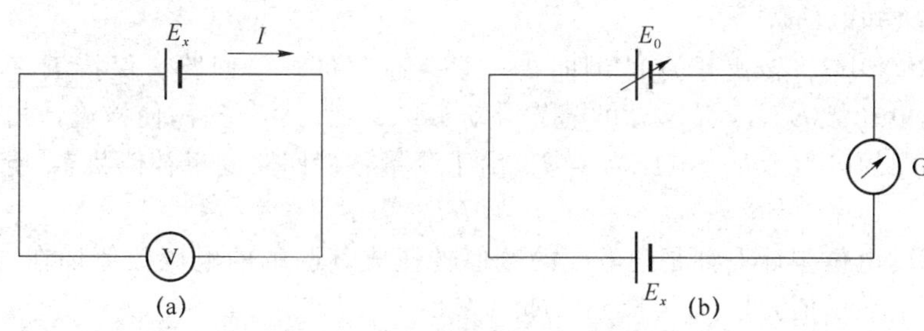

图 3.10.1　测量电动势原理图
(a)电压表测量电动势；(b)补偿法测量电动势

在电位差计中是怎样获得精确可调的 E_0 呢？图 3.10.2 是用补偿法测电动势的电位差计原理图。图中采用精密电阻 R_{ab} 组成分压器，再用电压稳定的电源 E 和限流电阻 R 串联成一闭合回路，这个回路称作辅助回路。调节 R 可以改变辅助回路的工作电流，使其等于设计时规定的标准值 $I_0E_xcdGE_x$，恒定的标准电流 I_0 通过电阻 R_{ab} 时，改变 R_{ab} 上两滑动头 c、d 的位置，可以改变 c、d 间电位差 U_{cd} 的大小。因此，只要 R_{cd} 和 I_0 数值精确，则 c、d 间电位差 U_{cd} 即为补偿原理中精确可调的 E_0。测量时把滑动头 c、d 间电位差 U_{cd} 引出来与未知电动势 E_x 进行比较，当回路 E_xcdGE_x 中的检流计指针不偏转时，可知此时未知电动势 $E_x=E_0$。回路 E_xcdGE_x 称为补偿回路。

下面将通过使用电位差计的两个步骤来说明它的工作原理。

(1) 电位差计的校准

要使辅助回路的工作电流等于设计时的标准值 I_0，必须对电位差计进行校准。方法如图 3.10.3 所示。E_s 是一个已知电动势的标准电池，根据它的大小选定 c、d 间的电阻 R_s，并满足：

$$R_s=E_s/I_0 \tag{3.10.1}$$

然后将转换开关 K 倒向 E_s，即接通校准补偿回路 E_xcdGE_x，当调节 R 使检流计指针无偏转时，电路达到补偿状态，这时的工作电流即为 I_0，且满足 $I_0=E_s/R_s$。由于 R_s 和 E_s 的数值都是相当准确的，所以工作电流就被精确地校准到标准值 I_0，要注意测量时 R 不可再调动，否则工作电流就不再等于 I_0 了。

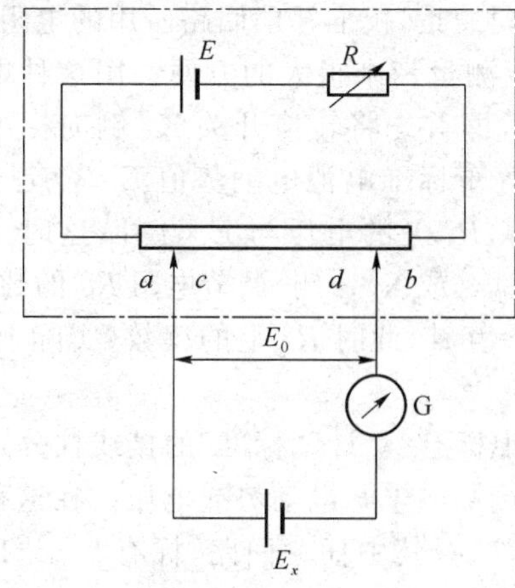

图 3.10.2　电位差计原理图

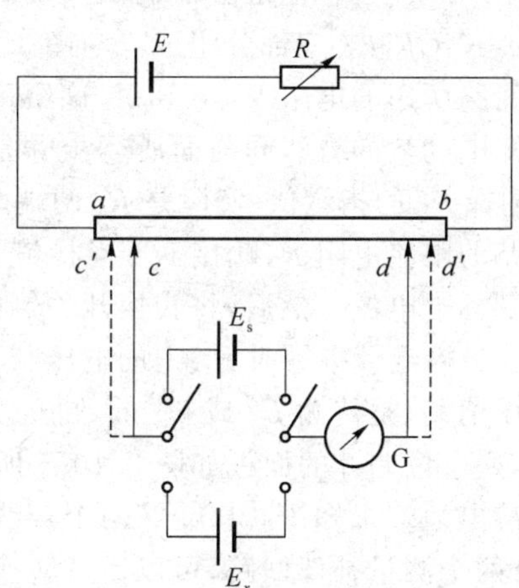

图 3.10.3　电位差计校准与测量原理图

(2) 测量未知电动势

在图 3.10.3 中,将转换开关 K 倒向 E_x,即接通测量补偿回路。保持 R 不变(即 I_0 不变),只要待测电动势 $E_x \leqslant I_0 R_{ab}$,总可调节滑动头 c、d 到 c'、d' 位置,使检流计指针再次无偏转,这时 c'、d' 间的电阻为 R_x,电压为 $I_0 R_x$,由于测量补偿回路处于补偿状态,所以此时有

$$E_x = I_0 R_x \tag{3.10.2}$$

因为实际的电位差计上都是把电阻的数值转换成其两端的电压数值标在电位差计上,所以可由面板上显示值直接读出 $E_x = I_0 R_x$ 的数值。

如果要测量某一电路中任意两点之间的电压,只需将待测两点接入测量补偿回路取代 E_x 即可。但此时需注意,这两点中高电位的一点应替换 E_x 的正极,低电位一点应替换 E_x 的负极。

3. 电位差计的优缺点

(1) “内阻”高,不影响待测电路。用电压表测量电位差时,总要从被测电路上分出一部分电流,这就改变了被测电路的工作状态。电压表内阻越小,这种影响就越显著。而用电位差计测量时,补偿回路中电流为零,所以不影响被测电路的状态,待测电源不受测量干扰而保持原态,故可测出电源真正的电动势。

(2) 准确度高。由于电阻 R_{ab} 可以做得很精密,标准电池的电动势精确且稳定,检流计很灵敏,所以在补偿条件下可提供相当准确的补偿电压。在计量工作中常用电位差计校准电表。

在用电位差计测量的过程中应注意的是,其工作条件会发生变化(如辅助回路电源 E 不稳定,限流电阻 R 不稳定等),为保证工作电流保持标准值,每次测量都必须经过校准和测量两个步骤,这两个步骤的间隔时间不能过长,而且每次要达到补偿都要进行细致的调节,因此操作繁杂、费时是它的缺点。

【仪器简介】

1. 箱式电位差计

箱式电位差计的种类很多,下面主要介绍 UJ25 型电位差计。UJ25 型电位差计的原理图如图 3.10.4 所示,它也是由辅助回路 ER_1R_2RE、校准补偿回路 $E_sNK_3GR_sE_s$ 和测量补偿回路 $E_xNK_3GR_xE_x$ 三部分组成。与图 3.10.4 不同的是,校准补偿回路所用的电阻 R_s 与测量补偿回路所用的电阻 R_x 分开了,这给重复校准、测量带来很大的方便。用这种电位差计测量未知电动势的方法同前面所述步骤是一样的,即首先将转换开关 K_3 倒向标准电池 E_s 一侧,选择 R_s 的指示值(实际是 R_s 两端电压值)等于标准电池电动势值 E_s,合上 K_1,调节辅助回路的限流电阻 R,跃接 K_3,当检流计指零时,R_s 上的电压与 E_s 互补,这时工作电流便校准到标准电流。然后,将转换开关倒向待测电压(或 X)一侧,调节电阻 R_x 的数值,再次跃接 K_3,当检流计指零时 R_x 上的电压与 E_x 或 U_x 互补,此时 R_x 上的读数(实际上是 R_x 两端的电压值)就是待测 E_x 或 U_x 的数值。

UJ25 型电位差计的面板如图 3.10.5 所示。图中标有“电计”“标准”的接线柱分别接检流计和标准电池,“未知 1”“未知 2”两个接线柱用来接被测未知电动势或电压。在这种电位差计中,有两个测量补偿回路,可以通过转换开关 K_2 选择其中任一回路,标有“—”“1.95～2.2 V”“2.9～3.3 V”的接线柱用来接工作电源,该仪器要求的直流工作电源电在“1.95～2.2 V”和“2.9～3.3 V”(干电池或直流稳压电源)范围内。

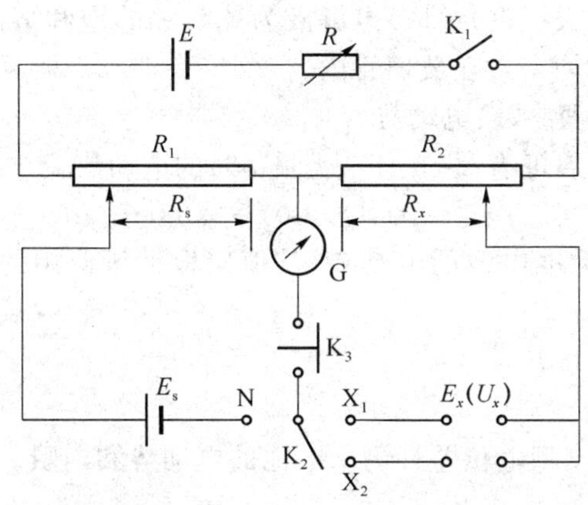

图 3.10.4　UJ25 型电位差计原理图

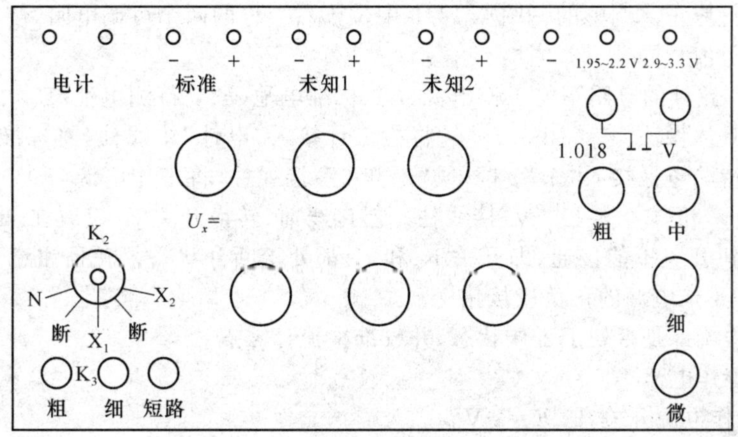

图 3.10.5　UJ25 型电位差计的面板图

(1) 图 3.10.5 中的“粗”“中”“细”“微”旋钮是用来迅速准确调节工作电流的四个电位器，相当于图 3.10.5 中的可调电阻 R。

(2) 图 3.10.5 中位于右上方的两个可调电阻，相当于图 3.10.4 中的 R_s，使用时应使 R_s 的指示值与标准电池的电动势值相同。

(3) 图 3.10.5 中的位于中间部位的是六个可调电阻，它们相当于图 3.10.4 中的 R_x，当测量补偿回路处于补偿状态时，这六个电阻旋钮示数之和就是被测电动势或电压值。

(4) 图 3.10.5 中的 K_2 是一个转换开关，它相当于图 3.10.4 中的 K_2，校准工作电流时应使 K_2 指向“N”；当 K_2 指向“X_1”或“X_2”时，可分别测定接线柱“未知 1”或“未知 2”两端的电压。

(5) 图 3.10.5 的左下角是三个接通检流计支路的按钮开关，它相当于图 3.10.4 中的 K_3。按下“粗”，有保护电阻与检流计相串联；按下“细”，保护电阻短路，用以提高电位差计的灵敏度；按下“短路”按钮，可使摆动的检流计指针迅速停下来，实际上它是一个阻尼电键。

2. 标准电池

(1) 标准电池的结构

本实验所用的 BJ 型饱和标准电池是可逆原电池，具有正、负两个电极，负极由镉汞剂组成，正极由汞及硫酸亚汞（去极剂）组成，电解液为硫酸镉的饱和溶液及过剩的结晶体组成。标准电池的各种化学物质均密封在玻璃管内。

(2) 标准电池主要物理参数：电动势

标准电池的电动势与温度有关，在任一温度 t 时的电动势：

$$E_s(t)=E_s(20)-[40.00(t-20)+0.93(t-20)^2]\times10^{-6}\ \text{V} \tag{3.10.3}$$

其中 $E_s(20)$ 是 +20 ℃时标准电池的电动势，其值应根据所使用的标准电池的型号来确定（由实验室给出）。

【实验内容】

本实验主要是用 UJ25 型电位差计测干电池的电动势和内阻。

1. 测量电动势

(1) 查看室内温度，按照式(3.10.3)算出相应的标准电池的电动势 $E_s(t)$，将标准电池电动势的值进行修正。调整的是图 3.10.5 中位于右上方的两个可调电阻，使其指示值与标准电池的电动势值相同。

(2) 按电位差计的电路图将工作电源(E)、标准电池(E_s)、待测电池(E_x)、检流计(G)接入电位差计。具体做法：参考图 3.10.5，将检流计接入"电计"接线柱，将标准电池接入"标准"接线柱，将待测电池接入"未知 1"（或"未知 2"）接线柱，将工作电源(E)（一般为直流稳压电源）接入"－"和"1.95～2.2 V"接线柱。但接线前，转换开关 K_2 应放在"断"的位置，K_3 的"粗""细"按钮开关不能接通，即开关 K_2 和 K_3 都处于断开状态。并且注意不要把标准电池、待测电池和工作电源的正负极接错。

(3) 检查检流计是否处于工作状态，并校准检流计零点。

(4) 校准工作电流 I_0。

① 接通工作电源开关，取 $E=2$ V。

② 将 K_2 置于"N"位置。

③ 接通 K_3 的"粗"按钮，调节电位差计面板右侧 R 的"粗""中""细""微"旋钮，使检流计 G 指示零值。

④ 再换成 K_3 的"细"按钮接通，继续调节上述 R 的"粗""中""细""微"各旋钮，使检流计 G 再次指示零值。此时，电流已校准到标准值 I_0。

(5) 测量未知电动势。

① 将 K_3 的"粗""细"按钮断开，然后使转换开关 K_2 指向测量位置对应处"X_1"档位或"X_2"档位。注意不要再调动 R 的"粗""中""细""微"各旋钮（思考为什么?）。

② 初步估计待测干电池电动势的值，使 R_x 的六个读数盘旋钮旋至约等于其值的位置上（先做粗略估计）。

③ 接通 K_3 的"粗"按钮，调节 R_x 的六个读数盘旋钮，使检流计 G 指示零值。

④ 再换成 K_3 的"细"按钮接通，继续调节 R_x 的六个读数盘旋钮，使检流计 G 再次指示零值。此时电位差计上的读数，便是未知电池的电动势值 E_x，记下结果。

⑤ 重复校准与测量两个步骤，共对 E_x 测量五次，取 E_x 的平均值作为测量结果。

2. 测量电池的内阻

(1) 将电位差计的"未知 1"（或"未知 2"）上接入的 E_x 换成图 3.10.6 所示的线路，其余部分不变，图中 R' 为电阻箱。

(2) 调节 $R'=100\ \Omega$，同测量电动势的步骤，便测得 R' 两端的电压 E'；因为 $E'=E_x-Ir=IR'$，式中 r 为待测电池的内阻。所以：

$$r=\frac{E_x-E'}{I}=(\frac{E_x}{E'}-1)R' \qquad (3.10.4)$$

其中 $I=E'/R'$，而式(3.10.4)中 R' 已知，只要分别测出当开关 K′打开和合上时 ab 两端的电压 E_x 和 E'，即可求得 r。将测得结果进行处理及误差分析。

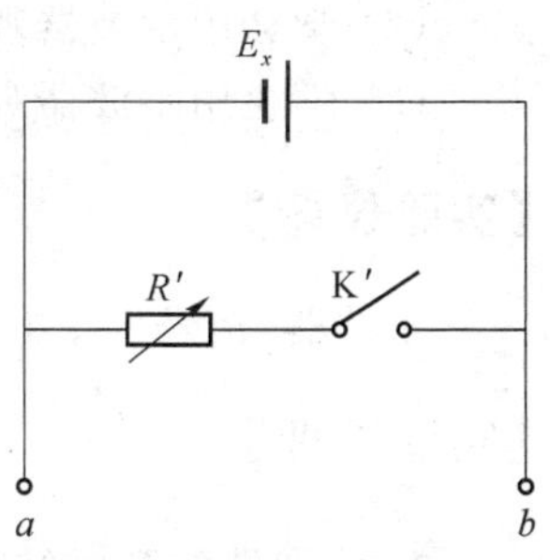

图 3.10.6　测量电池内阻

【注意事项】

(1) 使用电位差计必须先接通辅助回路(即先合 K_1)，然后再接通补偿回路(即后合 K_3)。断电时须先断开补偿回路，再断开辅助回路。使用 K_3 必须用跃接法，即瞬时通电法。

(2) 标准电池应在＋10～＋40 ℃及相对湿度＜80％的条件下使用。而且只能在短时间通过 1 μA 左右的电流，否则将影响标准电池的精度或造成永久性电动势衰落，所以在校准中要特别注意用跃接法接通 K_3，以保护标准电池。另外还要注意，标准电池不能震动、倒置、阳光直射，一般不能用伏特计测量标准电池的电动势。电池两极连接处，必须有良好的绝缘电阻，应注意不要让人身将标准电池两极短路。

(3) 待测电池不能供给大电流，所以测内阻时 R' 的值不能太小，应先定好 $R'=100\ \Omega$，才能合上 K′。实验中只在测量 E' 时才合上 K′，测量完毕应立即断开，以免干电池放电过多。

【思考题】

(1) 在校准电位差计时，若发现检流计指针总是向一侧偏转，无法达到平衡，试分析有哪些原因？

(2) 能否用电位差计测量电阻，试述其原理。

(3) 请设计一电路，用电位差计校准电压表或电流表。

实验 3.11　示波器的原理与使用

示波器是一种常见的电子测量仪器，它可以直观地在屏幕上显示出一个物理量随另一个物理量变化的曲线，其中大多数情况是显示电信号的电压随时间的变化曲线，即信号的波形。在屏幕上，信号波形以人们的习惯形式显示，横方向(x 轴)表示时间，纵方向(y 轴)表示信号的幅度，这样可以直接观察到信号波形的形状，并可测量其幅度、周期或其他参数。示波器只接收、测量电压信号，如果想观察其他物理量的变化，可把它们先转换成电压(例如用话筒转换声音为电压)，然后再用示波器观察。在无线电制造业和电子测量技术等领域，它是不可缺少的测试设备。

【实验目的】

(1) 了解示波器的结构和工作原理，熟悉示波器的调节和使用。

(2) 学会用示波器观测电压信号的波形。

(3) 学会用示波器观察李萨如图,并掌握测量正弦信号频率的方法。

【实验仪器】

示波器、信号发生器、信号传输线等。

【实验原理】

1. 示波器的基本结构

示波器的规格和型号很多,但不管什么示波器都包含以下几个基本部分:示波管、扫描发生器、信号放大器、触发同步电路以及直流电源。如图 3.11.1 所示。电压信号经"y 放大"或"x 放大"放大或衰减后,送到示波管内的竖直或水平偏转板上产生偏转场,使示波管内电子枪发射的电子随偏转板上所加电压信号的变化规律,发生相应的位移偏转以后打到荧光屏上,从而显示与电压信号相应的信号波形。

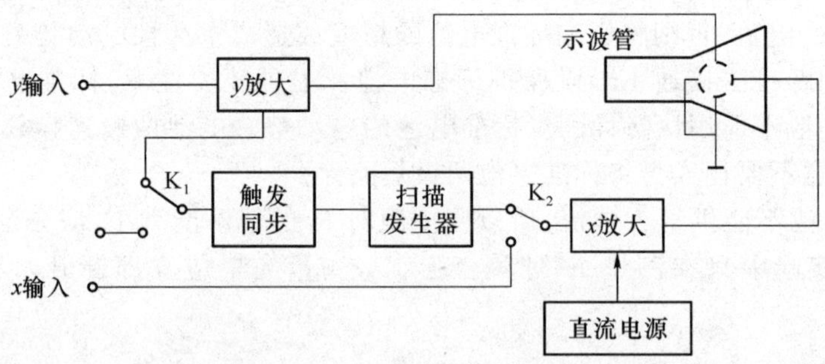

图 3.11.1 示波器原理框图

当需要观测某一电压信号波形时,将"K_2"扳向上方;当需要将两个外加电压信号正交合成时,将"K_2"扳向下方。

(1) x 放大器和 y 放大器

示波管本身相当于一个多量程电压表,这一作用是靠信号放大器和衰减器实现的。由于示波管本身的偏转板 x 及 y 的灵敏度不高(0.1~1 mm/V),当加在偏转板的信号过小时,要预先将小的信号电压加以放大后再加到偏转板上,为此设置 x 轴和 y 轴电压放大器。衰减器的作用是使过大的输入信号电压变小以适应放大器的要求,否则放大器不能正常工作,使输入信号发生畸变,甚至使仪器受损。对一般示波器来说,x 轴和 y 轴都设置有衰减器,以满足各种测量的需要。

(2) 扫描发生器

扫描系统也称时基电路,用来产生一个随时间作线性变化的扫描电压。这种扫描电压随时间变化的关系如同锯齿,故称为锯齿波电压,这个电压经 x 轴放大器放大后加到示波管的水平偏转板上,使电子束产生水平扫描。这样,屏上的水平坐标变成时间坐标,y 轴输入的被测信号波形就可以在时间轴上展开。扫描系统是示波器显示被测电压波形必需的重要组成部分。

(3) 示波管

示波管,又称阴极射线管,简写为 CRT,是示波器的核心部件。它主要由电子枪、偏转系统、荧光屏三部分组成，并封装在一高真空玻璃管内，其中电子枪是示波管的核心，如图 3.11.2 所示。

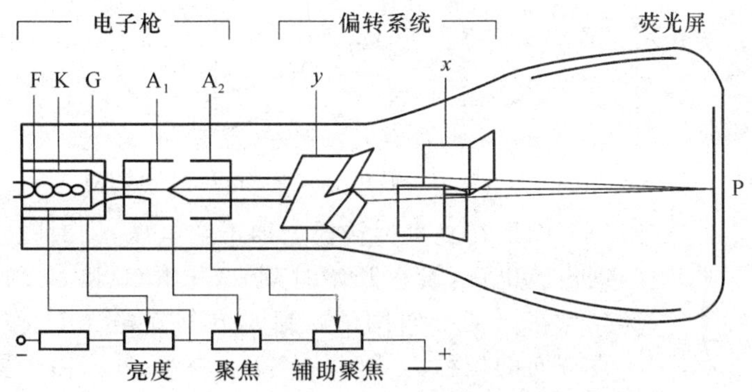

图 3.11.2　示波管内部结构图

F—灯丝；K—阴极；G—控制栅极；A_1、A_2—第一、第二阳极；y、x—竖直、水平偏转板

① 电子枪：由灯丝 F、阴极 K、控制栅极 G、第一阳极 A_1、第二阳极 A_2 五部分组成。灯丝通电后加热阴极。阴极是一个表面涂有氧化物的金属圆筒，被加热以后发射电子。控制栅极是顶端有小孔的金属圆筒，套在阴极外。它的电位比阴极低，对阴极发射出来的电子起控制作用，只有初速度较大的电子才能穿过栅极顶端的小孔，然后在阳极 A_1 和 A_2 加速下奔向荧光屏。示波器面板上的“亮度”调整就是通过调节电势以控制射向荧光屏的电子流密度，从而改变屏上的光斑亮度。阳极电势比阴极电势高很多，电子被它们之间的电场加速形成射线。当控制栅极、第一阳极、第二阳极之间的电势调节合适时，电子枪内的电场对电子射线有聚焦作用，所以第一阳极也称聚焦阳极。第二阳极电势更高，又称加速阳极。面板上的“聚焦”调节，就是调第一阳极电势，使荧光屏上的光斑成为明亮、清晰的小圆点。有的示波器还有“辅助聚焦”，实际是调节第二阳极电势。

② 偏转系统：它由两对相互垂直的偏转板组成，一对竖直偏转板 y，一对水平偏转板 x。在偏转板上加以适当电压，电子束通过时，其运动方向发生偏转，从而使电子束在荧光屏上的光斑位置也发生改变。

容易证明，光点在荧光屏上偏移的距离与偏转板上所加的电压成正比，因而可将电压的测量转化为屏上光点偏移距离的测量，这就是示波器测量电压的原理。

③ 荧光屏：屏上涂有荧光物质，高速电子打上去就会发光，形成光斑。不同材料的荧光物质发光的颜色不同，发光过程的延续时间(称为余辉时间)也不同，常用的荧光物质为硅酸锌，它发绿光，适应人眼对绿光最敏感的特性。

2. 示波器显示波形的原理

(1) 波形显示原理

如果只在竖直偏转板上加一交变的正弦电压，则电子束的亮点将随电压的变化在竖直方向来回运动，如果电压频率较高，则看到的是一条竖直亮线，如图 3.11.3 所示。要能显示波形，必须同时在水平偏转板上加一扫描电压，使电子束的亮点沿水平方向拉开。这种扫描电压的特点是电压随时间呈线性关系增加到最大值，然后突然回到最小，此后再重复地变化。这种扫描电压即前面所说的锯齿波电压，如图 3.11.4 所示。当只有锯齿波电压加在水平偏转板上时，如果频率足够高，则荧光屏上只显示一条水平亮线。

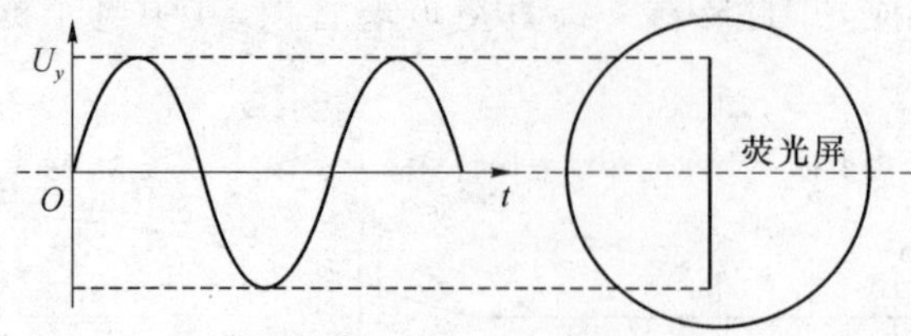

图 3.11.3　只在竖直偏转板上加正弦电压的示意图

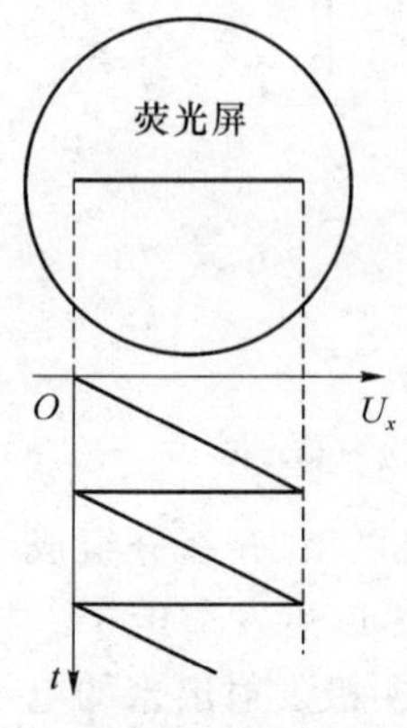

图 3.11.4　锯齿波电压

如果在竖直偏转板上加正弦电压,同时在水平偏转板上加锯齿波电压,设在开始时刻 a,电压 U_y 和 U_x 均为零,荧光屏上亮点在 A 处。时间由 a 到 b,在只有电压 U_y 作用时,亮点在铅直方向的位移为 B_y,屏上亮点在 B_y 处。由于同时加 U_x,电子束既受 U_y 作用而上下偏转,同时又受 U_x 作用而向右偏转(亮点水平位移为 B_x),因而亮点不在 B_y 处,而在 B 处。随着时间的推移,依此类推,便可显示正弦波形来,所以,在荧光屏上看到的正弦曲线实际上是两个相互垂直的分运动的合成轨迹。

由此可见,要想观测加在 y 偏转板上的电压 U_y 的变化规律,必须在 x 偏转板上加上锯齿波电压,把 U_y 产生的垂直亮线"展开"。这个展开过程称为"扫描",锯齿波电压又称为扫描电压。

(2) 同步与触发

① 同步:由图 3.11.5 可见,如果正弦电压与锯齿波电压的周期相同,正弦波到 I_y 点时,锯齿波也正好到 I_x 点,从而亮点描完了整个正弦曲线。由于锯齿波这时马上复原,所以亮点又回到 A 点,再次重复这一过程,光点所画的轨迹和第一周期的完全重合,所以在荧光屏上显示出同一条稳定的曲线,这就是所谓的同步。

如果扫描电压的周期 T_x 是正弦电压周期 T_y 的两倍,在荧光屏上就显示出两个完整的正弦波。同理,$T_x=3T_y$ 时,在荧光屏上就显示出三个完整的正弦波形,依此类推,如果示波器显示出完整而稳定的波形,扫描电压的周期 T_x 须为 y 偏转板上电压周期 T_y 的整数倍。即

$$T_x=nT_y \quad (n=1,2,3,\cdots)$$

式中,n 为荧光屏上所显示的完整波形的数目。上式也可表示为

$$f_y=nf_x \quad (n=1,2,3,\cdots)$$

式中 f_y 加在 y 偏转板上的电压频率,f_x 为扫描电压的频率。

如果正弦电压与锯齿波电压的周期稍有不同,则第二次所描出的曲线将和第一次曲线的位置不相重合,从而在屏幕上显示的图形是不稳定的,或者图形较复杂。

② 触发:如前所述,扫描信号周期必须是输入信号周期的严格整数倍,否则荧光屏上出现的信号图像是不断移动的。为了保证扫描信号周期等于输入信号周期的整数倍,示波器中要加入同步或触发电路。在现代示波器中,采用触发扫描方式实现同步要求。触发信号来自垂直信道或与被测信号同步的外触发信号源,当触发源中的信号大小达到由"电平"旋钮所设定的触发电平时,示波器给出触发信号,扫描发生器开始扫描。这样保证了扫描发生器每次开始扫描时,信号的相位都是相同的,从而保证了显示波形的稳定。

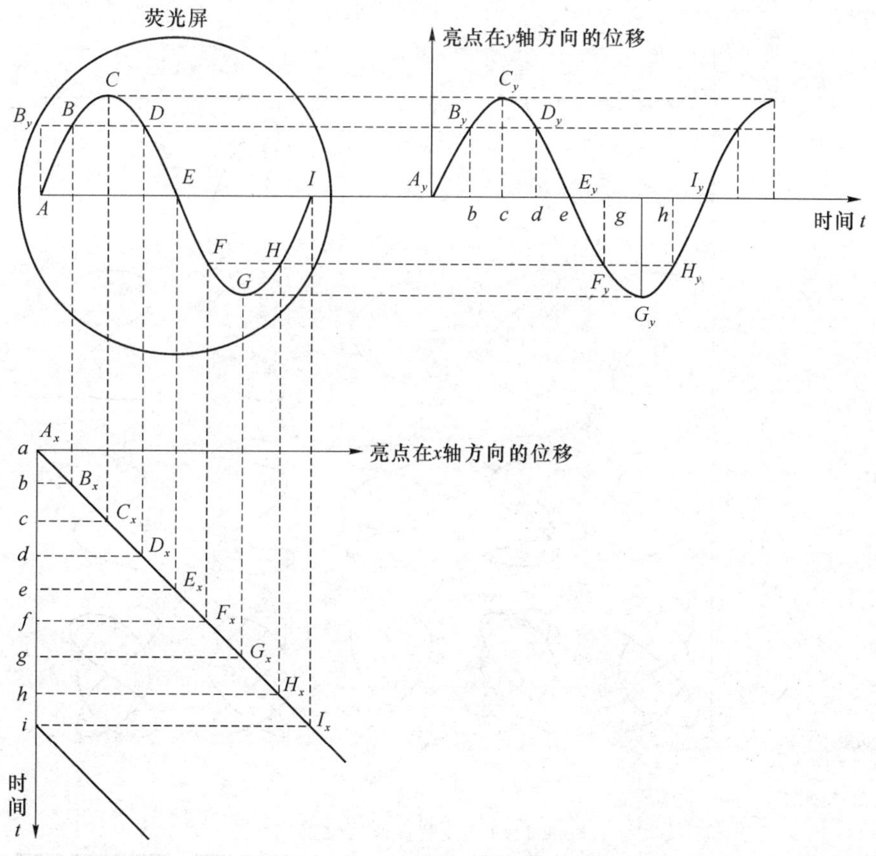

图 3.11.5　扫描原理图

3. 观察李萨如图形

如果在示波器的 x 和 y 偏转板上分别输入两个正弦电压信号，且它们的频率比值为简单整数比，荧光屏上亮点的轨迹就为一稳定的闭合图形，它们是两个互相垂直的简谐运动合成的结果，这稳定闭合的图形称为李萨如图。李萨如图的图形与频率比和两信号的位相差都有关系，但李萨如图与两信号的频率比有如下简单的关系：

$$\frac{f_y}{f_x}=\frac{n_x}{n_y}$$

n_x、n_y分别为李萨如图的外切水平线的切点数和外切垂直线的切点数，如图 3.11.6 所示。因此，如果 f_x、f_y中有一个已知且观察它们形成的李萨如图，得到外切水平线和外切垂直线的切点数之比，即可测出另一个信号的频率。利用李萨如图还可以测量两个信号之间的相位关系，在超声声速测定实验中，会用到这个关系。

【实验内容】

1. 观察信号发生器波形

(1) 观察和测量示波器校正信号波形

① 熟悉示波器面板上各控制件的作用。在使用示波器之前，示波器面板上有关控制件应置于表 3.11.1 所示位置。

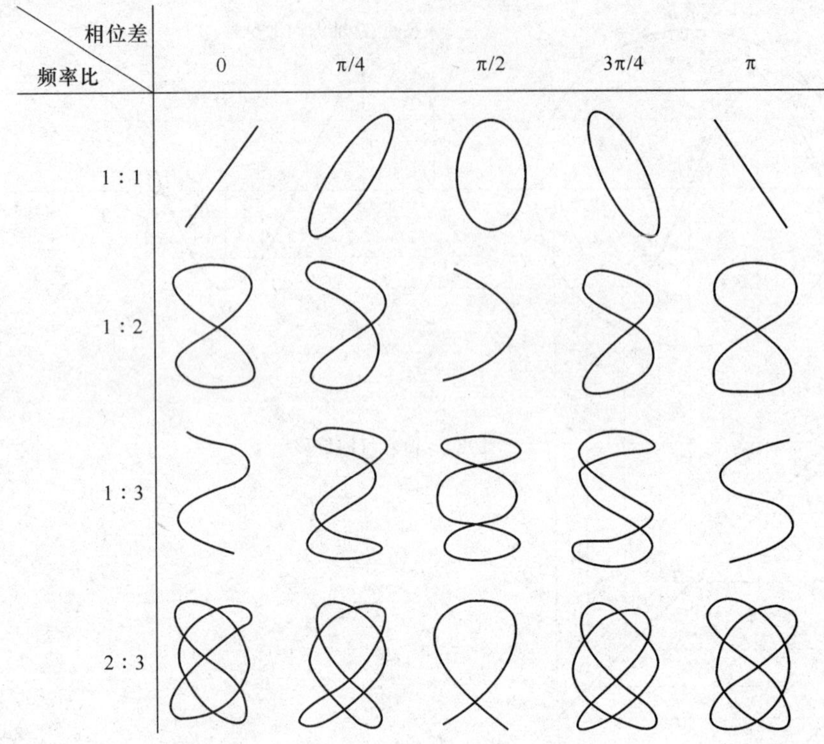

图 3.11.6　李萨如图

表 3.11.1　控制件作用位置

控制件名称	作用位置	控制件名称	作用位置
亮度(INTENSITY)〖5〗	居中	触发方式(AUTO NORM)〖15〗	AUTO
聚焦(FOCUS)〖4〗	居中	扫描速率(TIME/DIV)〖12〗	居中
位移(POSITION)〖7〗〖9〗	居中	极性(＋－)〖16〗	＋
垂直衰减开关(VOLTS/DIV)〖11〗	0.1 V	触发源(INT EXT LINE)〖17〗	INT
微调(VAR)〖6〗〖8〗	校正位置	耦合方式(AC⊥DC)〖14〗	AC

② 接通电源,指示灯亮。预热 10 min 后可使用。

③ 校准方波。将探极校准信号输入到 y 输入端,调节触发“电平”旋钮,使方波波形得到同步,然后将方波移至荧光屏中间,适当调节垂直衰减、扫描速率旋钮,使荧光屏上出现一个方波,观察波形是否为电压幅度 $0.5U_{P\text{-}P}$、频率为 1 kHz 的方波。

(2) 观察电压波形

① 打开信号发生器开关,按下“WAVE”键,选择正弦“～”波形,按“0”到“9”和“.”键来输入数值,从“MHz”“kHz”“Hz/%”这些键选择适当的单位作为输入频率值的单位(MHz、kHz 和 Hz),并将信号发生器的“输出”端接示波器的“y 输入”端,观察正弦波波形。

② 调节示波器“扫描速率”旋钮,可在示波器荧光屏得到所需波形个数,调节信号发生器“幅度”旋钮与示波器“垂直衰减”旋钮,使屏幕上波形的垂直幅度在坐标刻度以内,便可在荧光屏上 y 方向得到所需电压值。

③ 调出稳定的波形,并记录数据。

2. 观察李萨如图形

(1) 利用李萨如图测量信号频率

将两台信号发生器输出的正弦电压信号分别接到示波器“x 输入端”和“y 输入端”,“触发极性选择”拨到“x 外接 ”。x 轴输入的正弦信号频率作为标准,y 轴输入一待测信号,适当调节示波器“垂直衰减”和信号发生器“幅度”旋钮,使图形居于荧光屏中间。调节 y 轴信号的频率,分别得到各种不同的 $n_x:n_y$ 的李萨如图,读出 y 轴输入信号发生器的频率 f_y,观察并绘下各种情况下的特征示意图。

(2) 测定两同频率正弦信号的相位差

把要比较的两个正弦信号分别送入示波器的“x 输入端”和“y 输入端”,分别输入 x 轴和 y 轴输入端,在示波器荧光屏上显示如图 3.11.7 所示的椭圆图形。椭圆的形状与两个输入信号的振幅、相位差有关。

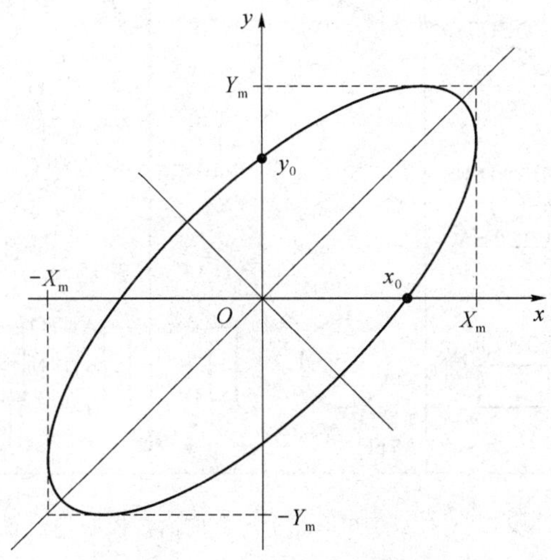

图 3.11.7　椭圆法测量相位差

设两个信号为:

$$x=X_m\sin\omega t,y=Y_m\sin(\omega t+\varphi)$$

式中,y 和 x 分别为光点在垂直和水平方向的位移,Y_m 和 X_m 为最大值。当 $x=0$ 时,即 $X_m\sin\omega t=0$ 时,$\omega t=n\pi(n=0,1,2,\cdots)$,则

$$y=Y_m\sin(\omega t+\varphi)=Y_m\sin\varphi=y_0$$

即相位差为

$$\varphi=\arcsin\frac{y_0}{Y_m}$$

【注意事项】

1. 弄清所使用示波器、信号发生器的型号与面板上各旋钮和按键的作用后再开始实验。

2. 荧光屏上的光点亮度不可调得太强(即亮度旋钮应调的适中),切不可将光点固定在荧光屏上某一点时间过长,以免损坏荧光屏。

3. 示波器上所有开关与旋钮都有一定强度与调节角度,使用时应轻轻地缓慢旋转,不能用力过猛或随意乱旋。

4. 注意示波器的按键状态。

【仪器介绍】

示波器

图 3.11.8 为 CA8016 单踪示波器的面板图。

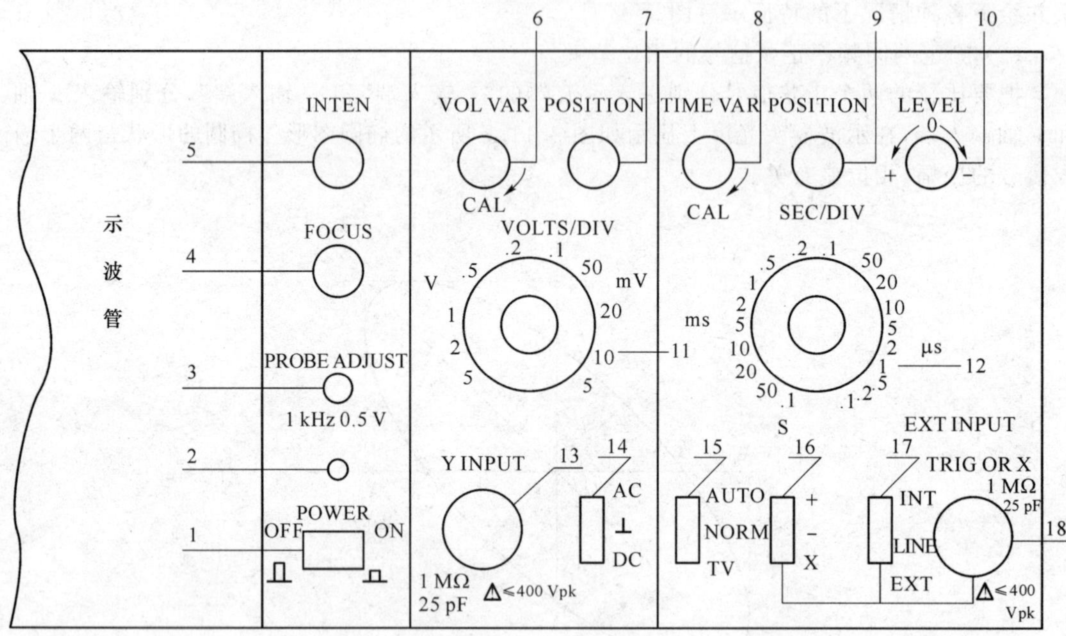

图 3.11.8 CA8016 单踪示波器前面板控制件位置

控制件的作用如表 3.11.2 所示。

表 3.11.2 控制件的功能

序 号	控制件名称	功 能
1	电源开关(POWER)	接通或关闭电源
2	电源指示灯	电源接通时,灯亮
3	探极校准(PROBE ADJUST)	提供幅度 0.5 V、频率 1 kHz 的对称方波信号,用于校正 10∶1 探极的补偿电容器和校准示波器水平、垂直偏转因数
4	聚焦(FOCUS)	调节光迹的清晰度
5	亮度(INTENSITY)	调节光迹的亮度
6	垂直微调(VAR)	连续调节垂直偏转灵敏度,顺时针旋足为校正位置
7	垂直位移(POSITION)	调节光迹在屏幕上的垂直位置
8	水平微调(VAR)	连续调节扫描速度,顺时针旋足为校正位置
9	水平位移(POSITION)	调节光迹在屏幕上的水平位置

续表

序　号	控制件名称	功　能
10	电平(LEVEL)	调节被测信号在某一电平触发扫描
11	垂直衰减开关(VOLTS/DIV)	调节垂直偏转灵敏度
12	水平扫描开关(TIME/DIV)	调节扫描速度
13	信号输入端子(INPUT)	y 垂直输入端
14	耦合方式(AC⊥DC)	选择被测信号馈入垂直通道的耦合方式
15	触发方式(AUTO/NORM/TV)	AUTO:无信号时,屏幕上显示光迹,有信号时,与电平控制配合显示稳定波形 NORM:无信号时,屏幕上无扫线,有信号时,与电平控制配合显示稳定波形 TV:用于观察电视场信号
16	触发极性(+/-/×)	+:选择信号的上升沿触发 -:选择信号的下降沿触发 ×:选择 x-y 工作方式
17	触发源选择(INT/LINE/EXT)	选择内触发(INT)、外触发(EXT)以及电源触发(LINE)
18	信号输入端子	当16项开关处于EXT/X时,为 x-y 输入端;当17项开关处于EXT时,为外触发输入端

【思考题】

(1) 用示波器观察波形时,如荧光屏上什么也看不到,会是哪些原因,实验中应怎样调出其波形?

(2) 用示波器观察波形时,示波器上的波形移动不稳定,为什么?应调节哪几个旋钮使其波形稳定?

(3) 若 y 轴信号的频率 f_y 比 x 轴信号的频率 f_x 大很多,示波器上看到什么情形?若 y 轴信号的频率 f_y 比 x 轴信号的频率 f 小很多,示波器上又会看到什么情形?

实验 3.12　用霍尔传感器测磁场

1879 年,24 岁的美国霍普金斯大学二年级研究生霍尔(E. H. Hall,美国,1855—1938 年)研究载流导体在磁场中受力性质时发现了一种电磁现象(即霍尔效应)。随后,根据该效应生产的霍尔器件既除了可以检测磁场外,还可以检测电流、检测位移、振动以及其他只要能转换成位移变化的非电量的物理量。霍尔效应已在测量、自动控制、计算机和信息技术等方面得到了广泛的应用,如在一些四遥(遥调、遥控、遥测、遥信)功能的设备上,霍尔效应产品随处可见。

本实验通过研究霍尔电压与工作电流的关系,测量电磁铁磁场,并研究霍尔电压与磁场的关系,从中了解霍尔效应及霍尔电压的特性,为今后在自动检测、自动控制盒信息技术中应用霍尔元件打下良好的基础。

【实验目的】

(1)在恒定直流磁场中测量砷化镓霍尔元件霍尔电压与霍尔电流的关系。

(2)霍尔电流恒定时测量砷化镓霍尔元件在直流磁场下的灵敏度。

【实验仪器】

FD-HL-B 型霍尔效应实验仪主要由直流电源、数字电压表、电磁铁、毫特计以及砷化镓霍耳元件组成,如图 3.12.1 所示。

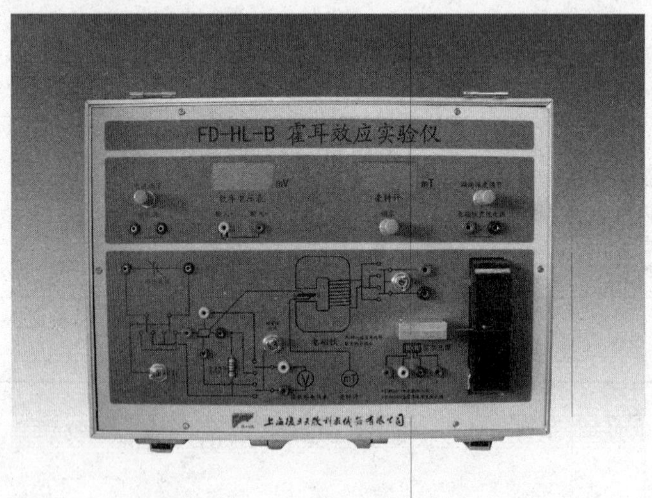

图 3.12.1　FD-HL-B 霍尔效应实验仪

【实验原理】

1. 霍尔效应

1879 年,霍尔在研究载流导体在磁场中受力的性质时发现:当工作电流(额定控制电流)在垂直于外磁场的方向通过该导电体时,在垂直于电流和磁场的方向,该导电体两侧产生电势差,该现象称霍尔效应。

霍尔电势差是这样产生的:当电流 I_H 通过霍尔元件(假设为 P 型)时,空穴有一定的漂移速度 v,垂直磁场对运动电荷产生一个洛伦兹力。

$$\vec{F}_B=q(\vec{v}\times\vec{B}) \tag{3.12.1}$$

式中,q 为电子电荷,洛伦兹力使电荷产生横向的偏转,由于样品有边界,所以有些偏转的载流子将在边界积累起来,产生一个横向电场 E,直到电场对载流子的作用力 $F_E=qE$ 磁场作用的洛伦兹力相抵消为止,即

$$q(\vec{v}\times\vec{B})=q\vec{E} \tag{3.12.2}$$

这时电荷在样品中流动时将不再偏转,霍尔电势差就是由这个电场建立起来的。

如果是 N 型样品,则横向电场与前者相反,所以 N 型样品和 P 型样品的霍尔电势差有

不同的符号，据此可以判断霍尔元件的导电类型。

设 P 型样品的载流子浓度为 p，宽度为 ω，厚度为 d，通过样品电流 $I_H=pqv\omega d$，则空穴的速度 $v=\dfrac{I_H}{pq\omega d}$代入(3.12.2)式有

$$E=|\bar{v}\times\bar{B}|=I_HB/pq\omega d \qquad (3.12.3)$$

上式两边各乘以 ω，便得到

$$U_H=E\omega=\frac{I_HB}{pqd}=R_H\times I_Hg\ \frac{B}{d} \qquad (3.12.4)$$

$R_H=\dfrac{1}{pq}$称为霍尔系数，在应用中一般写成

$$U_H=I_HK_HB \qquad (3.12.5)$$

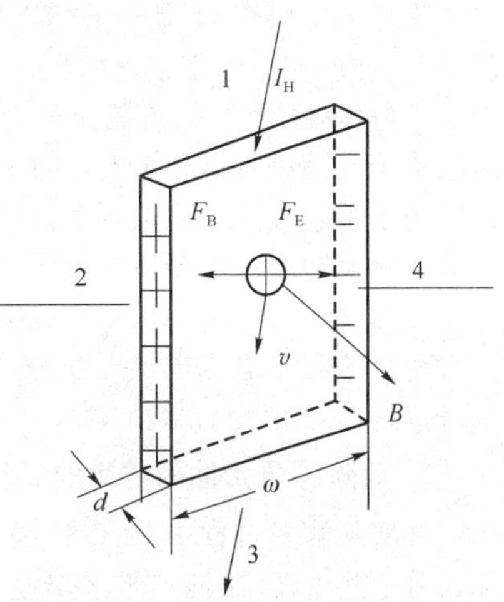

图 3.12.2　霍尔效应简图

比例系数 $K_H=\dfrac{R_H}{d}=\dfrac{1}{pqd}$称为霍尔元件灵敏度，单位为 mV/(mAgT)，一般要求 K_H 越大越好。K_H 与载流子浓度 p 成反比，半导体内载流子浓度远比金属载流子浓度小，所以都用半导体材料作为霍耳元件。K_H 与厚度 d 成反比，所以霍尔元件都做得很薄，一般只有 0.2 mm厚。

由公式(3.12.5)可以看出，知道了霍尔片的灵敏度 K_H，只要分别测出霍尔电流 I_H 及霍尔电势差 U_H 就可算出磁场 B 的大小，这就是霍尔效应测磁场的原理。

2. 用霍尔元件测磁场

磁感应强度的计量方法很多，如磁通法、核磁共振法及霍尔效应法等。其中霍尔效应法具有能测交直流磁场，简便、直观、快速等优点，应用最广。

如图 3.12.3 所示，直流可调电源 E_1 为电磁铁提供励磁电流 I_M。电源 E_2 通过为霍尔元件提供霍尔电流 I_H，当 E_2 电源为直流时，可用一已知阻值的电阻取样其电压来测量霍尔电流，用数字电压表测量霍尔电压。

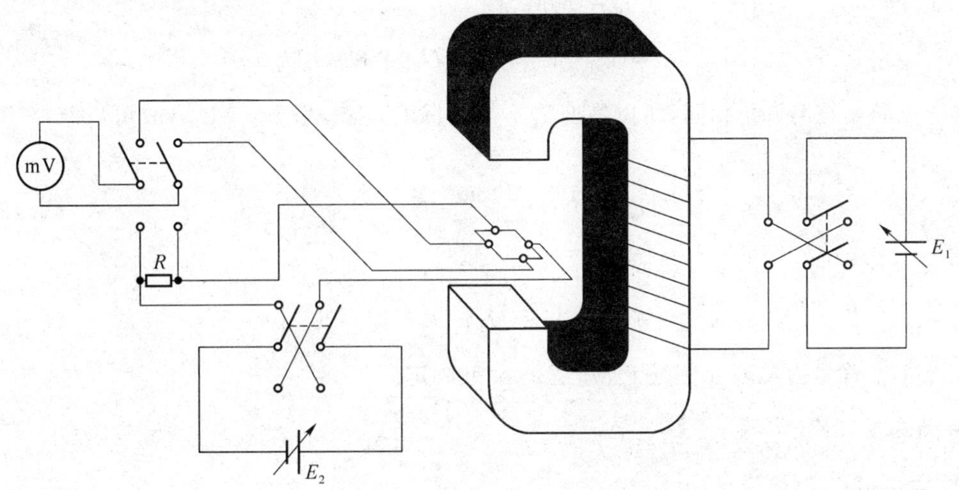

图 3.12.3　测量霍尔电势差电路

半导体材料有 N 型(电子型)和 P 型(空穴型)两种,前者载流子为电子,带负电;后者载流子为空穴,相当于带正电的粒子。由图 3.12.3 可以看出,若载流子为电子则 4 点电位高于 3 点电位,$U_{H3g4}<0$;若载流子为空穴则 4 点电位低 3 点电位的,电位于 $U_{H3g4}>0$,如果知道载流子类型则可以根据 U_H 的正负定出待测磁场的方向。

由于霍尔效应建立电场所需时间很短(经$10^{-12}\sim10^{-14}$ s),因此通过霍尔元件的电流用直流或交流都可以。若霍尔电流 $I_H=I_0\sin\omega t$,则

$$U_H=I_HK_HB=I_0K_HB\sin\omega t \tag{3.12.6}$$

所得的霍尔电压也是交变的。在使用交流电情况下(3.12.5)式仍可使用,只是式中的 I_H 和 U_H 应理解为有效值。

3. 消除霍尔元件副效应的影响

在实际测量过程中,还会伴随一些热磁副效应,它使所测得的电压不只是 U_H,还会附加另外一些电压,给测量带来误差。

这些热磁效应有埃廷斯豪森效应,是由于在霍尔片两端有温度差,从而产生温差电动势 U_E,它与霍尔电流 I_H、磁场 B 方向有关;能斯特效应,是由于当热流通过霍尔片(如 1,2 端)在其两侧(3,4 端)会有电动势 U_N 产生,只与磁场 B 和热流有关;里吉-勒迪克效应,是当热流通过霍尔片时两侧会有温度产生,从而又产生温差电动势 U_R,它同样与磁场 B 热场有关。

除了这些热磁副效应外还有不等位电势差 U_0。它是由于两侧(3,4)的电极不在同一等势面上引起的。当霍尔电流通过 1,2 端时,即使不加磁场,3 和 4 端也会有电势差 U_0 产生,其方向随电流 I_H 方向而改变。

因此,为了消除副效应的影响,在操作时需要分别改变 I_H 的方向和 B 的方向,记下四组电势差数据(仪器面板上 I_H 以换向开关向左为正,I_M 以换向开关向上为正):

当 I_H 正向,B 为正向时,$U_1=U_H+U_0+U_E+U_N+U_R$;

当 I_H 负向,B 为正向时,$U_2=-U_H-U_0-U_E+U_N+U_R$;

当 I_H 负向,B 为负向时,$U_3=U_H-U_0+U_E-U_N-U_R$;

当 I_H 正向,B 为负向时,$U_4=-U_H+U_0-U_E-U_N-U_R$。

作运算,$U_1-U_2+U_3-U_4$ 并取平均值,有

$$\frac{1}{4}(U_1-U_2+U_3-U_4)=U_H+U_E \tag{3.12.7}$$

由于 U_E 方向始终与 U_H 相同,所以换向法不能消除它,但一般 $U_E=U_H$,故可以忽略不计,于是

$$U_{H'}=\frac{1}{4}(U_1-U_2+U_3-U_4) \tag{3.12.8}$$

在实际使用时,上式也可写成

$$U_H=\frac{1}{4}(|U_1|+|U_2|+|U_3|+|U_4|) \tag{3.12.9}$$

其中 U_H 符号由霍耳元件是 P 型,还是 N 型决定。

【实验内容】

1. 测量霍尔电流 I_H 与霍尔电压 U_H 的关系

霍尔片已置于电磁铁中心处,按图 3.12.1 接好电路图。霍尔元件的 1、3 脚接工作电

压，2、4 脚测霍尔电压（面板上已标出）。调节磁感应强度至一适当值（100～180 mT）。调节霍尔元件的工作电流（根据 100 Ω 取样电阻两端的电压 U_R 来计算），在不同霍尔电流下测量相应的霍尔电压，每次消除副效应。作 U_H-I_H 图，验证 I_H 与 U_H 的线性关系（注意特斯拉计的调零：由于电磁铁存在一定的剩磁，在电磁铁通过一定电流的情况下切换其电流方向，特斯拉计的示数仅改变符号而绝对值不变，才意味着调零成功）。

2. 测量砷化镓霍尔元件的灵敏度 K_H

霍尔电流 I_H 保持 1.000 mA 不变（即 100 Ω 取样电阻上的电压为 100.0 mV），由 1，3 端输入。在不同强度的磁感应强度下测量样品霍尔元件的霍尔电压 U_H，用公式（3.12.5）算出该霍尔元件的灵敏度。

【注意事项】

（1）仪器应预热 15 min，待电路接线正确，方可进行实验。

（2）接线时，要防止恒流源或电磁铁电源短路或过载，以免损坏电源。

（3）电磁铁直流电源（0～约 200 mA）与电磁铁相接，恒流源用于提供霍尔元件工作电流（0～1.999 mA），相互不能互换。

（4）霍尔元件易碎，引线也易断，不可用手折碰，使用时应细心。

（5）实验时注意不等位效应的观察，设法消除其对测量结果的影响。

【附】

霍尔效应的发现过程及对我们的启发

霍尔在 1879 年 11 月写的文章中提到，在他研究生生活的最后一年，有一次读到麦克斯韦的《电磁学》时，注意到麦克斯韦的论述："推动载流导体切割磁力线的力不是作用在电流上……在导线中的电流本身完全不受磁体或其他电流的影响"，霍尔对此感到奇怪。不久，他又读了瑞典物理学家埃德隆教授的一篇文章，文中假定：磁铁作用在固态导体中的电流上，恰如作用在自由运动的导体上一样。

他发现了这两位学术权威的观点不一致后，带着这个问题去请教罗兰教授。罗兰告诉他，自己也怀疑麦克斯韦论断的正确性，而且以前曾做过一个实验以验证他们谁是谁非，但没有成功。

于是霍尔设计了一个实验，想通过它解决这个问题，这个实验是根据下述假定而做的：如果固定导体中的电流本身被磁铁吸引，那么电流会被拉向导线的一侧，因而电阻应该增加。他把制成扁平的一个银制螺线放在电磁铁两磁极之间，使磁力线垂直穿过螺线，用电桥测螺线电阻的变化。结果显示磁铁的作用并不引起螺线电阻的变化。但是这还不足以证明磁铁不能影响电流。

接着，他还重复了罗兰教授以前进行过的实验。用一个金属盘作为电路的一部分，将它置于电磁铁两极之间，让金属盘垂直切割磁力线，用灵敏电流计观测盘两端的相对电位有无改变，以确定磁场是否影响盘中的等位线。可能是由于金属盘较厚，当时的实验没有给出任何肯定的结果。这时，他改用嵌在玻璃上的镀金箔代替金属盘，重复了上述实验，结果发现由于磁场的作用，电流计指针发生了明显的偏转。

霍尔将自己的工作以"论磁铁对电流的新作用"为题，写成论文发表在《美国数学杂志》上，几个月后引起了广泛的注意。新闻界将霍尔的成功誉为"过去 50 年中电学方面最重要的发现”。开尔文说霍尔的发现可与法拉第相媲美。

霍尔的发现引起了这个领域中研究者的兴趣,他们立即发现了另外三种横向效应,即厄廷豪森、能斯脱、里纪-勒杜克效应。

英国物理学家洛奇也曾独立地提出过与霍尔实验类似的想法,但他在读了麦克斯韦文章中那段话后,被这位权威吓住了,结果放弃了继续进行这个实验的想法。可见,在科学的道路上,不仅要有细致入微的洞察力,持之以恒的毅力,更加需要有不惧怕权威、追求真理的勇气和信心。

实验 3.13 铁磁材料的基本磁化曲线和磁滞回线

铁磁物质是一种性能特异、用途广泛的材料,铁、钴、镍以及含铁的氧化物均属铁磁物质。在航天、通信、自动化仪表及控制等领域都要用到铁磁材料。因此,研究铁磁材料的磁化性质,不论在理论上还是在实际应用上都有重大的意义。

本实验中使用示波器法测量动态磁滞回线的方法具有直观、方便、迅速等优点,因此在实验中被广泛使用。

【实验目的】

(1) 认识铁磁物质的磁化规律,了解用示波器显示磁滞回线的基本原理。比较两种典型的铁磁物质的动态磁化特性。

(2) 测定样品的基本磁化曲线,作 μ-H 曲线。

(3) 测定样品的 H_c、B_r、B_m 等参数。

(4) 测绘样品的磁滞回线,估算其磁滞损耗。

【实验仪器】

TH-MCH 型磁滞回线实验仪、测试仪、示波器。

【实验原理】

1. 铁磁材料的磁化特性

(1) 起始磁化曲线

取一块未磁化的铁磁材料,譬如本实验外面密绕线圈的 EI 型矽钢片样品,如果流过励磁线圈 N 的磁化电流从零逐渐增大,则样品材料中的磁感应强度 B 随励磁场强度 H 增加而增大,如图 3.13.1 所示,开始 B 增加较慢,然后急剧增加之后,又缓慢下来,再继续增大励磁场 H 时,B 几乎不变了,介质磁化达到饱和,即 B 达饱和值 B_m,Oa 这条曲线称为起始磁化曲线。

(2) 磁滞回线

当铁磁材料磁化饱和后,若 H 逐渐减小,则 B 也相应减小,但并不沿 aO 段下降,而是沿另一条曲线 ab 下降。由图 3.13.1 可看出 B 的变化滞后于 H 的变化,这种现象称为磁滞,磁滞的明显特征是当 $H=0$ 时,B 不为零,而保留剩磁 B_r。若要消除剩磁 B_r,使 B 降为零,必须加一个反方向磁场 H_c,这个反向磁场强度 H_c 叫作该铁磁材料的矫顽力。继续增

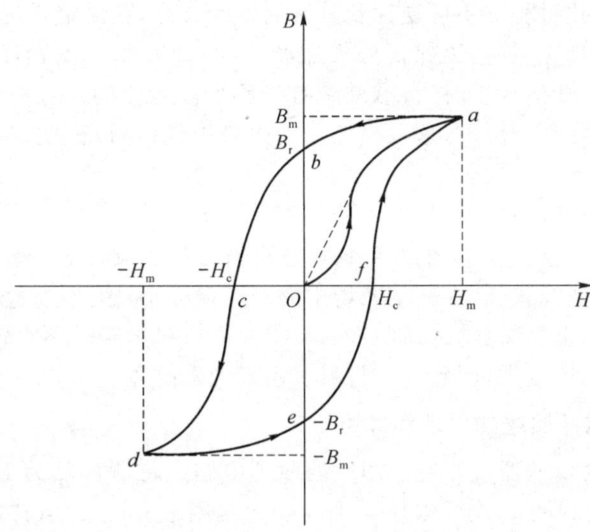

图 3.13.1　起始磁化曲线与磁滞回线

大反向磁场时，达到反向磁饱和 d。当 H 按如下顺序：$O\rightarrow H_m\rightarrow O\rightarrow -H_c\rightarrow -H_m\rightarrow O\rightarrow H_c\rightarrow H_m$ 变化时，B 相应沿 $O\rightarrow B_m\rightarrow B_r\rightarrow O\rightarrow -B_m\rightarrow -B_r\rightarrow O\rightarrow B_m$ 的顺序变化，将上述变化过程的各点连接起来，就得到一条封闭的曲线 $abcdefa$，这条曲线称为磁滞回线。由图还可以看出，当给出一个 H 值时 B 值不是唯一的。例如，当 H 由正值减小到 0 时 $B=B_r$，而 H 由负值减小到 0 时 $B=-B_r$，所以对于同一个 H 值，B 的大小除了与 H 的值有关还与磁化经历有关。

(3) 基本磁化曲线

初始状态为 $H=B=0$ 的铁磁材料在交变磁场强度 H 由弱到强依次进行磁化，可以得到面积由小到大向外扩张的一簇磁滞回线，如图 3.13.2 所示。把原点 O 和各个磁滞回线的顶点 $a_1a_2\cdots a$ 所连成的曲线称为铁磁材料的基本磁化曲线，由此可近似确定其磁导率 $\mu=\dfrac{B}{H}$，因 B 与 H 非线性，故铁磁材料的 μ 不是常数，而是随 H 而变化，如图 3.13.3 所示。

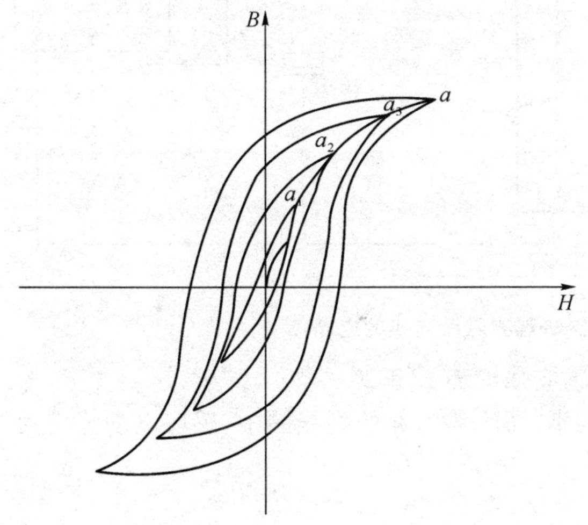

图 3.13.2　基本磁化曲线

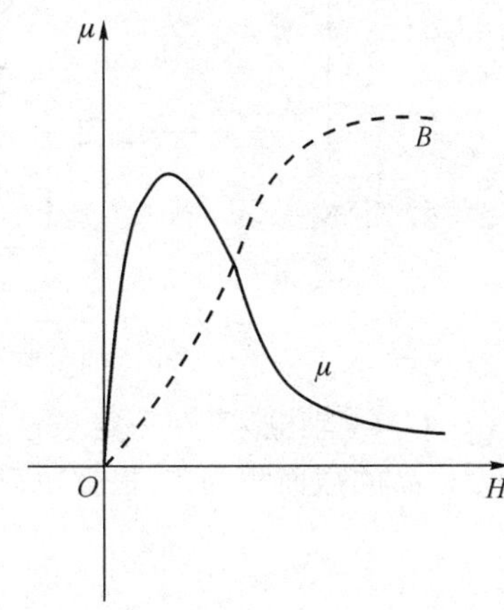

图 3.13.3　μ-H 曲线

由于铁磁材料磁化过程的不可逆性及具有剩磁的特点，在测定磁化曲线和磁滞回线时，首先必须将铁磁材料预先退磁，以保证外加磁场 $H=0$ 时，$B=0$。由于铁磁材料的磁滞效应，当铁磁材料处于交变磁场中时，将沿磁滞曲线反复被磁化的过程中要消耗额外的能量，并以热的形式从铁磁材料中释放，这种损耗称为磁滞损耗，可以证明，磁滞损耗与磁滞曲线所围面积成正比。

(4) 铁磁材料的分类

铁磁材料主要是根据其矫顽力的大小分为软磁材料和硬磁材料。软磁材料的矫顽力小，剩磁小，导致磁滞回线狭长，在交变磁场中的磁滞损耗小，因此软磁材料适用于交变磁场中，如变压器、镇流器、电动机、电磁铁的铁芯等。硬磁材料由于矫顽力较大，剩磁强，因而磁滞回线较宽，磁滞损耗比较大，因此硬磁材料多用来做永磁体。

2. 示波器显示磁滞回线的原理和线路

图 3.13.4 所示为示波器观测磁滞回线的原理电路。待测样品为 EI 型矽钢片，均匀地绕以磁化线圈 N 及副线圈 n，交流电压 u 加在磁化线圈上。R_1 为取样电阻，其两端的电压 U_1 加到示波器的 x 轴输入端上，副线圈 n 与电阻 R_2 和电容串联成一回路，电容 C 两端的电压 U_C 加到示波器的 y 输入端上。

(1) U_x(x 轴输入)与磁场强度 H 成正比

若样品的平均磁路为 L，磁化线圈的匝数为 N，磁化电流为 i_1(瞬时值)，根据安培环路定理，有 $HL=Ni$，而 $U_1=R_1 i_1$，所以

$$U_1=\frac{R_1 L}{N}H \tag{3.13.1}$$

由于式中 R_1、L 和 N 皆为常数，因此，该式清楚地表明示波器荧光屏上电子束水平偏转的大小(U_1)与样品中的磁场强度(H)成正比。

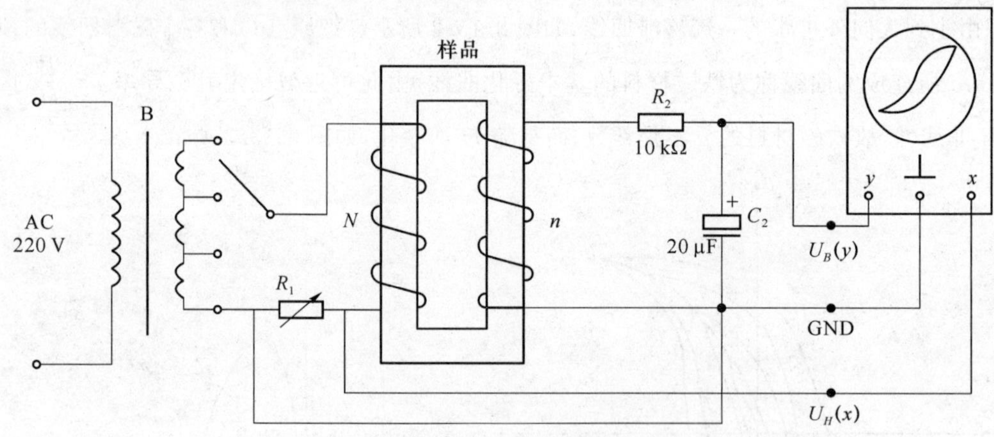

图 3.13.4　用示波器法观测磁滞回线的电路图

(2) U_C(y 轴输入)在一定条件下与磁感应强度 B 成正比

设样品的截面积为 S，根据电磁感应定律，在匝数为 n 的副线圈中，感应电动势应为

$$E_2=nS\frac{\mathrm{d}B}{\mathrm{d}t} \tag{3.13.2}$$

此外，在副线圈回路中的感应电流为 i_2，且电容 C 上的电量为 q 时，又有

$$E_2=R_2 i_2+\frac{q}{C} \tag{3.13.3}$$

如果忽略自感电动势，同时 R_2 与 C 都做成足够大，使电容 C 上的电压降$(U_C=\frac{q}{C})$比起电阻上的电压降 $R_2 i_2$ 小到可以忽略不计，于是式(3.13.3)可以近似地改写为

$$E_2=R_2 i_2 \tag{3.13.4}$$

将关系式 $i_2=\frac{\mathrm{d}q}{\mathrm{d}t}=C\frac{\mathrm{d}U_C}{\mathrm{d}t}$代入式(3.13.4)得

$$E_2=R_2 C\frac{\mathrm{d}U_C}{\mathrm{d}t} \tag{3.13.5}$$

由式(3.13.2)和式(3.13.5)可得

$$nS\frac{\mathrm{d}B}{\mathrm{d}t}=R_2 C\frac{\mathrm{d}U_C}{\mathrm{d}t}$$

将上式两边对时间积分，由于 B 和 U_C 都是交变的，故积分常数为 0。整理后得

$$U_C=\frac{nS}{R_2 C}B \tag{3.13.6}$$

由于 n、S、R_2 和 C 皆为常数，因此该式表明了示波器的荧光屏上竖直方向偏转的大小(U_C)与磁感应强度(B)成正比。

由此可见，如果将 U_1 和 U_C 同时加在示波器的 x、y 轴输入端，在磁化电流变化的一周期内，示波器的光点将描绘出一条完整的磁滞回线，并在以后每个周期都重复此过程，由于电源频率为 50 Hz，这样在示波器的荧光屏上将看到一稳定的磁滞回线图线。

如果将 U_1 和 U_C 加到测试仪的信号输入端，可测定样品的饱和磁感应强度 B_m、剩磁 B_r、矫顽力 H_c、磁滞损耗、磁导率 μ 等参数。

【实验内容】

(1) 电路连接：选样品 1 按图 3.13.5 所给的电路连接线路，并令 $R_1=2.5\ \Omega$，“u 选择”置于 0 位，U_1 和 U_C 分别接示波器的“x 输入”和“y 输入”，插孔“⊥”为公共端。

(2) 样品退磁：开启实验仪电源，对试样进行退磁，顺时针方向转动“u 选择”旋钮，令 u 从 0 增至 3 V，然后逆时针方向转动旋钮，将 u 从最大值降为 0，其目的是消除剩磁，确保样品处于磁中性状态(即 $H=0$，$B=0$)。

(3) 观察磁滞回线：开启示波器电源，令光点位于坐标网格中心，并令 $u=2.2$ V，分别调节示波器 x 和 y 的灵敏度，使显示屏上出现图形大小合适的磁滞回线。

(4) 观察基本磁化曲线：按步骤(2)对样品进行退磁。从 $u=0$ 开始，逐挡提高励磁电压，将在显示屏上得到面积由小到大的一簇磁滞回线，这些磁滞回线顶点的连线就是样品的基本磁化曲线。

(5) 观察比较样品 1 和样品 2 的磁化曲线。

(6) 测绘 μ-H 曲线：接通实验仪和测试仪之间的连线，开启电源，对样品进行退磁后，依次测定 $u=0.5$ V，1.0 V，…，3.0 V 时的十组 H_m 和 B_m 值，分别用坐标纸绘制基本磁化曲线和 μ-H 曲线。

(7) 令 $u=3.0$ V、$R_1=2.5\ \Omega$ 测定样品 1 的 B_m、B_r、H_c 等参数。用坐标纸绘制 B-H 曲

线(如何取数、取多少组数据请自行考虑),并估算曲线所围面积。

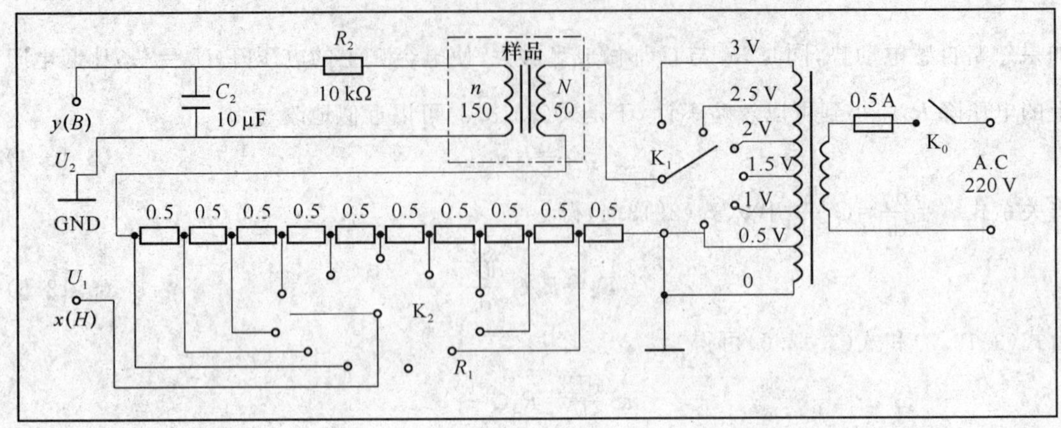

图 3.13.5　实验线路图

【思考题】

(1) 实验中是如何使示波器显示磁滞回线的?具体操作应怎样进行?

(2) 退磁的目的是什么?具体的操作应怎样进行?

(3) 什么是磁化过程的不可逆性?

(4) 测定铁磁材料的基本磁化曲线和磁滞回线各有什么实际意义?

实验 3.14　分光计的调整与三棱镜顶角的测定

分光计(也称光学测角仪)是一种测定光线偏转角度的精密仪器,不但可以用来观测光谱,测定折射率、波长、色散率,还可以用来做光的偏振等实验,是光学实验中常用的基本光学仪器。分光计的调整原理、方法和技巧在光学仪器中有一定的代表性,学习使用分光计可为使用其他更复杂的精密光学仪器打下良好基础。

【实验目的】

(1) 了解分光计的构造原理及各部件的作用。

(2) 熟悉分光计的调节要求和调节方法。

(3) 用分光计测定三棱镜的顶角。

【实验仪器】

分光计(FGY-01 型)、平面反射镜、三棱镜。

【实验原理】

1. 分光计的介绍

分光计的型号很多,但结构基本相同,主要由平行光管、望远镜、载物平台和读数装置四部分组成,其结构如图 3.14.1 所示。平行光管用来发射平行光,望远镜用来接收平行光,载物平台用来放置三棱镜、平面镜、光栅等物体,读数装置用来测量角度。

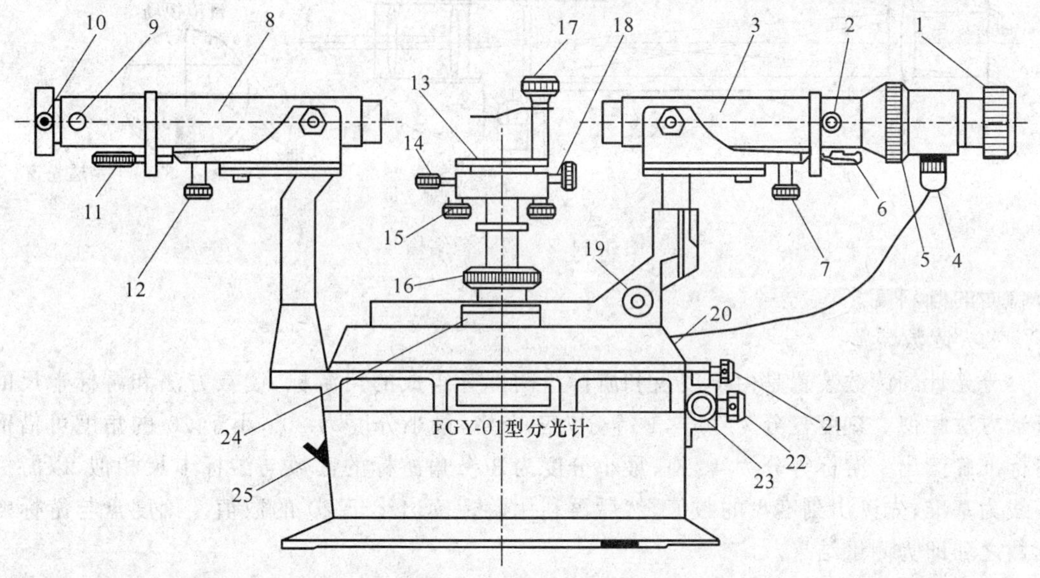

图 3.14.1　FGY-01 型分光计

1—目镜;2—锁紧反射像调焦螺母;3—望远镜;4—灯座;5—反射像调焦螺母;6—锁紧望远镜倾斜螺钉;7—望远镜倾斜调节螺钉;8—平行光管;9—狭缝固定螺钉,10—狭缝宽度调节;11—锁紧平行光管倾斜螺钉;12—平行光管倾斜调节;13—载物平台;14—锁紧载物平台螺钉;15—载物平台调平螺钉(三只);16—载物平台升降螺母;17、18—被测物压紧螺钉;19—望远镜微调螺钉;20—双芯插孔;21—望远镜锁紧螺钉;22—刻度盘锁紧螺钉;23—刻度盘微调;24—度数窗(左右各一个);25—电源开关

(1) 平行光管

平行光管的一端装有一个消色差的会聚透镜,另一端有一个宽度可以调节的狭缝,狭缝装在一个可伸缩的套筒一端。伸缩套筒可把狭缝调到透镜的焦平面上,当平行光管外有光照亮狭缝时,通过狭缝的光经透镜后就成了平行光。

(2) 望远镜

望远镜主要由目镜、分划板和物镜组成,为了调节和测量,物镜和目镜之间还装有分划板,它们分别置于内管、外管和中管内,三个管彼此可以相对移动,也可以用螺钉固定。

望远镜安装在支臂上,支臂与转轴相连。在支臂与转轴连接处有螺钉 21,拧松时,望远镜(和读数刻度盘一起)可绕轴自由转动;旋紧时,不得强制望远镜绕轴转动,否则会损坏仪器。螺钉 19 是它的微调螺钉,当螺钉 21 拧紧后,望远镜不能绕轴转动时,用它可以使望远镜绕轴作微小转动。望远镜光轴的倾斜度由螺钉 7 调节。分光计上的望远镜通常采用阿贝式自准直目镜,其结构如图 3.14.2 所示。分划板的透明玻璃上刻有黑十字准线。在该准线的竖线下方,紧贴一块 45°全反射小棱镜,棱镜与分划板的粘贴部分涂成黑色,仅留一个绿色的小十字窗口,照明小灯发出的光线从小棱镜的另一直角边入射,从 45°反射面反射到分划板上,透光部分在分划板上便形成一个明亮的十字窗。

(3) 载物台

载物台是用来放置光学元件的,如平面镜、棱镜等。载物台下有三只调节螺钉 15,可调

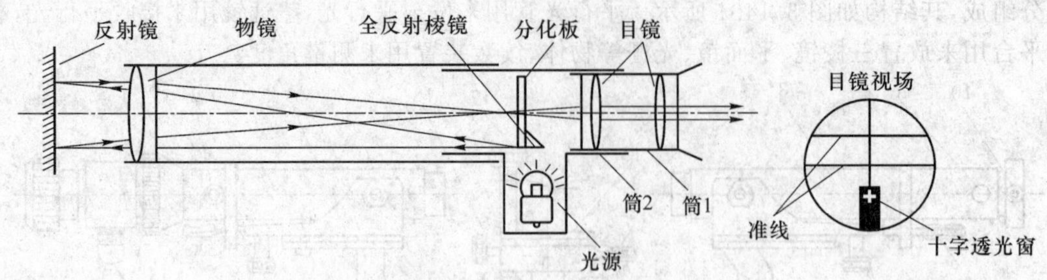

图 3.14.2　望远镜结构

节台面的倾斜度。

(4) 读数装置

分光计的读数装置是由刻度盘和游标盘两部分组成的角游标，读数方法和游标卡尺的读数方法相似。刻度盘分为 360°，1°等分为三个格，最小分度为 20′，小于 20′的角度可借助游标准确读出。游标等分为 40 格，最小分度为 30″，角游标的读数与游标卡尺相似，以游标零线为基准，先读出刻度盘的数值，然后再利用游标读出小于 20′的数值。刻度盘与游标的读数之和即为测量结果。

2. 分光计的调节

概括地说，分光计的调整要求是：第一，使平行光管出射平行光；第二，望远镜适合于接收平行光；第三，平行光管和望远镜的光轴等高并与分光计中心轴垂直。具体调整步骤如下。

(1) 调整望远镜

在正式调整前，首先进行目测粗调，即用眼睛估测，使望远镜和平行光管光轴大致与分光计中心轴垂直且相交，并使载物平台尽可能垂直于转轴。这一步很重要，目测是进一步细调的基础，而且可以缩短调节时间，只有做好粗调，才能按下列步骤进一步细调(否则细调难以进行)。

① 用自准值法调节望远镜，使之适合接收平行光。

打开仪器开关 25，将叉丝照亮，旋转目镜 1 使叉丝位于目镜的焦平面上，此时叉丝看得很清楚。按图 3.14.4(a)将平面反射镜置于载物平台上(镜面朝望远镜)。然后，缓缓转动载物平台，这时从望远镜中观察到由平面镜反射回来的“十”字像(如果找不到，则说明粗调没有达到要求，应重新调整)。如果平面镜反射回来的“十”字像不清晰，可以调节反射像调焦螺母 5，此时从目镜可同时看清叉丝和平面镜反射回来的“十”字像，且两者无视差，至此望远镜已适合于接收平行光，目镜 1、反射像调焦螺母 5 就不应再调动了。

② 调整望远镜光轴与分光计中心轴垂直。

望远镜调好焦后同时从目镜中可看清叉丝和平面镜反射回来的“十”字像。然后，缓缓转动载物平台，这时从望远镜观察到由平面镜的另一面反射回来的“十”字像，通过观察发现平面镜两个面反射回来的“十”字像不在一个高度，其原因可能是望远镜光轴未垂直中心轴，也可能是平面镜镜面中心轴不平行，或者两者兼有。为使望远镜光轴垂直中心轴，可用“各半调节法”调节，使其望远镜光轴与分光计中心轴垂直。“各半调节法”调整如下。

首先，检查平面镜正反两面分别正对望远镜时，视场中是否都能找到反射回来的“十”字像，如果找不到或只找到一个，说明粗调不合格，应进一步调整。转动平台仔细观察平面镜正反两面的反射像是否在望远镜中叉丝上线的交点。如一面的反射像高，一面的反射像低，则需要认真分析，确定调节方向，切不可盲目乱调。具体调节方法是：从望远镜中观察到反射回来的“十”字像与叉丝上线的交点不重合，如图 3.14.3(a)所示，它们的交点在高低方面相差一段距离，则调节望远镜的倾斜螺钉 7，使差距减小一半，如图 3.14.3(b)所示；再调节载物台螺钉(a_2)，消除另一半差距，使反射像与叉丝上线的交点重合，如图 3.14.3(c)所示。再将载物平台连同平面镜旋转 180°，使望远镜对准反射镜的另一面，用同样的方法调节，注意这时载物台的螺钉应调 a_1。如此重复调整数次，直至从望远镜观察到由平面镜两个面反射回来的“十”字像都与叉丝上线的交点重合。

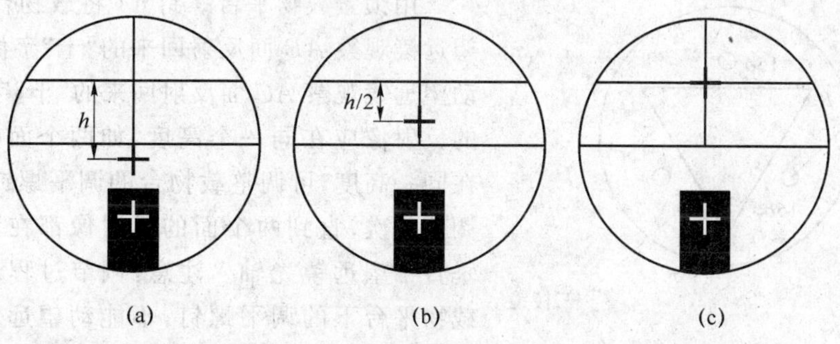

图 3.14.3　望远镜调节过程中通过目镜看到的视图

然后，将载物台平台上的平面镜转 90°，如图 3.14.4(b)所示，重复以上内容。注意载物台的螺钉不要调错。

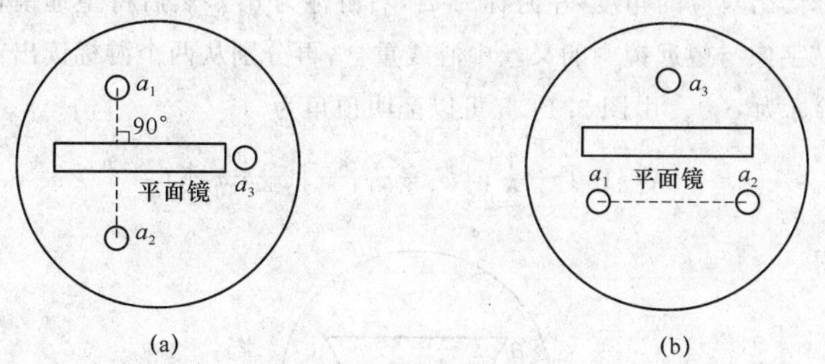

图 3.14.4　平面镜放置图

(2) 调整平行光管光轴与分光计中心轴垂直

前面已对望远镜、载物平台进行了调整，就不要再动调整过的螺钉了。将望远镜对准平行光管，从侧面和俯视两个方向用目测法把平行光管光轴大致调节到与望远镜光轴相一致。打开调节狭缝螺钉 10，从望远镜中观察，如果狭缝像不清楚就应松开螺钉 9，将狭缝宽度调约 1 mm，前后伸缩狭缝位置直到看清楚狭缝像并与叉丝的中心线重合，然后锁紧螺钉 9。调节平行光管的倾斜调节螺钉 12，使视场中的狭缝居中、上下对称。至此，平行光管与望远镜的光轴重合且与分光计中心轴垂直。

【实验内容】

1. 调整分光计

按分光计的调整要求和调节方法，正确调节分光计至正常工作状态。

2. 测三棱镜顶角 A

(1) 将三棱镜按图 3.14.5 所示平放在载物台上，图中 ABC 表示三棱镜的横截面，AB、AC、BC 是三棱镜的三个侧面。其中 AB、AC 两个侧面是透光的光学表面(称为折射面)，BC 是毛玻璃面(称为底边)，三棱镜两折射面的夹角称为顶角 A。放置三棱镜时，要放在载物台中央，BC 毛玻璃面对准平行光管。

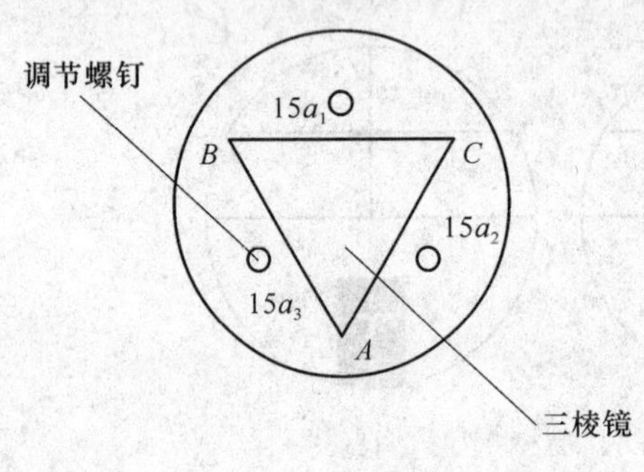

图 3.14.5 三棱镜的放置图

用锁紧载物平台螺钉 14 将载物台锁紧，转动望远镜观察 AB 面反射回来的"十"字像，然后再转动望远镜观察 AC 面反射回来的"十"字像，两个面的反射像应在同一个高度，如两个面的反射像不在同一高度，可调整载物台的调平螺钉，来回反复调节几次，直到两个面的反射像都在同一高度并垂直于望远镜光轴。注意：调节过程中只能调节载物平台下的调平螺钉，不能动望远镜下的调节螺钉。载物平台高度不够，可将螺母 16 松开，抬高后再锁紧。

(2) 转动望远镜对准 AC 面，将反射回来的"十"字像与望远镜中的叉丝中心线重合，再分别从两个游标读出对应的角度(左游标为 φ_1，右游标为 φ_2)，然后将望远镜转至 AB 面，将反射回来的"十"字像与望远镜中的叉丝中心线重合，再分别从两个游标读出对应的角度(左游标为 φ'_1，右游标为 φ'_2)。由图 3.14.6 可以证明顶角为

$$A=180^\circ-\frac{1}{2}(|\varphi'_1-\varphi_1|+|\varphi'_2-\varphi_2|)$$

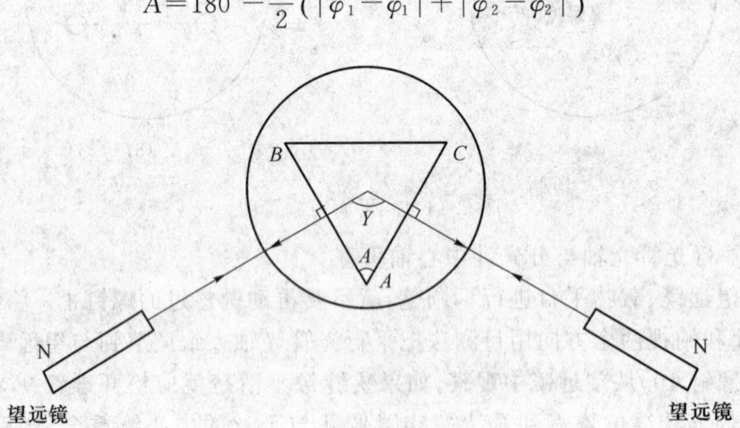

图 3.14.6 用自准直法测三棱镜顶角

【实验拓展】

图 3.14.7 表示了分光计存在偏心差的情况，即刻度盘中心与分光计转轴中心不重合。图 3.14.7 中的外圆表示刻度盘，其中心在 O；内圆表示载物平台，其中心为转轴中心 O'。测量时，游标盘、载物平台均与分光计整体固联，而望远镜与刻度盘固联并绕自身转轴 O 转动。当望远镜(刻度盘)绕 O 轴转过一个角度时，通过安装在游标盘对径上的两个游标分别测得转角为 φ_A 和 φ_B，而相对于分光计中心轴 O' 来说转角为 φ。由于 O 轴跟 O' 轴不一定重合，一般情况下 $\varphi \neq \varphi_A \neq \varphi_B$，但由几何原理可知(如图 3.14.7 所示)，

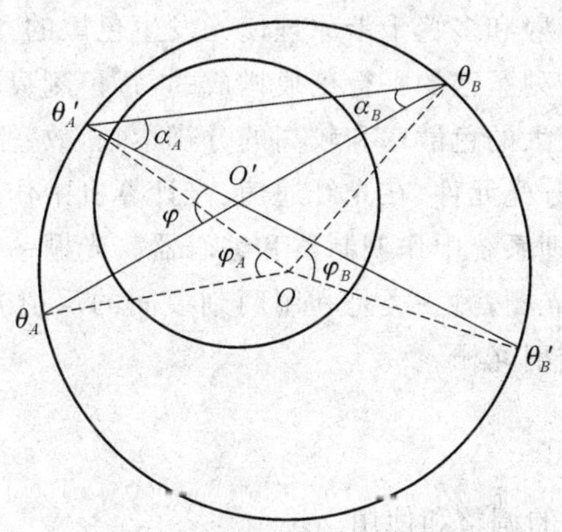

图 3.14.7　消除偏心误差原理图

$$\alpha_A = \frac{1}{2}\varphi_B$$

$$\alpha_B = \frac{1}{2}\varphi_A$$

而

$$\varphi = \alpha_A + \alpha_B$$

故有

$$\varphi = \frac{1}{2}(\varphi_A + \varphi_B) = \frac{1}{2}(|\theta'_A - \theta_A| + |\theta'_B - \theta_B|)$$

可见，两个游标所测转角的平均值即为望远镜(刻度盘)相对于中心轴实际转过的角度。因此，使用这种双游标读数装置可以消除偏心误差。

【注意事项】

(1) 在调节仪器时螺钉不要拧得太紧。

(2) 三棱镜要轻拿轻放，注意保护光学面，不要用手触摸反射面。

(3) 在计算角度时，要注意望远镜转动过程中游标盘是否经过刻度盘零点，如经过刻度盘零点，就应在相应读数上加上 360°(或减去 360°)后再计算。

【思考题】

(1) 分光计由哪几个主要部件组成？它们的作用各是什么？

(2) 望远镜光轴与分光计的主轴相垂直的调节过程为什么要用各半调节法？

(3) 调节分光计时若找不到平面镜的反射像怎么办?

(4) 调节分光计的要求是什么?

(5) 在分光计调整中平面反射镜放置有何技巧?

(6) 将三棱镜放在载物平台上,为什么还要调载物平台的水平?此时望远镜能否再调整?

实验 3.15　光栅衍射测量

衍射光栅是利用单缝衍射和多缝干涉原理使光发生色散的元件。它是在一块透明板上刻有大量等宽度、等间距、排列紧密的平行刻痕构成的,每条刻痕不透光,光只能从刻痕间的狭缝通过。由于光栅具有较大的色散率和较高的分辨本领,故它常用在各类光学仪器(如单色仪、摄谱仪、光谱仪)中作分光元件,在光纤通信、光计算机中作分光和耦合元件,在激光器中作选频元件,在光信息处理系统中作调制器和编码器。光栅一般分为两类:一类是利用透射光衍射的光栅,称为透射光栅;另一类是利用两刻痕间的反射光进行衍射的光栅,称为反射光栅。本实验选用的是透射光栅。

【实验目的】

(1) 进一步熟悉分光计的调整和使用。

(2) 观察光栅衍射的现象,加深对光栅衍射原理的理解。

(3) 测量汞灯谱线的波长。

【实验仪器】

分光计(FGY-01)、光栅、汞灯、平面镜等。

【实验原理】

1. 光栅方程

当一束平行单色光垂直射入到光栅上,透过光栅每条狭缝的光都产生衍射,而通过光栅不同狭缝的光还要发生干涉,因此光栅的衍射条纹实质上应是衍射和干涉的总效果。设光栅的刻痕宽度为 a,透明狭缝宽度为 b,相邻两缝间的距离 $d=a+b$,称为光栅常数,它是光栅的重要参数之一。

如图 3.15.1 所示,有一光栅常数为 d 的光栅,当单色平行光束与光栅法线成角度 i 入射于光栅平面上时,光栅出射的衍射光束经过透镜会聚于焦平面上,就产生一组明暗相间的衍射条纹。设衍射光线 AD 与光栅法线所成的夹角(即衍射角)为 φ,从 B 点作 BC 垂直于入射线 CA,作 BD 垂直于衍射线 AD,则相邻透光狭缝对应位置两光线的光程差为

$$AC+AD=d(\sin\varphi_k+\sin i) \tag{3.15.1}$$

当此光程差等于入射光波长的整数倍时,多光束干涉使光振动加强而在 F 处产生一个明条纹。因此。光栅衍射明条纹的条件为

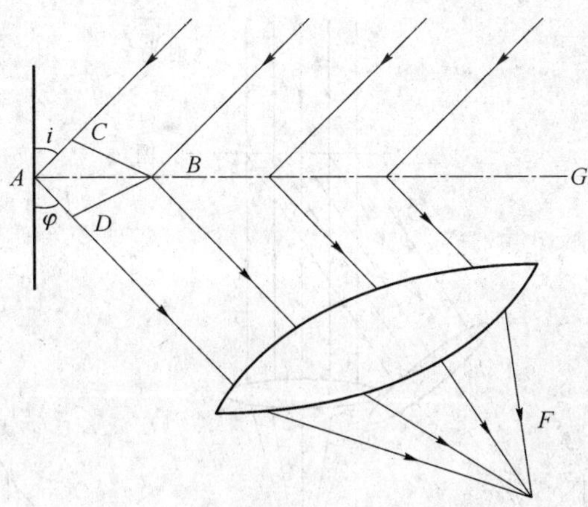

图 3.15.1　光栅衍射原理示意图

$$d(\sin\varphi_k+\sin i)=k\lambda \qquad k=0,\pm1,\pm2,\cdots \tag{3.15.2}$$

式中，λ 为单色光波长，k 是亮条纹级次，φ_k 为 k 级谱线的衍射角，i 为光线的入射角。此式称为光栅方程，它是研究光栅衍射的重要公式。

本实验研究的是光线垂直入射时所形成的衍射。此时，入射角 $i=0$，则光栅方程变为

$$d\sin\varphi_k=k\lambda \qquad k=0,\pm1,\pm2,\cdots \tag{3.15.3}$$

如果入射光不是单色光，由光栅方程可以看出，对于同一级谱线，复色光的波长不同，所对应的衍射角 φ_k 也各不相同，于是复色光将被分解。而在中央处，$k=0$，$\varphi_k=0$，复色光仍然重叠在一起，形成中央明条纹。在中央明条纹的两侧对称地分布着 $k=\pm1,\pm2,\cdots$级光谱，各级光谱都按波长的大小依次排成一组彩色谱线，称为光栅光谱。

图 3.15.2 是汞灯光波射入光栅时所得的光谱示意图。中央亮线是零级主极大。在它的左右两侧各分布着 $k=\pm1$ 的可见光四色六波长的衍射谱线，称为第一级的光栅光谱。向外侧还有第二级、第三级谱线。由此可见，光栅具有将入射光分成按波长排列的光谱的功能。

2. 光栅基本特性

(1) 角色散率

光栅的角色散率 D 定义为同一级两条谱线衍射角之差 $\Delta\varphi$ 与它们的波长差 $\Delta\lambda$ 之比，即

$$D=\frac{\Delta\varphi}{\Delta\lambda}$$

将式(3.15.3)微分可得

$$D=\frac{\mathrm{d}\varphi}{\mathrm{d}\lambda}=\frac{k}{d\cos\varphi} \tag{3.15.4}$$

从式(3.15.4)可知，光谱的级次 k 值越高，角色散率越大，光栅常数越小，角色散率越大；k、d 一定时，不同衍射角处角色散率不同，φ 越大，角色散率越大。

角色散率反映了谱线中心分离的程度，减小光栅常数 d，可使光栅角色散率 D 增大，D 值越大，谱线分得越开，越便于观察和精确测量。

(2) 分辨本领

光栅的分辨本领 R 是指把波长靠得很近的两条谱线分辨清楚的本领。其定义为两条刚被分开的谱线的平均波长 $\bar{\lambda}$ 与该两条谱线的波长差 $\Delta\lambda$ 之比，即

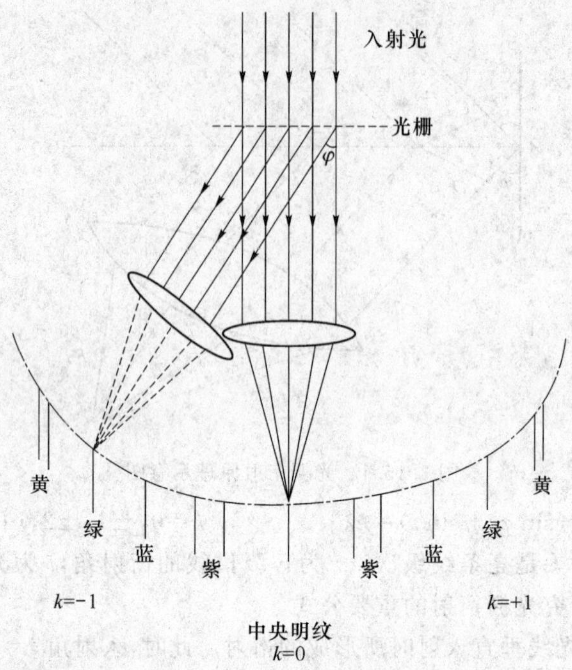

图 3.15.2　汞灯的光栅光谱示意图

$$R=\frac{\bar{\lambda}}{\Delta\lambda}$$

根据瑞利判据，两条刚被分开的谱线规定为：其中一条谱线的极强正好落在另一条谱线的极弱处。可推得

$$R=kN$$

式中，N 是光栅有效面积内的狭缝总数目。

上式说明，分辨本领正比于狭缝总数 N，而与光栅常数 d 无关。光栅狭缝总数目越多，谱线越细锐；分辨本领随光谱级次 k 的增大而增强；同一级中不同波长的谱线的分辨本领是相同的。

本实验所使用的实验装置是分光计，光源为汞灯（它发出的是波长不连续的可见光，其光谱是线状光谱），如图 3.15.2 所示。光线进入平行光管后垂直入射到光栅上，通过望远镜可观察到光栅光谱。对应于某一级光谱线的衍射角可以精确地在刻度盘上读出。根据光栅公式，若已知光栅常数 d 的值，测出汞灯各色谱线的衍射角，则可根据式（3.15.3）求得汞灯各色谱线的光波波长。反之，若已知入射光的波长，用分光计测出衍射角 φ_k，即可求出光栅常数。

【实验内容】

1. 分光计的调节

仔细阅读实验 3.14 分光计的调节内容，调整分光计，使其处于正常使用状态。

2. 光栅的调整

调整光栅，使平行光管产生的平行光垂直照射于光栅平面，且光栅的刻度线与分光计旋转主轴平行。具体操作如下：如图 3.15.3 所示，将光栅放置于载物台上，光栅平面应垂直于载物台下的调平螺钉的连线，用望远镜观察光栅两平面反射回来的“十”字像；再轻微转动载物台，并通过调节螺钉 a_2 或 a_1 使光栅两个面反射回来的“十”字像一样高(用各半调节法)，并且与望远镜中的中心线重合，此时光栅平面与平行光管光轴就垂直了。

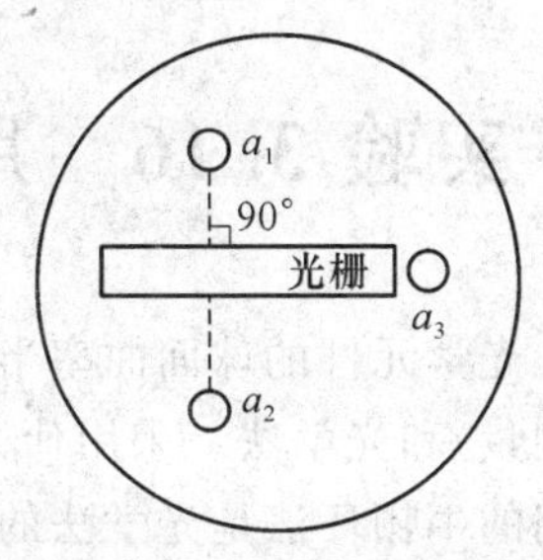

图 3.15.3　光栅在载物台上的位置

(1) 定性观察汞灯的衍射光谱

打开汞灯，从望远镜中观察狭缝，调节视场中的狭缝像居中、上下对称，调节狭缝宽度及焦距，使衍射光谱中两条紧靠的黄色谱线能分开且清晰。从望远镜中观察汞灯衍射光谱。中央零级($k=0$)为白色亮线，缓缓转动载物平台，将光栅反射回来的“十”字像、中央零级条纹和望远镜中的中心线重合(这一步很重要，一定要按要求调好)，将载物平台锁紧。望远镜转至两边时，均可看到分立的六条彩色谱线。

(2) 测量汞灯光谱线的衍射角

测量汞灯 $k=\pm1$ 级时各条谱线的衍射角。先将望远镜转至右侧，测量 $k=+1$ 级各谱线的位置，从左右两侧游标读数，分别记为 $\varphi_{左}^{+1}$ 和 $\varphi_{右}^{+1}$。然后，将望远镜转至左侧，测量 $k=-1$ 级各谱线的位置，从左右两侧游标读数，分别记为 $\varphi_{左}^{-1}$ 和 $\varphi_{右}^{-1}$。同一游标的读数相减：

$$\left.\begin{aligned}|\varphi_{左}^{-1}-\varphi_{左}^{+1}|=2\varphi_{左}\\|\varphi_{右}^{-1}-\varphi_{右}^{+1}|=2\varphi_{右}\end{aligned}\right\}\tag{3.15.5}$$

由于分光计偏心差的存在，衍射角 $\varphi_{左}$ 和 $\varphi_{右}$ 有差异，求其平均值可消除偏心差。所以，各谱线的衍射角为

$$\varphi=\frac{\varphi_{左}+\varphi_{右}}{2}=\frac{|\varphi_{左}^{-1}-\varphi_{左}^{+1}|+|\varphi_{右}^{-1}-\varphi_{右}^{+1}|}{4}\tag{3.15.6}$$

将所测谱线的衍射角代入式(3.15.3)，并取谱线级次 $k=\pm1$，求出每条谱线对应的波长。数据表格自拟。

【注意事项】

(1) 光栅是精密光学元件，严禁用手接触刻痕，以免损坏和弄脏，小心拿放，以免摔坏。

(2) 水银灯的紫外线很强，不可直视，以免灼伤眼睛。

(3) 应用式(3.15.6)时应注意：测量读数的组合不要弄错。公式中每一项都是同一个游标在望远镜先后对准同一级的同一波长谱线时，两边的对称条纹读数之差(取绝对值)，不能是两个不同的游标读数相减，也不能是不同级的条纹读数相减。

(4) 在计算角度时，要注意望远镜转动过程中游标盘是否经过刻度盘零点，如经过刻度盘零点，应在相应读数上加上 360°(或减去 360°)后再计算。

【思考题】

(1) 总结调整分光计的主要步骤和方法。

(2) 用光栅方程 $d\sin\varphi_k=k\lambda$ 进行测量的条件是什么？

(3) 如用波长 $\lambda=589.3$ nm 的钠光垂直照射到 1 mm 内有 500 条刻线的光栅上，这时最多能看到几级？

实验 3.16 用牛顿环测定平凸透镜的曲率半径

光学元件的球面曲率半径可以用各种方法和仪器来测定。常用的有机械法(如用球径仪测量)和光学法。采用什么方法和仪器主要取决于所测曲率半径的大小和精度。本实验采用的牛顿环法是光学法的一种,这种方法适用于测定大的曲率半径。用牛顿环测定平凸透镜的曲率半径是光的等厚干涉原理在生产实践中的最典型应用,它不仅用于检测透镜的曲率,还可以测量光波波长,精确地测量微小长度、厚度和角度,检验物体表面的光洁度、平整度等。

【实验目的】

(1) 观察和研究等厚干涉现象及特点,加深理解等厚干涉原理。

(2) 用牛顿环测定平凸透镜的曲率半径。

(3) 掌握测量显微镜的调整使用方法。

【实验仪器】

牛顿环装置、钠光灯、测量显微镜,如图 3.16.1 所示。

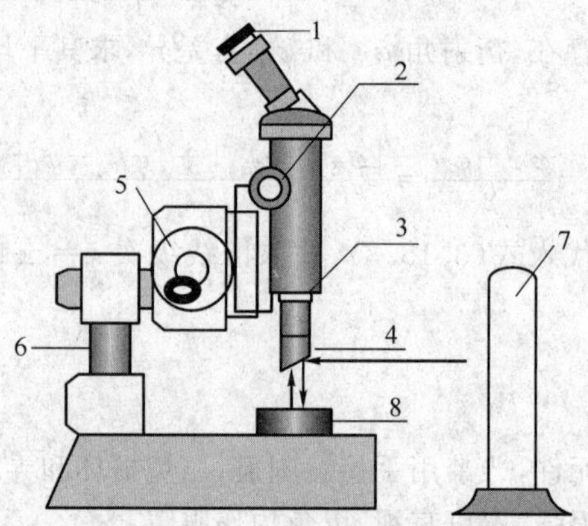

图 3.16.1 实验装置

1—目镜;2—调焦手轮;3—物镜;4—45°半反镜;

5—测微鼓轮;6—支架;7—钠光灯;8—牛顿环装置

【实验原理】

利用透明薄膜上下表面对入射光的依次反射,入射光的振幅将分解成有一定光程差的两部分,若两束反射光在相遇时的光程差取决于产生反射光的薄膜厚度,则同一干涉条纹所对应的薄膜厚度相同,这就是所谓的等厚干涉。"牛顿环"是一种用分振幅方法实现的等厚干涉现象,最早为牛顿所发现。

牛顿环装置由待测平凸透镜 L(凸面曲率半径约为 100～300 cm)和光学平面玻璃 P 叠合装在金属架 F 中构成(如图 3.16.2 所示)。框架边上有三个螺丝 H,用以调节 L 和 P 之间的接触，以改变干涉环纹的形状和位置。调节 H 时，螺丝不可旋得过紧，以免接触压力过大引起透镜弹性形变，甚至损坏透镜。

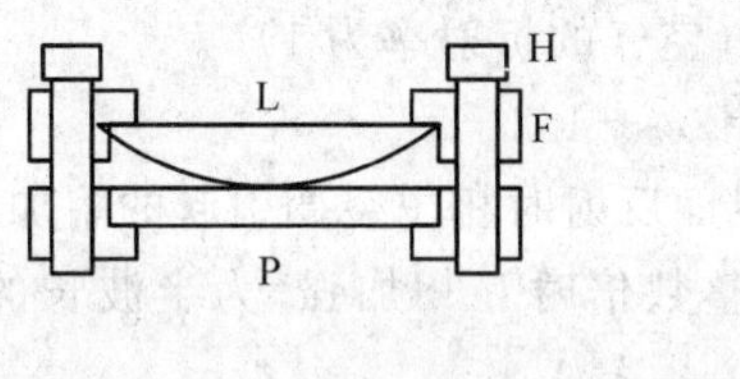

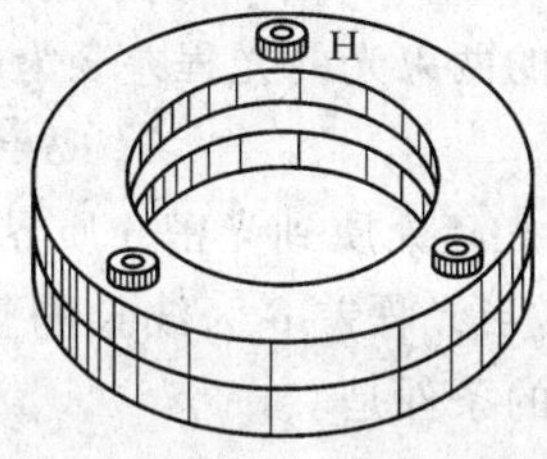

图 3.16.2　牛顿环装置

如图 3.16.3 所示，待测凸透镜 L 置于平面玻璃 P 上面，L 的球面 *AOB* 与 P 的平面 *COD* 接触于 *O* 点，从而形成一个从中心 *O* 向四周逐渐增厚的空气膜，离接触点 *O* 等距离的地方，空气膜厚度相同，即 L 和 P 之间形成圆形劈尖。当单色光源发出的任一束光线近乎垂直地入射牛顿环装置，则此束光线的一部分经空气膜上缘面 *AOB* 面反射，另一部分经下缘面 *COD* 面反射，从而分振幅形成两束频率相同、相位差恒定（与该处空气膜厚度有关）、振动方向相同的相干光，这两束相干光在 *AOB* 表面附近 *T* 点相遇，产生干涉。两束相干光的光程差只与空气膜厚度有关，形成的干涉条纹为膜的等厚各点的轨迹，因为 *AOB* 面是球面的一部分，所以光程差相等的地方就是以 *O* 点为中心的同心圆，所以干涉图样是以接触点为中心的一系列明暗相间的同心圆环，如图 3.16.3 所示，称为牛顿环。由于同一干涉环上各处对应的空气层厚度相同，因此称为等厚干涉。

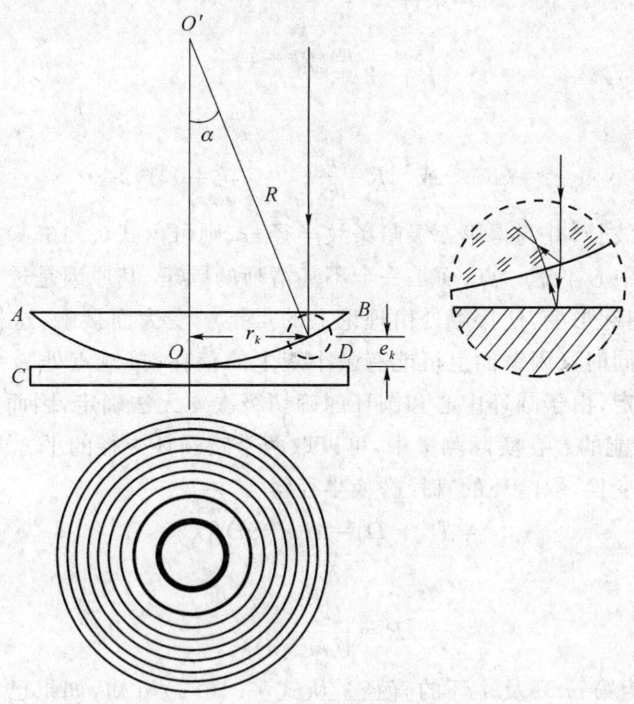

图 3.16.3　产生牛顿环的光路示意

设入射光为波长 λ 的单色光，与 O-O' 轴距离为 r_k 处的空气膜厚度为 e_k，当透镜凸面的曲率半径 R 很大时，球面 AOB 与平面 COD 之间是很薄的空气层，而且夹角很小，光线又近乎垂直地入射到 AOB 表面，则可近似认为干涉处 T 点在 AOB 表面上，则空气膜上下缘面对入射光分别反射的两束光的光程差 δ 为（空气的折射率为 1）

$$\delta=2e_k+\lambda/2$$

式中，$\lambda/2$ 是光线由光疏介质到光密介质界面反射时相位突变引起的附加程差。

根据干涉条件，当光程差 δ 为波长的整数倍时互相加强，为半波长的奇数倍时互相抵消，因此，产生暗环的条件是

$$2e_k+\frac{\lambda}{2}=(2k+1)\frac{\lambda}{2} \quad k=0,1,2,\cdots$$

产生明环的条件是

$$2e_k+\frac{\lambda}{2}=2k\frac{\lambda}{2} \quad k=1,2,3,\cdots$$

由图 3.16.3 几何关系可知

$$R^2=r_k^2+(R-e_k^2)$$

化简得到

$$r_k^2=2e_kR-e_k^2$$

因为 $e_k \ll R$，则可略去 e_k^2，于是有

$$e_k=\frac{r_k^2}{2R}$$

我们采用暗环测定，将 e_k 代入暗环条件式得

$$\frac{r_k^2}{R}+\frac{\lambda}{2}=(2k+1)\frac{\lambda}{2}$$

化简后得到

$$r_k^2=kR\lambda \quad 或 \quad R=\frac{r_k^2}{k\lambda} \qquad k=0,1,2,\cdots \tag{3.16.1}$$

如果已知入射光的波长，并测得第 k 级暗条纹半径 r_k，则可由式(3.16.1)算出透镜的曲率半径 R。但是牛顿环中心不是一点，而是一个不甚清晰的圆斑，其原因是透镜和平面玻璃接触时，由于接触压力引起形变，使接触处由理论上的点接触变为面接触，这样就难以确定干涉圆环的圆心、半径，同时又因镜面上可能有微小灰尘的存在，接触点处 $e_k \neq 0$，因而圆环的确切级次 k 也难以确定，由于圆环中心和圆环的确切级次 k 无法确定，因而用式(3.16.1)来测定 R 实际上是不可能的。在实际测量中，可以取两个暗圆环半径的平方差值 $r_m^2-r_n^2=(m-n)R\lambda$，然后进一步变换，取暗环的直径替换半径得

$$D_m^2-D_n^2=4(m-n)R\lambda$$

因而，透镜的曲率半径

$$R=\frac{D_m^2-D_n^2}{4(m-n)\lambda} \tag{3.16.2}$$

式中，D_m、D_n 分别为第 m 环及 n 环的直径。从式(3.16.2)可知，如果已知钠黄光波长 $\lambda=589.3\ \text{nm}$ 只要测得 D_m、D_n，数出所测各环的环数差，即可得到曲率半径 R。不难证明，同心圆直径的平方差等于弦的平方差，因此就可以不必确定圆环的中心。从而避免了在实验过

程中所遇到的级数及圆环中心无法确定的困难，通过取 $D_m^2 - D_n^2$ 来消除级数和圆环中心无法确定所造成的系统误差，这也是实验中值得留意的。

又由于在接触点处玻璃有弹性形变，因此在中心附近的圆环将发生移位，故宜利用远离中心的圆环进行测量。

【实验内容】

1. 调整及定性观察

(1) 把牛顿环装置放在显微镜载物平台上，调节 45°半反射镜及光源钠光灯的位置，使钠黄光充满整个显微镜视场，测量显微镜和钠光灯的调整使用方法及注意事项请参阅本节后【附】的内容。

(2) 调节显微镜目镜看清叉丝，然后再转动调焦手轮，自下而上缓慢移动物镜，对干涉圆环调焦，至观察到清晰的牛顿环，并使叉丝和圆环像之间无视差(注意：调焦时镜筒只能由下向上调节，以免碰伤物镜或被观察物)。

(3) 转动测微鼓轮，使视场中的牛顿环沿水平方向移动，定性观察待测的各环左右是否都清晰，并且都在显微镜的读数范围之内。

2. 定量测量(测量 21～30 暗环直径)

(1) 移动牛顿环装置，使显微镜十字叉丝的交点对准牛顿环的中心圆斑。

(2) 选择靠近中心圆斑的仼　环作为第一环，然后向一个方向转动测微鼓轮，使显微镜中的干涉条纹缓慢地移动，移至第 30 环以外一般至 35 环后再反方向转动鼓轮，回至第 30 环时开始测量读数，每个暗环读一次数，记下其对应测量微分尺的位置读数 x_i，依次至 21 环，测得 $x_{30} \sim x_{21}$。继续同方向转动测微鼓轮，过环中心至圆环另一侧，至 21 环时再开始读数 x'_i，依次测得 $x'_{21} \sim x'_{30}$(注意：使用测量显微镜时，为了避免引起螺距空程差，移测时必须向同一方向旋转，中途不可反转，一旦反转，所有数据即应作废。至于自右向左，还是自左向右测量都可以)。

(3) 在牛顿环两侧可读出 20 个位置的数据，由此可计算从第 30 环至 21 环的直径 D_i，$D_i = |x_i - x'_i|$，x_i、x'_i 分别为同一暗环在环心对称的两侧的位置读数。再用逐差法($m-n=5$)处理数据，分别求出 5 对直径平方差值 $D_m^2 - D_n^2$ 及其平均值 $\overline{D_m^2 - D_n^2}$。

(4) 已知钠光波长 $\lambda = 5.893 \times 10^{-4}$ mm，利用已求出的 $\overline{D_m^2 - D_n^2}$，代入式(3.16.2)，求出透镜的曲率半径 R。

(5) 计算测量结果 R 并估算不确定度 ΔR。估算时可把 λ 作为常数，m 和 n 的不确定度 Δ_m 和 Δ_n 是因叉丝对准干涉条纹中央时欠准确而产生，鉴于条纹锐度甚低，可取条纹宽度的 $\frac{1}{10} \sim \frac{1}{5}$。

【注意事项】

(1) 在整个测量过程中，测微鼓轮只能沿一个方向转动，不许倒转，稍有倒转，全部数据即应作废。正确的操作方法是：如果要从第 30 环开始读数，则至少要在叉丝压着第 35 环后再使鼓轮倒转至第 30 环开始读数并依次沿同一方向测完全部数据。

(2) 应尽量使叉丝对准干涉条纹中央时读数。

(3) 由于计算 R 时只需要知道环数差 $m-n$,因此可以任选一个环作为第一环,但一经选定,在整个测量过程中就不能再改变了。注意不要数错条纹数。

【思考题】

(1) 什么是等厚干涉?等厚干涉条纹的特点有哪些?

(2) 实验中若遇到下列情况,对实验结果是否有影响?为什么?

① 牛顿环中心是亮斑而非暗斑。

② 测各个 D_i 时,叉丝交点未通过圆环的中心,因而测量的是弦而非真正的直径。

(3) 为什么相邻两暗条纹(或亮条纹)之间的距离,靠近中心的要比边缘的大?

(4) 实验中测量读数时,为什么鼓轮要保持沿一个方向转动不能反向?

【附】测量显微镜

1. 仪器结构

测量显微镜是用来测量微小距离或微小距离变化的仪器。它由光具结构显微镜和测量结构测微螺旋两部分构成。显微镜用来放大被测物体,测微螺旋是测量读数系统。光具结构部分是一个低倍率显微镜,装在一个由丝杠带动的滑动柱上,旋转调焦螺丝可以使显微镜上下移动,以达到调焦的目的。测量部分安装在一个大底座上。旋转 y 轴方向和 x 轴方向测微器可使载物台前后、左右移动。仪器详细结构如图 3.16.4 所示。

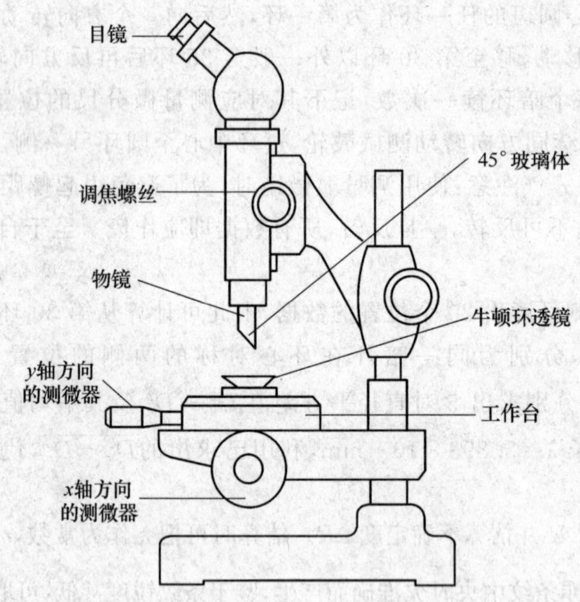

图 3.16.4 测量显微镜的结构图

测量显微镜的 x 轴方向测微器,主尺量程为 50 mm,每格 1 mm。副尺量程 1 mm,每格 0.01 mm。y 轴方向测微器主尺量程 13 mm,每格 1 mm,副尺量程 1 mm,每格 0.01 mm。圆游标量程 360°,主尺每格 1°,副尺每格 6′。

2. 使用方法

(1) 使用时,首先必须对被观测的物体照明(用 45°角的半反射镜,使光线经反射垂直入射到被测物体上)。

(2) 目镜调焦:从目镜中观察"十"字像是否清晰,若不清晰,调节目镜螺纹,使"十"字像清晰。

(3) 安放目镜的位置:测量时要求将十字像与测量台 x-y 方向垂合。方法如下:将一直线物体放在测量台上的 x 轴方向,将"十"字像对准直线物体,当沿 x 方向或 y 方向移动时,"十"字像始终保持与物体边沿或直线垂合,或"十"字像与物体边沿或直线平行即可。

(4) 眼睛在显微镜外初步估测,使物体对准显微镜的物镜,然后将显微镜物镜筒接近物体表面,切不可触及物体。

(5) 从目镜中观察,并将显微镜筒慢慢升高,看清待测物体的像为止。

(6) 读数测量,一般用 x 轴方向测微器,旋转测微螺旋。先让"十"字像的交点对准待测物上一点 A(或一条线),记下读数,再转动测微螺旋,对准另一点 B,记下读数,两次读数之差,即 AB 之间的距离。在测量时,应朝同一方向运动,以免螺距空程差影响测量精度。

3. 注意事项

(1) 显微镜支架在立柱上必须用旋手制紧,防止使用不慎时发生下降,使仪器受到损坏。

(2) 当眼睛通过显微镜观察时,一定要旋转测微螺旋将物体从显微镜下移开,而不允许将被测物体或载物平台由外侧向显微镜下移动,以防止碰坏显微镜或被测物体。

实验 3.17　迈克尔逊干涉仪的调整与使用

迈克尔逊干涉仪是 1881 年由美国物理学家迈克尔逊研制成的一种精密光学仪器。他利用该仪器的改进型和莫雷合作进行的迈克尔逊-莫雷实验否定了"以太"介质的存在,促进了相对论的建立。迈克尔逊干涉仪设计精巧,结构简单,光路直观,测量精密度高,为后人研制各种干涉仪打下了基础。近代干涉仪有许多是从迈克尔逊干涉仪的基础上发展起来的,这些干涉仪可准确测定光波的波长、微小长度和透明介质的折射率等,在近代计量技术中得到了广泛应用。

【实验目的】

(1) 了解迈克尔逊干涉仪的结构、原理和调节方法。

(2) 了解光的干涉现象及其形成条件。

(3) 利用点光源产生的非定域同心圆干涉条纹测定激光的波长。

(4) 观察等倾干涉、等厚干涉、非定域干涉条纹的特点,了解它们的形成条件。

【实验仪器】

迈克尔逊干涉仪、多束光纤激光源。

【实验原理】

1. 迈克尔逊干涉仪的原理及结构

(1) 光路:迈克尔逊干涉仪是一种分振幅双光束干涉仪,其主要特点是利用分振幅法产生双光束以实现干涉。它的光路如图 3.17.1 所示，从激光光源 S 发出的一束光射到分束板 G_1 上，G_1 板后表面镀有半反射(银)膜，当激光束以与 G_1 成 45°角射向 G_1 时，被半反射膜分为互相垂直的两束光，一束为反射光(1)，另一束为透射光(2)，它们分别垂直射到反射镜 M_1、M_2 上(因为 M_1、M_2 相互垂直且与 G_1、G_2 均成 45°角)，经反射后这两束光再回到 G_1 的半反射膜上，又重新汇集成一束光。由于反射光(1)和透射光(2)为两束相干光，因此可在 E 方向观察到干涉条纹。G_2 为一补偿板，其物理性能和几何形状与 G_1 相同，且与 G_1 平行，其作用是保证 (1)、(2)两束光在玻璃中的光程完全相等。即光束(1)在到达 E 以前穿过分束板 G_1 三次，而光束(2)在到达 E 以前仅穿过 G_1 一次，两光束有二次穿过 G_1 之差，所以加上 G_2，使光束(2)相当于穿过 G_1 三次。

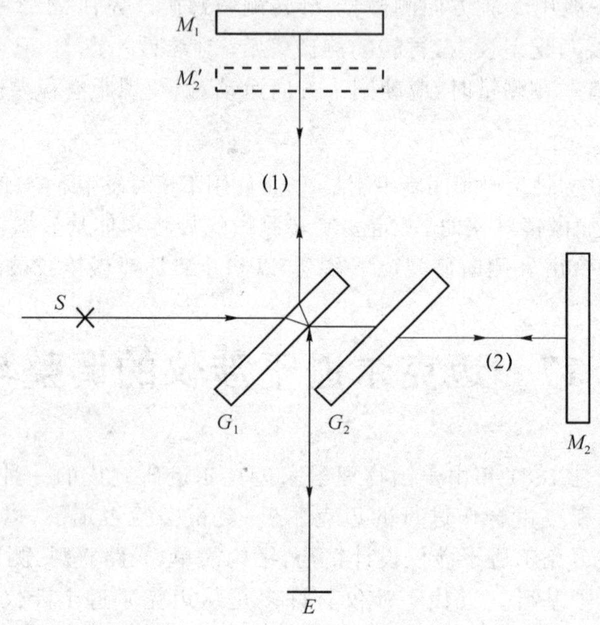

图 3.17.1　迈克尔逊干涉仪光路图

反射镜 M_2 是固定不动的，M_1 可在精密导轨上前后移动，从而改变(1)、(2)两光束之间的光程差。精密导轨与 G_1 成 45°角，为了使光束(1)与导轨平行，激光应沿垂直于导轨的方向射向迈克尔逊干涉仪。

(2) 仪器的结构：迈克尔逊干涉仪的结构如图 3.17.2 所示。一个机械台面固定在底座上，底座上有三个调平螺钉，台面上装有一根螺距为 1 mm 的精密丝杠，丝杠的一端与齿轮系统相连，转动粗调手轮(大转轮)或微动鼓轮都可使丝杠转动，从而带动骑在丝杠上的可动镜(M_1)沿着导轨移动。M_1 的位置及移动的距离可从装在台面一侧的毫米标尺(图中未画出)、读数窗及微动鼓轮读出。粗调手轮分为 100 分格，每转 1 分格，可动镜 M_1 就平移 0.01 mm。微动鼓轮每转一周，粗调手轮随之转过 1 分格。微动鼓轮又分为 100 格，因此鼓轮转过 1 格，M_1 镜平移 10^{-4} mm，这样最小读数可估读至 10^{-5} mm。M_2 镜是固定平面镜。在平面反射镜 M_1、M_2 的背面装有调整螺钉，用于调整镜面倾角。各螺钉的调节范围是有限的，如果螺钉过松，镜面倾角可能会因振动而发生变化；如果螺钉顶得过紧，会使镜片产生形变，导致条纹形状不规则。因此在调节时应仔细调到适中位置。在固定镜 M_2 的附近有水平拉簧螺钉和垂直拉簧螺钉，用于精密调节 M_2 镜的方位角。

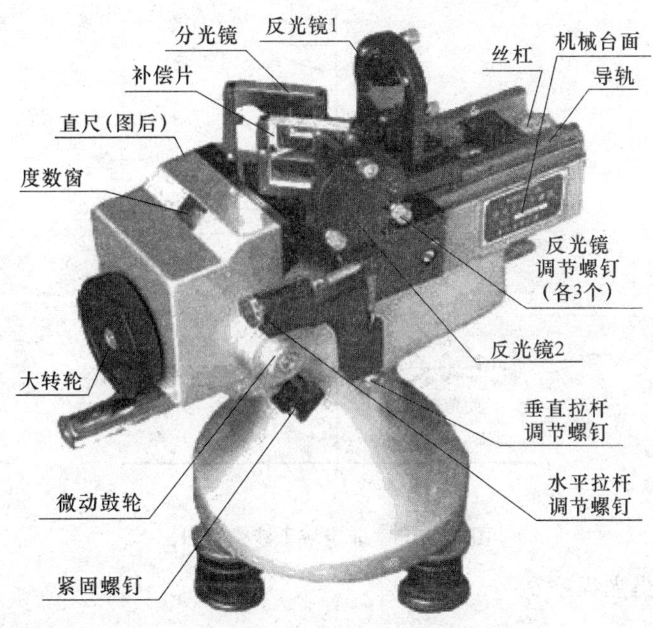

图 3.17.2　迈克尔逊干涉仪结构图

2. 干涉条纹的形成

如图 3.17.1 所示，观察者自 E 点向 M_1 镜看去，除直接看到 M_1 镜外，还可以看到 M_2 镜由 G_1 板所形成的虚像 M_2'。这样，从观察者看来，两相干光束好像是从 M_1 和 M_2' 反射而来的。从光学上讲，迈克尔逊干涉仪所产生的干涉花样与 M_1 和 M_2' 间的空气膜所产生的干涉是一样的。

(1) 点光源照明时形成非定域干涉条纹

如图 3.17.3 所示，激光束经扩束镜 L（短焦距凸透镜）汇聚后得到点光源 S，它发出的球面光波照射在迈克尔逊干涉仪分束板 G_1 上(图中 G_1 未画出)，A 为 G_1 的半反射膜，S' 是点光源 S 经 A 所成的虚像。S'_1 是 S' 经 M_1 所成的虚像，S'_2 是 S' 经 M'_2 所成的虚像(M'_2 是 M_2 在 A 中的虚像)。显然 S'_1、S'_2 是一对相干点光源。它们发出的球面波在它们相遇的空间处处相干，只要观察屏放在发出光波的重叠区域内，都能看到干涉现象。通常把屏放在垂直于 S'_1 和 S'_2 的连线位置，对应的干涉花纹是一组同心圆，因此这种干涉称为非定域干涉。用平面的观察屏观察干涉花样时，不同的地点可以观察到圆、椭圆、双曲线状的条纹（在迈克尔逊干涉仪的实际情况下，放置屏的空间是有限的，只有圆和椭圆容易出现）。

下面分析非定域干涉条纹的特征。

观察屏上任一点 P 的光强取决于 S'_1、S'_2 至该点的光程差 $\delta=S'_1P-S'_2P$。S'_1 和 S'_2 的连线延长线与屏 E 的交点 P_0 处的光程差 $\delta_0=2d$，可以证明：当 P 与 P_0 间的距离 $r\ll z$ 时(其中 $z=S'_1P$)，P 点的光程差为 $\delta=2d\cos\alpha$，而 $\cos\alpha\approx1-\dfrac{\alpha^2}{2}$，$\alpha\approx\dfrac{r}{z}$。所以

$$\delta=2d\left(1-\frac{r^2}{2z^2}\right)\tag{3.17.1}$$

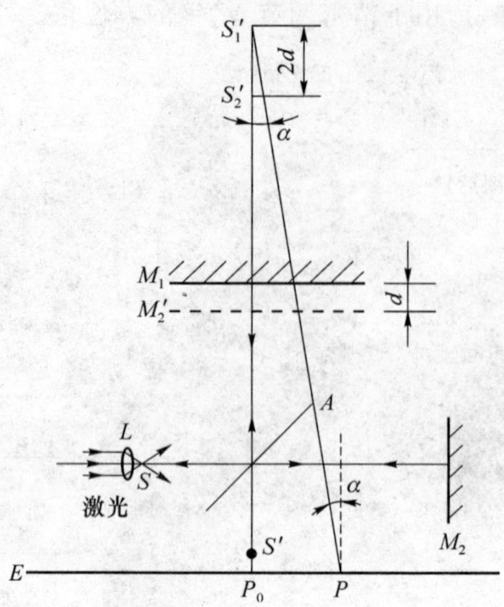

图 3.17.3　非定域干涉光路图

① 亮纹条件:当光程差 $\delta=k\lambda$ 时,有

$$2d\left(1-\frac{r^2}{2z^2}\right)=k\lambda \tag{3.17.2}$$

因此,若 z、d 和 λ 一定,同一级次 k 对应的 r 相同,表明干涉条纹的轨迹为圆,且半径 r 越小 k 越大,可见圆心($r=0$)处干涉条纹的级次最高。

② 条纹间距:令 r_k 及 r_{k-1} 分别为两相邻干涉环的半径,根据式(3.17.2)

$$2d\left(1-\frac{r_k^2}{2z^2}\right)=k\lambda$$

$$2d\left(1-\frac{r_{k-1}^2}{2z^2}\right)=(k-1)\lambda$$

两式相减,并利用 $r_{k-1}+r_k\approx 2r_k$ 得干涉条纹间距

$$\Delta r=r_{k-1}-r_k\approx\frac{\lambda z^2}{2r_k d}$$

由此可见,条纹间距的大小由四个因素决定。

a. 半径 r_k 越小,Δr 越大,即干涉条纹中间稀、边缘密。

b. d 越小,Δr 越大,即 M_1 与 M'_2 的距离越小条纹越稀。

c. z 越大,Δr 越大,即点光源 S、接收屏 E 离分束板 G_1 越远,条纹越稀。

d. λ 越大,Δr 越大,即波长越长,条纹越稀。

③ 条纹的"生出"和"消失":缓慢移动 M_1 镜,改变 d,可看见条纹"生出""消失"的现象。这是因为对于某一特定级次为 k_1 的干涉条纹(干涉环半径为 r_{k_1})有

$$2d\left(1-\frac{r_{k_1}^2}{2z^2}\right)=k_1\lambda$$

跟踪比较(即固定观察第 k_1 级条纹),移动 M_1 镜,当 d 增大时,r_{k_1} 也增大,看见条纹从中心生出后向外扩张;当 d 减小时,r_{k_1} 也减小,圆环逐渐缩小最后消失在中心处。在圆心处有 $r=0$,由式(3.17.2)有 $2d=k\lambda$(不考虑半波损失),若 M_1 镜移动了距离 Δd,相应的"生出"或

“消失”的圆环数为 Δk，则有 $2\Delta d=\Delta k\lambda$，即

$$\lambda=\frac{2\Delta d}{\Delta k} \tag{3.17.3}$$

所以，若测出 M_1 镜的移动距离 Δd 和“生出”或“消失”的条纹数 Δk，由式(3.17.3)可求得波长。

(2) 用面光源照明时形成定域干涉条纹

① 等倾干涉条纹：如图 3.17.4 所示，设 M_1、M_2' 互相平行，用面光源照明，对于入射倾角 θ 相同的各光束的任一光束，经 M_1、M_2' 反射而形成两光束，其光程差为

$$\delta=AC+CB-AD$$

可以证明

$$\delta=2d\cos\theta \tag{3.17.4}$$

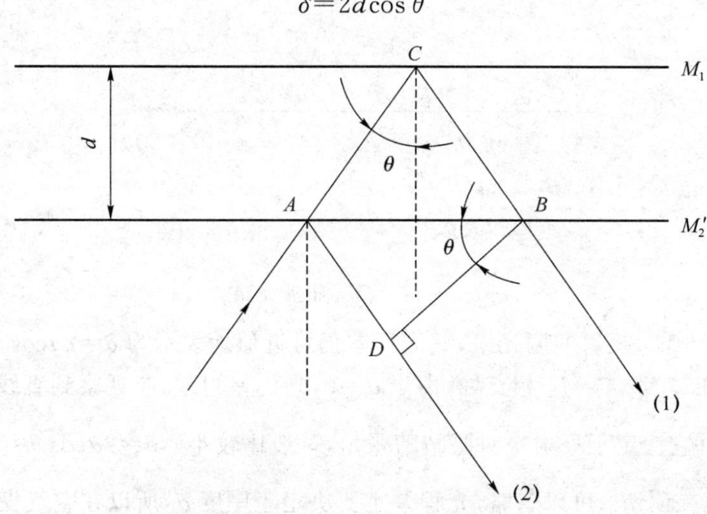

图 3.17.4　等倾干涉光路

d 固定时，由式(3.17.4)可以看出，在倾角 θ 相等的方向上两相干光束的光程差 δ 相等，具有相等 θ 的各方向光束形成一圆锥面，因此在无穷远处形成的干涉条纹呈圆环形，若用人眼直接观察，或放一汇聚透镜在其后焦平面用屏去观察，可以看到一组同心圆，每一个圆各自对应一恒定的倾角 θ，所以称为等倾干涉条纹。等倾干涉条纹定域于无穷远。在这些同心圆中，干涉条纹的级次以圆心处为最高，此时 $\theta=0$，因而有

$$\delta=2d=k\lambda \tag{3.17.5}$$

当移动 M_1 使 d 增加时，圆心处条纹的干涉级次越来越高，可看见圆条纹一个一个从中心“冒”出来。反之，当 d 减小时，圆环一个个向中心“陷”进去，由式(3.17.5)可知，每当 d 增加或减少 $\frac{\lambda}{2}$，就会“冒出”或“陷进”一条条纹。

利用公式(3.17.4)可对不同级次干涉条纹进行比较：对第 k 级有

$$2d\cos\theta_k=k\lambda$$

对第 $k+1$ 级有

$$2d\cos\theta_{k+1}=(k+1)\lambda$$

两式相减，并利用 $\cos\theta\approx1-\frac{\theta^2}{2}$(当 θ 较小时)，可得相邻两条纹的角距离

$$\Delta\theta_k = \theta_k - \theta_{k-1} \approx \frac{\lambda}{2d\theta_k} \tag{3.17.6}$$

式(3.17.6)表明：

a. d 一定时，越靠近中心的干涉圆环(即 θ_k 越小)$\Delta\theta_k$ 越大，即干涉条纹中间稀、边缘密；

b. θ_k 一定时，d 越小，$\Delta\theta_k$ 越大，即条纹将随着 d 的减小而变得稀疏。

② 等厚干涉条纹：如图 3.17.5 所示，当 M_1 与 M'_2 有一很小角度 α，且 M_1、M'_2 所形成的空气楔很薄时，用面光源照明就出现等厚干涉条纹。等厚干涉条纹定域在镜面附近，若用眼睛观测，应将眼睛聚焦在镜面附近。

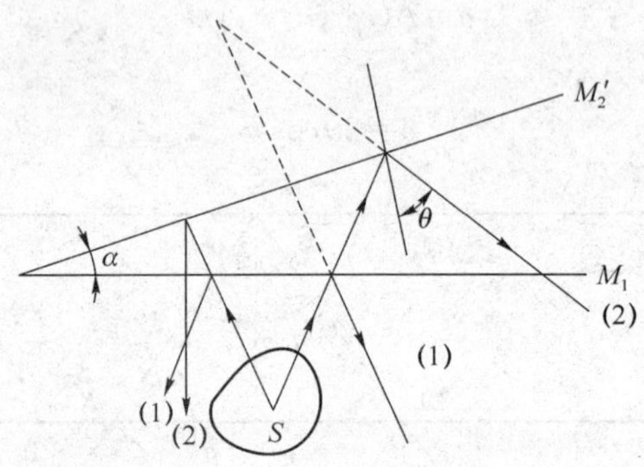

图 3.17.5　等厚干涉光路

经过镜 M_1 与 M'_2 反射的两光束，其光程差仍可近似地表示为 $\delta=2d\cos\theta$(当 M_1 与 M'_2 交角很小时)。在镜 M_1 与 M'_2 相交处，由于 $d=0$，光程差为零，应观察到直线亮条纹。由于入射角是有限的(它决定于反射镜对眼睛的张角，一般比较小)，$\delta=2d\cos\theta\approx 2d\left(1-\frac{\theta^2}{2}\right)$，在交棱附近，$\delta$ 中第二项 $d\theta^2$ 可以忽略，光程差主要决定于厚度 d，所以在空气楔上厚度相同的地方光程差相同，观察到的干涉条纹是平行于两镜交棱的等间隔的直线。在远离交棱处，$d\theta^2$ 项的作用不能忽视(与波长大小相比)，而同一条干涉条纹上光程差相等，为使 $\delta=2d\left(1-\frac{\theta^2}{2}\right)$，必须用增大 d 来补偿由于 θ 的增大而引起的光程差的减小，所以干涉条纹要弯向 d 增大的方向，使得干涉条纹逐渐变成弧形，而且条纹弯曲的方向是凸向两镜交棱的方向。

【实验内容】

1. 迈克尔逊干涉仪的调整

(1) 对照图 3.17.1 和图 3.17.2，了解迈克尔逊干涉仪的结构原理以及各部件的作用，弄清仪器的使用方法后才可动手操作。

(2) 接通激光器电源，调节激光光束位置使激光照射在分束镜 G_1 的中部附近。往 M_1 镜望去，会观察到两排光斑，调节 M_1、M_2 背后的两个螺钉使两排光斑重合，此时 M_1 和 M_2 就大致互相垂直，即 M_1 和 M'_2 大致是互相平行了。注意：M_1 和 M_2 镜背后的两个螺钉不可调得过紧，以免损坏镜片。

2. 观察点光源的非定域干涉，测定 He-Ne 激光的波长

(1) 将经扩束镜汇聚成点光源的激光均匀照射到分束镜 G_1 上，这时观察屏上就可看到

非定域干涉条纹。

(2) 仔细调节水平或垂直拉簧螺钉，使 M_1 和 M'_2 严格平行，屏上就出现非定域的圆条纹，轻轻转动微调鼓轮，直至 M_1 移动，观察条纹变化，解释条纹“生出”“消失”、粗细、疏密情况与距离 d 的关系。

(3) 转动微动鼓轮，当圆环中心处有条纹“生出”或“消失”时，“生出”或“消失”50 个条纹记下 M_1 镜位置的读数，继续沿原方向转动微动鼓轮，每“生出”或“消失”50 个条纹，记一次读数，连续 400 个条纹，将测得的数据填入表中，取环纹改变量 $\Delta k=200$ 条，用逐差法处理数据。

3. 观察等倾干涉与等厚干涉

(1) 取下观察屏(毛玻璃)，将其放在光源和分束镜 G_1 之间(必要时可加两块玻璃)，使点光源发出的球面波经毛玻璃散射成为面光源。

(2) 用聚焦到无穷远的眼睛作接收器，这时可以看到圆条纹。

(3) 进一步调节 M_2 的拉簧螺钉，使眼睛上下左右移动时各圆的大小不变，条纹不“生出”也不“消失”，而仅仅是圆心随着眼睛的移动而移动。这时，看到的就是严格的等倾干涉条纹了。

(4) 转动 M_1 镜的传动系统使 M_1 前后移动，观察条纹变化的规律。

(5) 转动粗调手轮，使等倾干涉圆环条纹由细变粗、由密变疏，当视场中出现很少几个圆条纹(四、五条)时，表示 M_1 与 M'_2 近似重合。此时，稍微调节一下 M_2 的水平拉簧螺钉，使 M_1 和 M'_2 有一微小夹角，这时会观察到几条直条纹，即为等厚干涉条纹。

(6) 反方向转动粗调手轮，移动 M_1，观察条纹由直变弯。调节 M_2 水平拉簧螺钉，使之恢复到等倾干涉状态。

4. 透明玻璃板厚度的测量

如图 3.17.5 所示，光通过折射率为 n、厚度为 l 的均匀透明介质时，其光程比通过同厚度的空气要大 $l(n-1)$。在迈克尔逊干涉仪中，当白光的中央条纹出现在视场的中央后，如果光路 1 中加入一块折射率为 n、厚度为 l 的均匀薄玻璃片，由于光束 1 的往返，光束 1 和光束 2 在相遇时所获得的附加光程差 δ' 为

$$\delta'=2l(n-1)$$

此时，若将 M_1 向 G_1 方向移动距离 $\Delta d=\delta'/2$，则光束 1、2 在相遇时的光程差又恢复至原样，白光干涉的条纹将重新出现在视场中央。这时

$$\Delta d=\delta'/2=l(n-1) \tag{3.17.7}$$

根据式(3.17.7)，测出 M_1 前移的距离 Δd。如已知薄玻璃片的折射率为 n，则可求出其厚度 l；反之，如已知玻璃片的厚度 l，则可求出其折射率 n。

【注意事项】

(1) 迈克尔逊干涉仪属于精密仪器，使用前应认真熟悉仪器的结构、性能。使用时，各个旋钮要缓慢地转动，切勿用力过猛过大使仪器受损。

(2) 千万不要用手触摸仪器的光学镜面，镜面一经污染，仪器将受损而不能使用。镜面有灰尘时不要用手纸、手帕去擦，要用吸气球或其他办法除去。

(3) 在读数前要先调整零点，方法如下：将微动鼓轮沿某一方向(如顺时针方向)旋转至零，然后以同方向转动粗调手轮对准某一刻度，以后测量时仍以同方向移动 M_1 镜，这样才

能使手轮与微动鼓轮二者读数相互配合。

(4) 为了使测量结果正确,必须消除空程差,也就是说,在调整好零点以后将微动鼓轮按原方向转几圈,当看到圆条纹从圆心处“冒出”或“陷入”时,才可开始测量读数。

(5) 不要让激光(能量较集中)直接射入眼内,否则会使视网膜形成永久性伤害。

【思考题】

(1) 在迈克尔逊干涉仪中利用什么方法产生两束相干光?

(2) 等倾、等厚和非定域干涉条纹分别定域于何处? 在实验中观察到的现象是否与此相符?

(3) 调出等倾干涉条纹的关键是什么?

(4) 测量 He-Ne 激光波长过程中怎样防止空程误差?

(5) 读数前怎样调整干涉仪的零点?

实验 3.18　全息照相基础

1948 年英国科学家丹尼斯·盖伯为了提高电子显微镜的分辨能力,采用一种无透镜的两步光学成像法进行拍摄和再现,即为全息技术。由于受当时光源的限制,这一原理未能很好地付诸实施,直至 20 世纪 60 年代初激光器问世之后才得以真正实现,之后,全息术几乎成了光学研究中最活跃的领域。继盖伯之后,又有人提出彩色全息、彩虹全息以及白光再现合成全息等。鉴于盖伯的发明以及后来全息术的发展,盖伯于 1971 年荣获诺贝尔物理学奖。

全息照相以波的干涉和衍射为基础,是一种能够记录波的全部信息的新技术,它完全不同于普通的照相成像技术,适用于红外、微波、X 光以及声波和超声波等一切波动过程。现在全息技术已发展成为科学技术中一个崭新的领域,在精密计量、无损检测、信息存储和处理、遥感技术及生物医学等方面获得了广泛的应用。

【实验目的】

(1) 了解全息照相的基本原理。

(2) 掌握全息照相的基本方法和操作技术。

【实验仪器】

全息摄影平台、氦-氖激光器、曝光定时器及光开关、分束镜、扩束镜、反射镜、半透镜、干板架、钢卷尺等。

【实验原理】

1. 全息照相与普通照相

普通照相是将物体表面反射来的光通过物镜聚焦在感光胶片上,通过适当处理记录下反映物体明暗分布的平面图样,即感光胶片上记录的是物体表面反射光的强度。然而,表征物体表面图样的反射光不仅包含光的振幅(强度)信息,同时还包含与传播时间有关的位相信息,普通照相丢失了位相分布的信息,所以普通照相不能把物体的空间面貌全部记录下来。

全息照相是能将被摄物体反射光的全部信息都记录下来的一种特殊照相，它是利用光波的叠加原理，将与物体光波有关的振幅和位相转换成强度的变化记录下来，它不需摄影物镜，不像普通照相那样只有明暗分布的在摄取物方向上的实物轮廓，而是能像透过窗户一样看到实物的全貌，如同在不同方向看实物一样具有实体感。

2. 全息照相的特征

全息照相具有三个主要的特征：立体性、独立性、重复性。

(1) 立体性：拿一张全息图和普通照片作一下比较，若被记录的物体是前后放置的话，那么观察采用普通照相而得到的照片时，无论人的眼睛处于什么角度来观察，前物体遮挡后物体的部分总是不变的。但是观察采用全息照相得到的全息图时，后物体被前物体遮挡部分随人眼观察角度不同而变大或变小，就像观看真实物体一样。这一特点使全息照相在立体显示方面得到广泛的应用。

(2) 独立性：因为全息照片上每一点都能接收到物体各点来的散射光，即记录来自物体各点的物光光波信息，所以把全息照片分成许多小块，其中每一小块都能再现出完整的物像，只不过面积越小，再现效果越差。这一特点使全息照相在信息存储方面开拓了应用的领域。

(3) 重复性：普通照相在底片上对物体只拍照一次，重复拍照将会使底片上的影像杂乱难辨。而同一张全息底片可重叠多个全息图，具有可多次曝光的特性，在一次全息照相曝光后，只要稍微改变感光胶片的方位(或物光、参考光的方向)，就可以进行第二次、第三次曝光，记录不同的被摄物而不发生重叠。再现时，只要适当转动底片即可获得互不干扰的物像。这样给储存信息带来很大的方便，增加存储量。

3. 全息照相的记录与再现

图 3.18.1 表示全息照相的记录过程。激光束从激光器发出后，经分束镜 F 分为两束：透射光经反射镜 M_1 反射和扩束镜 L_1 扩束后照射到物体上，再经物体表面漫反射到达干板 P，称为物光；从分束镜 F 反射的光束，经扩束镜 L_2 扩束，再经反射镜 M_2 反射到干板 P，称为参考光。物光和参考光在干板上产生干涉形成干涉图样，记录了干涉图样的干板经显影和定影成为一张全息图，用 H 表示。

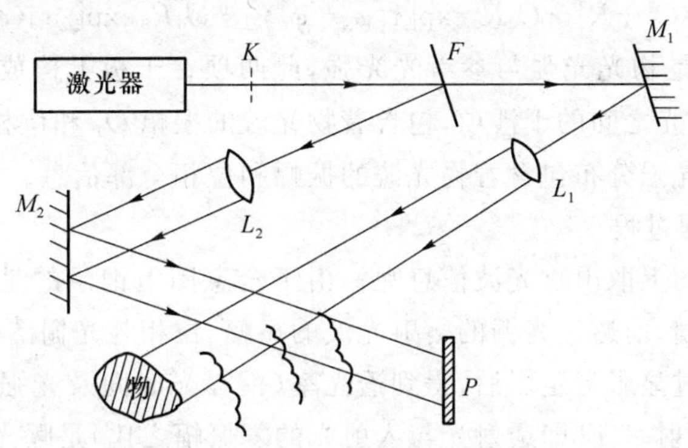

图 3.18.1　全息照相记录光路

K—光开关；F—分束镜；M_1、M_3—反射镜；L_1、L_2—扩束镜；P—干板

再现时，将全息图 H 放回原来干板 P 处，并将原来的物体拿走。当用原参考光照亮全

息图时，观察者可以通过全息图看到一个没有畸变的物体像，就好像原物体依然放在原处一样，这个像是虚像，称为原始虚像，如图 3.18.2(a)所示。当用与参考光方向相反的共轭光照射全息图时，则可以观察到一个实像，称为共轭像，如图 3.18.2(b)所示。

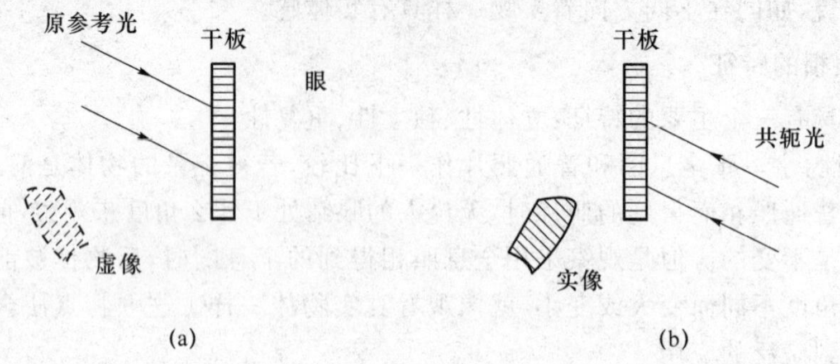

图 3.18.2　全息照相再现图

4. 全息图记录与再现的数学分析

下面用数学方法来说明平面全息(即记录介质的厚度比干涉条纹的宽度小得多)情况下物波的记录与再现原理。

(1) 全息照相记录过程

设 x-y 平面为干板所在平面，物光波 O 和参考光波 R 均为平面波，如图 3.18.3 所示。

设 $O(x,y)$和 $R(x,y)$分别表示物光波和参考光波在干板上的复振幅分布，令

$$O(x,y)=O_0(x,y)\exp[\mathrm{i}\varphi_o(x,y)] \tag{3.18.1}$$

$$R(x,y)=R_0(x,y)\exp[\mathrm{i}\varphi_r(x,y)] \tag{3.18.2}$$

根据叠加原理，干板上的总光场为

$$\begin{aligned}U(x,y)&=O(x,y)+R(x,y)\\&=O_0(x,y)\exp[\mathrm{i}\varphi_o(x,y)]+R_0(x,y)\exp[\mathrm{i}\varphi_r(x,y)]\end{aligned} \tag{3.18.3}$$

总光强为合振幅的平方，即

$$I(x,y)=O_0^2+R_0^2+O_0R_0\exp[\mathrm{i}(\varphi_o-\varphi_r)]+O_0R_0\exp[-\mathrm{i}(\varphi_o-\varphi_r)] \tag{3.18.4}$$

式中，第一、二项分别是物光光强与参考光光强，此两项在干板上构成较为均匀的背景；第三、四项是物光与参考光之间的干涉项，包含着物光波的振幅 O_0 和位相 φ_o 的全部信息。因此干板上记录下来的光强分布包含着物光波的振幅和位相全部信息。

(2) 全息照相再现过程

怎样才能从全息图上取出物光波信息呢？由于全息图上记录的是干涉条纹，可以看成是一个复杂的衍射光栅，而透过光栅的衍射光波的振幅、位相与光栅图样有关。

曝光后的干板经过显影与定影后，得到透光率(由曝光时间及光强分布决定)各处不同的全息片，考虑振幅透射率 T(即透射光与入射光的复振幅之比)是曝光量的函数，选择合适的曝光量及冲洗条件，可以使得 T 与曝光时的光强 I 之间为线性关系：

$$T(x,y)=T_0+\beta I(x,y) \tag{3.18.5}$$

式中，T_0 为未曝光部分的透射率，β 为小于 1 的比例系数，它们均为常量。

由式(3.18.4)和式(3.18.5)可得

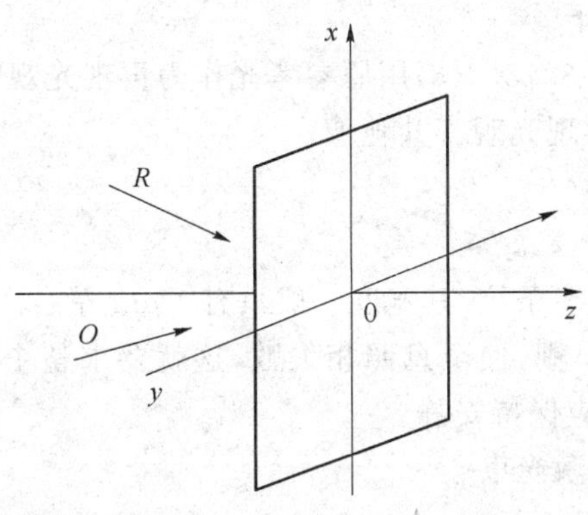

图 3.18.3　全息记录

$$T(x,y)=T_0+\beta(O_0^2+R_0^2)+\beta O_0R_0\exp[\mathrm{i}(\varphi_o-\varphi_r)] \\ +\beta O_0R_0\exp[-\mathrm{i}(\varphi_o-\varphi_r)] \tag{3.18.6}$$

当以原参考光为再现光入射全息照片时,透射光波应是

$$U'(x,y)=R(X,Y)T(x,y)=[T_0+\beta(O_0^2+R_0^2)]R_0\exp(\mathrm{i}\varphi_r) \\ +\beta O_0R_0^2\exp(\mathrm{i}\varphi_o)+\beta O_0R_0^2\exp[-\mathrm{i}(\varphi_o-2\varphi_r)] \tag{3.18.7}$$

上式表明,透射光包含三部分:第一项$[T_0+\beta(O_0^2+R_0^2)]R_0\exp(\mathrm{i}\varphi_r)$是按一定比例重建的参考光,沿原来方向传播,即光栅的零级衍射。第二项$\beta O_0R_0^2\exp(\mathrm{i}\varphi_o)$是按一定比例重建的物光波,相当于一级衍射波。根据基尔霍夫衍射原理,这一场分布决定了全息图后面的衍射空间有一个与原始物光波振幅和位相的相对分布完全相同的衍射波,正是这一光波形成了物体的逼真的三维立体图像。第三项$\beta O_0R_0^2\exp[-\mathrm{i}(\varphi_o-2\varphi_r)]$与物光波的共轭光波有关,它是因衍射而产生的另一个一级衍射波,它在有些情况下会形成一个发生畸变的并且在观察者看来物体的前后关系与实物相反的实像。

【实验内容】

全息照相需在暗室中进行,进入实验室后应首先熟悉暗室环境和仪器设备,充分做好实验准备工作。

(1) 了解实验所需的各个元件,按图 3.18.1 布置好光路。接通激光电源,调整各光学元件中心等高共轴。调节光路时,将白屏放在干板架上,以便观察并调节物光与参考光。在调节光路时需注意以下几点。

① 虽然激光的相干性好,但它的相干长度仍有一定限度,因此在设计光路时应尽可能使物光和参考光的几何长度相等。

② 将物光和参考光的光强比控制在 1∶5 之内,夹角应为 30°～50°。

③ 所有元件必须稳定,光学元件、被摄物安装牢固。

④ 被摄物能够得到均匀照明,且离白屏较近;物光与参考光尽量多地照射到干板将要放置的位置,且有足够大的重叠区,可分别挡住参考光与物光来检验重叠情况。

(2) 在黑暗环境下,打开暗绿灯(干板在暗绿光下不会曝光),从干板架上取下白屏,装上全息干板,静置几分钟后进行曝光。曝光过程不得触及实验台,并保持室内安静。

(3) 干板曝光后,取下干板放入显影液中显影。显影完毕用清水冲洗后放入定影液中定影。定影完毕再水洗，烘干。

(4) 观察全息图。按图 3.18.2(a)用原参考光作为再现光观察原始像；按图 3.18.2(b)用原参考光的共轭光作为再现光观察共轭像。

【注意事项】

(1) 全息图记录的是干涉条纹，其宽度一般只有 1 μm 左右。因此在拍照过程中任何微小的振动都会使干涉条纹模糊，使全息照相失败，这就要求整个实验装置有严格的防振措施。同时，室内及周围环境应保持安静。

(2) 严禁用眼直接观察激光束。

【思考题】

(1) 全息照相与普通照相有什么区别？它的特点什么？

(2) 在布置全息照相光路时，应注意什么问题？

第 4 章　综合性物理实验和近代物理实验

实验 4.1　空气中声速的测量

声波是一种在弹性媒质中传播的机械波，它的传播过程与介质的性质有着密切的关系。因此，借助声速的测量常常可以间接地完成诸如气体成分的分析、液体比重和溶液浓度的测定，乃至固体材料强度的确定等。

本实验利用压电换能器测量空气中的超声声速，测量中用传感器将超声声速振动量转换成电量，是一种非电量的电测方法。

【实验目的】

1. 了解估算声速的温度比较法。
2. 学会用共振干涉法和相位比较法测声速。
3. 培养综合使用实验仪器的能力。

【实验仪器】

SV-DH-7 型声速测定仪、SVX-3 型声速测试仪信号源、示波器。

【实验原理】

1. 超声波与压电陶瓷换能器

频率 20 Hz～20 kHz 的机械振动在弹性介质中传播形成声波，高于 20 kHz 称为超声波，超声波的传播速度就是声波的传播速度，而超声波具有波长短，易于定向发射等优点。声速实验所采用的声波频率一般都在 20～60 kHz 之间，在此频率范围内，采用压电陶瓷换能器作为声波的发射器、接收器效果最佳。

压电陶瓷换能器根据它的工作方式，分为纵向(振动)换能器、径向(振动)换能器及弯曲振动换能器。声速教学实验中所用的大多数采用纵向换能器。图 4.1.1 为纵向换能器的结构简图。

2. 温度比较法测算声速

声波在空气中的传播速度与声波的频率无关，只取决于空气本身的性质，相应的公式为

$$v=\sqrt{\frac{\gamma RT}{M}}$$

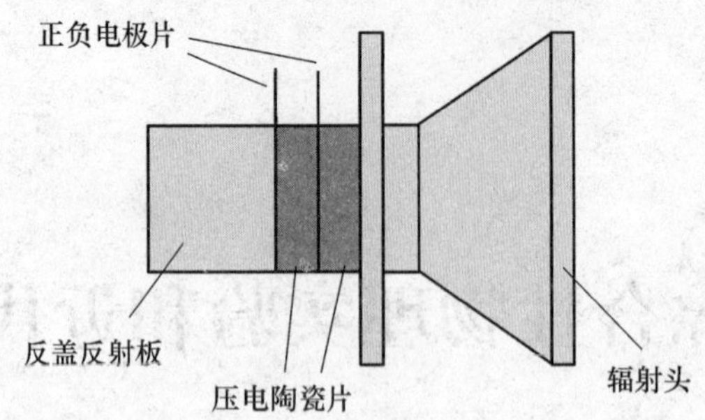

图 4.1.1　纵向换能器的结构简图

式中，γ 为绝热系数，即空气定压比热容与定容比热容之比，R 为摩尔气体常数，M 为空气分子的摩尔质量，T 为绝对温度。

由此可见，声波在空气中的传播速度 v 和温度 T、绝热系数 γ、摩尔气体常数 R 及摩尔质量 M 有关。因此，根据测得的声速还可推算出气体的某些参量。

假定气体为理想气体的状态，其传播速度可借助热力学与气体动理论的有关原理而导得

$$v_t = v_0\sqrt{1+\frac{t}{T_0}} \tag{4.1.1}$$

式中，v_0 为被测空气处于零摄氏度时的声速；$T_0=273.15\ \text{K}$；t 为空气的摄氏温度。

实验测定，当空气中水蒸气、碳酸气含量和风速处于正常态时，气温 0 ℃时的声速 $v_0=331.45\ \text{m}\cdot\text{s}^{-1}$。

3. 共振干涉法(波腹示踪法)测声速

根据波动理论，声速 v 可表示为

$$v = f\lambda \tag{4.1.2}$$

在声波频率 f 已知的前提下，只要精确测定空气中声波波长 λ 就可确定声速 v。实验室中常采用共振干涉法，即波腹示踪法测声波波长 λ。

设一平面发射源 a 发出频率为 f 的平面声波，经过空气传播到达平面接收器 b。如果接收面与发射面之间严格平行，入射波在接收面上将垂直反射，从而导致入射波与反射波相干涉形成驻波。设沿 x 轴正方向发射的平面波方程为

$$y_1 = A\cos(\omega t-\frac{2\pi}{\lambda}x)$$

则反射波方程为

$$y_2 = A\cos(\omega t+\frac{2\pi}{\lambda}x)$$

两波叠加，在空间某点的合振动方程为

$$y = y_1+y_2 = \left|2A\cos(2\pi\frac{x}{\lambda})\right|\cos(2\pi\frac{t}{T}) \tag{4.1.3}$$

该式称为驻波方程，其中 $\left|2A\cos(2\pi\frac{x}{\lambda})\right|$ 为驻波的合振幅。

改变接收器与发射器之间距离 x，当 $\left|2A\cos(2\pi\frac{x}{\lambda})\right|=1$ 时，亦即 $2\pi\frac{x}{\lambda}=k\pi$ 时，合振幅最大，称为波腹(如图 4.1.2 所示)。此时

$$x=k\frac{\lambda}{2}\quad (k\text{ 为正整数})$$

显然，每个最大值均位于半波长的整数倍位置上，故相邻两波腹之间距离为半波长$\lambda/2$。因此，在已知频率 f 的条件下，只要测得接收面分别位于两相邻波腹位置上时接收器间的距离差 Δx，通过式(4.1.2)，便可间接测定声速 v，即

$$v=f\lambda=f\times 2\Delta x \tag{4.1.4}$$

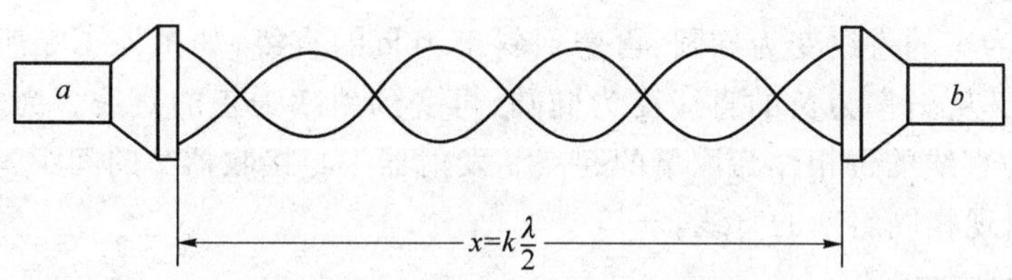

图 4.1.2　共振干涉法的波腹形成图

4. 位相比较(李萨茹图形)法测声速

设发射器的输出信号为 $x=A_1\cos(\omega t+\varphi_1)$，接收器的输出信号为 $y=A_2\cos(\omega t+\varphi_2)$，将这两路信号分别输送到示波器的两路通道 x 和 y，形成的合成信号为

$$\left(\frac{x}{A_1}\right)^2+\left(\frac{y}{A_2}\right)^2-\frac{2xy}{A_1A_2}\cos(\varphi_2-\varphi_1)=\sin^2(\varphi_2-\varphi_1) \tag{4.1.5}$$

从发射器 1 发出的超声波通过媒质传到接收器 2 后，在发射波和接收波之间产生位相差 $\Delta\varphi$，示波器屏上会出现如图 4.1.3 所示的合成李萨茹图形。

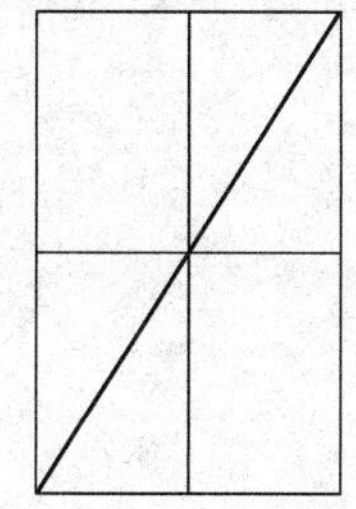 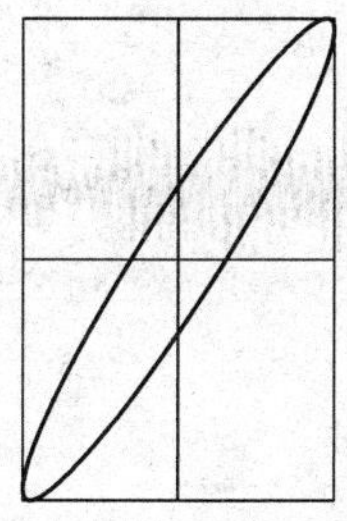 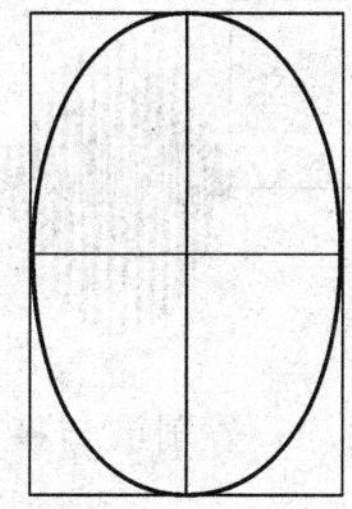 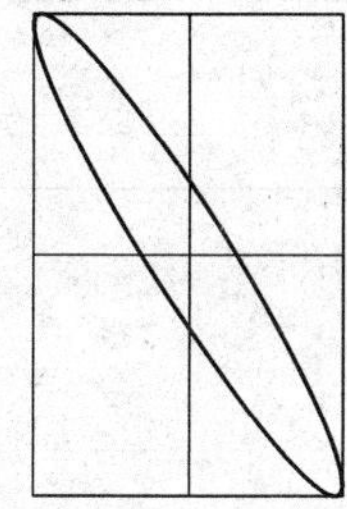 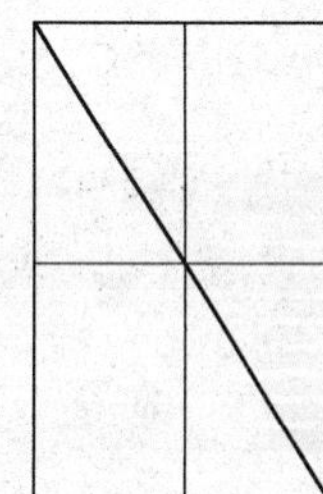

图 4.1.3　相位比较法李萨茹图形

当 $\varphi_2-\varphi_1=\Delta\varphi$ 满足某些特定条件时，示波器屏上会出现一些特定的图形。比如当 $\Delta\varphi=2n\pi$ 时，屏上会出现正斜率的直线。当 $\Delta\varphi=(2n+1)\pi$ 时，屏上会出现负斜率的直线。当 $\Delta\varphi$ 为其他值时，屏上会出现圆或不同倾斜度的椭圆。

因
$$\varphi=\omega t=2\pi f\frac{x}{v}=2\pi\frac{x}{\lambda}$$

即
$$\Delta\varphi=2\pi\frac{\Delta x}{\lambda}$$

式中 Δx 为接收器移动的距离。

所以移动接收器，屏上出现正斜率的直线时，$\Delta\varphi=2\pi\dfrac{\Delta x}{\lambda}=2n\pi$，

$$\Delta x=n\lambda \tag{4.1.6}$$

由(4.1.6)式不难看出，发射器与接收器的间距 x 每变化一个波长 λ，示波器屏幕上就

会出现一个斜率相同的直线，声波波长 λ 即可测出。

同理，对于负斜率的直线也是如此。

本实验用示波器来观察位相差。将发射器 1 和接收器 2 的正弦电压信号分别输入到示波器的“y 轴输入”和“x 轴输入”，并将示波器设置为 x 外接方式，荧光屏上便显示出这两个相互垂直的谐振动的迭加图形(即李萨如图形)。由于两谐振动的频率相同，则李萨如图形就比较简单。适当改变发射器 1 与接收器 2 之间的距离，随着两个振动的位相差从 $0\rightarrow\pi$ 变化，图形从斜率为正的直线变为椭圆，再变到斜率为负的直线，如图 4.1.3 所示。位相差再从 $\pi\rightarrow2\pi$，图形又从斜率为负的直线变为椭圆，再变到斜率为正的直线。为了便于判断，选择李萨如图形为直线的位相作为测量的起点。发射器 1 与接收器 2 的间距 x 每变化一个波长 λ 就会重复出现相同斜率的直线。

5. 时差法测量原理

连续波经脉冲调制后由发射换能器发射至被测介质中，声波在介质中传播，经过 t 时间后，到达 L 距离处的接收换能器，如图 4.1.4 所示。由运动定律可知，声波在介质中传播的速度可由以下公式求出：

$$\text{速度 } v = \text{距离 } L / \text{时间 } t$$

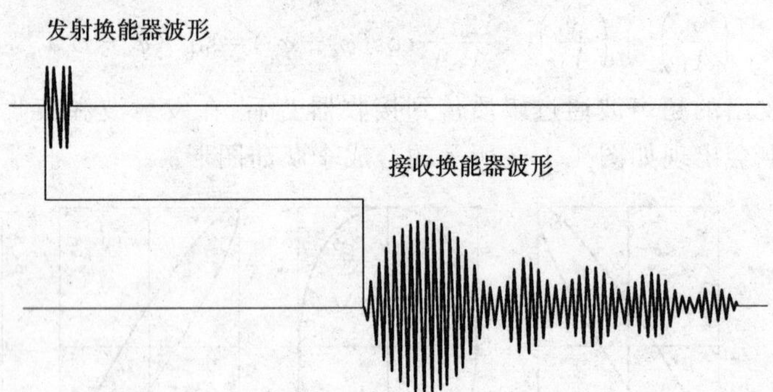

图 4.1.4　发射波与接收波

通过测量二换能器发射接收平面之间距离 L 和时间 t，就可以计算出当前介质下的声波传播速度。

【实验内容】

根据声速测量的原理设计而成的实验装置如图 4.1.3 所示。其中声波发射器 1 与接收器 2 是压电陶瓷片构成的电声与声电转换元件，由音频信号发生器产生的正弦电压施加在发射器 1 上，转换成在空气中的机械波(声波)，接收器 2 接收入射之声波，并将其转换成正弦电压信号，此信号输入至示波器进行显示观察。发射器和接收器分别被安装在大型游标卡尺的固定端和活动端上，从而保证在一定的限度内可连续自如地改变和精确地测量距离 x。此外，还附有能精确测量音频振动信号频率的数字频率计。

1. 温度比较法估算声速

测出室温 t，代入式(4.1.1)求出声速 v_t。

本实验可将 v_t 用做后两种测量声速方法中的声速理论值 $v_{理}$，用以计算其百分差。

2. 共振干涉法(波腹示踪法)测声速

(1) 测量装置的连接

如图 4.1.5 所示,信号源面板上的发射端换能器接口(S1),用于输出一定频率的功率信号,接至测试架的发射换能器(S1);信号源面板上的发射端的发射波形 Y1,接至示波器的 CH1(Y1),用于观察发射波形;接收换能器(S2)的输出接至示波器的 CH2(Y2)。

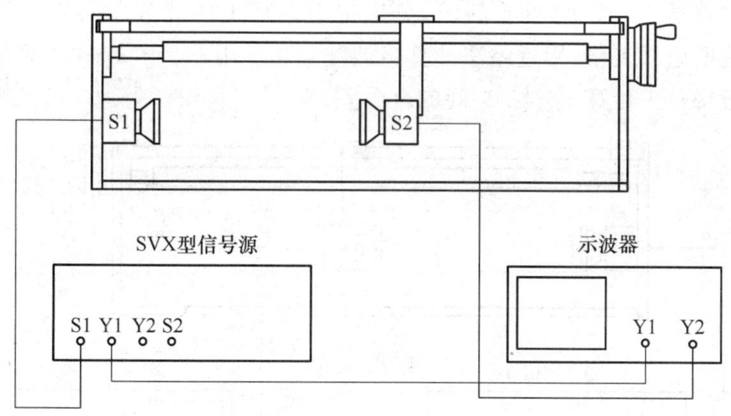

图 4.1.5　驻波法、相位法连线图

(2) 测定压电陶瓷换能器的测试频率工作点

只有当换能器 S1 的发射面和 S2 的接收面保持平行时才有较好的接收效果。为了得到较清晰的接收波形,应将外加的驱动信号频率调节到换能器 S1、S2 的谐振频率处时,才能较好地进行声能与电能的相互转换(实际上有一个小的通频带),S2 才会有一定幅度的电信号输出,才能有较好的实验效果。

换能器工作状态的调节方法如下:首先调节发射强度旋钮,使声速测试仪信号源输出合适的电压,再调整信号频率(在 25～45 kHz 之间),观察频率调整时 CH2(Y2)通道的电压幅度变化。合适选择示波器的扫描时基 t/div 和通道增益,并进行调节,使示波器显示稳定的接收波形。在某一频率点处(34～40 kHz 之间),电压幅度明显增大,再适当调节示波器通道增益,仔细地细调频率,使该电压幅度为极大值,此频率即是压电换能器相匹配的一个谐振工作点,记录频率 F_N。改变 S1 和 S2 间的距离,适当选择位置,重新调整,再次测定工作频率,共测 5 次,取平均频率 f。

在一定的条件下,不同频率的声波在介质中的传播速度是相等的。利用换能器的不同谐振频率的谐振点,可以在用一个谐振频率测量完声速后,再用另外一个谐振频率来测量声速,就可以验证以上结论。

(3) 测量步骤

将测试方法设置到连续波方式,选择合适的发射强度。然后转动距离调节鼓轮(这时波形的幅度会发生变化),将接收器 S2 调至 100 mm 处。

在谐振频率条件下,将接收器 S2 由 100 mm 处向远离发射器方向缓缓移动,当示波器屏上依次出现信号振幅最大时,分别记下标尺上的读数 x_1、x_2、x_3、…,共记录 20 点。自行设计数据记录表格,用逐差法计算声波波长 λ_1。用 $v_1=f_0\lambda_1$ 式计算出声速测量值,并估算不确定度 Δv_1。计算 $v_理$ 与 v_1 间的百分差。

3. 相位比较法(李萨茹图形)测声速

连接线路(同上),信号发生器输出电信号的频率 f_0 保持不变,将示波器时间扫描选择开关置于 x 外接方式(即 x-y 方式),选择合适的示波器通道增益,示波器显示李萨如图形。转动鼓轮,将接收器 S2 调至 200 mm 处。

在谐振频率条件下,将接收器 S2 由 200 mm 处向接近发射器方向缓缓移动,当示波器屏上依次出现斜率为正(或负)的直线时,分别记下标尺上的读数 x_1、x_2、x_3、…,共记录 10 点。自行设计数据记录表格,用逐差法计算声波波长 λ_2。用 $v_2 = f_0\lambda_2$ 式计算出声速测量值,并估算不确定度 Δv_2。计算 $v_{理}$ 与 v_2 间的百分差。

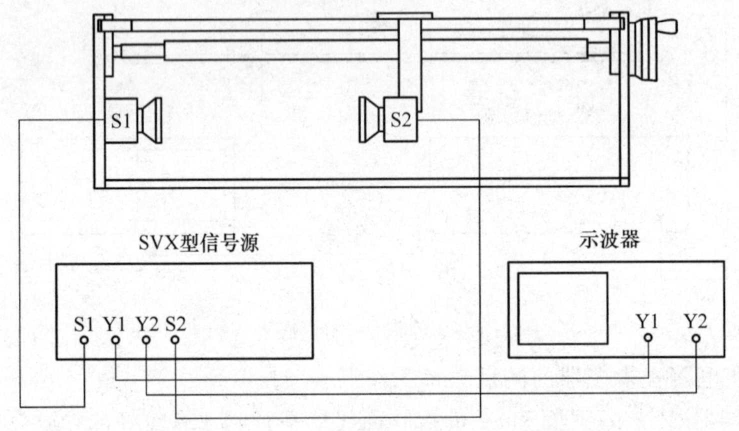

图 4.1.6 时差法测量声速接线图

4. 时差法测声速

使用空气为介质测试声速时,按图 4.1.6 所示进行接线,这时示波器的 Y1、Y2 通道分别用于观察发射和接收波形。为了避免连续波可能带来的干扰,可以将连续波频率调离换能器谐振点。将测试方法设置到脉冲波方式,选择合适的脉冲发射强度。将 S2 移动到离开 S1 一定距离(≥50 mm),选择合适的接收增益,使显示的时间差值读数稳定。然后记录此时的距离值和信号源计时器显示的时间值 x_1、t_1。移动 S2,记录多次测量的距离值和显示的时间值 x_i、t_i。则声速 $v_i = (x_i - x_{i-1})/(t_i - t_{i-1})$。

注意 1:在距离≤50 mm 时,在一定的位置上,示波器上看到的波形可能会产生"拖尾",这时显示的时间值很小。这是由于距离较近时,声波的强度较大,反射波引起的共振在下一个测量周期到来时未能完全衰减而产生的。调小接收增益,可去掉"拖尾",在较近的距离范围内也能得到稳定的声速值。

注意 2:由于空气中的超声波衰减较大,在较长距离内测量时,接收波会有明显的衰减,这可能会带来计时器读数有跳字,这时应微调(距离增大时,顺时针调节;距离减小时,逆时针调节)接收增益,使计时器读数在移动 S2 时连续准确变化。可以将接收换能器先调到远离发射换能器的一端,并将接收增益调至最大,这时计时器有相应的读数。由远到近调节接收换能器,这时计时器读数将变小;随着距离的变近,接收波的幅度逐渐变大,在某一位置,计时器读数如果有跳字,就逆时针方向微调接收增益旋钮,使计时器的计时读数连续准确变化,就可准确测得计时值。

当使用液体为介质测试声速时，按图 4.1.6 所示进行接线。将测试架向上小心提起，就可对测试槽中注入液体，以把换能器完全浸没为准，注意液面不要过高，以免溢出。选择合适的脉冲波强度，即可进行测试，步骤相同。

使用时应避免液体接触到其他金属件，以免金属物件被腐蚀。使用完毕后，用干燥清洁的抹布将测试架及换能器清洁干净。

【注意事项】

(1) 实验时，应避免声速测试仪信号源的功率输出端短路。

(2) 换能器的发射面与接收面应尽量保持平行。

【思考题】

(1) 为什么换能器要在谐振频率条件下进行声速测量？

(2) 声速测量中共振干涉法、相位法、时差法有何异同？

实验 4.2　密立根油滴实验

密立根油滴实验是美国物理学家密立根在 1909—1917 年期间所做的测量微小油滴所带电荷的工作，是近代物理学发展史上的一个十分重要的实验。它验证了电荷的不连续性，证明了任何带电体所带的电荷都是某一最小电荷——基本电荷的整数倍，并精确地测定了基本电荷的数值。由于这一实验的成就，密立根荣获了 1923 年的诺贝尔物理学奖。因为密立根油滴实验设计巧妙、原理清楚、设备简单、结果准确，所以它历来是一个著名且有启发性的物理实验。

【实验目的】

(1) 理解密立根油滴实验测量基本电荷的原理和方法。

(2) 验证电荷的不连续性，测定电子的电荷值。

【实验仪器】

MOD-5C 型密立根油滴仪、喷雾器。

【实验原理】

密立根油滴实验的原理是通过测量油滴所带的电量来确定电子的电荷值。测量油滴电量可以用平衡测量法，也可以用动态测量法，本实验采用平衡测量法。

用喷雾器将油喷入两块相距为 d 的水平放置的平行极板之间，油在喷射撕裂成油滴时，一般都是带电的。设油滴的质量为 m，所带的电量为 q，两极板之间的电压为 U，则油滴在平行极板间将同时受到重力和静电力的作用(空气浮力忽略不计)，如图 4.2.1 所示。如果调节两极板间的电压 U，可使两力达到平衡，使油滴在极板之间静止不动，这时

$$mg=qE=q\frac{U}{d} \tag{4.2.1}$$

从上式可见,为了测出油滴所带的电量 q,除了需测定平衡电压 U 和极板间的距离 d 外,还需要测量油滴的质量 m。

因油滴质量 m 很小,无法直接测量,需用如下特殊方法测定:平行极板不加电压时,油滴受重力作用加速下降,下降过程中受到空气黏滞阻力的作用。根据斯托克斯定律,阻力为

$$f_r=6\pi a\eta v \tag{4.2.2}$$

式中,a 为油滴的半径(由于表面张力的原因,油滴总是呈小球状);η 为空气的黏滞系数;v 是油滴下落的速度。

由式(4.2.2)可以看出,油滴受到的阻力与下落速度成正比,因此阻力是逐渐增大的,当下降一段距离达到某一速度 v_g 后,阻力 f_r 与重力 mg 平衡,油滴将匀速下降,如图 4.2.2 所示,此时

$$f_r=6\pi a\eta v_g=mg \tag{4.2.3}$$

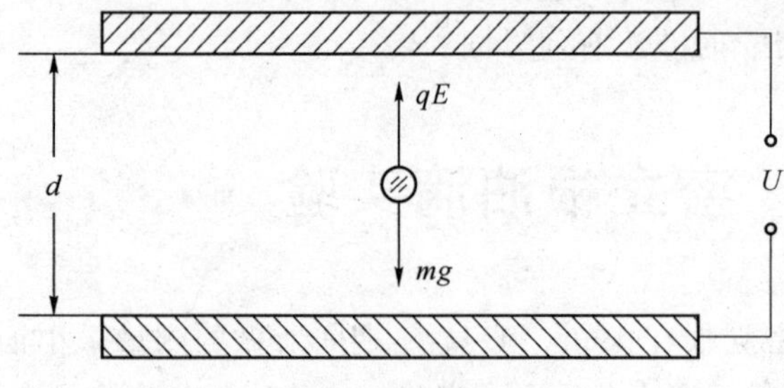

图 4.2.1　油滴静止

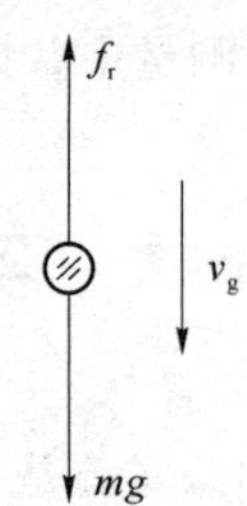

图 4.2.2　油滴下降

设油滴的密度为 ρ,则油滴的质量 m 可以用下式表示:

$$m=\frac{4}{3}\pi a^3\rho \tag{4.2.4}$$

由式(4.2.3)和式(4.2.4),得到油滴的半径

$$a=\sqrt{\frac{9\eta v_g}{2\rho g}} \tag{4.2.5}$$

对于半径小到 10^{-6} m 的小球,空气的黏滞系数 η 应作如下修正:

$$\eta'=\frac{\eta}{1+\frac{b}{pa}}$$

式中,b 为修正常数,$b=6.17\times10^{-6}$ m・cm(Hg);p 为大气压强,单位用厘米汞高。由此可得

$$a=\sqrt{\frac{9\eta v_g}{2\rho g}\frac{1}{1+\frac{b}{pa}}} \tag{4.2.6}$$

上式根号中还包含油滴的半径 a,但因它处于修正项中,可以不十分精确,因此可用式(4.2.5)计算,将式(4.2.6)代入式(4.2.4),得

$$m=\frac{4}{3}\pi\left[\frac{9\eta v_g}{2\rho g}\frac{1}{1+\frac{b}{pa}}\right]^{\frac{3}{2}}\rho \tag{4.2.7}$$

油滴匀速下降的速度 v_g 可用下法测出:当两极板间的电压 U 为零时,设油滴匀速下降的距离为 l,时间为 t_g,则

$$v_g=\frac{l}{t_g} \tag{4.2.8}$$

将式(4.2.8)代入式(4.2.7)、式(4.2.7) 代入式(4.2.1)得

$$q=\frac{18\pi}{\sqrt{2\rho g}}\left[\frac{\eta l}{t_g\left(1+\frac{b}{pa}\right)}\right]^{\frac{3}{2}}\frac{d}{U} \tag{4.2.9}$$

式中,油滴的半径为 $a=\sqrt{\frac{9\eta l}{2\rho g t_g}}$;油的密度为 $\rho=981\ \mathrm{kg/m^3}$;重力加速度为 $g=9.80\ \mathrm{m/s^2}$;空气黏滞系数为 $\eta=1.83\times10^{-5}\ \mathrm{kg/m\cdot s}$;油滴匀速下降距离为 $l=2.00\times10^{-3}\ \mathrm{m}$;修正常数为 $b=6.17\times10^{-6}\ \mathrm{m\cdot cm(Hg)}$;标准大气压为 $p=76.0\ \mathrm{cm(Hg)}$;平行极板间的距离为 $d=5.00\times10^{-3}\ \mathrm{m}$。将以上数据带入式(4.2.9),得油滴带电量

$$q=\frac{1.43\times10^{-14}}{\left[t_g\left(1+0.02\sqrt{t_g}\right)\right]^{\frac{3}{2}}}\frac{1}{U} \tag{4.2.10}$$

上式就是用平衡测量法测定油滴所带电量的理论公式。

由于油滴的密度 ρ、空气的粘滞系数 η 都是温度的函数,重力加速度 g 和大气压强 p 随实验地点和条件的变化而变化,因此上式的计算是近似的。在一般条件下,这样的计算引起的误差约为 1%,但带来的好处是使计算方便得多,故是可取的。

实验发现,对于同一个油滴,如果我们改变它所带的电量,则能够使油滴达到平衡的电压必须是某些特定的值 U_n,研究这些电压变化的规律,可以发现,它们都满足下列方程:

$$q=ne=mg\frac{d}{U_n}$$

式中,$n=1,2,\cdots$,而 e 是一个不变的值。

对于不同的油滴,可以发现有同样的规律,而且 e 值是共同的常数,这就证明了电荷的不连续性并存在最小的电荷单位,即电子的电荷值 e。

为了得到基本电荷 e 的值,应对实验测得的各个电量 q 求最大公约数,这个最大公约数就是基本电荷 e 的值,也就是电子的电荷值。但由于存在测量误差,要求出各个电荷量 q 的最大公约数是不可能的,通常可用“倒过来验证”的办法进行数据处理。即用公认的电子电荷 $e=1.60\times10^{-19}\mathrm{C}$ 去除实验测得的电荷量 q,得到一个接近于某一个整数的数值,这个整数就是油滴所带基本电荷的数目 n,再用这个 n 去除实验测得的电荷量 q,即得电子的电荷 e。

【仪器简介】

MOD-5C 型油滴仪的基本结构由油雾室、油滴盒、油滴照明装置、调平系统、CCD 显微镜、计时器、供电电源等部分组成,如图 4.2.3 所示。

油雾室用有机玻璃制成,其上有喷雾孔和油雾孔。

油滴盒是用两块经过精磨的平行板(上下电极板)中间垫以绝缘环组成的。平行极板间的距离为 d。绝缘环上有照明发光二极管进光孔、显微镜观察孔和紫外线进光石英玻璃窗口。油滴盒放在有机玻璃防风罩里,上电极板中央有一个直径为 0.4 mm 的小孔,油滴从油雾室经油雾孔落入小孔,进入上、下电极板之间。

油滴盒上、下电极板间通过电压选择开关和电压旋钮加上一个电压,使两极板间产生电场。该电压可连续调节,电压值从数字电压表上读出。电压选择开关分三挡,“平衡”挡提供极板一平衡电压;“下落”挡除去平衡电压,使油滴自由下落;“提升”挡是在平衡电压上叠加

了一个 200 V 左右的提升电压，可将油滴从视场的下端提升上来，以便作下次测量。

油滴盒可用调平螺钉调节水平并由水准泡进行检查。油滴由高亮度发光二极管照明。

油滴盒防风罩前装有 CCD 电子显示测量显微镜，通过绝缘环上的观察孔观察平行极板间的油滴。其分划板刻度用印刷方法印在薄膜的反面，然后紧贴在荧光屏上，其垂直总刻度相当于线视场中的 0.300 cm（每小格 0.050 cm），用以测量油滴运动的距离 l，油滴的运动时间由数字计时器计时。

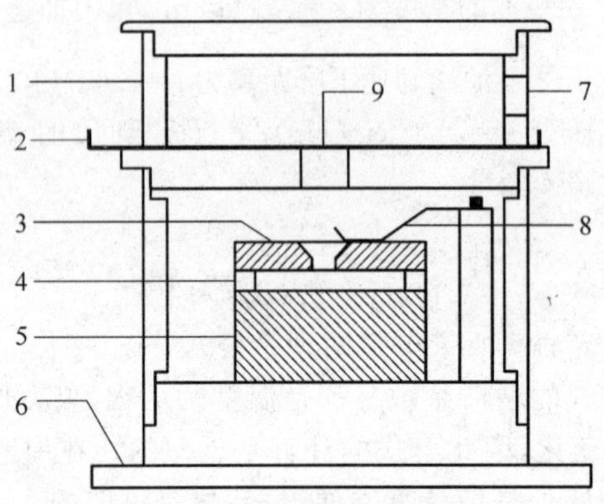

图 4.2.3　密立根油滴仪

1—油雾室；2—油雾孔开关；3—上电极；4—油滴合；5—下电极；
6—基座；7—喷雾孔；8—上电极压簧；9—油雾孔

【实验内容】

1. 调整油滴仪

（1）将仪器放平稳，调节仪器底部左右两只调平螺钉，使水平仪指示水平，这时平行极板处于水平位置。

（2）打开监视器和油滴仪电源开关，将油滴从油雾室的喷雾口喷入（此时喷雾器应竖拿，喷一下即可），微调 CCD 电子显微镜的调焦手轮，使监视器中看到大量清晰明亮的油滴图像。可适当调节监视器的亮度、对比度旋钮，使油滴图像最清晰，且与背景的反差适中，监视器亮度一般不要调得太亮，否则油滴不清楚。如果油滴图像不稳，可调监视器的帧同步和行同步旋钮。

2. 练习测量

（1）练习控制油滴。用平衡法实验时在平衡极板上加平衡电压 250 V 左右，开关放在“平衡”挡，放走不需要的油滴，直到剩下几颗缓慢运动的为止，注视其中的某一颗，仔细调节平衡电压，使这颗油滴静止不动，然后将开关放在“下落”挡，让它匀速下降，下降一段距离后，再加上“平衡”电压和“提升”电压，使油滴上升。如此反复多次地进行练习，以掌握控制油滴的方法。

（2）练习测量油滴运动的时间。任意选择几颗运动速度快慢不同的油滴，用计时器测出它们下降一段距离所需要的时间，或者加上一定的电压，测出它们上升一段距离所需要的时间。如此反复多练几次，以掌握测量油滴运动时间的方法。

（3）练习选择油滴。要做好本实验，很重要的一点是选择合适的油滴，选的油滴体积不能太大，太大的油滴虽然比较亮，但一般带的电荷比较多，下降速度也比较快，时间不容易测准确。油滴也不能选得太小，太小则布朗运动明显，结果同样不容易测准确。通常可以选择平衡电压在 200 V 以上，在 20 s 左右时间内匀速下降 2 mm 的油滴，其大小和带电量都比较合适。

3. 正式测量

从公式(4.2.10)可知，用平衡测量法进行实验时要测量两个量，一个是平衡电压 U，另一个是油滴匀速下降 2 mm 所需要的时间 t_g。

(1) 在平行极板上加上 300 V 左右的平衡电压，选择一颗在该电压下缓慢移动的油滴，利用“提升”电压将这颗油滴移到分划板上某条横线附近。去掉“提升”电压，仔细调节平衡电压，使油滴静止，仔细观察一会儿，以便准确地判断这颗油滴是否平衡了，平衡后记下平衡电压 U。

(2) 将油滴提升到显示屏上部，将开关拨向“下落”挡，测量油滴匀速下降 2 mm 需要的时间 t_g。注意停止计时的同时立即加上平衡电压，使油滴停止运动，切勿使油滴丢失，否则影响重复测量。

对同一颗油滴进行多次测量，每次测量都要重新调整平衡电压，如果油滴逐渐变得模糊，要微调电子显微镜调焦手轮跟踪油滴，防止油滴丢失。

(3) 用同样方法分别对 4～5 颗油滴进行测量，反复对同一颗油滴进行实验，求得油滴的电荷量。

(4) 用“倒过来验证”的办法计算电子电荷 e，并进行误差分析。

【注意事项】

(1) 调整仪器时，如果打开有机玻璃油雾室，必须先将电压选择开关置“下落”挡。

(2) 对同一颗油滴反复多次测量时，不要丢失油滴。

(3) 喷雾器中注油约 3～5 mm 深，不能太多。喷雾时喷雾器一定要竖拿，喷口对准油雾室的喷雾孔按一下橡皮球即可，切勿伸入油雾室内。

(4) 使用监视器时，监视器的对比度放最大，背景亮度要很暗。

【思考题】

(1) 如果上下电极板不水平，对测量结果有什么影响？

(2) 平衡测量法中，对油滴电量的测量转化为哪些量的测量？

(3) 为什么不能选择视场中太亮或太暗的油滴？

(4) 实验时怎样做才能保证油滴做匀速运动？

实验 4.3　弗兰克-赫兹实验

1913 年，丹麦物理学家玻尔根据光谱学的研究，卢瑟福的原子核模型，普朗克、爱因斯坦的量子理论提出了一个氢原子模型，并指出原子存在能级。该模型在预言氢光谱的观察中取得了显著的成功。根据玻尔的原子理论，原子光谱中的每根谱线表示原子从某一较高能态向另一个较低能态跃迁时的辐射。

1914 年，德国物理学家弗兰克和赫兹对勒纳用来测量电离电位的实验装置作了改进，他们同样采取慢电子(几个到几十个电子伏特)与单元素气体原子碰撞的办法，但着重观察碰撞后电子发生什么变化(勒纳则观察碰撞后离子流的情况)。通过实验测量，电子和原子碰撞时会交换某一定值的能量，且可以使原子从低能级激发到高能级。直接证明了原子发生跃变时吸收和发射的能量是分立的、不连续的。后来发现这一实验事实是波尔于 1913 年发表的原子理论的坚实的实验基础。1920 年，弗兰克及其合作者对原先的装置作了改进，提高了分辨率，测得了亚稳能级及较高的激发能级，进一步证实了原子内部能量是量子化的。为此，弗兰克和赫兹共同获得了诺贝尔物理学奖。

通过这一实验，我们可以了解弗兰克和赫兹研究气体放电现象中低能电子与原子间相互作用的实验思想，学习电子与原子碰撞的微观过程巧妙地与实验中宏观的电流量和电压量联系起来的实验方法。

【实验目的】

通过测定氩原子的第一激发电位(即中肯电位)，证明原子能级的存在。

【实验仪器】

FD-FH-I 型弗兰克-赫兹实验仪、示波器、Q9 线。

【实验原理】

玻尔提出的原子理论有以下两点。

(1) 原子只能较长地停留在一些稳定状态(简称为定态)。原子在这些状态时，不发射或吸收能量；各定态有一定的能量，其数值是彼此分隔的。原子的能量不论通过什么方式发生改变，它只能从一个定态跃迁到另一个定态。电子与原子的碰撞过程可以用以下方程表示：

$$\frac{1}{2}m_e v_e^2 + \frac{1}{2}MV^2 = \frac{1}{2}m_e v_e'^2 + \frac{1}{2}MV'^2 + \Delta E \tag{4.3.1}$$

式中，m_e 为电子质量；M 为原子质量；v_e 为电子碰撞前的速度；V 为原子碰撞前的速度；v_e' 为电子碰撞后的速度；V' 为原子碰撞后的速度；ΔE 为内能。因为 $m_e \ll M$，所以电子的动能可以转变为原子的内能。因为原子的内能是不连续的，所以电子的动能小于原子的第一激发态电位时，原子与电子发生弹性碰撞 $\Delta E=0$；电子的动能大于原子的第一激发态电位时，电子的动能转化为原子的内能 $\Delta E=E_1$，E_1 为原子的第一激发电位。

(2) 原子从一个定态跃迁到另一个定态而发射或吸收辐射时，辐射频率是一定的，如果用 E_m 和 E_n 代表有关两定态的能量的话，辐射的频率 v 决定于如下关系：

$$hv = E_m - E_n \tag{4.3.2}$$

式中，普朗克常数 $h=6.63\times10^{-34}\ \mathrm{J\cdot s}$。

为了使原子从低能级向高能级跃迁，可以通过具有一定能量的电子与原子相碰撞进行能量交换的办法来实现。

弗兰克-赫兹实验的原理如图 4.3.1 所示，充氩气的弗兰克-赫兹管中，电子由热阴极发出，阴极 K 和栅极 G_1 之间的加速电压 U_{G_1} 使电子加速，在板极 P 和栅极 G_2 之间有减速电压 U_P。当电子通过栅极 G_2 进入 G_2P 空间时，如果能量大于 eU_P，就能到达板极形成电流 I_P。电子在 G_1G_2 空间与氩原子发生了弹性碰撞，电子本身剩余的能量小于 eU_P，则电子不能到达板极，板极电流将会随着栅极电压的增加而减少。

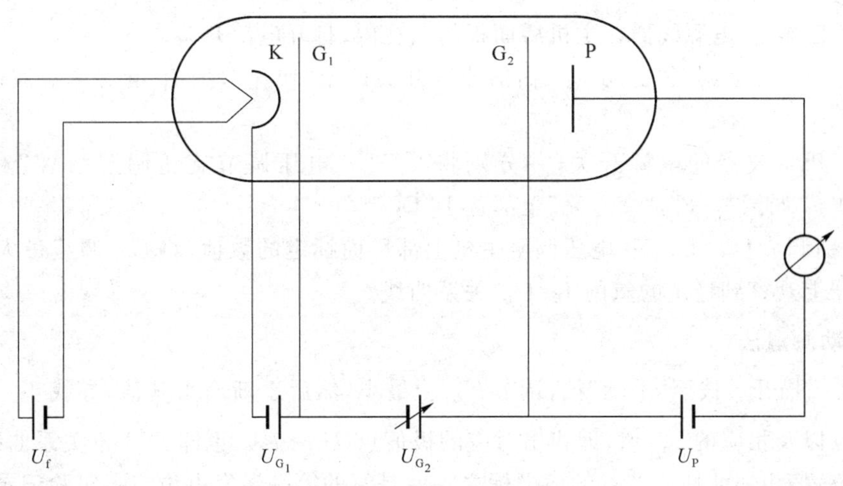

图 4.3.1　弗兰克-赫兹管电原理图

随着 U_{G_2} 的增加，电子的能量增加，当电子与氩原子碰撞后仍留下足够的能量，可以克服 G_2P 空间的减速电场而到达板极 P 时，板极电流又开始上升。

如果电子在加速电场得到的能量等于 $2\Delta E$ 时，电子在 G_1G_2 空间会因二次非弹性碰撞而失去能量，结果板极电流第二次下降。

在加速电压较高的情况下，电子在运动过程中，将与氩原子发生多次弹性碰撞，在 I_P-U_{G_2} 关系曲线上就表现为多次下降。对氩来说，曲线上相邻两峰(或谷)之间的 U_{G_2} 之差即为氩原子的第一激发电位。这即证明了氩原子能量状态的不连续性。

实验时使 U_{G_2} 逐渐增加，观察板极电流的变化将得到如图 4.3.2 所示的 I_P-U_{G_2} 曲线。

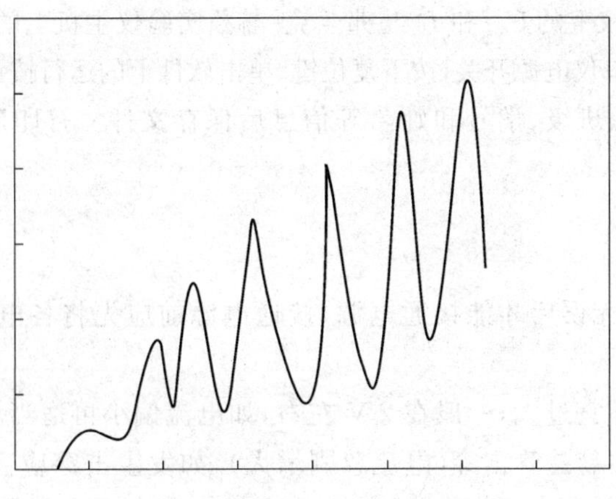

图 4.3.2　I_P-U_{G_2} 关系曲线

【实验内容】

1. 示波器演示法

(1) 分别用 Q9 线将主机正面板上“U_{G_2} 输出”和“I_P 输出”与示波器上的“CH1onX”和“CH2onY”相连，将电源线插在主机后面板的插孔内，打开电源开关。

(2) 把扫描开关调至“自动”挡，扫描速度开关调至“快速”，把 I_P 电流增益波段开关拨至“10 nA”。

(3) 打开示波器的电源开关，并分别将“x”“y”电压调节旋钮调至“1 V”和“2 V”，“POSITION” 调至“x-y”，“交直流”全部置于“DC”。

(4)分别调节 U_{G_1}、U_P、U_f 电压调至主机上部厂商标定的数值，将 U_{G_2} 调至最大，此时可以在示波器上观察到稳定的氩的 I_P-U_{G_2} 关系曲线。

2. 手动测量法

(1) 将扫描开关拨至“手动”挡，调节 U_{G_2} 至最小，然后逐渐增大其值，寻找 I_P 值的极大和极小值点以及相应的 U_{G_2} 值，即找出对应的极值点(U_{G_2}，I_P)，也即 I_P-U_{G_2} 关系曲线中波峰和波谷的位置，相邻波峰或波谷的横坐标之差就是氩的第一激发电位(注：实验记录数据时，I_P 电流值为表头示值“×10 nA”，U_{G_2} 实际测量值为表头示值×10 V)。

(2) 每隔 1 V 记录一组数据，列出表格，然后绘制氩的 I_P-U_{G_2} 关系曲线图。

3. 计算机测量法

用计算机记录和处理实验数据是一种非常方便的方法，但不能替代传统的物理实验。这部分内容应该在完成传统实验的基础上才能进行，即对弗兰克-赫兹实验的方法和实验条件的选择已经清楚，并且对击穿等处理有效处置的情况下，才能联机操作。

(1) 在计算机上打开配套的工作软件。

(2) 打开弗兰克-赫兹实验仪主机，将弗兰克-赫兹实验仪输出的 I_P-U_{G_2} 信号通过示波器显示出来，其目的是让计算机能显示一个比较好的波形。

(3) 将计算机接口仪上的 U_{G_2} 和 I_P 与弗兰克-赫兹实验仪主机上的 U_{G_2} 和 I_P 对应连接。

(4) 打开计算机接口仪电源开关，按下复位键，单击软件上的运行按钮便可以采样到波形。

(5) 输入实验日期、班级、学号和姓名等信息后保存文件。打印后书写实验分析后，附于实验报告后。

【注意事项】

(1) 仪器应该检查无误后才能接通电源，接通电源前应先将各电位器逆时针旋转至最小值位置。

(2) 灯丝电压 U_f 不宜过大，一般在 2 V 左右，如电流偏小再适当增加。

(3) 要防止弗兰克-赫兹管击穿(电流急剧增大)，如发生击穿应立即调低 U_{G_2} 以免弗兰克-赫兹管受损。

(4) 弗兰克-赫兹管为玻璃制品，不耐冲击，应重点保护。

(5) 实验完毕，应将各电位器逆时针旋转至最小值位置。

【思考题】

(1) 为什么 I_P-U_{G_2} 是周期性变化的?

(2) 拒斥电压 U_{G_2} 增大时，I_P 如何变化?

(3) 灯丝电压 U_f 改变时，弗兰克-赫兹管内什么参量将发生改变?

实验 4.4　光电效应

光照射到某些物质上引起物质的电学性质发生变化的现象称为光电效应。光电效应分为内光电效应和外光电效应。内光电效应是被光激发所产生的载流子(自由电子或空穴)仍在物质内部运动，使物质的电导率发生变化或产生光生伏特的现象。外光电效应是被光激发产生的电子逸出物质表面，形成真空中的光电子的现象。本实验研究的是外光电效应现象。

1887 年赫兹在验证电磁波的存在时意外地发现了光电效应现象，1905 年爱因斯坦在普朗克量子假说的基础上圆满地解释了光电效应，十年后密立根以精确的光电效应实验证实了爱因斯坦的光电效应方程，并测定了普朗克常数。对该现象的研究使人们进一步认识到光的波粒二象性的本质，促进了光的量子理论的建立和近代物理学的发展。而今，光电效应已经广泛地应用于各个领域。利用光电效应制成的光电器件如光电管、光电池、光电倍增管等已成为生产、科研、国防和人们生活等各个领域中不可缺少的器件。

【实验目的】

(1) 通过实验加深对光的量子性的了解。

(2) 通过光电效应实验，测定普朗克常数和光电管的截止频率。

【实验仪器】

光电效应测试仪、汞灯、光电管、滤色片(365 nm、405 nm、436 nm、546 nm、577 nm)。

【实验原理】

1. 光电效应

利用图 4.4.1 可研究光电效应的实验规律。图中 A、K 分别为真空光电管的阳极、阴极；微安表 G 用于测量微小的光电流；电压表 V 用于测量光电管两极间的电压；E 为电源；R 提供的分压可以改变光电管两极间的电压。当用合适频率 ν 的光照射用金属材料做成的阴极 K 时，就有光电子从金属表面逸出。光电子在电场的作用下由阴极向阳极运动，并且在回路中形成光电流。当阳极 A 电势为正，阴极 K 电势为负时，光电子被加速。当阳极 A 电势为负，阴极 K 电势为正时，光电子被减速。

由实验可得光电效应的基本规律如下。

(1) 对于给定的金属，光电效应存在一个截止频率 ν_0，当入射光频率 ν 小于 ν_0 时，无论光强多大，均无光电子逸出。

(2) 光电效应是瞬时效应，只要入射光频率大于截止频率，光照到金属上在很短的时间内就可以有光电子逸出。

(3) 当入射光的频率不变时($\nu>\nu_0$)，饱和光电流 I 与入射光的强度成正比，如图 4.4.2 所示，其中 I-U 曲线称为光电管的伏安特性曲线。在一定光强下，单位时间内所产生的光电子数目一定，如果这些电子在电场的作用下全部到达阳极 A，从而达到饱和，此时的电流即为饱和光电流。

(4) 光电子的初动能($mv_e^2/2$)与入射光的频率 ν 成正比，与光强无关。利用减速电位法可求出光电子的初动能，其方法是：对图 4.4.1 中的两电极 A 和 K 加反向电压，则其间的反向电场将对光电子起减速作用，反向电压越大，光电流就越小，当反向电压达到某一数值 U_a 时，光电流降到零，如图 4.4.2 所示。此时光电子到达阳极 A 之后的速度降为零，电场力对光电子所做的功 eU_a 等于光电子的初动能 $mv_e^2/2$，U_a 称为截止电压。

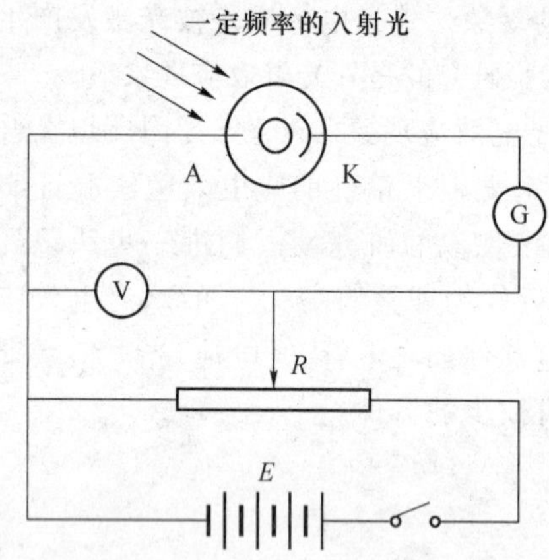

图 4.4.1　光电效应实验原理图

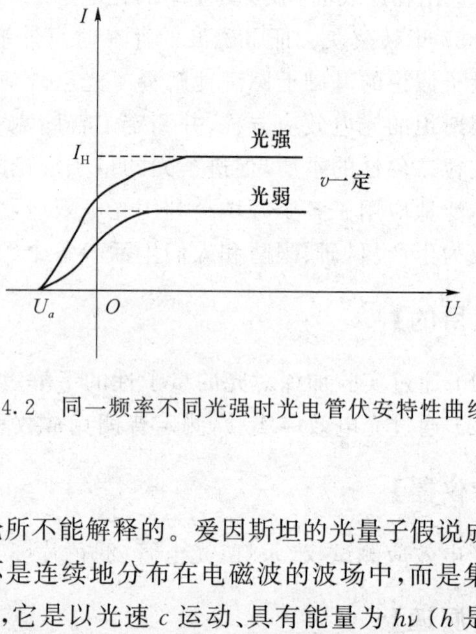

图 4.4.2　同一频率不同光强时光电管伏安特性曲线

2. 爱因斯坦光电效应方程

上述光电效应的实验规律是光的波动理论所不能解释的。爱因斯坦的光量子假说成功地解释了这些实验规律。他假设光束的能量并不是连续地分布在电磁波的波场中，而是集中在光子这样的“微粒”上。对于频率为 ν 的单色光，它是以光速 c 运动、具有能量为 $h\nu$ (h 是普朗克常数)的粒子流，这些粒子称为光量子，简称光子。按照光的量子论，当光子入射到金属表面时，其能量瞬态地一次性被电子吸收，电子获得的能量一部分用于克服金属的束缚，即逸出金属表面所需的逸出功 A，另一部分则成为电子逸出金属表面后的初动能 $mv_e^2/2$。按照能量守恒定律，爱因斯坦提出了著名的爱因斯坦光电效应方程：

$$\frac{1}{2}mv_e^2 = h\nu - A \tag{4.4.1}$$

由式(4.4.1)可知，要产生光电流，必须使 $mv_e^2/2 \geqslant 0$，即 $h\nu - A \geqslant 0$，$\nu \geqslant A/h$，而 A/h 就是截止频率 ν_0，可得 $A = h\nu_0$。

另外，由减速电位法可知，当光电管两极间的反向电压达到截止电压 U_a 时光电流为零，此时 $eU_a = mv_e^2/2$。所以式(4.4.1)可改写成

$$eU_a = h\nu - h\nu_0$$

$$U_a=\frac{h}{e}\nu-\frac{h}{e}\nu_0 \tag{4.4.2}$$

由式(4.4.2)可知，U_a 与 ν 呈线性关系。测出不同频率 ν 的入射光所对应的截止电压 U_a，绘出 U_a-ν 曲线，则 U_a-ν 曲线是一条直线，如图 4.4.3 所示，它的斜率为 h/e，e 是电子电荷。求出斜率，普朗克常数 h 也就可以求出。另外，由其截距可求出阴极材料的截止频率 ν_0。这正是密立根验证爱因斯坦光电效应方程的实验思想。

3. 实验的伏安特性曲线

本实验利用伏安特性曲线测量不同频率的入射光所对应的截止电压。

图 4.4.4 中实线是实验测得的伏安特性曲线，它和图中虚线表示的理论曲线明显不同，其原因是测出的光电流中包含以下三个部分。

(1) 暗电流：光电管在没有受到光照时也会产生电流，称为暗电流。它是由阴极在常温下的热电子发射形成的热电流和封闭在暗盒里的光电管在外加电压下因管子阴极和阳极间绝缘电阻漏电而产生的漏电流两部分组成。

(2) 本底电流：本底电流是周围杂散光射入光电管引起的。

(3)反向电流：这是因为制作光电管阴极时，阳极上也沾有光电管阴极材料，所以只要有光照射到阳极上，就能产生反向电流。其中以暗电流和反向电流影响最大。

因此，实验曲线中光电管两端电压达到截止电压时，光电流并不为零，而是发生了突变，对应的是伏安特性曲线的拐点。实验中，找出实验伏安特性曲线拐点处的电压 U'_a，即为要测量的截止电压。

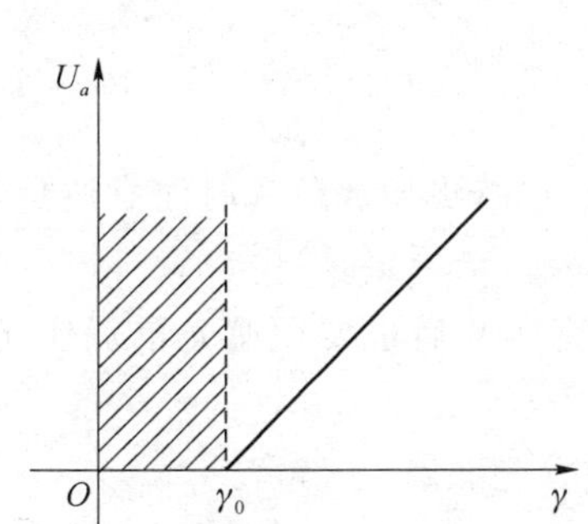

图 4.4.3　截止电压与频率之间的关系曲线

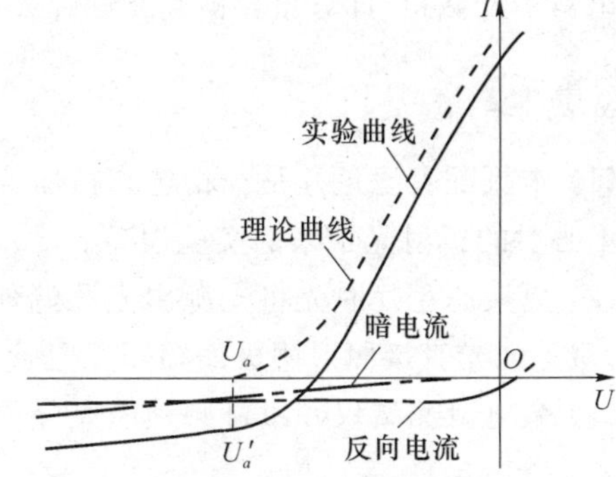

图 4.4.4　伏安特性曲线

【仪器简介】

本实验采用 GD-1 型光电效应测试仪，该仪器主要由以下几部分组成。

(1) 光电管及暗盒：光窗为石英侧窗式，光谱响应范围为 190.0～700.0 nm，最大工作电压为 100 V。当工作电压为 30 V 时光照灵敏度为 87 μA/lm，暗电流为 1.9×10^{-11} A。为避免杂散光和外界电磁场对弱光电信号的干扰，光电管放置在铝质暗盒中，暗盒窗口的光阑孔径为 ϕ36 mm，可放置 ϕ36 mm 的各种带通滤色片，并能升降调节。

(2) 光源：光源采用 GGQ-50WHg 高压汞灯，光谱范围为 320.3～872.0 nm。

(3) 微电流测试仪：微电流测试仪与光电管用导线相连，电流量程 1 μA、10 μA、100 μA；电压连续可调，量程 3 V、15 V、30 V；光电管工作电压为－3～＋30 V。

(4) 滤色片:本仪器配有一组外径 ϕ36 mm 的宽带通型有色玻璃组合滤色片,具有滤选 365 nm、405 nm、436 nm、546 nm、577 nm 谱线的能力。

【实验内容】

1. 测试前的准备

(1) 放置好仪器,用光窗罩盖住光电管暗盒的窗口与光源窗口,接通光源的电源开关,并预热 15~20 min。

(2) 将微电流测试仪与光电管暗盒之间用导线连接好,调节光源窗口与光电管暗盒窗口等高,间距合适为宜。

2. 测试

(1) 将电压调至−3 V("电压量程"为 3 V,"电压极性"为负,"电流量程"为 1 μA)。

(2) 在暗盒窗口装上 365 nm 滤色片,打开光源罩盖,用"电压调节"旋钮将电压由−3 V 缓慢升高到 0 V,在−3~0 V 间记录电压与电流的对应值(注意:在电流值开始变化的区域电压变化间隔应尽量小),并填入自制表格,画出 I-U 伏安特性曲线。

(3) 依次在暗盒窗口装上 405 nm、436 nm、546 nm 和 577 nm 滤色片,重复步骤(1)和(2)。

(4) 利用 I-U 曲线找出各频率对应的 U_a 值。

(5) 选择合适的坐标纸,用步骤(4)的数据做出光电管的 U_a-ν 光谱特性曲线,用直线拟合求出斜率及截距,计算出普朗克常数 h 及截止频率 ν_0。

【注意事项】

(1) 本机配套滤色片是经精选和精加工的组合滤色片,更换滤色片时注意避免污染,以免除不必要的折射光带来的实验误差。

(2) 更换滤色片时先将光源出光孔遮住,而且做完实验后也要用遮光罩盖住光电管入光孔,避免强光直接照射阴极而缩短光电管寿命。

(3) 微电流测试仪和汞灯必须经充分预热后测量方能准确。

【思考题】

(1) 暗电流是如何产生的? 测量它有何意义?

(2) 反向电流如何形成? 它对截止电压的测量有何影响?

实验 4.5 塞曼效应

塞曼效应实验是物理学史上的一个著名实验。荷兰物理学家塞曼于 1896 年发现:把产生光谱的光源放在足够强的磁场中,磁场作用于发光体,使其光谱发生变化,原来的一条光谱线分裂成几条偏振化的谱线,这种现象称为塞曼效应。分裂的条数随能级的类别而不同。塞曼由于发现了这一效应,荣获 1902 年度诺贝尔物理奖。塞曼效应的重要性在于可得到有关能级的数据，从而可计算原子总角动量量子数 J 和朗德因子 g 的数值，因此至今它仍然是研究原子内部能级结构的重要方法之一。

【实验目的】

(1) 观察波长为 546.1 nm 的水银光谱线在磁场中的分裂，并把实验结果与理论结果进行比较。

(2) 学习法布里-珀罗标准具的原理和调节方法。

【实验仪器】

塞曼效应仪。

【实验原理】

1. 塞曼效应

设原子某一能级的能量为 E，在外磁场 B 的作用下，原子将获得附加能量 ΔE：

$$\Delta E=Mg\mu_B B \tag{4.5.1}$$

式中，玻尔磁子 $\mu_B=he/(4\pi m)$（e 为电子电荷，m 为电子质量）；磁量子数 $M=J,J-1,\cdots,-J$ 共 $2J+1$ 个值，也即 ΔE 有 $2J+1$ 个可能值，这就是说，无磁场时的一个能级在外磁场的作用下将分裂成 $2J+1$ 个能级；g 为朗德因子，对于 $L-S$ 耦合的情况，

$$g=1+\frac{J(J+1)-L(L+1)+S(S+1)}{2J(J+1)} \tag{4.5.2}$$

式中，L 为总轨道角动量量子数；S 为总自旋角动量量子数；$J=(S+L)$ 为总角动量量子数。由式(4.5.1)可以看到，分裂的能级是等间隔的，能级之间的间隔为 $g\mu_B B$。由式(4.5.2)可知，g 因子随量子态不同而不同，因而不同能级分裂的能级间隔也不同。

设某一光谱线是由能级 E_2 和 E_1 间的跃迁而产生的，则其谱线的频率 ν 同能级有如下关系：

$$h\nu=E_2-E_1$$

在磁场中，若上、下能级都发生分裂，新谱线的频率 ν' 与能级的关系为

$$\begin{aligned}h\nu'&=(E_2+\Delta E_2)-(E_1+\Delta E_1)\\&=(E_2-E_1)+(\Delta E_2-\Delta E_1)\\&=h\nu+(M_2g_2-M_1g_1)\mu_B B\end{aligned}$$

分裂后谱线与原谱线的频率差为

$$\Delta\nu=\nu-\nu'=(M_2g_2-M_1g_1)\frac{\mu_B B}{h}=(M_2g_2-M_1g_1)\frac{e}{4\pi m}B \tag{4.5.3}$$

等式两边同除以 c，可将式(4.5.3)表示为波数差的形式：

$$\Delta\sigma=(M_2g_2-M_1g_1)\frac{e}{4\pi mc}B \tag{4.5.4}$$

令

$$L=\frac{eB}{4\pi mc}$$

则

$$\Delta\sigma=(M_2g_2-M_1g_1)L \tag{4.5.5}$$

L 称为洛伦兹单位，

$$L=46.7Bm^{-1} \tag{4.5.6}$$

塞曼跃迁的选择定则为

$$\Delta M=M_2-M_1=0,\pm 1$$

当 $\Delta M=0$ 时，为 π 成分，是振动方向平行于磁场的线偏振光，只在垂直于磁场的方向上才能观察到，平行于磁场的方向上观测不到，但当 $\Delta J=0$ 时，$M_2=0$ 到 $M_1=0$ 的跃迁被禁止；当 $\Delta M=\pm 1$ 时，为 σ 成分，垂直于磁场观察时为振动垂直于磁场的线偏振光，沿磁场正向观察时，$\Delta M=+1$ 为右旋圆偏振光，$\Delta M=-1$ 为左旋圆偏振光。

本实验的汞原子 546.1 nm 谱线是由 $6S7S\,^3S_1$ 跃迁到 $6S6P\,^3P_2$ 而产生的，由式(4.5.4)以及选择定则和偏振定则，可求出它垂直于磁场观察时的塞曼分裂情况。

表 4.5.1 列出了 $^3S_1$ 和 $^3P_2$ 能级的各项量子数 L、S、J、M、g 与 Mg 的数值。

表 4.5.1　$^3S_1$ 和 $^3P_2$ 能级的各项量子数值表

	$^3S_1$			$^3P_2$				
L	0			1				
S	1			1				
J	1			2				
g	2			3/2				
M	1	0	−1	2	1	0	−1	−2
Mg	2	0	−2	3	3/2	0	−3/2	−3

因此，在外磁场的作用下，能级分裂情况及分裂谱线相对强度可用图 4.5.1 表示。

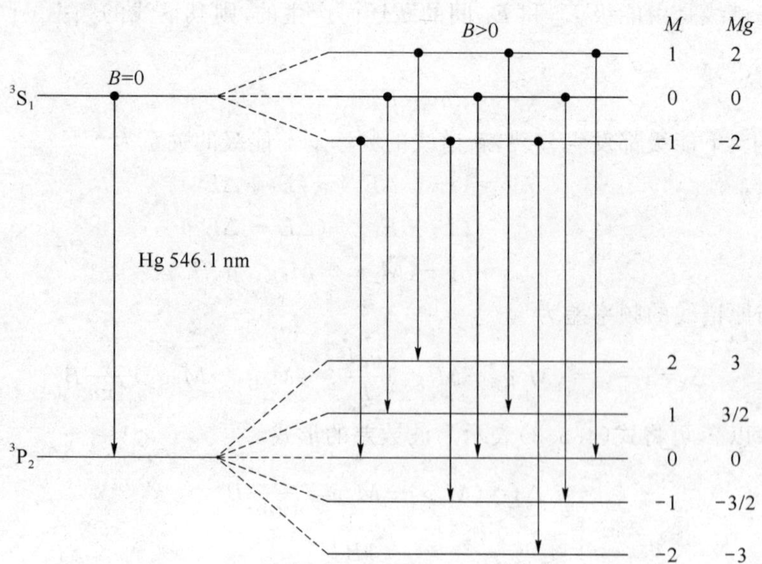

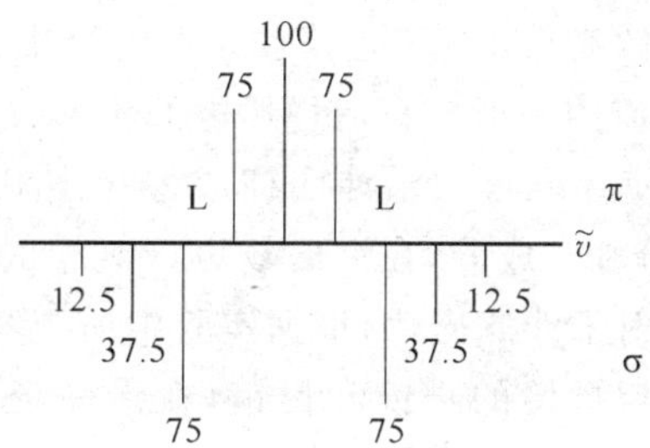

图 4.5.1　外磁场中的能级分裂图

汞 546.1 nm 谱线分裂为 9 条等间距的谱线，相邻两谱线的间距都是 1/2 个洛伦兹单位。该图的上面部分表示能级分裂后可能发生的跃迁，下面部分画出了分裂谱线的裂距与强度，按裂距间隔排列，将 π 成分的谱线画在水平线上，σ 成分画在水平线下，各线的长短对应其相对强度。

2. 观察塞曼分裂的方法及装置

塞曼分裂的波长差很小，波长和波数的关系为 $\Delta\lambda=\lambda^2\Delta\sigma$，波长 $\lambda=5\times10^{-7}$ m 的谱线在 $B=1$ T 的磁场中，分裂谱线的波长差只有 10^{-11} m。要观察如此小的波长差，用一般的棱镜摄谱仪是不可能的，需采用高分辨率的仪器，如法布里-珀罗标准具(简称 F-P 标准具)。

F-P 标准具是由平行放置的两块平面玻璃或石英板组成的。在两板相对的平面上镀有较高反射率的薄膜，为消除两平板背面反射光的干涉，每块板都做成楔形。两平行的镀膜平面中间夹有一个间隔圈，用热胀系数很小的石英精加工而成，用以保证两块平面玻璃之间的间距不变。在玻璃片后有三个螺钉，用来调节两玻璃片内表面之间的平行度。判断平行度的方法是：用单色光照明标准具，从透射方向观察，可以看到一组同心的干涉圆环，当眼睛上下左右移动时，如条纹的大小不会随眼睛的移动而变化，就表明两块玻璃片的内表面是严格平行的，即两玻璃片间各处的 d 值是相同的。如条纹大小随着眼睛的移动而变化，它表明两玻璃片的内表面不严格平行，这就要仔细调节三个螺钉，直到条纹不变化为止。

标准具的光路如图 4.5.2 所示，自扩展光源 S 上任一点发出的单色光，射到标准具板的平行平面上，经过 M 和 M' 表面的多次反射和透射，分别形成一系列相互平行的反射光束 1，2，3，4，…和透射光束 1′，2′，3′，4′，…。在透射的诸光束中，相邻两光束的光程差为 $\Delta=2nd\cos\theta$，这一系列平行并有确定光程差的光束在无穷远或透镜的焦平面上成干涉像，当光程差为波长的整数倍时产生干涉极大值，一般情况下标准具反射膜间是空气介质 $n\approx1$，因此干涉极大值为

$$2d\cos\theta=k\lambda \tag{4.5.7}$$

k 为整数，称为干涉级。由于标准具的间隔 d 是固定的，在波长 λ 不变的条件下，不同的干涉级对应不同的入射角 θ，因此在使用扩展光源时，F-P 标准具产生等倾干涉，其干涉条纹是一组同心圆环，中心处 $\theta=0$，$\cos\theta=1$，级次 k 最大，$k_{max}=\dfrac{2d}{\lambda}$，其他同心圆亮环依次为 $k-1$ 级、$k-2$级等。实验装置如图 4.5.3 所示。

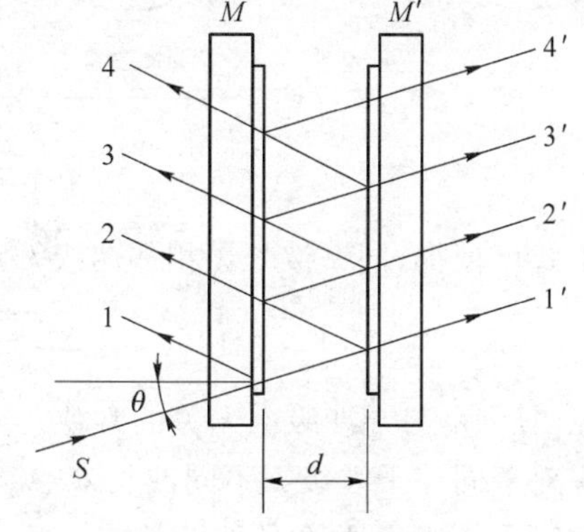

图 4.5.2　标准具光路图

J 为光源，本实验用水银辉光放电管（笔形汞灯），由交流 220 V 通过升压变压器供电；N、S 为电磁铁的磁极，励磁电流由一低压直流稳压电源供给；L_1 为会聚透镜，使通过标准具的光强增强；L_2 为成像透镜，使标准具的干涉图样成像在焦平面上；P 为偏振片，在垂直磁场方向观察时用以鉴别 π 成分和 σ 成分，在沿磁场方向观察时与 1/4 波片 k 一起用以鉴别左旋或右旋圆偏振光；F 为透射干涉滤光片，根据实验中所观察的波长选用；F-P 为法布里-珀罗标准具；L_3 和 L_4 分别为望远镜的物镜和目镜，在沿磁场方向观察时用它观察干涉图样。示意图中虚线框内部分用于沿磁场方向观察，其余部分用于垂直于磁场方向观察。

应用 F-P 标准具测量各分裂谱线的波长或波长差是通过测量干涉环的直径来实现的。如图 4.5.4 所示，用透镜把 F-P 标准具的干涉圆环成像在焦平面上，入射角为 θ 的圆环的直径 D 与透镜焦距 f 间的关系为 $\tan\theta=(D/2)/f$，对于近中心的圆环，θ 很小，可认为 $\theta\approx\sin\theta\approx\tan\theta$，而

$$\cos\theta=1-2\sin^2\frac{\theta}{2}\approx1-\frac{\theta^2}{2}=1-\frac{D^2}{8f^2}$$

代入式(4.5.7)得

$$2d\cos\theta=2d(1-\frac{D^2}{8f^2})=k\lambda \tag{4.5.8}$$

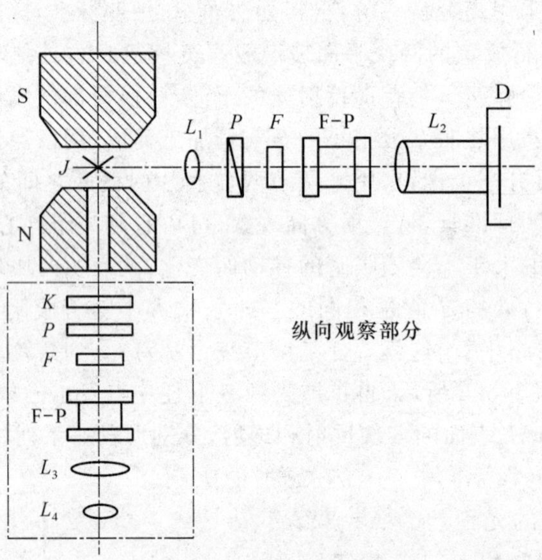

图 4.5.3　实验装置示意图

由上式可推得，同一波长 λ 相邻两级 k 和 $k-1$ 级圆环直径的平方差：

$$\Delta D^2=D_{k-1}^2-D_k^2=\frac{4f^2\lambda}{d} \tag{4.5.9}$$

可见 ΔD^2 是与干涉级次无关的常数。

对于同一干涉级 k 不同波长 λ_a、λ_b 和 λ_c 而言，干涉圆环的直径分别为 D_a、D_b、D_c，如图 4.5.5 所示，相邻两个环的波长差 $\Delta\lambda_{ab}$、$\Delta\lambda_{bc}$ 的关系由式(4.5.8)和式(4.5.9)得

$$\Delta\lambda_{ab}=\lambda_a-\lambda_b=\frac{d}{4f^2k}(D_b^2-D_a^2)=(\frac{D_b^2-D_a^2}{D_{k-1}^2-D_k^2})\frac{\lambda}{k}$$

$$\Delta\lambda_{bc}=\lambda_b-\lambda_c=\frac{d}{4f^2k}(D_c^2-D_b^2)=(\frac{D_c^2-D_b^2}{D_{k-1}^2-D_k^2})\frac{\lambda}{k}$$

将 $k=\frac{2d}{\lambda}$ 代入得

波长差：
$$\Delta\lambda_{ab}=\frac{\lambda^2}{2d}(\frac{D_b^2-D_a^2}{D_{k-1}^2-D_k^2})\tag{4.5.10}$$

$$\Delta\lambda_{bc}=\frac{\lambda^2}{2d}(\frac{D_c^2-D_b^2}{D_{k-1}^2-D_k^2})$$

波数差：
$$\Delta\sigma_{ab}=\frac{1}{2d}(\frac{D_b^2-D_a^2}{D_{k-1}^2-D_k^2})\tag{4.5.11}$$

$$\Delta\sigma_{bc}=\frac{1}{2d}(\frac{D_c^2-D_b^2}{D_{k-1}^2-D_k^2})$$

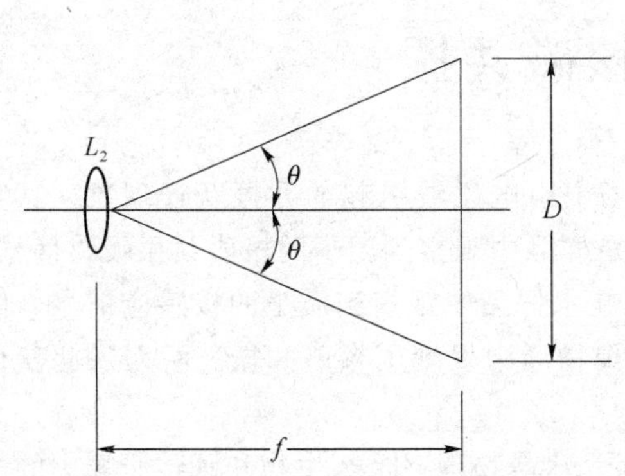

图 4.5.4　入射角 θ 与干涉圆环直径的关系

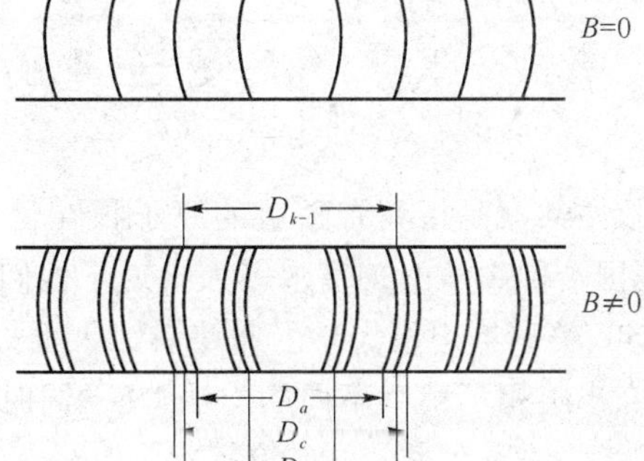

图 4.5.5　同一干涉级中不同波长的干涉圆环

【实验内容】

利用图 4.5.3 的塞曼效应实验装置，选取 546.1 nm 的透射滤光片进行观测。

(1) 用漏磁变压器点燃汞灯。

(2) 调整光学系统，使光束通过每个光学元件中心，调节透镜 L_1 的位置，尽可能使强度均匀的光束落在 F-P 标准具上。

(3) 用单色光照明标准具，从它的透射方向观察，可以看见一组同心干涉圆环，调节标准具上的三个螺钉，使眼睛上下左右移动均不发生冒环和吸环现象。空气隙石英间隔 $d=2$ mm，移动成像透镜 L_2，使从读数显微镜中看到清晰条纹。

(4) 电磁铁的磁场强度可以在 1.1×10^4 Gs 以下任意选择。

先观察零场花样，然后将磁场 B 逐渐增加，观察 546.1 nm 谱线的反常塞曼分裂的 π 成分和 σ 成分的变化情况。

(5) 对垂直于磁场方向的现象进行观测。磁场强度 B 选取 1.1×10^4 Gs，观测546.1 nm 谱线塞曼分裂的 π 成分，用读数显微镜测量连续相邻的不同级次($k,k-1,k-2$)的不同波长 λ_a、λ_b、λ_c 环纹直径两端的位置读数 x、x'。

(6) 分别算出 D_a、D_b 和 D_c 以及 $D_{k-1}^2-D_k^2$、$D_a^2-D_b^2$ 和 $D_b^2-D_c^2$ 的平均值。

(7) 由式(4.5.4)算出 $e/(4\pi mc)$ 的实验值。B 为实验时的磁感应强度，$\Delta\sigma$ 为 $\Delta\sigma_{ab}$ 和 $\Delta\sigma_{bc}$ 的平均值，$(M_2g_2-M_1g_1)=\frac{1}{2}$。

(8) 实验值与理论值比较。理论值 $e/(4\pi mc)=4.67\times10^{-5}\,\text{cm}^{-1}\cdot\text{Gs}^{-1}$。

【思考题】

(1) 镉的 643.8 nm 谱线是由 $^1D_2\to{}^1P_1$ 跃迁产生的，试将其塞曼分裂能级图及符合选择定则的跃迁图画出来。

(2) 实验中如何观察和鉴别塞曼分裂谱线中的 π 成分和 σ 成分？

(3) 当人眼自上而下移动时，若发现有条纹从视场中心不断“涌出”，应怎样调节才能使条纹稳定不变？

实验 4.6　核磁共振

核磁共振是指具有磁矩的原子核在恒定磁场中由电磁波引起的共振跃迁现象。1945 年，美国哈佛大学的珀塞尔等人报道了他们在石蜡样品中观察到质子的核磁共振吸收信号；1946 年，美国斯坦福大学的布洛赫等人也报道了在水样品中观察到质子的核感应信号。两个研究小组用了稍微不同的方法，几乎同时在凝聚物质中发现了核磁共振。两人因此获得了 1952 年诺贝尔奖。

目前，核磁共振已经广泛地应用于许多科学领域，是物理、化学、生物和医学研究中的一项重要的实验技术。它是测定原子的核磁矩和研究核结构的直接而又准确的方法，也是精确测量磁场的重要方法之一。

【实验目的】

(1) 了解核磁共振的原理及观测方法。

(2) 标定磁场，测定原子核的旋磁比及 g 因子。

【实验仪器】

FD-CNMR-I 型核磁共振实验仪、高精度频率计、示波器。

【实验原理】

下面以氢核为研究对象，介绍核磁共振的基本原理。氢核虽然是最简单的原子核，但它是目前核磁共振应用中最常见和最有用的核。

1. 单个核的磁共振

通常将原子核的总磁矩在其角动量 $\boldsymbol{p}$ 方向上的投影 $\boldsymbol{\mu}$ 称为核磁矩，它们之间的关系为

$$\boldsymbol{\mu}=\gamma\boldsymbol{p}\ \text{或}\ \boldsymbol{\mu}=g_N\frac{e}{2m_p}\boldsymbol{p} \tag{4.6.1}$$

式中，$\gamma=g_Ne/2m_p$，称为旋磁比；e 为电子电荷；m_p 为质子质量；g_N 为朗德因子，对氢核来

说，$g_N=5.5851$。按照量子力学，原子核角动量的大小由下式决定：

$$p=\sqrt{I(I+1)}\hbar \tag{4.6.2}$$

式中，$\hbar=h/2\pi$，h 为普朗克常数；I 为原子核的自旋量子数，可以取 $I=0,1/2,1,3/2,\cdots$。

对氢核来说，$I=1/2$。把氢核放入外磁场 $\boldsymbol{B}$ 中，可以取坐标轴 z 方向为 $\boldsymbol{B}$ 的方向。核的角动量在 $\boldsymbol{B}$ 方向上的投影值由下式决定：

$$p_B=m\hbar \tag{4.6.3}$$

式中，m 为磁量子数，取 $m=I,\ I-1,\cdots,-(I-1),-I$。核磁矩在 $\boldsymbol{B}$ 方向上的投影值为

$$\mu_B=g_N\frac{e}{2m_p}p_B=g_N\left(\frac{eh}{4\pi m_p}\right)m$$

将它写成

$$\mu_B=g_N\mu_N m \tag{4.6.4}$$

式中，$\mu_N=5.050787\times10^{-27}$ J/T，称为核磁子，是核磁矩的单位。磁矩为 $\boldsymbol{\mu}$ 的原子核在恒定磁场 $\boldsymbol{B}$ 中具有的势能为

$$E=-\boldsymbol{\mu}\cdot\boldsymbol{B}=-\mu_B B=-g_N\mu_N mB$$

任何两个能级之间的能量差为

$$\Delta E=E_{m1}-E_{m2}=-g_N\mu_N B(m_1-m_2) \tag{4.6.5}$$

考虑最简单的情况，对氢核而言，自旋量子数 $I=\frac{1}{2}$，所以磁量子数 m 只能取两个值，即 $m=\frac{1}{2}$ 和 $m=-\frac{1}{2}$。磁矩在外磁场方向上的投影也只能取两个值，如图 4.6.1(a)所示，与此相对应的能级如图 4.6.1(b)所示。

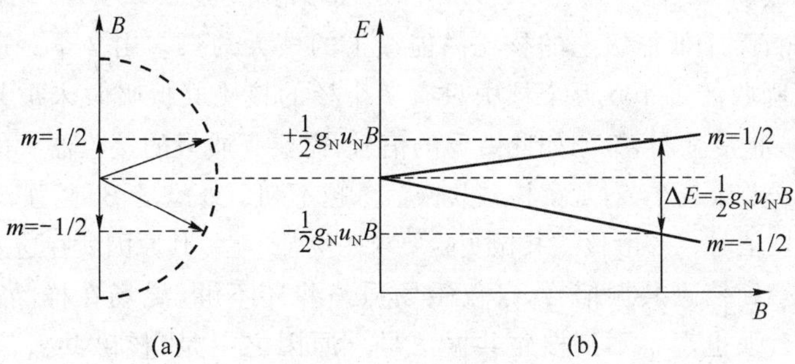

图 4.6.1　氢核能级在磁场中的分裂

根据量子力学中的选择定则，只有 $\Delta m=\pm1$ 的两个能级之间才能发生跃迁，这两个跃迁能级之间的能量差为

$$\Delta E=g_N\mu_N B \tag{4.6.6}$$

由式(4.6.6)可知，相邻两个能级之间的能量差 ΔE 与外磁场 $\boldsymbol{B}$ 的大小成正比，磁场越强，则两个能级分裂也越大。

如果实验时外磁场为 $\boldsymbol{B}_0$，在该稳恒磁场区域又叠加一个电磁波作用于氢核，如果电磁波的能量 $h\nu_0$ 恰好等于这时氢核两能级的能量差 $g_N\mu_N B_0$，即

$$h\nu_0=g_N\mu_N B_0 \tag{4.6.7}$$

则氢核就会吸收电磁波的能量，由 $m=1/2$ 的能级跃迁到 $m=-1/2$ 的能级，这就是核磁共

振的吸收现象。

式(4.6.7)中，$g_N=\gamma/(e/2m_p)$，$\mu_N=eh/4\pi m_p$，则式(4.6.7)可写为

$$2\pi\nu_0=\gamma B_0 \tag{4.6.8}$$

式(4.6.8)就是核磁共振的条件。可知，核磁共振的条件决定于 γ 和 B_0 两个因素。不同的原子核，其 γ 值不同，当 B_0 一定时其共振频率 ν 不同。这就是可用核磁共振的方法了解甚至测量原子核某些特性的原因。

2. 核磁共振信号的强度

上面讨论的是单个核放在外磁场中的核磁共振理论，但实验中所用的样品是大量同类核的集合。如果处于高能级上的核数目与处于低能级上的核数目没有差别，则在电磁波的激发下，上下能级上的核都要发生跃迁，并且跃迁概率是相等的。吸收能量等于辐射能量，我们就观察不到任何核磁共振信号，只有当低能级上的原子数目大于高能级上的原子数目，吸收能量比辐射能量多时，才能观察到核磁共振信号。在热平衡状态下，核数目在两个能级上的相对分布由玻尔兹曼因子决定：

$$\frac{N_2}{N_1}=\exp\left(-\frac{\Delta E}{kT}\right)=\exp\left(-\frac{g_N\mu_N B_0}{kT}\right) \tag{4.6.9}$$

式中，N_1 为低能级上的核数目；N_2 为高能级上的核数目；ΔE 为上下能级间的能量差；k 为玻尔兹曼常数；T 为绝对温度。当 $g_N\mu_N B_0 \ll kT$ 时，上式可以近似写成

$$\frac{N_2}{N_1}=1-\frac{g_N\mu_N B_0}{kT} \tag{4.6.10}$$

式(4.6.10)说明，低能级上的核数目比高能级上的核数目略微多一点。对氢核来说，如果实验温度 $T=300\ \mathrm{K}$，外磁场 $B_0=1\ \mathrm{T}$，则 $N_2/N_1=1-6.75\times10^{-6}$ 或 $(N_1-N_2)/N_1\approx7\times10^{-6}$。这说明，在室温下，每百万个低能级上的核比高能级上的核大约只多出 7 个。这就是说，在低能级上参与核磁共振吸收的每 100 万个核中只有 7 个核的核磁共振吸收未被共振辐射所抵消。所以，核磁共振信号非常微弱，检测如此微弱的信号，需要高质量的接收器。由式(4.6.10)可以看出，温度越高，粒子差数越小，对观察核磁共振信号越不利。外磁场 B_0 越强，粒子差数越大，越有利于观察核磁共振信号。一般核磁共振实验要求磁场强一些，其原因就在这里。

另外，要想观察到核磁共振信号，仅仅磁场强一些还不够，磁场在样品范围内还应高度均匀，否则磁场多么强也观察不到核磁共振信号。原因之一是，核磁共振信号由式(4.6.7)决定，如果磁场不均匀，则样品内各部分的共振频率不同。对某个频率的电磁波，将只有少数核参与共振，结果信号被噪声所淹没，难以观察到核磁共振信号。

随着共振吸收的进行，低子能级上的原子核将吸收交变电磁场的能量跃迁至高子能级。这样高子能级上的核数目越来越多，低子能级上的核数目越来越少，两子能级上的核数目趋于相等。一旦这种情况发生，共振吸收将难以进行，核磁共振信号将减小甚至消失。这种现象就称为饱和现象。达到饱和以后，即使有交变电磁场作用，该系统对电磁场能量的净吸收也将为零。

应该指出的是，在交变电磁场作用下，除有共振吸收过程外，还有受激辐射过程发生，即高子能级上的核在交变电磁场作用下，回到低能态并辐射出电磁波的现象。上面所说的饱和现象实际上是综合了共振吸收和受激辐射的总效果，这时两子能级上的核的数目达到动态平衡。至于自发辐射过程，由于自发辐射概率正比于能级差 ΔE 的三次方，而 ΔE 很小，

所以自发辐射的过程很难发生。

3. 弛豫

处于高子能级上的核以非辐射跃迁的方式卸掉能量而回到低子能级的现象称为弛豫过程。弛豫过程的存在使原子核系统仍能保持低子能级上的核数目略多于高子能级上核的数目,即恢复到玻尔兹曼平衡的分布情况。这是核磁共振在发生后得以维持的必要条件。

弛豫过程有以下两种方式。

(1) 自旋晶格弛豫

自旋晶格弛豫(纵向弛豫)是一种原子核体系向周围环境转移能量的过程,把能量传递给周围的晶格,变成晶格热运动的能量。任何弛豫过程都需要一定的时间。弛豫过程的时间越短,表示弛豫过程的效率越高,这说明核和周围晶格耦合强,使系统可较快恢复到玻耳兹曼平衡状态。时间越长,就越容易发生吸收饱和现象,以致看不到共振吸收信号。自旋晶格弛豫的时间用 T_1 表示,它和环境的温度及样品的物理状态有关。T_1 的数值在$10^{-4}\sim10^{4}$ s之间,不同的样品,T_1 的具体数值不同。

(2) 自旋自旋弛豫

自旋自旋弛豫(横向弛豫)是发生在原子核体系内部,原子核与一同类核交换能量的过程。处于上子能级的核与一处于下子能级的核靠近而相互作用时,就有可能交换能量,结果高能态的核回到低能态,低能态的核则跃迁到高能态,从而整个核体系的能量不变。自旋自旋弛豫的时间用 T_2 表示。固体样品由于其核间能量转移快,故 T_2 很短。

弛豫时间 T_1 和 T_2 都与物质的结构、物质内部的相互作用有关。物质的结构和相互作用的变化,都可能引起弛豫时间的变化。因此,对弛豫时间的研究也是核磁共振研究的重要方面。例如,在医用方面,人体组织的骨、脂肪、内脏、血液的 T_1 都不同,T_1 小的共振峰就较大;T_2 的大小反比于盐浓度,人体组织的骨、脂肪、内脏、血液的盐浓度都不一样,T_2 小,则共振峰宽。所以,在医用核磁共振仪上很容易区别它们。

【仪器简介】

核磁共振实验仪器主要包括磁场及调场线圈、探头与样品、边限振荡器、磁场扫描电源、频率计及示波器。实验装置如图 4.6.2 所示。

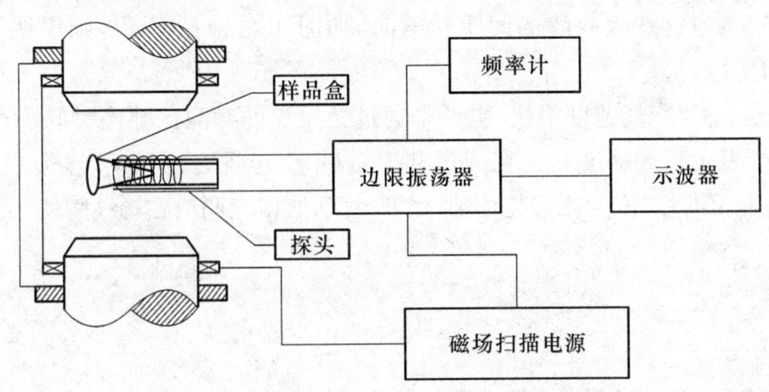

图 4.6.2　核磁共振实验装置示意图

1. 磁铁

磁铁的作用是产生稳恒磁场 B_0，它是核磁共振实验仪的核心部件，要求磁铁能产生尽量强的、非常稳定、非常均匀的磁场。首先，强磁场有利于更好地观察核磁共振信号；其次，磁场空间分布均匀性和稳定性越好，则核磁共振实验仪的分辨率越高。

2. 边限振荡器

边限振荡器具有与一般振荡器不同的输出特性，其输出幅度随外界吸收能量的轻微增加而明显下降，当吸收能量大于某一阈值时即停振。因此，振荡器通常被调整在振荡和不振荡的边缘状态。

如图 4.6.2 所示，样品放在边限振荡器的振荡线圈中，振荡线圈放在固定磁场 B_0 中，由于振荡器通常被调整在振荡和不振荡的边缘状态，当样品吸收的能量不同时（即线圈的 Q 值发生变化时），振荡器的振幅将有较大的变化。当发生共振时，样品吸收增强，振荡变弱，经过二极管的倍压检波，就可以把反映振荡器振幅大小变化的共振吸收信号检测出来，进而用示波器显示。

3. 扫场单元

观察核磁共振信号最好的手段是使用示波器，但是示波器只能观察交变信号，所以必须想办法使核磁共振信号交替出现，有两种方法可以达到这一目的。一种是扫频法，即固定磁场，使射频场的频率连续变化通过共振区域，当 $2\pi\nu_0=\gamma B_0$ 时出现共振峰。另一种方法是扫场法，即固定射频场的频率，而让磁场连续变化通过共振区域。这里采用扫场法。

在稳恒磁场 B_0 上叠加一个低频调制磁场 $B_m\sin\omega' t$，这个低频调制磁场是由扫场单元产生的，那么此时样品所在区域的实际磁场为 $B_0+B_m\sin\omega' t$，由于低频调制磁场 B_m 的幅度很小，总磁场的方向保持不变，只是磁场的幅度按调制频率发生周期性变化（其最大值为 B_0+B_m，最小值为 B_0-B_m），相应的拉摩尔进动频率 ω_0 也相应地发生周期性变化，即

$$\omega_0=\gamma(B_0+B_m\sin\omega' t) \tag{4.6.11}$$

这时只要射频场的角频率 ω 调在 ω_0 的变化范围之内，同时调制磁场扫过共振区域，即 $B_0-B_m\leqslant B_0\leqslant B_0+B_m$，则共振条件在调制场的一个周期内被满足两次，所以在示波器上观察到如图 4.6.3(a)所示的共振吸收信号。此时，若调节射频场的频率，则吸收曲线上的吸收峰将向左右移动，当这些吸收峰的间距相等时，如图 4.6.3(b)所示，则说明在这个频率下的共振磁场为 B_0。

应该指出的是，如果扫场速度很快，也就是通过共振点的时间比弛豫时间小得多，这时共振吸收信号的形状会发生很大的变化。在通过共振点后，会出现衰减振荡，这个衰减的振荡称为“尾波”，这种尾波非常有用，因为磁场越均匀，尾波越大，所以应调节磁场线圈使尾波达到最大。

【实验内容】

1. 仪器连接

(1) 首先将探头旋进边限振荡器后面板的指定位置。

(2) 将磁场扫描电源上“扫描输出”的两个输出端接磁铁面板上的一组接线柱。

(3) 将磁场扫描电源后面板上的接头与边限振荡器后面板上的接头用相关连线连接。

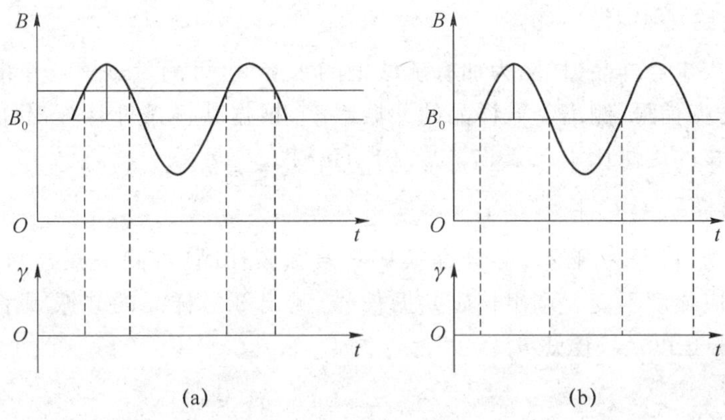

图 4.6.3　扫场法检测共振吸收信号

(4) 边限振荡器的"共振信号输出"接示波器信号输入端,"频率输出"接频率计。

(5) 调节边限振荡器底部的四个调节螺钉,使探头放置的位置保证使内部线圈产生的射频磁场的方向与稳恒磁场方向垂直。

2. 核磁共振信号的调节

(1) 打开磁场扫描电源、边限振荡器、示波器、频率计的电源。

(2) 将磁场扫描电源的"扫描输出"旋钮顺时针调节至最大,然后再往回旋半圈(避免电位器阻值为零,输出短路,损伤仪器),这样可以加大捕捉信号的范围。

(3) 调节边限振荡器的频率"粗调"旋钮,将频率调至被测样品共振频率的参考值附近,然后旋动频率调节"细调"旋钮,在此附近寻找信号,仔细调节可以观察到如图 4.6.4 所示的共振信号(注意,因为磁铁的磁感应强度随温度的变化而变化,所以应在±1 MHz 的范围内进行信号的捕捉)。

(4) 出现共振信号后,降低扫描幅度,调节频率"微调"至信号等宽(此时,频率计显示的值就是共振频率),同时调节样品在磁铁中的空间位置以得到尾波最多的共振信号,如图 4.6.4所示。

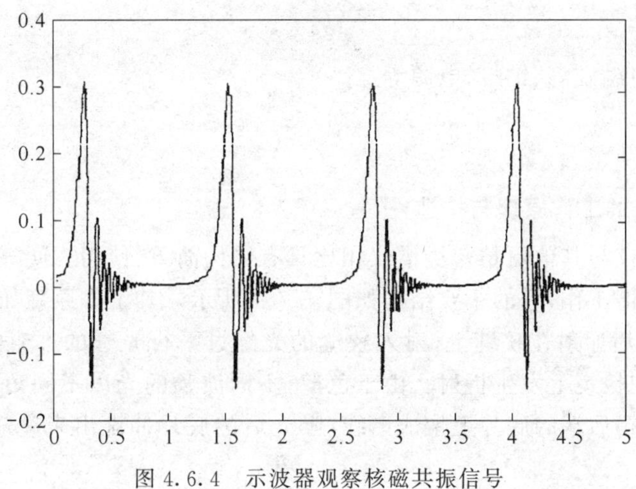

图 4.6.4　示波器观察核磁共振信号

3. 精确测量磁场

在探头内放入 1 号样品(样品为加有硫酸铜的水溶液,可测量氢核),并将探头放置在磁场中,调出核磁共振信号,测出 1 号样品的共振频率,根据共振条件计算出样品所在位置的磁感应强度。氢核的旋磁比 $\nu_H = 2.675\,2 \times 10^8$ Hz/T。

4. 测量氟碳样品

保持探头不动,将探头内的 1 号样品换成 3 号氟碳样品(可测量氟核),则 1 号、3 号样品所在位置磁感应强度不变。调出核磁共振信号,测出 3 号样品的共振频率。计算氟的旋磁比 γ_F、朗德因子 g 以及核磁矩 μ_F。

【思考题】

(1) 是否任何原子核系统均可产生核磁共振现象?

(2) 实验中采用什么方法观察核磁共振现象?

实验 4.7　小型棱镜摄谱仪的使用

不同元素的原子结构不同,因而就有不同的发射光谱。通过对发射光谱的测量和分析,可确定物质的元素成分,这种分析方法称为光谱分析。发射光谱分析常用摄谱仪进行。小型棱镜摄谱仪是以棱镜作为色散系统,观察或拍摄物质的发射光谱。

【实验目的】

(1) 了解棱镜摄谱仪的构造和性能,并观察物质的发射光谱。

(2) 初步掌握棱镜摄谱仪的调节方法。

(3) 掌握用摄谱仪测定谱线波长的方法。

【实验仪器】

小型棱镜摄谱仪、汞灯、钠灯、电源等。

【实验原理】

1. 棱镜摄谱仪的工作原理与构造

小型棱镜摄谱仪与其他更精密摄谱仪相比具有结构简单、使用方便等特点,适合于分辨率要求不很高的光谱工作,它的主要结构如图 4.7.1 所示。其工作原理如下:从光源发出的光经过聚光透镜 L 后照射在狭缝上,射入狭缝的光经过平行光管的准直透镜 L_1 变成平行光,然后再在恒偏向棱镜上发生折射。由于色散,不同波长的光以不同角度射出,这些光再经暗箱物镜而在暗箱后端的底片上聚成谱线,曝光后的底片冲洗出来就成为谱片。下面就各个部分做简单介绍。

棱镜摄谱仪主要由准直管、色散系统、接收系统三部分构成。

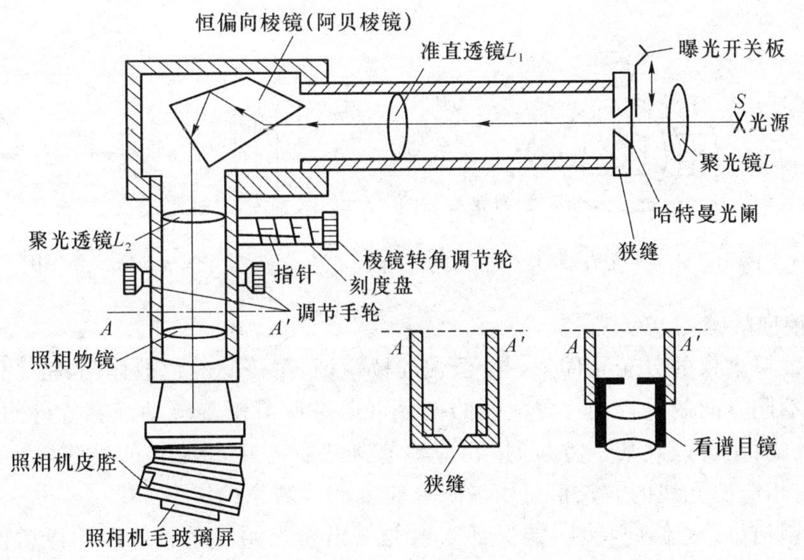

图 4.7.1　棱镜摄谱仪原理图

(1) 准直管

准直管由狭缝头和准直透镜 L_1 组成。准直管的前端是狭缝头，狭缝头是光谱仪中最精密、最重要的机械部分，用来限制入射光束，构成光谱的实际光源，直接决定谱线的质量。狭缝头由狭缝、狭缝盖、哈特曼光阑、刻度轮、曝光开关板等组成，如图 4.7.2 所示。

① 狭缝由两片对称分合的刀片组成，其分合动作由刻度轮控制。狭缝位于准直透镜的物方焦平面上。被分析物质发出的光射入狭缝，经准直透镜后就成为平行光。实际使用中，为了使光源射出的光在狭缝上具有较大的照度，在光源与狭缝之间放置聚光镜 L，使光束会聚在狭缝上。

② 刻度轮是保持狭缝精密的重要部分，因此转动手轮时一定要用力均匀、轻柔。改变刻度轮上一个分度相当于狭缝宽度改变 0.005 mm(一圈为 0.25 mm)。狭缝盖内装有能左右拉动的哈特曼光阑板。盖外装有可左右拉动控制狭缝开、闭的曝光开关。

③ 哈特曼光阑板用金属片制成，其形状如图 4.7.3 所示，用它来遮挡狭缝使光线只能通过狭缝全部高度的一段。光阑分为两部分。

a. 右侧燕尾形的部分称为 V 形光阑。把这部分挡在狭缝前，就可以随着光阑的左右移动来调节狭缝的有效高度(允许光通过的高度)。

b. 为了精确比较两排谱线(两次拍得的)中谱线的波长，就要用中间的哈特曼光阑。它有三个方形孔，下孔的上端与上孔的下端在同一直线上。左右移动光阑，可以使光先后通过不同小孔而照亮狭缝上相邻两段，效果就和狭缝在上下移动一样。因此可保持片匣(及底片)不动而依次用相邻两个小孔拍两个谱，就能获得并排而无相对错动的两个光谱，即相同波长的两条谱线在底片上将落在同一条直线上，这样才可能进行波长的比较或测定。哈特曼光阑上有上中下三个小孔，可拍三个并排的谱，究竟哪一个孔对准狭缝，可由光阑上左侧的刻线指出。光阑的移动用手操作，动作必须轻缓。

可移动的曝光开关是控制光线进入仪器的闸门，故在摄谱时可借此控制曝光时间，另外它也起防尘作用，在不使用时应使之闭合。

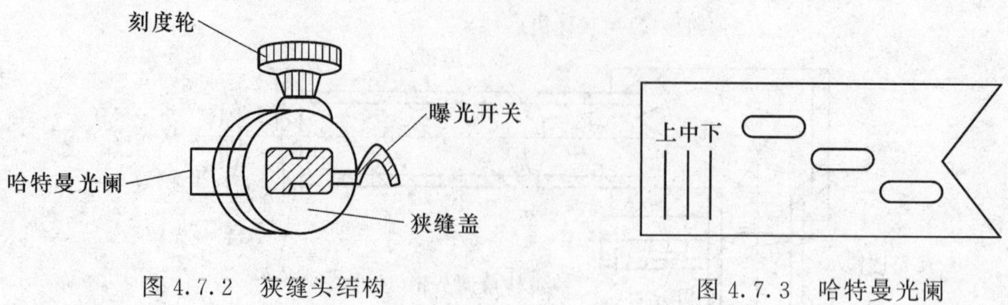

图 4.7.2 狭缝头结构　　　　图 4.7.3 哈特曼光阑

(2) 恒偏向棱镜

小型棱镜摄谱仪的分光元件为一个恒偏向棱镜，利用棱镜的色散作用，将不同波长的平行光分解成不同方向的平行光。置棱镜的小台可通过调节螺旋转动。螺旋外附一鼓轮，称为波长鼓轮。将小台调到某一方位时，相应地有某一称为中心波长的光线以 90°的偏向角自棱镜射出，相应的光线的波长值可由波长鼓轮上的读数来确定。

阿贝棱镜有 90°恒偏向特性，能保证入射光与出射光始终垂直。因此摄谱仪的照相装置中光学系统的光轴与平行光管的光轴垂直。如图 4.7.4 所示，阿贝棱镜可以看作是由两个 30°角折射棱镜和一个 45°角全反射棱镜组成，它的分光原理与三角棱镜完全相同。

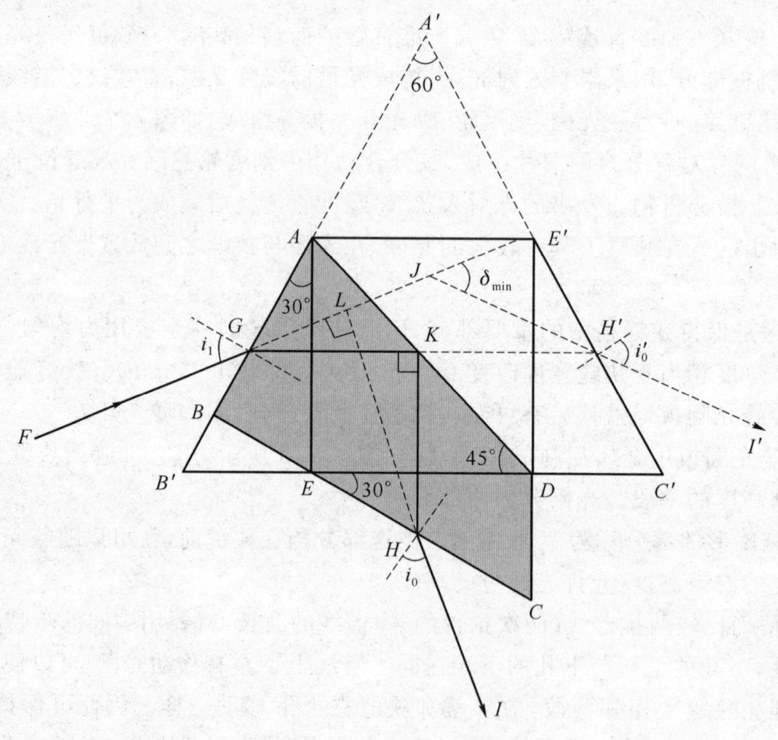

图 4.7.4 阿贝棱镜

我们知道，光线以最小偏向角通过棱镜时，入射光线和出射光线对于棱镜底面是对称的。图 4.7.4 中 $A'B'C'$ 所示棱镜是顶角为 60°的等腰棱镜，入射线 FG 和出射线 $H'I'$ 是对称的，在棱境内的行进路线 GH' 与棱镜底边平行。设将图中所示棱镜 $A'B'C'$ 沿平行于底边的 AE' 线切去其顶部 $A'AE'$，并使 AE' 等于剩下的梯形高度 AE。再以正方形

$AEDE'$的对角线 AD 为对称轴，将四边形 $ADC'E'$ 翻到 $ADCE$ 位置。然后将 CE 延长与 $A'B'$边交于 B 点。这样就形成了阿贝棱镜 $ABCD$。此时 AD 成了一个反射面，在棱镜内通过的光线在 K 点产生全反射。C、H、E 各点分别为 C'、H'、E'各点的像，光线现在沿着 $FGKHI$ 行进。

下面证明入射光方向 FG 与出射光方向 HI 之间的偏向角为直角。

由对称光路的几何特性可知，$\angle JGK=\angle JH'K$；又据平面镜反射原理有 $\angle JH'K=\angle LHK$，因此 $\angle JGK=\angle LHK$。由于 $GK\perp KH$，所以 $GL\perp LH$，也即 $FG\perp HI$。对于任何波长的光线，只要它处于最小偏向角位置，新的偏向角就总是等于 90°。这就是阿贝棱镜的恒偏向原理。

(3) 接收系统

如图 4.7.1 所示，小型棱镜摄谱仪的接收系统包括聚光透镜 L_2 和放置在它的像方焦平面上的照相底板 F、看谱目镜或出射狭缝。照相底板 F、看谱目镜或出射狭缝可分别装于出射光管外端的定位孔上，即装于图 4.7.1 中 AA'位置。

如果出射光管外端装上照相机，则聚光透镜 L_2 将棱镜分解开的各种不同波长的单色平行光聚焦在 F 的不同位置上，得到不同波长的单色光所成的狭缝的像，叫作光谱线。各条光谱线在底板上按波长依次排列就形成了被摄光源的光谱图。若光源辐射的波长 λ_1、λ_2 等为分立值，则摄得的光谱线也是分立的，叫作线光谱；若光源辐射的波长为连续值，则摄得的是连续光谱。

如果出射光管外端装上出射狭缝，则构成了一个单色仪，转动棱镜转角调节轮，可使聚焦于出射狭缝处的不同光线射出，以获得所需的单色光。

如果出射光管外端装上看谱目镜系统，则可直接用眼睛观察被测光谱在可见光区域的光谱线。

2. 用小型棱镜摄谱仪测定谱线波长

(1) 用比较光谱测定谱线波长

从前面的介绍我们知道，比较光谱就是将已知波长的谱线组和待测波长的谱线组并列记录在同一底片上，只要记录时，保持各谱线组不发生横向移动，便可由已知波长的谱线的波长，利用线性内插法，测知待测谱线的波长。

假设在图 4.7.5 中一个较小的波长范围内，摄谱仪棱镜的色散是均匀的，可以认为谱线在底板上的位置与波长有线性关系，即

$$\frac{\lambda_2-\lambda_1}{n_2-n_1}=\frac{\lambda_x-\lambda_1}{n_x-n_1} \tag{4.7.1}$$

式中，λ_1、λ_2 为已知谱线的波长，介于 λ_1 与 λ_2 之间的待测谱线波长为 λ_x，它们在底板上的位置分别为 n_1、n_2 和 n_x。所以，待测谱线的波长为

$$\lambda_x=\lambda_1+\frac{n_x-n_1}{n_2-n_1}(\lambda_2-\lambda_1) \tag{4.7.2}$$

可见，只要在底板上测出谱线的位置 n_1、n_2 和 n_x，就可用式(4.7.2)计算出待测谱线的波长 λ_x。

(2) 用定标曲线测定谱线波长

当通过看谱目镜直接用眼睛观察被测光谱在可见光区域的光谱线时，可以看到看谱目镜视场下方的中间有一个“▲”形状的指针，这是看谱时的标志，转动波长鼓轮将某条谱线调

至恰好对齐“▲”形标志时，读出波长鼓轮上的刻度值原理上就是该谱线的波长值。但波长鼓轮上的刻度值与谱线标准波长值相差较大，需要用定标曲线校正。

定标曲线的做法是先以一组已知波长 λ_s 的光谱线做标准，测出这些已知谱线对应的鼓轮刻度值 T_s 后，以 T_s 为横坐标，λ_s 为纵坐标，作 T_s-λ_s 定标曲线，如图 4.7.6 所示。而对于待测光谱波长的光源，只要记下它各条谱线所对应的鼓轮刻度值 T_x，对照定标曲线就可确定各谱线的波长 λ_x。

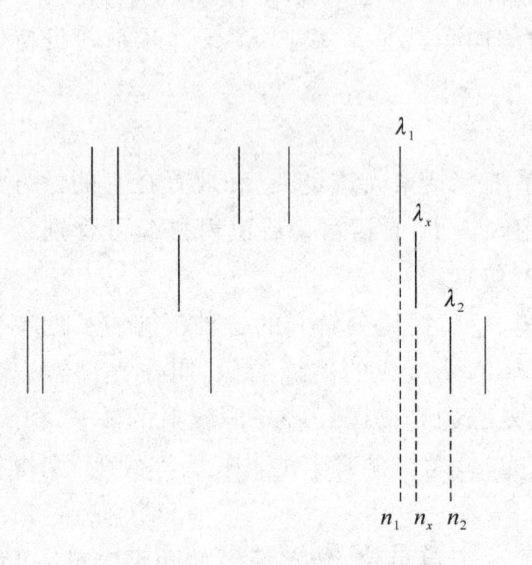

图 4.7.5　比较光谱

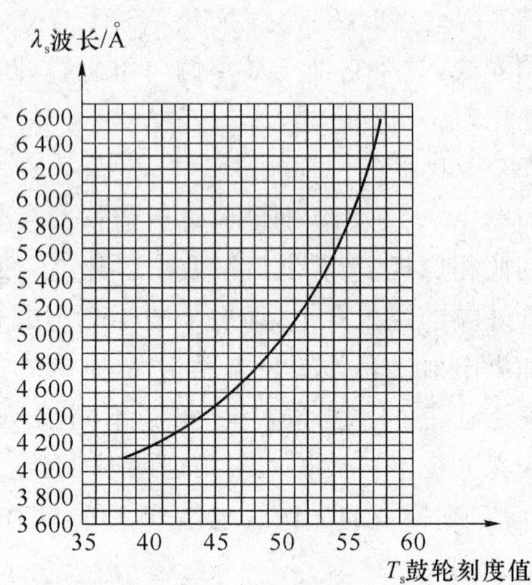

图 4.7.6　T_s-λ_s 定标曲线

【实验内容】

本实验是用定标法测定钠灯谱线波长，即利用汞灯可见光区的七条谱线作定标曲线，然后以此来测定钠灯可见光区谱线的波长值。

1. 摄谱仪的调节

(1) 调节共轴。调节时，先将汞灯点亮预热，竖直放置在摄谱仪的底座导轨上，调至与入射狭缝等高，沿导轨将汞灯移远，从看谱管内观察，调整光源的位置，使谱线清晰。

(2) 在光源与狭缝之间加入聚光透镜 L，调节透镜 L 的位置，使光源成像在入射狭缝上。若更换光源，只能调整光源的位置，而透镜 L 的位置不应变动，以保证光源始终处在准直透镜 L_1 的光轴上。

(3) 取掉狭缝罩盖，安装好看谱目镜系统，将汞灯置于“S”处，这时可看到汞灯的线光谱。调节看谱目镜位置和缝宽，注意观察是否所有谱线都清晰，若不清晰还需调节看谱目镜相对于系统轴线的倾角。

2. 测定钠灯谱线波长

(1) 检查仪器各可调部分是否处于正常工作状态，并使汞光谱中心波长为 435.8 nm 时的鼓轮读数为 43.5。

(2) 转动鼓轮，观察并测量汞的各条特征波长所对应的鼓轮刻度值 T_s，并以汞灯可见光范围内的主要特征谱线标准波长 λ_s 为已知量，做出如图 4.7.6 所示的定标曲线。汞灯可见光范围内的主要特征谱线标准波长分别为 404.7 nm(紫)、407.8 nm(紫)、435.8 nm(蓝)、546.1 nm(绿)、577.0 nm 和 579.1 nm(双黄线)、623.4 nm(红)等。

(3) 测量钠光灯谱线所对应的鼓轮刻度值,对照定标曲线,查出钠光灯谱线的波长值。

【注意事项】

(1) 光谱仪中的狭缝是非常精密的机械装置,实验中必须特别爱护。旋转鼓轮时,动作一定要缓慢。不要使刀片处于相互紧闭的状态,因为刀刃比较锐利,相互紧闭容易产生卷边而使刃口受到损伤与破坏。

(2) 摄谱时必须用 435.8 nm 为中心波长,即 435.8 nm 波长的谱线在看谱管视场内小指针的尖端位置,否则所给成像质量最好的调焦与暗箱倾斜转角数据无效。

(3) 测量时为了避免空程差,要沿同一方向旋转鼓轮。

(4) 为了防止伤害眼睛,请不要注视汞灯。

【仪器简介】

棱镜摄谱仪的基本组成如图 4.7.7 和图 4.7.8 所示。

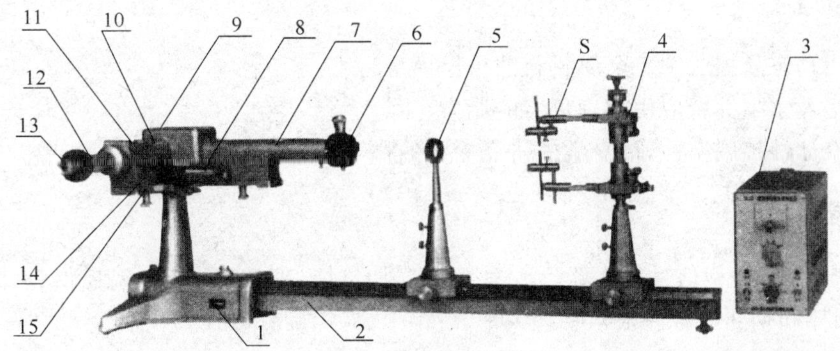

图 4.7.7　棱镜摄谱仪的结构(一)

1—机座;2—导轨;3—电弧发生器;4—电极架;5—光源聚光镜;6—狭缝头;7—入射光管;8—棱镜旋转鼓轮;9—棱镜罩;10—出射光管;11—锁紧机构;12—出射狭缝调节螺钉;13—看谱目镜;14、15—调节螺钉

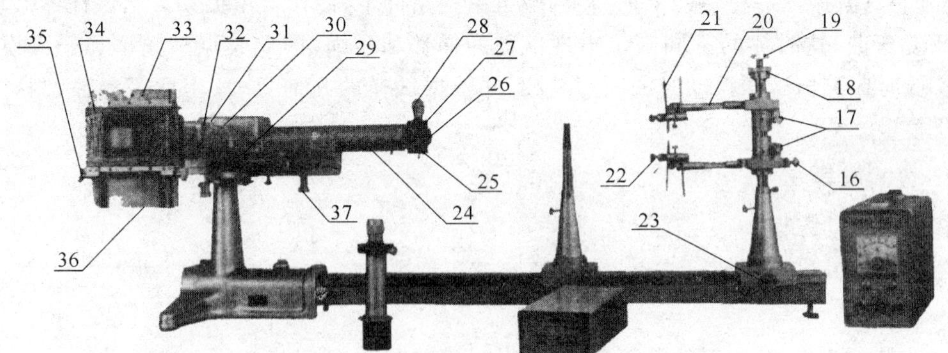

图 4.7.8　棱镜摄谱仪的结构(二)

16,17—调节螺钉;18,19—旋钮;20—绝缘棒;21—插孔;22—螺钉;23—固定螺钉;24—锁紧螺钉;25—曝光开关;26—哈特曼光阑;27—狭缝盖;28—刻度轮;29—棱镜转动平台;30—压板;31—刻度尺;32,37—调节螺钉;33—射谱箱;34—暗盒;35—旋转手轮;36—射谱箱面板

实验4.8 动态悬挂法测金属材料的杨氏模量

杨氏模量是工程材料的一个重要物理参数，它标志着材料抵抗弹性形变的能力。测定材料弹性模量的方法很多，基本可分四类：①静态测量法，包括静态拉伸法、静态扭转法、静态弯曲法；②动态测量法(共振测量法)，包括弯曲共振法(横向共振法)、纵向共振法、扭转共振法；③波速测量法，包括连续波法、脉冲波法；④其他的一些测量方法。

在以上各种测量方法中，目前大多数的高等学校做测定金属材料杨氏模量实验都采用静态拉伸法。采用这种方法，由于拉伸时载荷大，加载速度慢，存有弛豫过程，不能真实地反映材料内部结构的变化。对脆性材料(如玻璃、陶瓷等)无法用这种方法测量，也不能测量在不同温度时材料的杨氏模量。而弯曲共振法因其适用范围广(不同的材料和不同的温度)、实验结果稳定、误差小而成为世界各国广泛采用的测量方法。其中的悬丝耦合弯曲共振法已被规定为我国金属材料杨氏模量的标准测量方法。

【实验目的】

(1) 用动态悬挂法测定金属材料的杨氏模量。

(2) 培养学生综合应用物理仪器的能力。

(3) 设计性扩展实验，培养学生研究探索的科学精神。

【实验仪器】

测试台、YM-2型信号发生器、YM-3型试样加热炉、YM-3型数显温控仪、示波器、试样棒(黄铜圆棒和钢圆棒各一根)、物理天平、游标卡尺、螺旋测微计。

【实验原理】

“动态悬挂法”(或称“动力学法”)的基本方法是：将一根截面均匀的试样棒悬挂在两只传感器(一只激振，一只拾振)下面，在两端自由的条件下，使作自由振动。当试样棒振动时，棒要反复弯曲，这时棒的不同部位出现反复的伸长和压缩，因此其振动频率和杨氏模量有关。实验时监测出试样振动时的固有基频，并根据试样的几何尺寸、密度等参数，测得材料的杨氏模量。

1. 公式推导

棒的横振动方程

$$\frac{\partial^4 Y}{\partial x^4}+\frac{\rho S}{EJ}\frac{\partial^2 Y}{\partial t^2}=0 \tag{4.8.1}$$

式中，ρ 为棒的密度；S 为棒的截面积；E 为杨氏模量；J 为惯量矩($J=\int Y^2\mathrm{d}S$)。

用分离变量法解该方程。令

$$Y(x,t)=X(x)T(t)$$

代入方程(4.8.1)得

$$\frac{1}{x}\frac{\mathrm{d}^4 X}{\mathrm{d}x^4}=-\frac{\rho S}{EJ}\frac{1}{T}\frac{\mathrm{d}^2 T}{\mathrm{d}t^2}$$

等式两边分别是 x 和 t 的函数，只有都等于一个任意常数时才有可能，设为 K^4，得

$$\frac{\mathrm{d}^4 X}{\mathrm{d}x^4}-K^4 X=0 \qquad \frac{\mathrm{d}^2 T}{\mathrm{d}t^2}+\frac{K^4 EJ}{\rho S}T=0$$

这两个线性常微分方程的通解分别为

$$X(x)=B_1\,\mathrm{ch}Kx+B_2\,\mathrm{sh}Kx+B_3\cos Kx+B_4\sin Kx$$

$$T(t)=A\cos(\omega t+\varphi)$$

于是横振动方程式的通解为

$$Y(x,t)=(B_1\,\mathrm{ch}Kx+B_2\,\mathrm{sh}Kx+B_3\cos Kx+B_4\sin Kx)A\cos(\omega t+\varphi)$$

式中

$$\omega=\left(\frac{K^4 EJ}{\rho S}\right)^{\frac{1}{2}} \tag{4.8.2}$$

称为频率公式。对任意形状的截面，不同边界条件的试样都是成立的。只要用特定的边界条件定出常数 K，代入特定截面的惯量矩 J，就可以得到具体条件下的计算公式了。

如果悬线悬挂在试样的节点，则其边界条件为自由端横向作用力为零，即

$$F=-\frac{\partial M}{\partial x}=-EJ\frac{\partial^3 Y}{\partial x^3}=0$$

弯矩

$$M=EJ\frac{\partial^2 Y}{\partial x^2}=0$$

即

$$\frac{\mathrm{d}^3 X}{\mathrm{d}x^3}\Big|_{x=0}=0 \qquad \frac{\mathrm{d}^3 X}{\mathrm{d}x^3}\Big|_{x=L}=0$$

$$\frac{\mathrm{d}^2 X}{\mathrm{d}x^2}\Big|_{x=0}=0 \qquad \frac{\mathrm{d}^2 X}{\mathrm{d}x^2}\Big|_{x=L}=0$$

将通解代入边界条件，得到 $\cos KL\,\mathrm{ch}KL=1$。

由数值解法求得本征值 K 和棒长 L 应满足 $KL=0,4.730,7.853,10.996,14.137,\cdots$。由于其中一个根“0”相应于静态情况，故将第二个根作为第一个根记做 K_1L。一般将 K_1L 所对应的频率称为基频频率。在上述 K_mL 值中，第 1、3、5、…个数值对应着“对称形振动”，第 2、4、6、…个数值对应着“反对称形振动”。最低级次的对称形和反对称形振动的波形如图 4.8.1 所示。

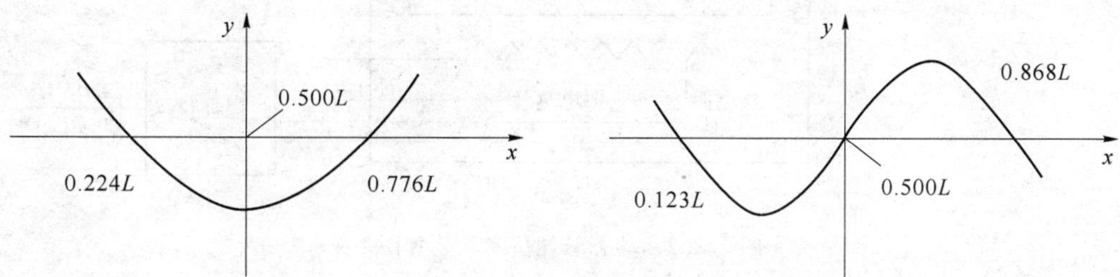

图 4.8.1　低级次对称形和反对称形振动的波形图

可见试样在作基频振动时，存在两个节点，它们的位置距离端面分别为 0.224L 和 0.776L。将第一本征值 $K=4.730/L$ 代入式(4.8.2)，得到自由振动的固有圆频率(基频)

$$\omega=\left[\frac{(4.730)^4 EJ}{\rho L^4 S}\right]^{\frac{1}{2}}$$

解出杨氏模量

$$E=1.997\,8\times10^{-3}\frac{\rho L^4 S}{J}\omega^2=7.887\,0\times10^{-2}\frac{L^3 m}{J}f^2$$

对于圆棒

$$J=\int Y^2 \mathrm{d}S=S\left(\frac{d}{4}\right)^2$$

式中，d 为圆棒的直径。得到

$$E=1.606\,7\frac{L^3 m}{d^4}f^2 \tag{4.8.3}$$

对于矩形棒

$$J=\frac{bh^3}{12}$$

式中，b 为棒宽；h 为棒厚；m 为棒的质量。得到

$$E=0.946\,4\frac{L^3 m}{bh^3}f^2 \tag{4.8.4}$$

在推导以上两个公式时是根据最低级次(基频)的对称形振动的波形导出的。从图 4.8.1可见，试样在作基频振动时，存在两个节点。显然节点是不振动的，实验时悬丝不能吊扎在节点上。

2. 实验装置

本实验的基本问题是测量试样在不同温度时的共振频率。为了测出该频率，实验时可采用如图 4.8.2 所示装置(变温测量)。如要测量低于室温时金属材料的杨氏模量，可将加热炉改用低温槽。

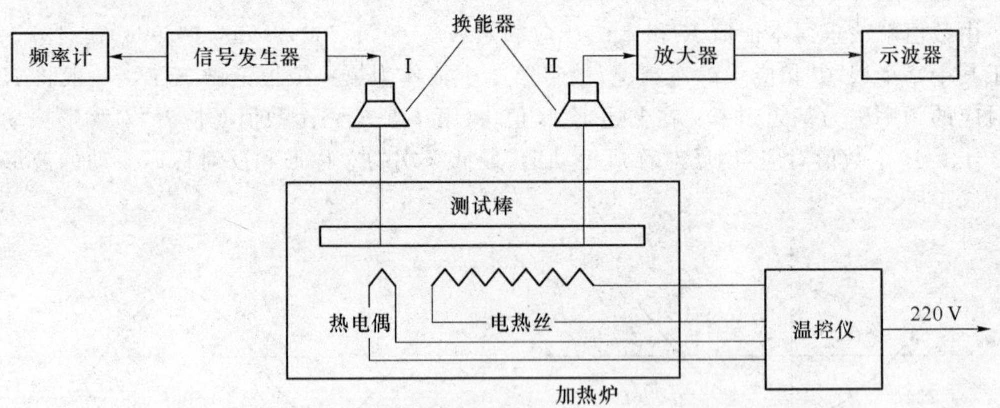

图 4.8.2　动态悬挂法实验装置图

由信号发生器输出的等幅正弦波信号加在传感器Ⅰ(激振)上。通过传感器Ⅰ把电信号转变成机械振动，再由悬线把机械振动传给试样，使试样受迫作横振动。试样另一端的悬线把试样的机械振动传给传感器Ⅱ(拾振)，这时机械振动又转变成电信号。该信号经放大后送到示波器中显示。

当信号发生器的频率不等于试样的共振频率时，试样不发生共振，示波器上几乎没有信号波形或波形很小。当信号发生器的频率等于试样的共振频率时，试样发生共振。这时示波器上的波形突然增大，读出的频率就是试样在该温度下的共振频率。根据式(4.8.3)，即可计算出该温度下的杨氏模量。不断改变加热炉的温度，可以测出在不同温度时的杨氏模量。

【实验内容】

(1) 测定试样的长度 L、直径 d 和质量 m。

(2) 在室温下铜和钢的杨氏模量分别约为 $1.1\times10^{11}\,\mathrm{N/m^2}$ 和 $2.0\times10^{11}\,\mathrm{N/m^2}$。先估算出共振频率 f，以便寻找共振点。

(3) 测量铜和不锈钢在室温下的共振频率 f，将 L、d、m 和 f 代入式 $E=1.6067\dfrac{L^3m}{d^4}f^2$ 计算杨氏模量值，并算出其测量不确定度。

(4) 作变温测量，不断加热试样(最高温度约 500 ℃)，测出不同温度下的共振频率 f，画出共振频率 f 和温度 t 的关系图线。

(5) 求出不同温度下材料的杨氏模量 E，画出杨氏模量 E 和温度 t 的关系图线。

【注意事项】

因试样共振状态的建立需要有一个过程，且共振峰十分尖锐，因此在共振点附近调节信号频率找寻共振峰时，必须十分缓慢地进行。

【思考题】

(1) 试从分析误差来讨论试样的长度 L、直径 d、质量 m、共振频率 f 分别应该采用什么规格的仪器测量？为什么？

(2) 估算本实验的测量误差。可从以下几个方面考虑：①仪器误差限；②悬挂点偏离节点引起的误差；③炉温分布不均匀和温度测量不准确引起的误差；④因操作者技术不熟练引起的误差。

(3) 试用李萨如图形法判定试样的共振频率。

(4) 根据实验原理，要使试样自由振动就应把悬线吊扎在试样的节点上，但这样做就不能激发和拾取试样的振动。因此实际的吊扎位置都要偏离节点。请用“内插法”准确测定悬线吊扎在试样节点上时的共振频率，并修正实验结果。

实验 4.9　压力传感器的特性研究

将非电量信号转换成电量信号的装置叫作传感器。传感器是现代检测和控制系统的重要组成部分。传感器的作用就是把被测量的非电量信号(如力、热、声、磁和光等物理量)转换成与之成比例的电量信号(如电压和电流)，然后再经过适当的测量电路处理后。送至指示器指示或记录。这种非电量至电量的转换是应用不同物体的某些电学性质与被测量之间的特定关系来实现的。例如，利用电阻效应、热电效应、磁电效应、光电效应和压电效应等。

应用不同物体的独特的物理变化，可设计和制造出适用于各种不同用途的传感器。压力传感器是最基本的传感器之一。

【实验目的】

(1) 了解非电量电测的一般原理和测量方法。

(2) 掌握压力传感器的构造、原理、测量方法和特性。

(3) 了解非平衡电桥的原理。

【实验仪器】

传感器特性实验仪、数字毫伏表、直流稳压电源、传感器平衡器、砝码。

【实验原理】

非电量电测系统一般由传感器、测量电路和显示记录三部分组成，它们的关系如图 4.9.1所示。现在以应变电阻片做成的压力传感器为例进一步讨论如何实现将“力”的测量转变为“电压”测量的电测系统。

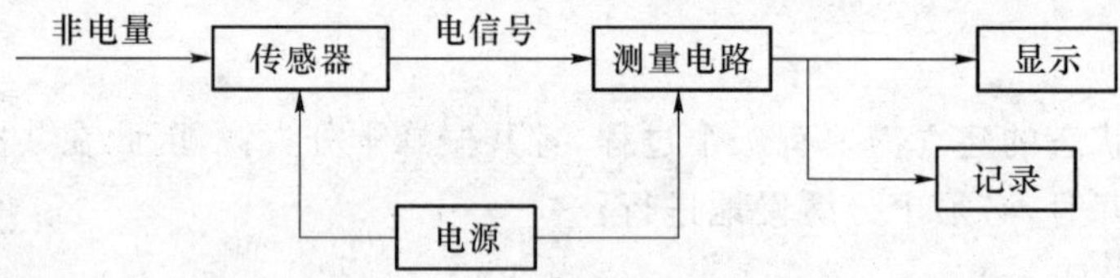

图 4.9.1 非电量电测系统

1. 压力传感器

应变电阻片是用一根很细的康铜电阻丝按图 4.9.2 所示的形状弯曲后用胶粘贴在衬底(用纸或有机聚合物薄膜制成)上，电阻丝两端有引出线用于外接。康铜丝的直径在 0.012～0.050 mm。电阻丝受外力作用拉长时电阻要增加，压缩时电阻要减小，这种现象称为“应变效应”，这种电阻片取名为“应变电阻片”。将应变电阻片粘贴在弹性材料上，当材料受外力作用产生形变时，电阻片跟着形变，这时电阻发生变化，通过测量电阻值的变化就可反映出外力作用的大小。实验证明，在一定范围内电阻的变化和电阻丝轴向长度的变化成正比，即

$$\frac{\Delta R}{R} \propto \frac{\Delta L}{L}$$

压力传感器是将四片电阻片分别粘贴在弹性平行梁 A 的上下两表面适当的位置，如图 4.9.3所示，R_1、R_2、R_3、R_4 是四片电阻片，梁的一端固定，另一端自由，用于加载荷 F。

弹性梁受载荷作用而弯曲，梁的上表面受拉，电阻片 R_1、R_3 也受拉伸电阻增大。梁的下表面受压，R_2、R_4 电阻减小。这样，由于外力 F 的作用造成梁的形变而使四个电阻片的电阻值发生变化，这就是压力传感器。

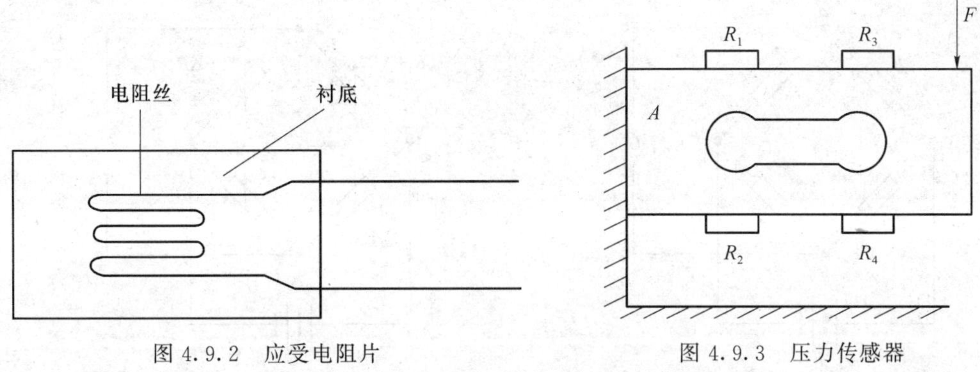

图 4.9.2　应受电阻片　　　　图 4.9.3　压力传感器

2. 测量电路

由于电阻的变化是很微小的，因此要求测量电路能精确地测量出这些微小的电阻变化。测量电路通常采用电桥电路并用不平衡电桥进行测量。将应变电阻片 R_1、R_2、R_3、R_4 连接成如图 4.9.4 所示的直流电桥线路，c、d 两端接稳压电源 E，a、b 两端为电桥电压输出端，输出电压为 U_0。由图 4.9.4 可得

$$U_0=E\left(\frac{R_1}{R_1+R_2}\right)-\left(\frac{R_4}{R_3+R_4}\right) \tag{4.9.1}$$

当电桥平衡时，即 $U_0=0$，有

$$R_1R_3=R_2R_4$$

$$\frac{R_1}{R_4}=\frac{R_2}{R_3} \tag{4.9.2}$$

式(4.9.2)就是我们熟悉的电桥平衡条件。在传感器上粘贴的电阻片是相同的四片电阻片，其电阻值相同，即有

$$R_1=R_2=R_3=R_4=R \tag{4.9.3}$$

所以当传感器不受外力作用时，电桥满足平衡条件，a、b 两端输出的电压 $U_0=0$。

当梁受到载荷 F 的作用时，由前面讨论可知各应变电阻片的电阻值会发生相应的变化，如图 4.9.5 所示，因此电桥不平衡，则有

$$U_0=E\,\frac{(R_1+\Delta R_1)}{(R_1+\Delta R_1)+(R_2-\Delta R_2)}-\frac{(R_4-\Delta R_4)}{(R_3+\Delta R_3)+(R_4-\Delta R_4)} \tag{4.9.4}$$

设

$$\Delta R_1=\Delta R_2=\Delta R_3=\Delta R_4=\Delta R \tag{4.9.5}$$

将式(4.9.3)和式(4.9.5)代入式(4.9.4)后得

$$U_0=E\,\frac{\Delta R}{R} \tag{4.9.6}$$

从式(4.9.6)可知电桥输出的不平衡电压 U_0 是和应变电阻片电阻的变化 ΔR 成正比的，这就是不平衡电桥的工作原理。显然测量出 U_0 的大小即可反映外力 F 的大小。此外由式(4.9.6)还可知，若要获得较大的输出电压 U_0，可以采用较高的电源电压 E，同时也说明电源电压不稳定将给测量结果带来误差，因此电源电压一定要稳定。

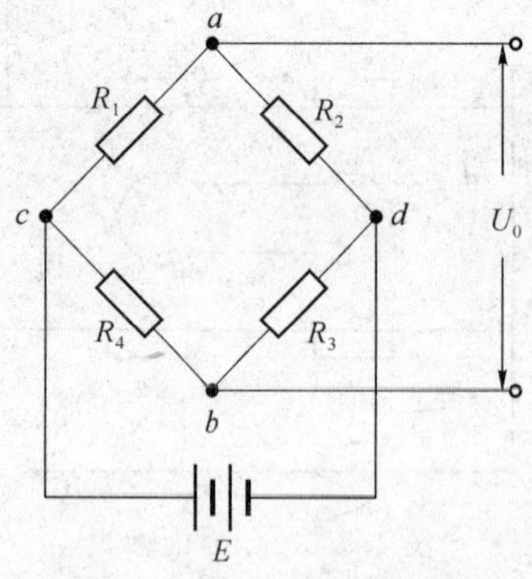

图 4.9.4　直流电桥线路

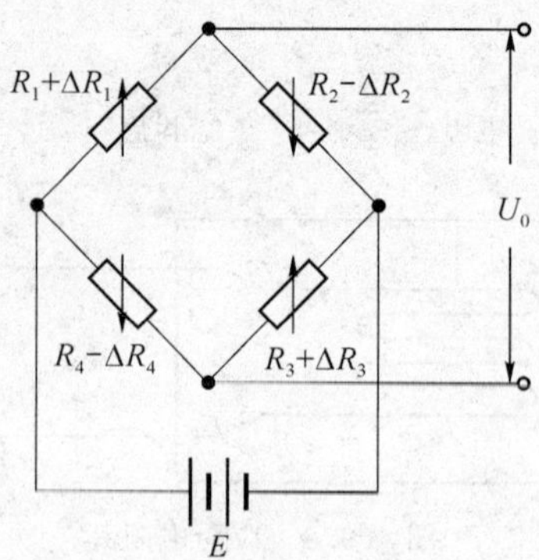

图 4.9.5　不平衡电桥工作原理图

3. 显示记录

电压 U_0 的测量目前常用的显示装置有三类：模拟显示，如直流毫伏计；数字显示，可用数字电压表；图像显示，可用屏幕显示测量结果或变化曲线。常用的记录仪有各种光线示波器、电传打字机和电子自动电位差计等。本实验采用数字毫伏表测量 U_0。

【实验内容】

1. 仪器的连接

从图 4.9.6 可知，实验电路要在桥臂 R_3、R_4 之间外接一个传感器平衡器 R_0，这是因为在测量之初传感器不受外力时，电桥应处于初始平衡状态，但实际上电桥各臂电阻不可能完全相同，另外还有接触电阻和导线电阻等因素使得电桥总是稍微不平衡，为此接入 R_0，微调此电阻可满足初始平衡状态（调零）。

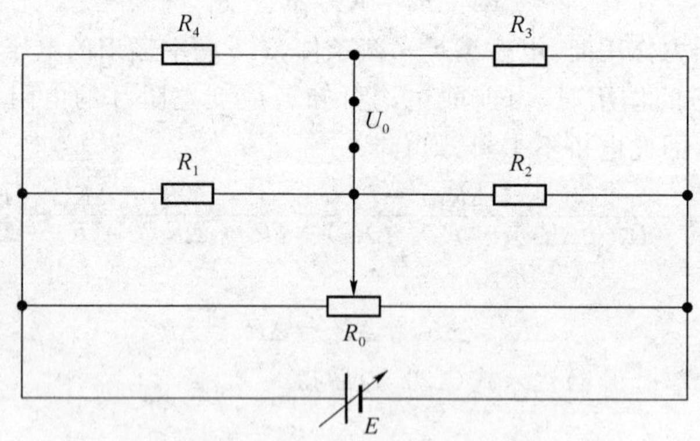

图 4.9.6　实验电路图

2. 测量载荷力 F 与电桥输出电压 U_0 的关系（电源电压 $E=10.0$ V）

（1）微调电阻 R_0，使电桥平衡，即 $U_0=0$。

（2）按顺序增加一定数量的砝码（每次增加 m g，共 8 次），记录每次加载时的输出电压值 U_0。

（3）再按相反次序将砝码逐步取下，记录输出电压值 U_0。

3. 根据测量数据和特性曲线研究传感器的特性

(1) 用逐差法求出传感器的灵敏度：$S=\dfrac{\Delta U_0}{\Delta F}$ (mV/N)。

(2) 考察传感器的线性度(非线性误差) $L=FS\dfrac{|(\Delta L_{max})|}{U_0\times 100\%}$。式中，$\Delta L_{max}$ 为加载时输出曲线与理想直线(按线性拟合法求得)的最大差值。

(3) 考察传感器的滞后性(滞后差) $H=FS\dfrac{|(\Delta H_{max})|}{U_0\times 100\%}$。式中，$\Delta H_{max}$ 为卸载时输出曲线与加载时输出曲线的最大差值。

(4) 考察传感器的重复性误差 $R=FS\dfrac{|(\Delta R_{max})|}{F\times 100\%}$。式中，$\Delta R_{max}$ 为五次加载时特性曲线输出值之间的最大差值。

4. 用压力传感器测量任意物体的重量

(1) 将一个未知重量的物体 W 放置于加载的平台上，测出电压 U_0，同一物体分别测量五次，求出平均值 U_0。

(2) 物体的重量 $W=\overline{U}_0/S$。

5. 测量电桥电源电压 E 与电桥输出电压 U_0 的关系(加载保护用砝码 1 000 g)

(1) 改变稳压电源的输出电压 E 从 1.0～10.0 V，分别记录输出电压值 U_0。

(2) 作 E-U_0 关系图，分析是否为线性关系。

【思考题】

(1) 什么是传感器？

(2) 如何利用非平衡电桥来检测非电量？

(3) 试列出几种其他形式的非平衡电桥。

实验 4.10　集成电路温度传感器的特性测量

随着科学技术的发展，各种新型的集成电路温度传感器件不断涌现，并大批量生产和扩大应用。这类集成电路测温器件有以下几个优点：①温度变化引起输出量的变化呈良好的线性关系；②不需要参考点；③抗干扰能力强；④互换性好，使用简单方便。因此，这类传感器已在科学研究、工业和家用电器等方面被广泛用于精确测量和控制。

【实验目的】

(1) 测量电流型集成电路温度传感器的输出电流与温度的关系，并熟悉该传感器的基本特性。

(2) 采用非平衡电桥法，组装一台 0～50 ℃数字式温度计。

(3) 掌握用最小二乘法处理数据的方法。

【实验仪器】

恒温控制仪、温度传感器 AD590 及连线、水浴恒温槽、加热器、磁力搅拌器、电阻箱、ϕ16 mm玻璃管、真空保温瓶、水银温度计等。

【实验原理】

AD590 集成电路温度传感器是由多个参数相同的晶体管和电阻组成的，当该器件的两引出端加有＋4～＋30 V 的激励电压（一般工作电压可在 4.5～20 V 范围内）时，这种传感器起恒流源的作用，其输出电流与传感器所处的温度成正比，且转换系数为 $k=1\ \mu A/K$ 或 1 μA/℃，即该温度传感器的温度升高或降低 1 ℃，那么传感器的输出电流增加或减少 1 μA，该传感器的电流与温度特性如图 4.10.1 所示。从图 4.10.1可知，它的输出电流的变化与温度变化满足如下关系：$I=kt+A$，式中，I 为 AD590 的输出电流，单位 μA，t 为温度，A 为摄氏零度时的电流值，该值恰好与冰点的热力学温度 273.15 K 相对应（对市售一般 AD590，其 A 值从 273～275 μA 略有差异）。其温度特性曲线是一条斜率 $k=1$ 的直线。利用 AD590 集成电路温度传感器的上述特性，可以制成各种用途的温度计。

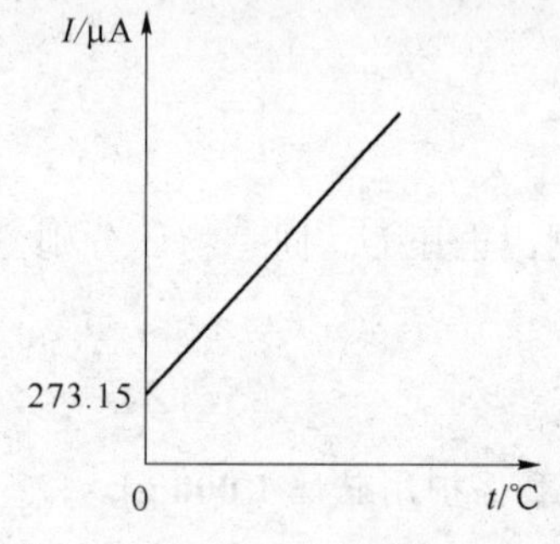

图 4.10.1　电流与温度特性曲线

利用图 4.10.2 线路测定电流 I 和温度 t 的关系。

采用图 4.10.3 非平衡电桥线路，可以制作一台数字式摄氏温度计，即 AD590 器件在 0 ℃时，数字电压表示值为 0；而当 AD590 器件处于 t(℃)时，数字电压表显示值为 t。

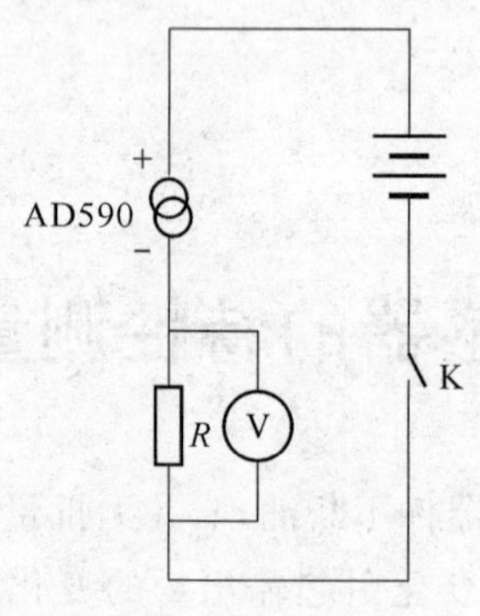

图 4.10.2　实验原理图

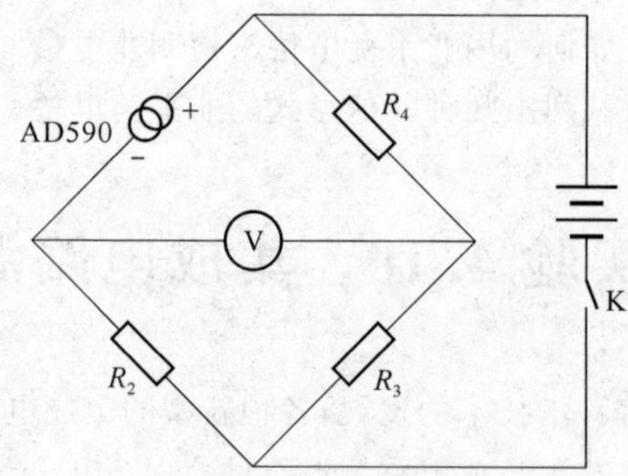

图 4.10.3　非平衡电桥线路

【实验内容】

1. 测量 AD590 的温度特性

(1) 按图 4.10.2 要求，结合图 4.10.5 接线（AD590 的正负极不能接错）。测量 AD590 集成电路温度传感器的电流 I 与温度 t 的关系，取样电阻 R 为 1 000 Ω，利用恒温控制仪内置的稳压电源（$E=12$ V）和数字电压表接线。

(2) 升温测量:在室温～100 ℃的范围内加温,均匀选择 6～10 个测量点分别测量输出电流大小,电流 I 等于数字电压表示值与电阻阻值之比,对应的温度 t 从恒温控制仪上读出,将数据填入数据表格。

降温测量:同理,在 100 ℃～室温的范围内降温,分别测量不同温度时的输出电流大小。将数据填入数据表格。

实验时应注意 AD590 温度传感器为二端铜线引出,不可直接放在水中,为防止极间短路,应用一端封闭的薄玻璃管保护套保护,其中注入少量变压器油,并有良好热传递;一定要温度稳定时再读输出电流值大小。由于温度传感器的灵敏度很高,所以温度的改变量大小基本等于输出电流的改变量大小 $\Delta I \approx \Delta t$。因此,其温度特性曲线是一条斜率为 $k=1$ 的直线。

(3) 根据数据,描绘 I-t 温度特性曲线。

(4) 把实验数据用最小二乘法进行直线拟合,求斜率 k、截距 A 和相关系数 r。

2. 制作量程 0～50 ℃范围的数字温度计

按图 4.10.3 连接线路,R_2 和 R_3 各取 1 000 Ω,将 AD590 放入冰点槽中,调节 R_4 使数字电压表示值为零。然后,将 AD590 放入其他温度如室温的水中(薄玻璃管保护套保护)升温,测量电压表示值,同时用另一只连接在仪器后面板上的 AD590 测量水温,或用标准水银温度计测量,进行读数对比,求出百分差。根据数据,描绘 U-t(电压～温度)特性曲线,根据此特性曲线,将数字电压表重新标定为数字温度计。

【注意事项】

(1) AD590 集成温度传感器的正负极不能接错,红线表示接电源正极。

(2) AD590 集成温度传感器不能直接放入水中或冰水混合物中测温度,若测水温或冰水混合物,须插入盛有少量油的玻璃细管内,再插入待测物中测温。

(3) 磁力搅拌器转速不宜太快,只要匀速慢速搅拌即可。若转速太快或磁性转子不在中心,均有可能转子离开旋转磁场位置而停止工作,这时须将马达转速电位器逆时针调至最小,让磁性转子回到磁场中再旋转。

【思考题】

(1) 电流型集成电路温度传感器有哪些特性?与半导体热敏电阻、热电偶相比它有哪些优点?

(2) 如果 AD590 集成电路温度传感器的灵敏度不是严格的 1 μA/℃,而是略有差异,应如何改变 R_2 的值,使数字温度计测量误差减小?

【仪器简介】

1. 恒温控制仪

恒温控制仪面板如图 4.10.5 所示,各部分名称如下:①数字电压表;②三个琴键开关 A(恒温槽温度设定值显示)、B(现时槽温度显示)、C(数字电压表);③温度设置调节电位器;④马达及磁性转子转速调节旋钮;⑤指示灯;⑥加热器输入电压调节;⑦2 000 mL 烧杯;⑧加热器;⑨ϕ16 mm 玻璃管;⑩AD590 传感器;⑪搅拌珠。

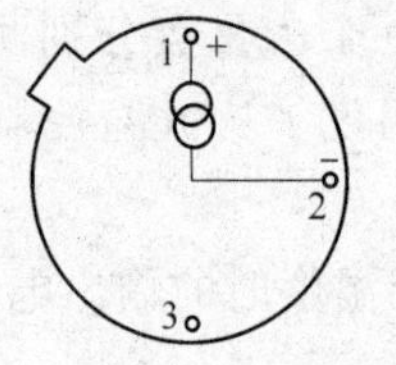

图 4.10.4　AD590 温度传感器

AD590 电流型集成温度传感器为两端式集成电路温度传感器，它的管脚引出有两个，如图 4.10.4 所示，1 接电源正端(红色引线)，2 接电源负端(黑色引线)，3 接外壳，它可以接地，也可以不用。AD590 工作电压 4～20 V，通常工作电压 10～15 V，但不能小于 4 V(小于 4 V 出现非线性)。

PZ114 型直流数字电压表量程有 0～200 mV(灵敏度 10 μV)、0～2 V(灵敏度 10 μV)、0～20 V(灵敏度 1 mV)等。该仪器的优点是，可根据输入信号大小自动转换量程，在本实验中调节电桥平衡相当方便。

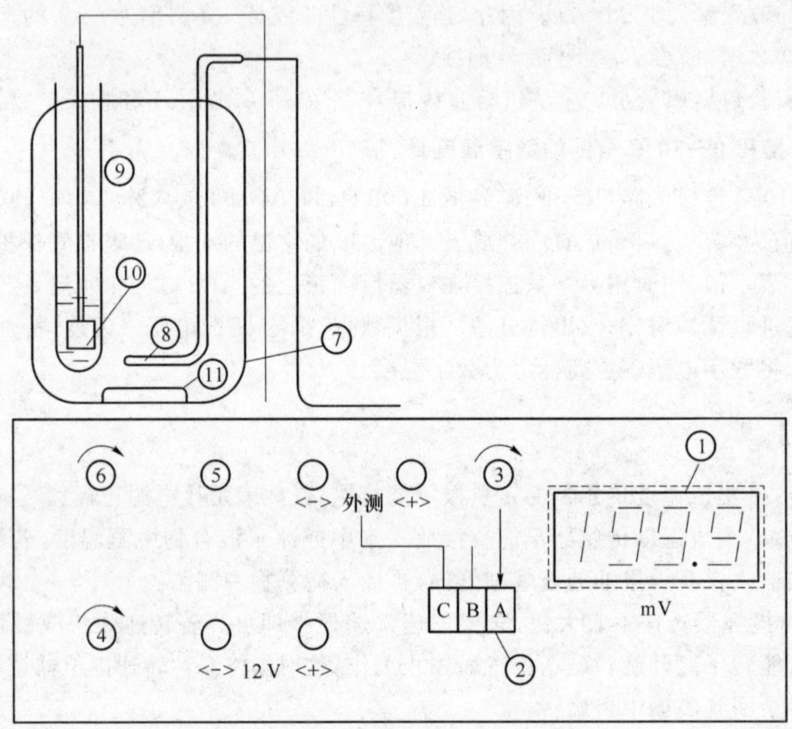

图 4.10.5　恒温控制仪面板图

2. 仪器使用方法

(1) 使用前应将各电位器调节旋钮逆时针方向旋到底。把一只 AD590 传感器接线端接在恒温控制仪后面板指定接线柱上，另一只 AD590 传感器用来接入测温电路。AD590 测温端放入注有少量油的玻璃管内。在 2 000 mL 大烧杯内注入 1600 mL 的净水，盖上铝盖，并放入磁性转子。

(2) 将 2 000 mL 大烧杯(恒温槽)放在恒温控制仪盖板上指定位置(磁性最强处)，搅拌用的磁性转子必须处在大烧杯的中间部位。调节马达转速电位器，使磁性转子较慢地匀速转动。按下琴键 A 键，并调节温度设定电位器，可以从显示器上观察到设定的水温。

(3) 水温低于设定值，调节加热电位器，使指示灯亮，此时加热器通电加热，当水温达到设定值或瞬时超过此值时，加热器停止加热，这时可仔细调节输入加热器电压达到指示灯微亮，使加热器加热与恒温槽散热处于平衡状态，避免加热器作“通断”工作。

(4) 按下琴键 B,可显示现在的水温。使用者可同时用标准温度计测水温,二者温度误差达到±0.5 ℃以上时,可调节后面板上的电位器,进行校准。

(5) 按下琴键 C,可作数字电压表用。

实验 4.11　高温超导转变温度测量实验

1911 年,荷兰物理学家卡默林·翁纳斯(Kamerlingh Onnes)首次发现了超导现象。当他将汞冷却到－268.98 ℃(约 4.2 K)时,汞的电阻突然消失。后来他又发现许多金属和合金都具有低温下失去电阻的特性。由于它的特殊导电性能,卡默林·翁纳斯称之为超导态。卡默林也由于这一发现获得了 1913 年诺贝尔奖。

这一发现引起了世界范围内的震动。在他之后,人们开始把处于超导状态的导体称之为“超导体”。超导体的直流电阻在一定的低温下突然消失的现象,被称作零电阻现象。导体没有了电阻,电流流经超导体时就不发生热损耗,可以毫无阻力地在导线中流动,从而产生超强磁场。

为了使超导材料有实用性,人们开始了探索高温超导的历程,从 1911—1986 年,超导温度由水银的 4.2 K 提高到 23.22 K(0 K＝－273 ℃)。1986 年 1 月发现钡镧铜氧化物超导温度是 30 K,12 月 30 日,又将这一纪录刷新为 40.2 K,1987 年 1 月升至 43 K,不久又升至 46 K和 53 K,2 月 15 日发现了 98 K 超导体,到 1993 年,超导临界温度提高到 134 K。

通常把在液氦温区工作的超导材料,称为低温超导体,而把在液氮温区工作的超导材料,称为高温超导体。现有的高温超导体还处于必须用液氮来冷却的状态,但它仍旧被认为是 20 世纪最伟大的发现之一。

超导材料和超导技术有着广阔的应用前景。例如,超导磁悬浮列车、超导重力仪、超导计算机、超导微波器件等。超导电性还可以用于计量标准,在 1991 年 1 月 1 日开始生效的伏特和欧姆的新的实用基准中,电压基准就是以超导电性为基础的。

【实验目的】

(1) 了解 FD-TX-RT-II 高温超导转变温度测定仪的结构及使用方法,掌握液氮低温技术。

(2) 利用 FD-TX-RT-II 高温超导转变温度测定仪,测量氧化物超导体 YBa_2CuO_7 的超导临界温度 T_c。

【实验仪器】

FD-TX-RT-II 高温超导转变温度测定仪、低温液氮杜瓦容器、若干连接导线。

【实验原理】

1. 零电阻现象以及超导转变温度

研究已经表明,金属的电阻是由晶格上原子的热振动以及杂质原子对电子的散射造成的。在低温时,一般金属(非超导材料)总是具有一定的电阻,如图 4.11.1 所示,其电阻率与

温度 T 的关系可以表示为：

$$\rho=\rho_0+AT^5 \tag{4.11.1}$$

式中，ρ_0 是 $T=0$ 时的电阻率，称为剩余电阻率，它与金属的纯度和晶格的完整性有关，对于实际的金属，其内部总是存在杂质和缺陷，因此，即使温度趋于绝对零度时，也总存在 ρ_0。

1911 年，卡默林·翁纳斯在极低温下研究降温过程中汞电阻的变化时，出乎意料地发现，温度在 4.2 K 附近，汞的电阻急剧下降好几千倍，后来有人估计此电阻率为 $3.6\times10^{-23}\ \Omega\cdot\text{cm}$，而迄今正常金属的最低电阻率为 $10^{-13}\ \Omega\cdot\text{cm}$，即在这个转变温度以下，电阻为零，这就是前面提到的零电阻现象，如图 4.11.2 所示。需注意的是，只有在直流电情况下，才有零电阻现象。

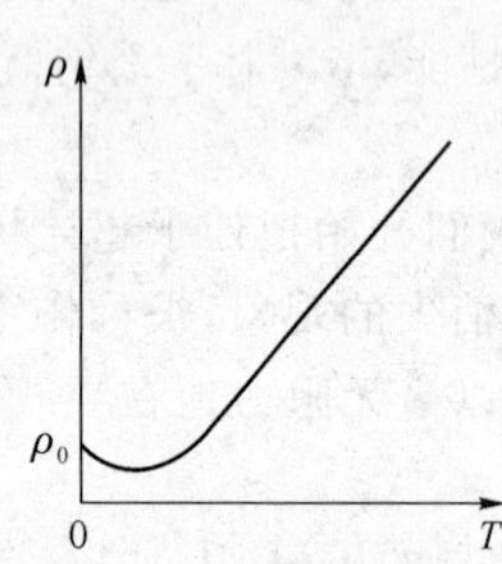

图 4.11.1　一般金属的电阻率温度关系

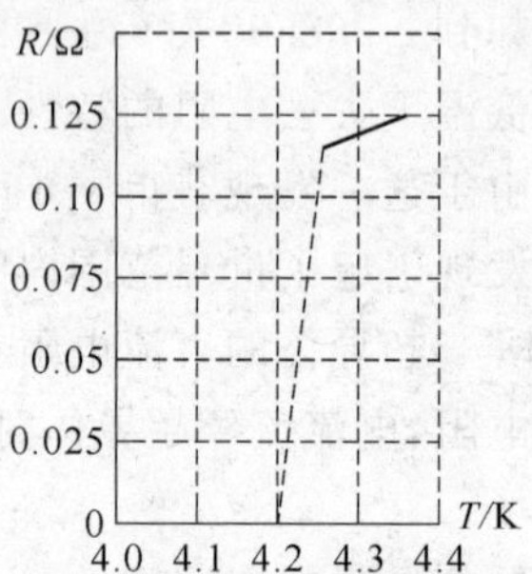

图 4.11.2　汞的零电阻现象

目前已知，包括金属元素、合金和化合物约五千种材料可在一定温度下转变为具有超导电性，称它们为超导材料。发生超导转变的温度称为临界温度，用 T_c 表示。某些常见超导材料的 T_c 值见表 4.11.1 所示。

表 4.11.1　常见超导材料的 T_c 值

材料	T_c 值/K	材料	T_c 值/K
Al	1.196	Cd	0.56
Hg(α 相)	4.15	Ca	1.091
Hg(β 相)	3.95	Ir	0.14
Nb	9.26	La(α 相)	4.9
V	5.30	La(β 相)	6.06
Hb	7.19	Ta	4.48
Sn	3.72	Ti	0.39
In	3.40	Zr	0.65

2. 铂电阻温度计

铂电阻温度计是利用金属铂的电阻随温度变化的性质，通过测量电阻来反映温度的大小。在液氮正常沸点到室温的温度范围内，它具有良好的线性电阻温度关系：

$$R(T)=AT+B \quad 或 \quad T(R)=aR+b \tag{4.11.2}$$

式中，A、B 和 a、b 是不随温度变化的常数。

因此，根据铂电阻温度计在液氮正常沸点和冰点的电阻值，可以确定作用的铂电阻温度计的 A、B 或 a、b 值，并由此可得到铂电阻值对应的温度值。

3. 超导材料的电阻测量方法:四引线测量法

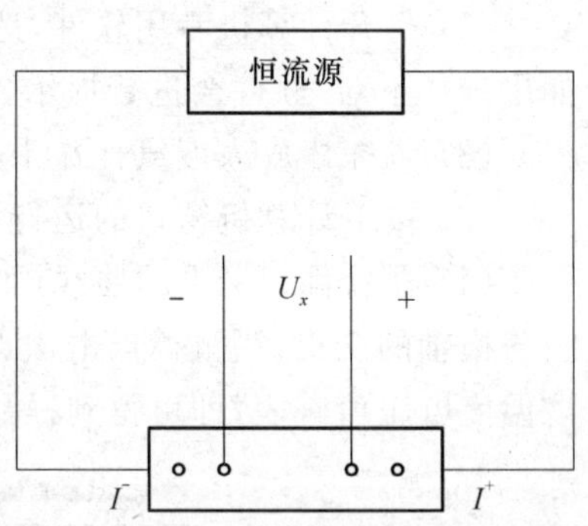

图 4.11.3　四引线法测电阻原理图

电阻测量原理电路如图 4.11.3 所示,测量电流由恒流源提供,其大小 I 可由测试仪主机前面板上的“样品电流”上直接读出。如果测得待测样品上的电压 U_x,则待测样品的电阻为

$$R_x=\frac{U_x}{I} \tag{4.11.3}$$

由于低温物理实验装置的原则之一是必须尽可能减小室温漏热,因此测量引线通常是又长又细,其电阻值有可能远远超过待测样品(如超导样品)的阻值。为了减小引线和接触电阻对测量的影响,通常采用“四引线测量法”,即每个电阻元件都采用四根引线,其中两根为电流引线,两根为电压引线。

四引线法的基本原理是:恒流源通过两根电流引线,将测量电流 I 提供给待测样品,而数字电压表则是通过两根电压引线来测量电流 I 在样品上所形成的电势差 U_x,由于两根电压引线与样品的接点处在两根电流引线的接点之间,因此排除了电流引线与样品之间的接触电阻对测量的影响;又由于数字电压表的输入阻抗很高,电压引线的引线电阻以及它们与样品之间的接触电阻对测量的影响可以忽略不计,因此,四引线法减小甚至排除了引线和接触电阻对测量的影响,是国际上通用的标准测量方法。

4. 计算机实时记录数据的方法

将测量仪主机与计算机(本仪器配套供应)连接,使用配套的专用软件可实时记录样品的超导转变曲线。优点是省时、省力,直观记录了超导转变的全过程,利用了计算机便于数据记录、物理量转换,存储方便、计时准确等优点,与计算机的连接和所用软件见下述介绍。

本软件设置为串行口输入,可选择不同的串行口(COM1 或 COM2),采样的记录格式形同于记录纸,x 坐标为温度值(以温度的形式来显示),每格大小在界面的右边显示。y 坐标所对应的是样品电压,每格所对应的电压值可供选择,这里设置了三个级别的电压值供选择。对于记录下的曲线,可以进行存盘、打印等操作,也可删除及重新开始记录,在计算机采样的时候,可以通过选择不同的颜色来区分降温和升温的曲线;在计算机记录完毕后,可以通过鼠标的点击来显示曲线上每一点的坐标值,横坐标的温度值可直接显示对应的温度,不需要查表。

【实验内容】

1. 液氮的灌注

将液氮是灌注到杜瓦容器中。超导电阻转变过程的快慢与杜瓦瓶中的液氮多少有关,一般控制在液氮液面的高度(离底部)为 6～8 cm。其高度可用所附底塑料杆探测估计。

2. 电路的连接

(1) 先将样品用导热胶粘放在样品架中,焊接四引线。

(2) 通过连接电缆将仪器与计算机串行口相连。

(3) 将放大器上的航空头分别接到主机上对应的航空插座上。

3. 测量临界转变温度 T_c

(1) 打开计算机专用软件，选择合适的串行口(COM1 或 COM2)和显示的 y 轴分度值，如果选择不对，软件会进行提示。

(2) 将探棒放入液氮杜瓦中，对超导样品进行降温。

(3) 按下计算机窗口的运行键，就可以进行对样品的实时采样。

(4) 在软件记录下的曲线(如图 4.11.4 所示)上，找到样品电压值突变为零的点，即曲线与横轴的交点，用鼠标点击该点就可点出该点对应的横坐标——温度电压数值，记录并用该温度电压值查表，即可得到样品的转变温度 T_c。

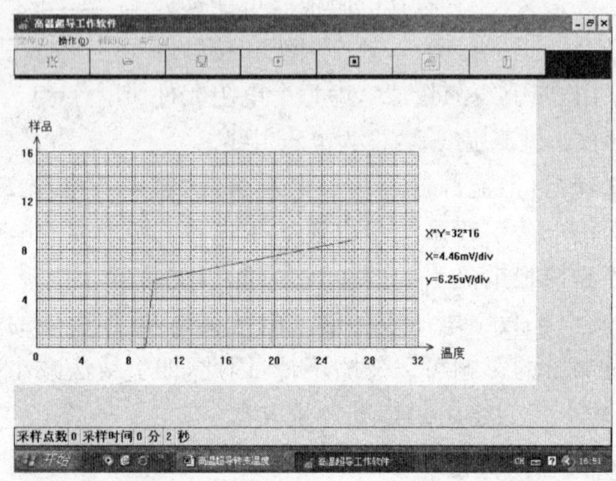

图 4.11.4　电脑软件显示的界面

(5) 保存并打印软件记录下的曲线。

【注意事项】

(1) 使用液氮一定要注意安全。

① 液氮的温度很低，是 77.4 K(约 −195.6 ℃)，所以不要把液氮倒到身上或者仪器以及引线上。

② 液氮气化时体积将急剧膨胀，切勿将容器出气口封死。

③ 氮气是窒息性气体，应保持实验室有良好的通风。

(2) YBa_2CuO_7 材料易吸收空气中的水汽使超导性能变坏。为此，每次实验完毕，需将探头吹热(用电吹风)升温去霜后，在近室温下焊下样品，并立即放入有硅胶干燥剂的密封容器中保存。硅胶需注意保持蓝色。当其颜色逐渐变淡而变成透明时即为失效，需重新加热，驱除所吸收的水分后再用。

【仪器介绍】

FD-TX-RT-II 高温超导转变温度测定仪，是测量超导体零电阻基本特性的专用实验设备，用以观察、测定超导体的最基本参量：超导临界温度。

1. 特点

(1) 采用常规的 U-I 四引线法，在恒定电流下测量 R-T 关系，测定转变温度。

(2) 实验中通过样品浸入和提离液氮来实现温度的升、降。样品温度范围:室温-液氮(77 K)。

(3) 样品的电阻-温度转变曲线可以用三种方式记录:连接 x-y 记录仪直接记录;读取测量仪主机面板上两数字电压表人工记录;连接计算机实时记录。

(4) 样品电压和温度电压的显示均为三位半数字电压表。通过按钮开关切换可显示样品电流和温度计电流。

2. 高温超导转变温度测量仪结构示意

整个超导实验仪的装置如图 4.11.5 所示。

(1) 探棒

探棒是安装超导样品和温度计供插入低温杜瓦实现变温的实验装置。其上部装有前级放大器,底部是样品室。棒身采用薄壁的德银管或不锈钢管制作。底部样品室的结构如图 4.11.6 所示。

样品室外壁和内部样品架均由紫铜块加工而成,通过紫铜块外壁与液氮的热接触,将冷量传到内部紫铜块样品架中。样品架的温度取决于与环境的热平衡。控制探棒插入液氮中的深度,可以改变样品架的温度变化速度。超导样品为常规的四引线接头方式,其电流、电压引线分别连接到样品架的相应接头上。图中,并排的中间两引线是电压接头,靠外的两引线是电流引线。样品架的温度由装于其块体内的铂电阻温度计测定。样品电阻的四引线和铂电阻的四引线通过紫铜热沉后接至探棒上端,再分别接至各自的恒流源和电压表。

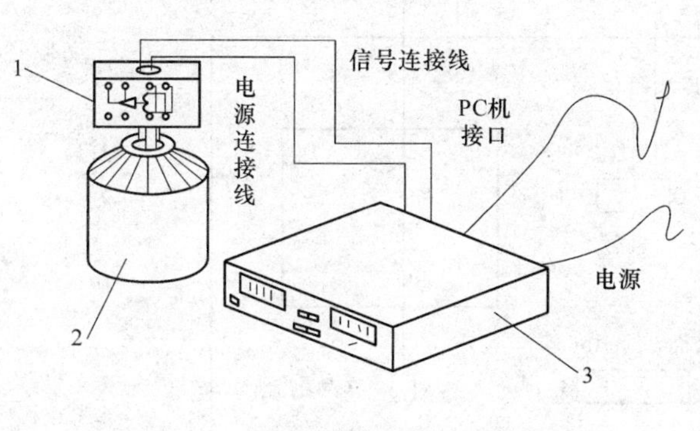

图 4.11.5　实验装置接线示意图

1—实验探棒和前级放大器;
2—低温液氮杜瓦;3—测量仪主机图

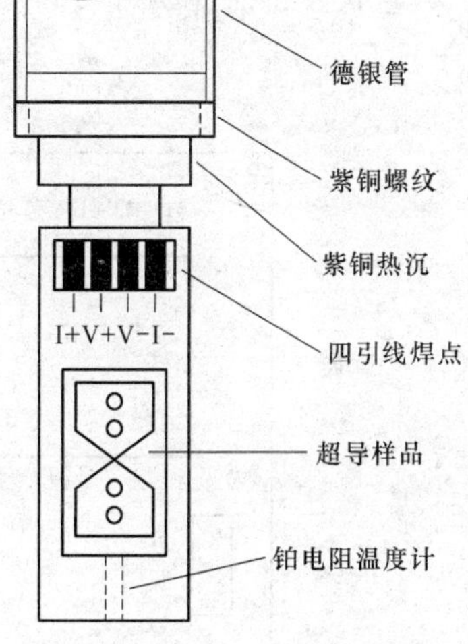

图 4.11.6　探棒底部样品室结构

(2) 前级放大部分

前级放大器的框图如图 4.11.7 所示。

图中,1 为样品上的电压经放大器放大 10 000 倍后的输出,其与主机的连接线在 5 芯航空头上。2 是样品电流的测量端,其与主机的连接线也在 5 芯航空头上。3 为两个插座,是样品两电压端的直接引出点,未经放大,此处也可直接连到记录仪的 x-y 端。4 为两个插座,是铂温度计的电压输出端,此处可直接连到记录仪的 x-y 端。5 为五芯的航空接头,是前级运放信号的输入和输出端。6 为七芯的航空接头,是前级运放电源输入端。

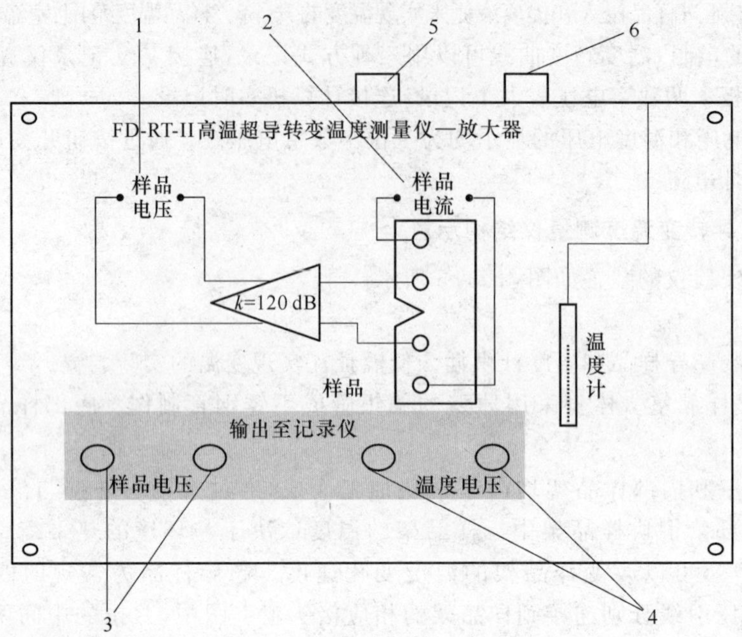

图 4.11.7　前级放大器方框图

3. 测量仪主机

测量仪主机前视如图 4.11.8 所示。

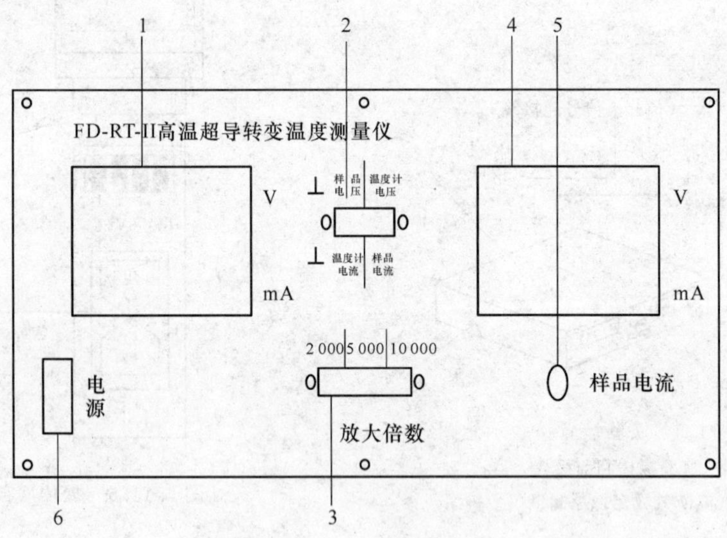

图 4.11.8　测量仪主机前面板

图中,1 为数字电压表:用于显示样品电流和经放大后的温度计电压值,只要除以已知的放大倍数(40 倍)就可以得到温度计的原始电压值,通过查表,就可以得出其对应的温度值;2 为按键开关,左边的开关控制左边表的显示,可分别显示样品电流和经放大后的温度计电压;右边的开关控制右边表的显示,可分别显示温度计电流和经放大后的样品计电压值;3 为放大倍数按键开关,为适应因形状、制备工艺,性能材料成分等因素不同引起的样品阻值的不同，本测量仪样品电压测量备有不同的放大倍数。测量仪出厂时的三档放大倍数如面板上所示为：2 000、6 000 和 10 000(大概数值)。4 为数字电压表，显示温度计电流和经放大后的样品电压值，只要除以已知的放大倍数(放大倍数通过"放大倍数切换开关"来获得)，就可以得到样品的原始电压值，样品的阻值由原始电压值除以样品电流值得到。5 为样品电流调节电位器，用来调节样品所需要的电流大小，电流范围为 1.5 mA 到 33 mA，连续可调。6 为电源开关，是仪器电源的控制端。

【思考题】

(1) 为什么采用四引线法可避免引线电阻和接触电阻的影响？

(2) 如果利用高温超导测定仪主机上的两个数字电压表直接记录数据，如何得到转变温度 T_c？

实验 4.12　太阳能电池基本特性的测量

太阳能是一种新能源，对太阳能的充分利用可以解决人类日趋增长的能源需求问题。目前，太阳能的利用主要集中在热能和发电两方面。利用太阳能发电目前有两种方法，一是利用热能产生蒸气驱动发电机发电，二是太阳能电池。太阳能的利用和太阳能电池的特性研究是 21 世纪的热门课题，许多发达国家正投入大量人力物力对太阳能接收器进行研究。太阳能电池特性的测量与其开发和利用有着密切的关系。本实验从物理角度测量太阳能电池特性，有利于学生掌握基本的光学知识及实验方法。

【实验目的】

(1) 通过实验，提高学生对太阳能电池特性的认识，掌握太阳能电池的基本光电特性。

(2) 熟悉并掌握电学与光学的一些重要实验方法及数据处理方法。

【实验仪器】

光具座及滑块座、具有引出接线的盒装太阳能电池、数字电压表 1 只、电阻箱 1 只或数字万用表 2 只、干电池 2 节(1.5 V)或直流电源 1 个、白光源(功率 40 W)1 个、遮板及遮光罩各一个。实验装置如图 4.12.1 所示。

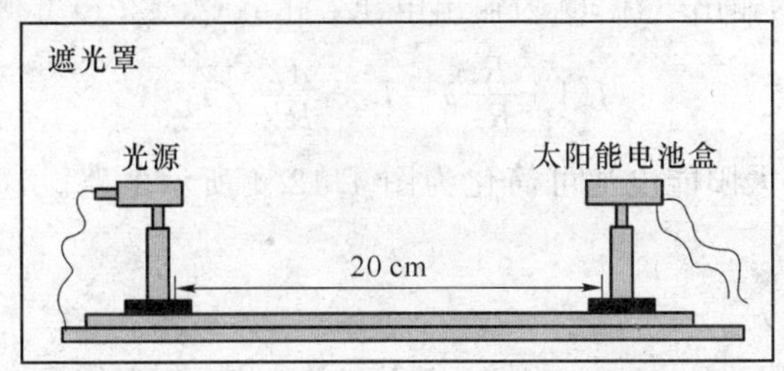

图 4.12.1　太阳能电池基本特性测量实验装置

【实验原理】

太阳能电池在没有光照时其特性可视为一个二极管，在没有光照时其正向偏压 U 与通过电流 I 的关系式为

$$I=I_0(e^{\beta U}-1) \tag{4.12.1}$$

式中，I_0 和 β 是常数。

由半导体理论可知，二极管主要是由能隙为 E_C 的半导体构成，如图 4.12.2 所示。E_C 为半导体导电带，E_V 为半导体价电带。当入射光子能量大于能隙时，光子会被半导体吸收，产生电子和空穴对。电子和空穴对会分别受到二极管之内电场的影响而产生光电流。

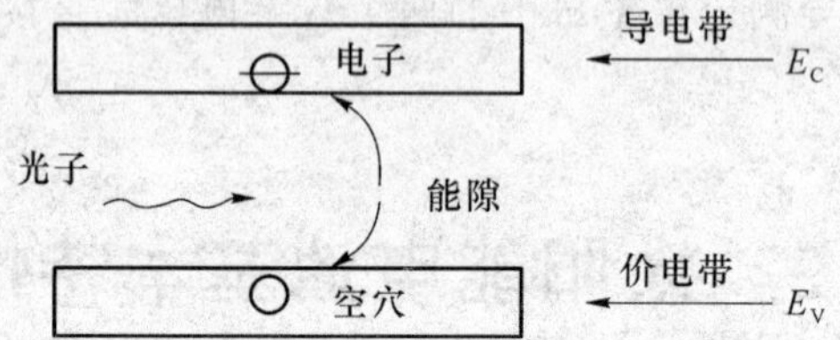

图 4.12.2 半导体的能隙结构示意图

假设太阳能电池的理论模型是由一个理想电流源（光照产生光电流的电流源）、一个理想二极管、一个并联电阻 R_{sh} 与一个电阻 R_s 所组成，如图 4.12.3 所示。

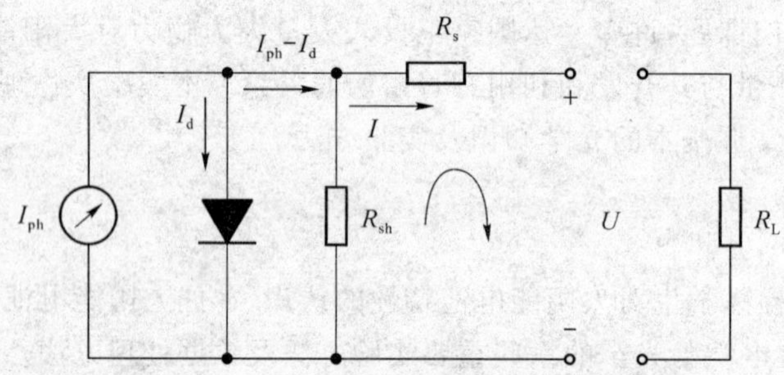

图 4.12.3 太阳能电池的理论模型的电路图

图 4.12.3 中，I_{ph} 为太阳能电池在光照时该等效电源输出电流，I_d 为光照时通过太阳能电池内部二极管的电流。由基尔霍夫定律得

$$IR_s+U-(I_{ph}-I_d-I)R_{sh}=0 \tag{4.12.2}$$

式中，I 为太阳能电池的输出电流；U 为输出电压。由式(4.12.1)可得

$$I\left(1+\frac{R_s}{R_{sh}}\right)=I_{ph}-\frac{U}{R_{sh}}-I_d \tag{4.12.3}$$

假定 $R_{sh}=\infty$ 和 $R_s=0$，太阳能电池可简化为图 4.12.4 所示电路。这里，$I=I_{ph}-I_d=I_{ph}-I_0(e^{\beta U}-1)$。

在短路时，

$$U=0, I_{ph}=I_{sc}$$

而在开路时，

$$I=0, I_{sc}-I_0(e^{\beta U}_{oc}-1)=0$$

则可推出

$$U_{oc}=\frac{1}{\beta}\ln\left[\frac{I_{sc}}{I_0}+1\right] \tag{4.12.4}$$

式(4.12.4)即为在 $R_{sh}=\infty$ 和 $R_s=0$ 的情况下，太阳能电池的开路电压 U_{oc} 和短路电流 I_{sc} 的关系式。其中 U_{oc} 为开路电压，I_{sc} 为短路电流，而 I_0、β 是常数。

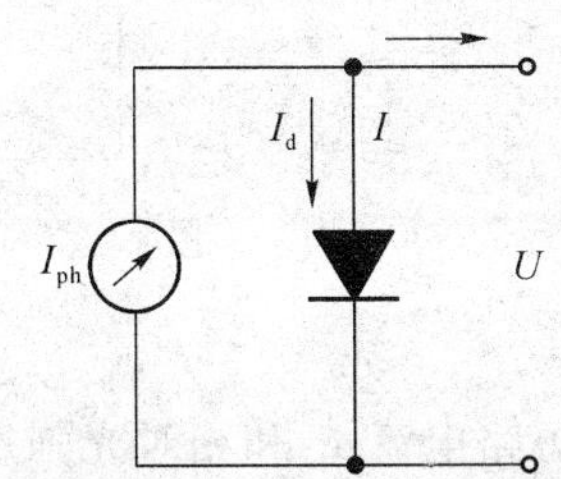

图 4.12.4　太阳能电池的简化电路图

太阳能电池开路电压 U_{oc} 的大小不仅与电池的材料有关，而且与入射光强度有关。理论上，开路电压的最大值等于材料禁带宽度的一半。对于给定的太阳能电池，其开路电压随入射光强度的变化而变化，其规律是：太阳能电池开路电压与入射光强度的对数成正比。通过实验也可以发现，短路电流 I_{sc} 与入射光强度成正比。

当太阳能电池接上负载电阻后，其输出电压和电流就随着负载电阻的变化而变化，当负载电阻 $R=R_m$ 时，太阳能电池的输出功率为最大，即最大功率，对应电压 U_m 和电流 I_m，可知

$$P_m=I_mU_m \tag{4.12.5}$$

填充因子是表征太阳能电池质量好坏的一个指标，将最大功率 P_m 和 U_{oc} 与 I_{sc} 之积的比值定义为填充因子 FF，即

$$\mathrm{FF}=\frac{P_m}{I_{sc}U_{oc}} \tag{4.12.6}$$

【实验内容】

(1) 无光照(全黑)条件下，测量太阳能电池正向偏压下流过太阳能电池的电流 I 和太阳能电池的输出电压 U。

测量电路如图 4.12.5 所示。注意：正向直流偏压的范围为 0～3.0 V。

为了验证公式 $I=I_0(e^{\beta U}-1)$，利用测得的正向偏压时的 U-I 关系数据，画出 U-I 曲线，然后利用最小二乘法求出待定系数 β 和 I_0。建议选择外接电阻的阻值为 1 000 Ω。

(2) 在太阳能电池不加偏压时，用白色光源照射，测量太阳能电池的输出 I 随输出电压 U 变化而变化的关系(注意此时光源到太阳能电池距离保持为 20 cm)。

① 在不同负载电阻下，测量太阳能电池的 I 对 U 的变化关系，画出 U-I 曲线图。

② 根据所画出的 U-I 曲线图，求短路电流 I_{sc} 和开路电压 U_{oc}。

③ 将所画出的 U-I 曲线图转化为输出功率 P(其中 $P=IU$)与负载电阻 R 的曲线图。依照 P-R 曲线图，求出太阳能电池的最大输出功率及最大输出功率时的负载阻值。

④ 根据上述数据计算填充因子。

(3) 测量太阳能电池的光照效应与光电性质。

在暗箱中(用遮光罩挡光)，选取太阳能电池离光源 20 cm 处的光照强度 J_0 作为标准光照强度。当改变太阳能电池到光源的距离 X 时，用光功率计测量 X 处的光照强度 J，可以确定该位置的相对光照强度 $\frac{J}{J_0}$。当相对光照强度 $\frac{J}{J_0}$ 取不同值时，测量太阳能电池短路电流 I_{sc} 和开路电压 U_{oc}。

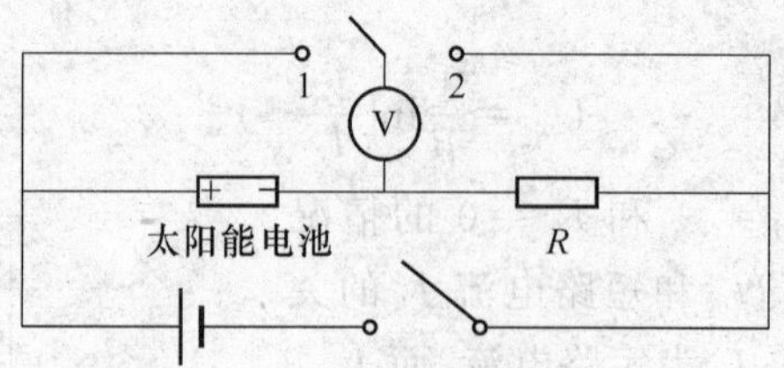

图 4.12.5 光电池 I-U 特性的测量电路

① 短路电流 I_{sc} 和相对光强度 $\frac{J}{J_0}$ 之间满足 $I_{sc}=A\left(\frac{J}{J_0}\right)+B$ 的线性函数关系，其中 A 和 B（在理想情况下 $B=0$）为待定系数。根据测量数据，画出短路电流 I_{sc} 和相对光强度 $\frac{J}{J_0}$ 之间的关系曲线，并用最小二乘拟合法求出待定系数 A 和 B。

② 开路电压 U_{oc} 和相对光强度 $\frac{J}{J_0}$ 之间满足 $U_{oc}=\beta\ln\left(\frac{J}{J_0}\right)+C$ 的对数函数关系，其中 β 和 C 为待定系数。根据测量数据，画出开路电压 U_{oc} 和相对光强度 $\frac{J}{J_0}$ 之间的关系曲线，并用最小二乘拟合法求出待定系数 β 和 C。

【注意事项】

(1) 连接电路时，保持太阳能电池无光照条件。

(2) 避免太阳光照射太阳能电池。

(3) 实验过程中要保证测固定位置的光照强度时，光源与太阳能电池的相对位置不变，即不要有相对角度的偏差。

【思考题】

说说你设想的未来太阳能的开发与利用方法。

实验 4.13 非线性电路混沌现象的研究

长期以来，人们在认识和描述运动时，大多只局限于线性动力学描述方法，即确定的运动有一个完美确定的解析。但是自然界在相当多情况下，非线性现象却起着很大的作用。1963 年美国气象学家 Lorenz 在分析天气预报模型时，首先发现空气动力学中的混沌现象，该现象只能用非线性动力学来解释。于是，1975 年混沌作为一个新的科学名词首次出现在科学文献中。从此，非线性动力学迅速发展，并成为有丰富内容的研究领域。后来的研究表明，无论是复杂的系统，如气象系统、太阳系，还是简单系统，如钟摆、滴水龙头等，皆因存在随机性而出现类似无规但实际是非周期有序运动，即混沌现象。现在混沌研究涉及的领域包括数学、物理学、生物学、化学、天文学、经济学及工程技术等众多学科，并对这些学科的发展产生了深远影响。

【实验目的】

(1) 引导学生自己建立一个非线性电路，该电路包括有源非线性负阻、LC 振荡器和 RC 移相器三部分。

(2) 采用物理实验方法研究 LC 振荡器产生的正弦波与经过 RC 移相器移相的正弦波合成的相图(李萨如图)，观测振动周期发生的分岔及混沌现象。

(3) 测量非线性单元电路的电流特性，从而对非线性电路及混沌现象有一深刻了解。

(4) 学会自己制作和测量一个实用带铁磁材料介质的电感器以及测量非线性器件伏安特性的方法。

【实验仪器】

非线性电路混沌实验仪、双踪示波器等。

【实验原理】

1. 非线性电路与非线性动力学

实验电路如图 4.13.1 所示，图中只有一个非线性元件 R，它是一个有源非线性负阻器件。电感器 L 和电容器 C_2 组成一个损耗可以忽略的谐振回路；可变电阻 R_0 和电容器 C_1 串联将振荡器产生的正弦信号移相输出。本实验所用的非线性元件 R 是一个三段分段线性元件。图 4.13.2 所示的是该电阻的伏安特性曲线，可以看出加在此非线性元件上电压与通过它的电流极性是相反的。由于加在此元件上的电压增加时，通过它的电流却减小，因而将此元件称为非线性负阻元件。

图 4.13.1 电路的非线性动力学方程为

$$\left.\begin{aligned} C_1\frac{\mathrm{d}U_{C_1}}{\mathrm{d}t}&=G(U_{C_2}-U_{C_1})-gU_{C_1}\\ C_2\frac{\mathrm{d}U_{C_2}}{\mathrm{d}t}&=G(U_{C_1}-U_{C_2})-I_L\\ L\frac{\mathrm{d}I_L}{\mathrm{d}t}&=-U_{C_2}\end{aligned}\right\}\tag{4.13.1}$$

式中，U_{C_1}、U_{C_2} 是 C_1、C_2 上的电压；I_L 是电感 L 上的电流；$G=1/R_0$ 是电导；g 表示非线性电阻的电导。

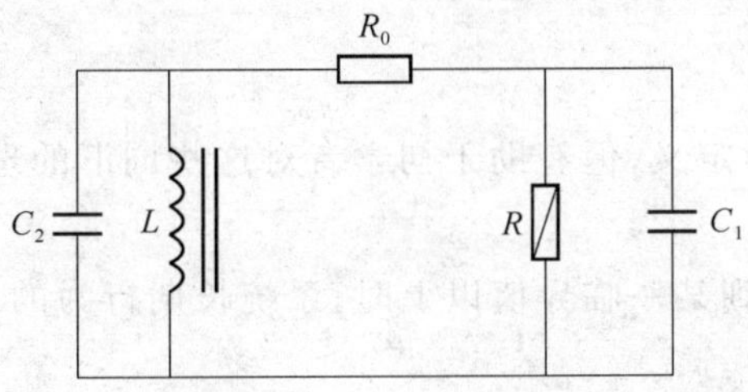

图 4.13.1　非线性电路原理图

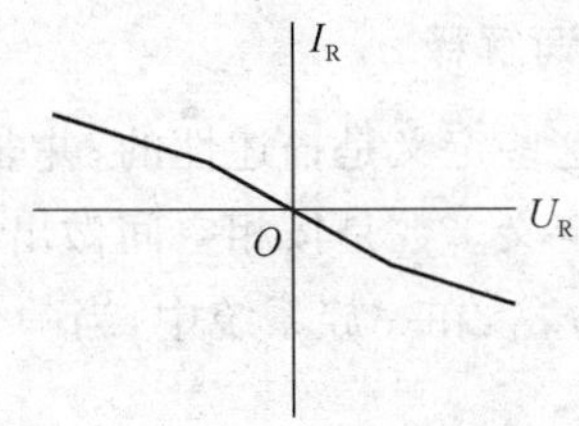

图 4.13.2　非线性元件伏安特性

2. 有源非线性负阻元件的实现

有源非线性负阻元件实现的方法有多种，这里使用的是一种较简单的电路，采用两个运算放大器(一个双运放 LF353)和六个配制电阻来实现，其电路如图 4.13.3 所示，它的伏安特性曲线如图 4.13.4 所示。实验所要研究的是该非线性元件对整个电路的影响，而非线性负阻元件的作用是使振动周期产生分岔和混沌等一系列非线性现象。

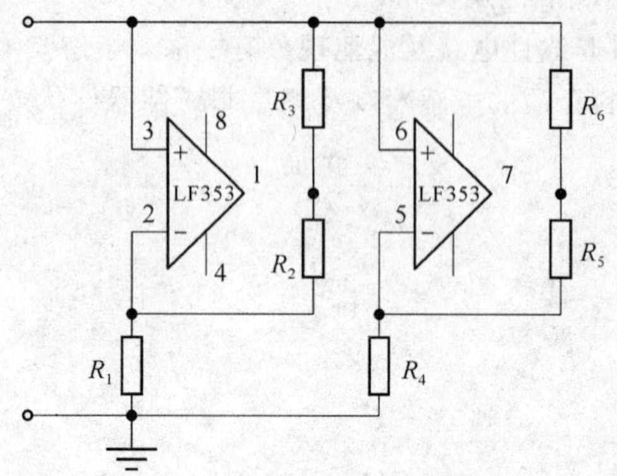

图 4.13.3　有源非线性器件图

图 4.13.4　双运放非线性元件的伏安特性

实际非线性混沌实验电路如图 4.13.5 所示。

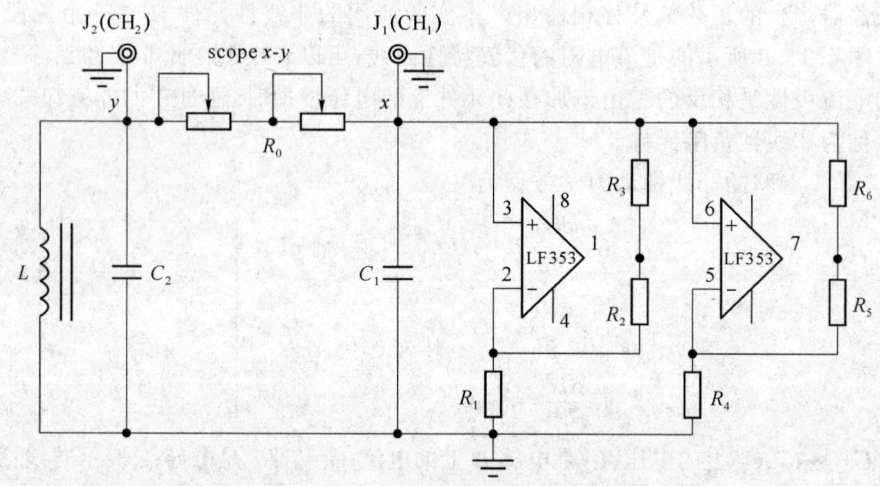

图 4.13.5　非线性电路混沌实验电路

3. 名词解释

以下这些定义是描述性的，并非是标准数学定义，但有助于初学者对这些词汇的理解。这些词汇定义多数是按相空间做出的。

(1) 分岔：在一族系统中，当一个参数值达到某一临界值以上时，系统长期行为的一个突然变化。

(2) 混沌：①完全混沌表征一个动力系统的特征，在该系统中大多数轨道显示敏感依赖性；②有限混沌表征一个动力系统的特征，在该系统中某些特殊轨道是非周期的，但大多数轨道是周期或准周期的。

【实验内容】

1. 必做内容

测量一个铁氧体电感器的电感量,观测倍周期分岔和混沌现象。

(1) 按图 4.13.5 所示电路接线。其中电感器 L 由实验者用漆包铜线手工缠绕。可在线框上绕 75～85 圈,然后装上铁氧体磁芯,并把引出漆包线端点上的绝缘漆用刀片刮去,使两端点导电性能良好。也可以用仪器附带铁氧体电感器。

(2) 串联谐振法测电感器电感量。把自制电感器、电阻箱(取 30.00 Ω)串联,并与低频信号发生器相接。用示波器测量电阻两端的电压,调节低频信号发生器正弦波频率,使电阻两端电压达到最大值。同时,测量通过电阻的电流值 I。要求达到 $I=5$ mA(有效值)时,测量电感器的电感量。

(3) 把自制电感器接入图 4.13.5 所示电路中,调节 R_1+R_2 阻值。用示波器观测图4.13.5所示的 CH_1—地和 CH_2—地所构成的相图(李萨如图),调节 R_1+R_2 电阻值由大到小时,描绘相图周期的分岔混沌现象。将一个环形相图的周期定为 P,那么要求观测并记录 $2P$、$3P$ 单吸引子(混沌)、双吸引子(混沌)共六个相图和相应的 CH_1—地和 CH_2—地两个输出波形。(用李萨如图观测周期分岔与直接观测波形分岔相比有何优点?)

2. 选做内容

把有源非线性负电阻元件与 RC 移相器连接线断开。测量非线性单元电路在电压 $U<0$时的伏安特性,画出伏安特性图,并进行直接拟合。(什么是负阻? 从伏安特性曲线上如何体现负阻概念?)

通过实验,可以与以下实验结果进行参照比较。

(1) 倍周期分岔和混沌现象的观测及相图描绘

① 按图 4.13.5 接好实验面板图,将方程(4.13.1)中的 $1/G$ 即 $R_{V_1}+R_{V_2}$ 值放到较大某值,这时示波器出现李萨如图,如图 4.13.6(a)所示,用扫描挡观测为两个具有一定相移(相位差)的正弦波。

② 逐步减小 $1/G$ 值,开始出现两个“分列”的环图,出现了分岔现象,即由原来 1 倍周期变为 2 倍周期,示波器上显示李萨如图,如图 4.13.6(b)所示。

③ 继续减小 $1/G$ 值,出现 4 倍周期(如图 4.13.6(c)所示)、8 倍周期、16 倍周期与阵发混沌交替现象,阵发混沌如图 4.13.6(d)所示。

④ 再减小 $1/G$ 值,出现了 3 倍周期,如图 4.13.6(e)所示,图像十分清楚稳定。根据 Yorke 的著名论断“周期 3 意味着混沌”,说明电路即将出现混沌。

⑤ 继续减小 $1/G$,则出现单个吸引子,如图 4.13.6(f) 所示。

⑥ 再减小 $1/G$,出现双吸引子,如图 4.13.6(g)所示。

(2) 电感量与工作电流的关系

由于在本实验中制作线圈时使用了磁芯,因而线圈的电感对电流的变化非常明显,以下测量到的数据可以很清楚地说明这一点,但由于本实验对混沌现象只用于定性半定量的观察,因而对实验影响并不大。

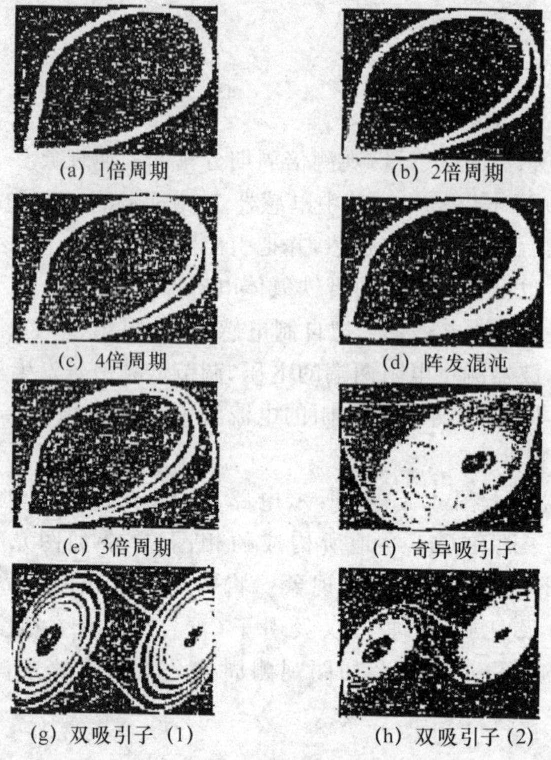

图 4.13.6　倍周期分岔系列照片

(3) 测量电感 L 特性的方法

如图 4.13.7 所示，CH_2 测量 R 两端电压。保持信号发生器输出电压不变，调节频率，当 CH_2 测得的电压最大时，RLC 串联电路达到谐振。

电感谐振时有

$$\omega L=\frac{1}{\omega C},f_0=\frac{1}{2\pi\sqrt{LC}}$$

$$L=\frac{1}{4\pi^2 f_0^2 C},U_R=\frac{U_{CH_2}}{2\sqrt{2}}$$

回路中电流的有效值

$$I=\frac{U_R}{R}$$

式中，f_0 为谐振频率；U_{CH_2} 为 CH_2 波形的峰-峰电压；U_R 为电阻 R 两端输出的电压。

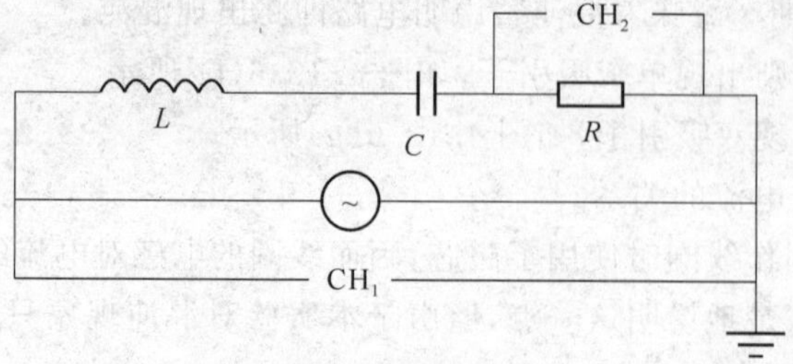

图 4.13.7　测量电感的电路

以下提供两个电感样品的测量数据,仅供参考,因为不同的电感,其参数完全不一样,但需要掌握测量电感的 RLC 电路和记录数据的方法。

① 样品 A 测量的实验数据如表 4.13.1 所示,由表 4.13.1 作图 4.13.8。

表 4.13.1 样品 A 电感随电流变化的数据表

f_0/kHz	I/mA	L/mH
3.14	19.7	25.7
3.19	16.0	24.9
3.23	12.2	24.3
3.30	8.29	23.3
3.39	4.26	22.0
3.44	2.16	21.4
3.47	1.74	21.0
3.49	1.10	20.8

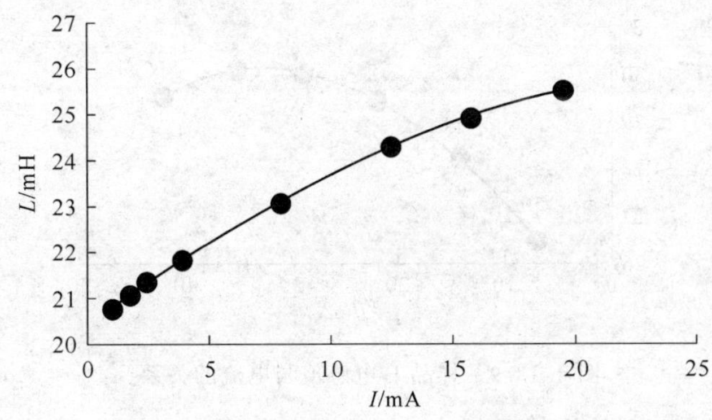

图 4.13.8 样品 A 电感值与电流的关系

由表 4.13.1 可见,电感量 L 随着电流 I 的增大而增加,由此得出电感中有铁芯,因为电流越大,铁磁效应越明显。

② 样品 B 测量的实验数据如表 4.13.2 所示。

表 4.13.2 电感参量的测量数据

参数	数值	参数	数值
R/Ω	100.0	f_0/kHz	1.995
U_{CH_2}/V	12.0	L/mH	29.6
I/mA	42.4	R_L/Ω	33.3

改变信号发生器输出电压后测量得到数据如表 4.13.3 所示。

表 4.13.3　改变信号发生器输出电压后测量数据

参数	数值	参数	数值
R/Ω	100.0	f_0/kHz	2.038
U_{CH_2}/V	4.00	L/mH	28.3
I/mA	14.1		

电感值随电流变化的数据如表 4.13.4 所示。由表 4.13.4 作图 4.13.9(R=100.0 Ω)。

表 4.13.4　样品 B 电感随电流变化的数据表

U_{CH_2}/V	I/mA	f_0/kHz	L/mH
12.0	42.4	1.995	29.6
10.0	35.5	1.980	30.1
8.00	28.3	1.982	30.0
6.00	21.2	2.000	29.5
4.00	14.1	2.038	28.3
2.00	7.07	2.110	26.5

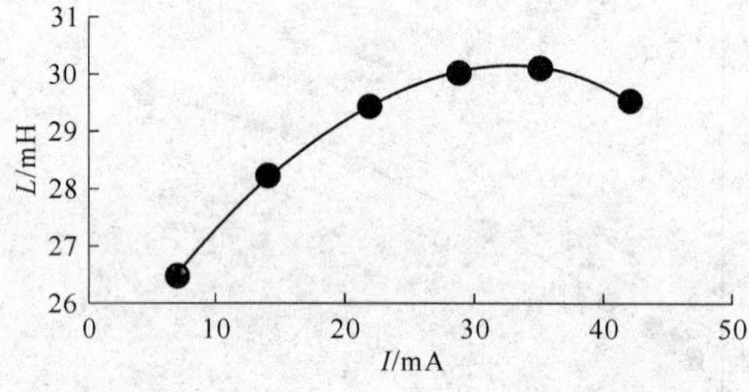

图 4.13.9　样品 B 电感值与电流的关系

可见，电感 L 随电流 I 的增加而增大，由此得出电感中有铁芯。当电流增加到 25 mA 以后，电感量就基本饱和了，随着电流的继续增大，电感量在渐渐减小，这是因为电感中通过的电流越大，其磁环的磁导率 μ 就会下降，所以电感量就会随之减小。

(4) 有源非线性负阻元件的伏安特性

双运算放大器中两个对称放大器各自的配置电阻相差 100 倍，这就使得两个放大器输出电流的总和在不同的工作电压段随电压变化关系不相同(其中一个放大器达到电流饱和，另一个尚未饱和)，因而出现了非线性的伏安特性。实验电路如图 4.13.10 所示。R'为有源非线性负阻，R 为外接电阻。

(5) 有源非线性电路的伏安特性曲线测量

有源非线性负阻元件一般满足“蔡氏电路”的特性曲线。实验中，将电路的 LC 振荡部分与非线性电阻直接断开，图 4.13.8 的伏特表用来测量非线性元件两端的电压。由于非线性电阻是有源的，因此回路中始终有电流流过，R 使用的是电阻箱，其作用是改变非线性元件的对外输出。使用电阻箱可以得到很精确的电阻，尤其可以对电阻值做微小的改变，因而微小地改变输出。

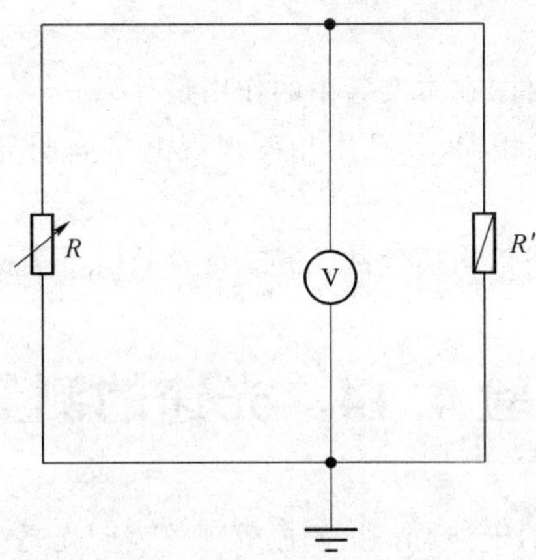

图 4.13.10　有源非线性负阻元件伏安特性原理图

本实验测得数据如表 4.13.5(仅供参考)所示。

表 4.13.5　非线性电路伏安特性

电压/V	电流/mA	电压/V	电流/mA	电压/V	电流/mA
−10.000 m	0.015	−1.800	1.331	−10.600	4.089
−100.06 m	0.081	−2.000	1.415	−10.800	3.685
−200.02 m	0.155	−3.000	1.819	−11.000	3.266
−400.9 m	0.304	−4.000	2.222	−11.200	2.839
−600.0 m	0.451	−5.000	2.626	−11.400	2.408
−801.6 m	0.600	−6.000	2.965	−11.600	1.969
−1.0050	0.751	−7.000	3.434	−11.800	1.528
−1.1955	0.893	−8.000	3.839	−12.000	1.085
−1.3957	1.042	−9.000	4.243	−12.200	0.635
−1.6082	1.197	−10.000	4.648	−12.400	0.146

把上表数据分三段进行线性拟合,同时根据方程 $I=AU+B$,可得参数如下所示:

$$A_1=-7.406\times10^{-4}\ \text{A/V},B_1=7.042\times10^{-3}\ \text{mA},r=0.999\,96$$

$$A_2=-4.402\times10^{-4}\ \text{A/V},B_2=0.605\ \text{mA},r=0.999\,999\,7$$

$$A_3=-2.185\times10^{-4}\ \text{A/V},B_3=27.30\ \text{mA},r=0.999\,6$$

对直线的交点,即转折点进行计算,可得

$$U_1=-1.775\ \text{V},I_1=0.323\ \text{mA},U_2=-10.276\ \text{V},I_2=4.759\ \text{mA}$$

式中,A、B、r 分别代表斜率、截距和线性相关系数。

可见,实际的曲线三段分段线性度很高,因而对非线性元件的电压-电流特性曲线,在一定范围内可作分段线性近似,以便于以下的理论讨论。对于正向电压部分的曲线,由理论计算知是与反向电压部分曲线关于原点 180°对称的。

【思考题】

(1) 实验中需自制铁氧体为介质的电感器,该电感器的电感量与哪些因素有关?此电感量可用哪些方法测量?

(2) 非线性负阻电路(元件)在本实验中的作用是什么?

(3) 为什么要采用 RC 移相器,并且用相图来观测倍周期分岔等现象?如果不用移相器,可用哪些仪器或方法?

(4) 通过做本实验请阐述倍周期分岔、混沌、奇异吸引子等概念的物理含义。

实验 4.14　光速的测量

光在传播过程中表现出的干涉、衍射、偏振等现象表明光是一种传播方向垂直于振动方向的横波,如何才能准确测量光的传播速度一直是物理测量研究的一个重要课题。

从 16 世纪伽利略第一次尝试测量光速以来,各个时期人们都采用最先进的技术来测量光速。现在,光在一定时间中走过的距离已经成为一切长度测量的单位标准,即“米的长度等于真空中光在 1/299 792 458 s 的时间间隔中所传播的距离”。光速也已直接用于距离测量,在国民经济建设和国防事业上大显身手。光的速度又与天文学密切相关,光速还是物理学中一个重要的基本常数,许多其他常数都与它相关。例如,光谱学中的里德堡常数,电子学中真空磁导率与真空电导率之间的关系,普朗克黑体辐公式中的第一辐射常数、第二辐射常数,质子、中子、电子、μ 子等基本粒子的质量等常数都与光速 c 相关。

【实验目的】

(1) 了解和掌握光调制的一般性原理和基本技术。

(2) 学习使用示波器测量差频正弦信号的相位差。

(3) 掌握一种新颖的光速测量方法。

【实验仪器】

LM2000A1 光速测量仪、示波器等。

【实验原理】

1. 利用波长和频率测速度

物理学告诉我们,任何波的波长是一个周期内波传播的距离。波的频率是 1 s 内发生了多少次周期振动,用波长乘频率得 1 s 内波传播的距离,即

$$c=\lambda f \tag{4.14.1}$$

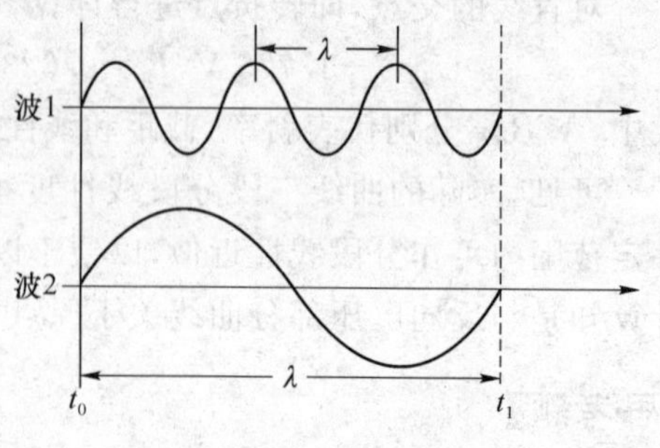

图 4.14.1　两列不同的波

图 4.14.1 中,第 1 列波在 1 s 内经历 3 个周期,第 2 列波在 1 s 内经历 1 个周期,在 1 s 内二列波传播相同距离,所以波速相同,仅仅第 2 列波的

波长是第 1 列的 3 倍。

利用这种方法，很容易测得声波的传播速度。但直接用来测量光波的传播速度还存在很多技术上的困难，主要是因为光的频率高达 10^{14} Hz，目前的光电接收器无法响应频率如此高的光强变化(迄今仅能响应频率在 10^{8} Hz 左右的光强变化并产生相应的光电流)。

2. 利用调制波波长和频率测速度

如果直接测量河中水流的速度有困难，可以采用一种方法，周期性地向河中投放小木块(f)，再设法测量出相邻两小木块间的距离(λ)，依据式(4.14.1)即可算出水流的速度来。

周期性地向河中投放小木块为的是在水流上作一特殊标记。也可以在光波上作一些特殊标记，称作“调制”。调制波的频率可以比光波的频率低很多，就可以用常规器件来接收。与木块的移动速度就是水流流动的速度一样，调制波的传播速度就是光波传播的速度。调制波的频率可以用频率计精确地测定，所以测量光速就转化为如何测量调制波的波长，然后利用式(4.14.1)即可算得光传播的速度了。

3. 位相法测定调制波的波长

波长为 0.65 μm 的载波，其强度受频率为 f 的正弦调制波的调制，表达式为

$$I=I_0\left[1+m\cos 2\pi f\left(t-\frac{x}{c}\right)\right]$$

式中，m 为调制度，$\cos 2\pi f\left(t-\frac{x}{c}\right)$表示光在测线上传播的过程中，其强度的变化犹如一个频率为 f 的正弦波以光速 c 沿 x 方向传播，我们称这个波为调制波。调制波在传播过程中的位相是以 2π 为周期变化的。设测线上两点 A 和 B 的位置坐标分别为 x_1 和 x_2，当这两点之间的距离为调制波波长 λ 的整数倍时，该两点间的位相差为

$$\varphi_1-\varphi_2=\frac{2\pi}{\lambda}(x_2-x_1)=2n\pi$$

式中，n 为整数。反过来，如果能在光的传播路径中找到调制波的等位相点，并准确测量它们之间的距离，那么该距离一定是波长的整数倍。

设调制波由 A 点出发，经时间 t 后传播到 A' 点，AA'之间的距离为 $2D$，则 A'点相对于 A 点的相移为 $\varphi=\omega t=2\pi ft$，如图 4.14.2(a)所示。然而用一台测相系统对 AA'间的这个相移量进行直接测量是不可能的。为了解决这个问题，较方便的办法是在 AA'的中点 B 设置一个反射器，由 A 点发出的调制波经反射器反射返回 A 点，如图 4.14.2(b)所示。由图显见，光线由 $A\to B\to A$ 所走过的光程亦为 $2D$，而且在 A 点，反射波的位相落后 $\varphi=\omega t$。如果以发射波作为参考信号(以下称之为基准信号)，将它与反射波(以下称之为被测信号)分别输入到位相计的两个输入端，则由位相计可

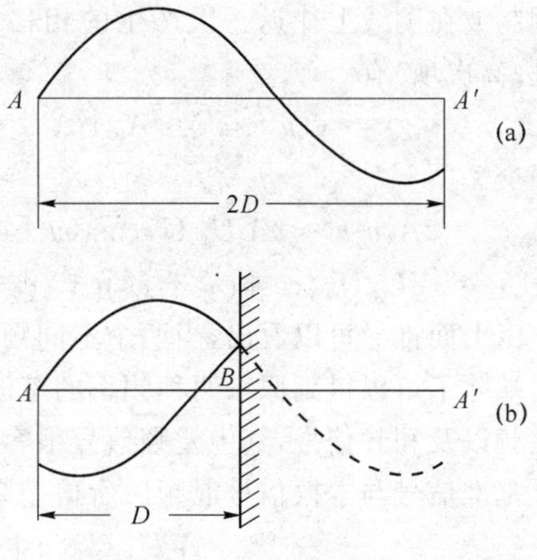

图 4.14.2　位相法测波长原理图

以直接读出基准信号和被测信号之间的位相差。当反射镜相对于 B 点的位置前后移动半个波长时，这个位相差的数值改变 2π。因此只要前后移动反射镜，相继找到在位相计中读数相同的两点，该两点之间的距离即为半个波长。

调制波的频率可由数字式频率计精确地测定，由 $c=\lambda f$ 可以获得光速值。

4. 差频法测位相

在实际测相过程中，当信号频率很高时，测相系统的稳定性、工作速度以及电路分布参量造成的附加相移等因素都会直接影响测相精度，对电路的制造工艺要求也较苛刻，因此高频下测相困难较大。例如，BX21 型数字式位相计中检相双稳电路的开关时间是 40 ns 左右，如果所输入的被测信号频率为 100 MHz，则信号周期 $T=\dfrac{1}{f}=10$ ns，比电路的开关时间要短，可以想象，此时电路根本来不及动作。为使电路正常工作，就必须大大提高其工作速度。为了避免高频下测相的困难，人们通常采用差频的办法，把待测高频信号转化为中、低频信号处理。这样做的好处是易于理解的，因为两信号之间位相差的测量实际上被转化为两信号过零的时间差的测量，而降低信号频率 f 则意味着拉长了与待测的位相差 φ 相对应的时间差。下面证明差频前后两信号之间的位相差保持不变。

我们知道，将两频率不同的正弦波同时作用于一个非线性元件(如二极管、晶体管)时，其输出端包含有两个信号的差频成分。非线性元件对输入信号 x 的响应可以表示为

$$y(x)=A_0+A_1x+A_2x^2+\cdots \tag{4.14.2}$$

忽略上式中的高次项，将看到二次项产生混频效应。

设基准高频信号为

$$u_1=U_{10}\cos(\omega t+\varphi_0) \tag{4.14.3}$$

被测高频信号为

$$u_2=U_{20}\cos(\omega t+\varphi_0+\varphi) \tag{4.14.4}$$

现在引入一个本振高频信号

$$u'=U'_0\cos(\omega' t+\varphi'_0) \tag{4.14.5}$$

式(4.14.3)～式(4.14.5)中，φ_0 为基准高频信号的初位相；φ'_0 为本振高频信号的初位相；φ 为调制波在测线上往返一次产生的相移量。将式(4.14.4)和式(4.14.5)代入式(4.14.2)(略去高次项)有

$$y(u_2+u')\approx A_0+A_1u_2+A_1u'+A_2u_2^2+A_2u'^2+2A_2u_2u'$$

展开交叉项

$$\begin{aligned}2A_2u_2u'&\approx 2A_2U_{20}U'_0\cos(\omega t+\varphi_0+\varphi)\cos(\omega' t+\varphi'_0)\\&=A_2U_{20}U'_0\{\cos[(\omega+\omega')t+(\varphi_0+\varphi'_0)+\varphi]+\cos[(\omega-\omega')t+(\varphi_0-\varphi'_0)+\varphi]\}\end{aligned}$$

由上面推导可以看出，当两个不同频率的正弦信号同时作用于一个非线性元件时，在其输出端除了可以得到原来两种频率的基波信号以及它们的二次和高次谐波之外，还可以得到差频以及和频信号，其中差频信号很容易和其他的高频成分或直流成分分开。

基准信号与本振信号混频后所得差频信号为

$$A_2U_{10}U'_0\cos[(\omega-\omega')t+(\varphi_0-\varphi'_0)] \tag{4.14.6}$$

被测信号与本振信号混频后所得差频信号为

$$A_2U_{20}U'_0\cos[(\omega-\omega')t+(\varphi_0-\varphi'_0)+\varphi] \tag{4.14.7}$$

比较以上两式可见,当基准信号、被测信号分别与本振信号混频后,所得到的两个差频信号之间的位相差仍保持为 φ。

本实验就是利用差频检相的方法,将 $f=100$ MHz 的高频基准信号和高频被测信号分别与本机振荡器产生的高频振荡信号混频,得到两个频率为 455 kHz、位相差依然为 φ 低频信号,然后送到位相计中去比相。仪器框图如图 4.14.3 所示,图中的混频Ⅰ用以获得低频基准信号,混频Ⅱ用以获得低频被测信号。低频被测信号的幅度由示波器或电压表指示。

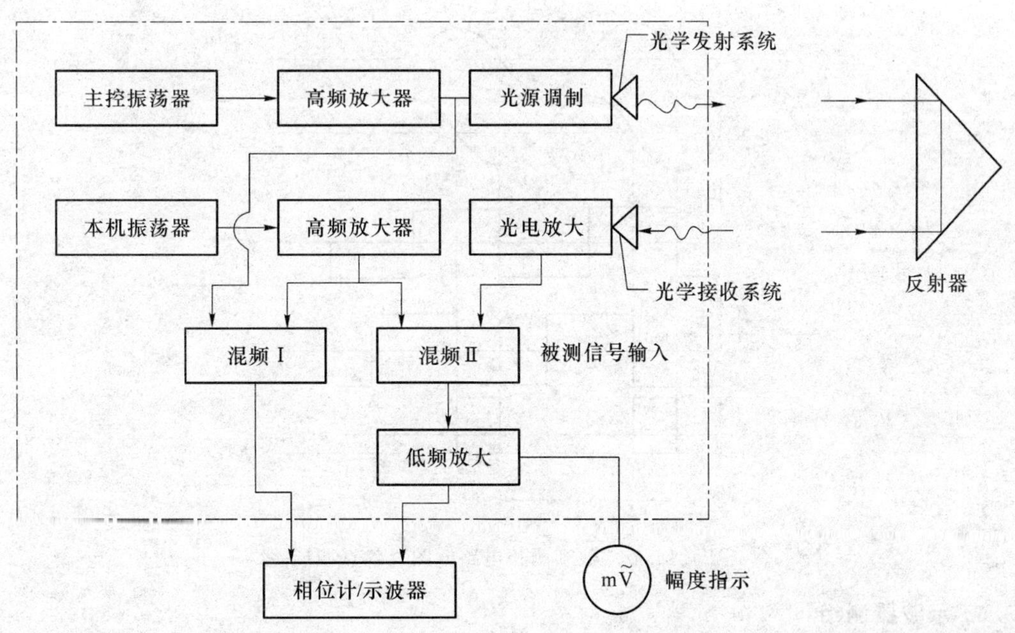

图 4.14.3　位相法测光速实验装置框图

5. 数字测相

可以用数字测相的方法来检测“基准”和“被测”这两路同频正弦信号之间的位相差 φ。

如图 4.14.4 所示,用

$$u_1=U_{10}\cos\omega_L t$$

和

$$u_2=U_{20}\cos(\omega_L t+\varphi)$$

分别代表差频后的低频基准信号和低频被测信号。将 u_1 和 u_2 分别送入通道Ⅰ和通道Ⅱ,进行限幅放大,整形成为方波和 u'_1 和 u'_2。然后令这两路方波信号去启闭检相双稳,使检相双稳输出一列频率与两待测信号相同、宽度等于两信号过零的时间差(因而也正比于两信号之间的位相差 φ)的矩形脉冲 u_0,将此矩形脉冲积分(在电路上即是令其通过一个平滑滤波器)得到

$$\bar{u}=\frac{1}{T}\int_0^T u\mathrm{d}t=\frac{1}{2\pi}\int_0^{2\pi} u\mathrm{d}(\omega_L t)=\frac{1}{2\pi}\int_0^{\varphi} u\mathrm{d}(\omega_L t)=\frac{u}{2\pi}\varphi \tag{4.14.8}$$

式中,u 为矩形脉冲的幅度,其值为一常数。由式(4.14.8)可见,u'_1 检相双稳输出的矩形脉冲的直流分量(我们称为模拟直流电压)与待测的位相差 $\varphi u'_2$ 有一一对应的关系。BX21 型数字式位相计是将这个模拟直流电压通过一个模/数转换系统换算成相应的位相值,以角度

数值用数码管显示出来。因此可以由位相计读数直接得到两个信号之间的位相差的读数。

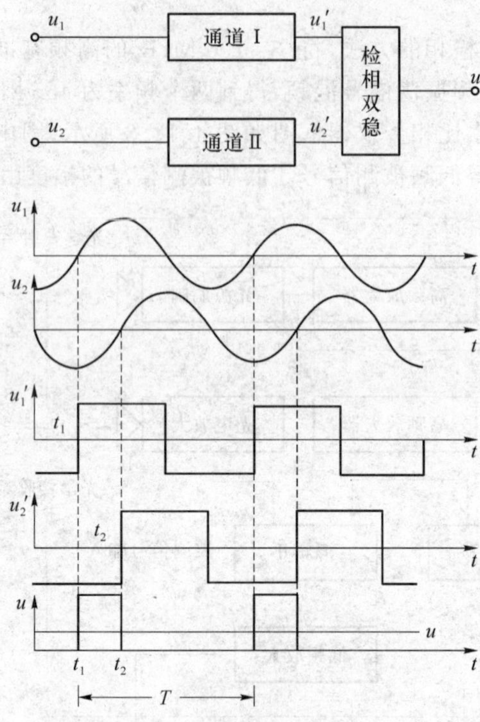

图 4.14.4　数字测相电路框图及各点波形

6. 示波器测相

(1) 单踪示波器法

将示波器的扫描同步方式选择在外触发同步，极性为＋或－，"参考"相位信号接至外触发同步输入端，"信号"相位信号接至 y 轴的输入端，调节"触发"电平，使波形稳定；调节 y 轴增益，使有一个适合的波幅；调节"时基"，使在屏上只显示一个完整的波形，并尽可能地展开，如一个波形在 x 方向展开为 10 大格，即 10 大格代表为 360°，每 1 大格为 36°，可以估读至 0.1 大格，即 3.6°。

开始测量时，记住波形某特征点的起始位置，移动棱镜小车，波形移动，移动 1 大格即表示参考相位与信号相位之间的相位差变化了 36°。

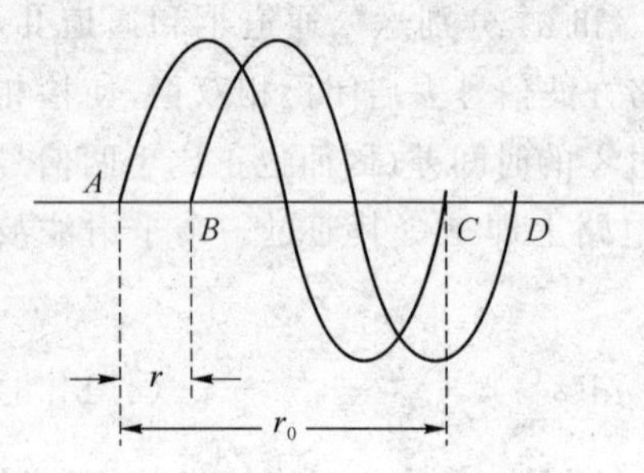

图 4.14.5　示波器测相位

有些示波器无法将一个完整的波形正好调至 10 大格，此时可以按下式求得参考相位与信号相位的变化量，参见图 4.14.5。

$$\Delta\varphi=\frac{r}{r_0}\times 360°$$

(2) 双踪示波器法

将"参考"相位信号接至 Y1 通道输入端，"信号"相位信号接至 Y2 通道，并用 Y1 通道触发扫描，显示方式为"断续"。(如采用"交替"方式时，会有附加相移，为什么？)

与单踪示波法操作一样，调节 y 轴输入“增益”挡，调节“时基”挡，使在屏幕上显示一个完整的大小适合的波形。

(3) 数字示波器法

数字示波器具有光标卡尺测量功能，移动光标，很容易进行 T 和 ΔT 测量，然后按 $\Delta\varphi=\frac{r}{r_0}\times 360°$ 求得相位变化量，比数屏幕上格子的精度要高得多。信号线连接等操作同上。

【实验内容】

1. 预热

电子仪器都有一个温飘问题，光速仪和频率计须预热半小时再进行测量。在这期间可以进行线路连接、光路调整、示波器调整和定标等工作。

2. 光路调整

先把棱镜小车移近收发透镜处，用小纸片挡在接收物镜管前，观察光斑位置是否居中。调节棱镜小车上的把手，使光斑尽可能居中，将小车移至最远端，观察光斑位置有无变化，并作相应调整，达到小车前后移动时，光斑位置变化最小。

3. 示波器定标

按前述的示波器测相方法将示波器调整至有一个适合的测相波形。

4. 测量光速

由频率、波长乘积来测定光速的原理和方法前面已经做了说明。在实际测量时主要任务是如何测得调制波的波长，其测量精度决定了光速值的测量精度。一般可采用等距测量法和等相位测量法来测量调制波的波长。在测量时要注意两点，一是实验值要取多次多点测量的平均值；二是我们所测得的是光在大气中的传播速度，为了得到光在真空中传播速度，要精密地测定空气折射率后作相应修正。

① 测调制频率。为了匹配好，尽量用频率计附带的高频电缆线。调制波是用温补晶体振荡器产生的，频率稳定度很容易达到 10^{-6}，所以在预热后正式测量前测一次就可以了。

② 等距测 λ。在导轨上任取若干个等间隔点(如图 4.14.6 所示)，它们的坐标分别为 $x_0, x_1, x_2, \cdots, x_i$；$x_1-x_0=D_1, x_2-x_0=D_2, \cdots, x_i-x_0=D_i$。

移动棱镜小车，由示波器或相位计依次读取与距离 $D_1, D_2, \cdots$ 相对应的相移量 φ_i。D_i 与 φ_i 之间有

$$\frac{\varphi_i}{2\pi}=\frac{2D_i}{\lambda}, \lambda=\frac{2\pi}{\varphi_i}\times 2D_i$$

求得 λ 后，利用 λf 得到光速 c。

也可用作图法，以 φ 为横坐标，D 为纵坐标，作 D-φ 直线，则该直线斜率的 $4\pi f$ 倍即为光速 c。

为了减小由于电路系统附加相移量的变化给位相测量带来的误差，应采取 $x_0\rightarrow x_1\rightarrow x_0$ 及 $x_0\rightarrow x_2\rightarrow x_0$ 等顺序进行测量。

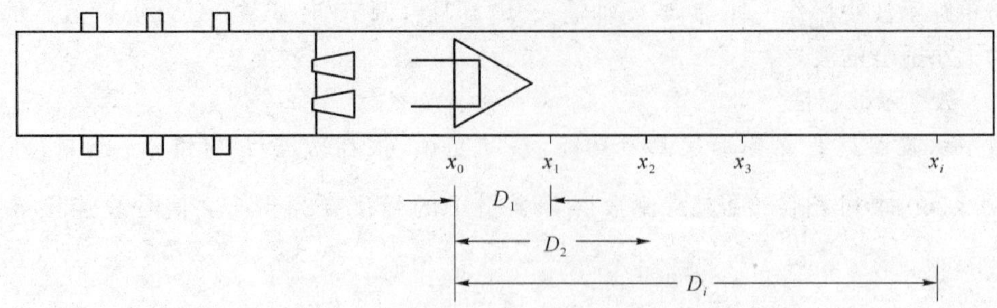

图 4.14.6　根据相移量与反射镜距离之间的关系测定光速

操作时移动棱镜小车要快、准，如果两次 x_0 位置时的读数值相差 0.1°以上，须重测。

③ 等相位测 λ。在示波器上或相位计上取若干个整度数的相位点，如 36°、72°、108°等；在导轨上任取一点为 x_0，并在示波器上找出信号相位波形上一特征点作为相位差 0°位，拉动棱镜，至某个整相位数时停，迅速读取此时的距离值作为 x_1，并尽快将棱镜返回至 0°处，再读取一次 x_0，并要求两次 0°时的距离读数误差不要超过 1 mm，否则须重测。

依次读取相移量 φ_i 对应的 D_i 值，由 $\lambda=\frac{2\pi}{\varphi_i}\times 2D_i$ 计算出光速值 c。

可以看到，等相位测 λ 法比等距离测 λ 法有较高的测量精度。

【仪器简介】

1. 主要技术指标

(1) 仪器全长：0.8 m。　　(2) 可变光程：0～1 m。

(3) 移动尺最小读数：0.1 mm。　　(4) 调制频率：100 MHz。

(5) 测量精度：≤1%(数字示波器测相)；≤2%(通用示波器测相)。

2. 仪器结构

LM2000A 光速仪全长 0.8 m，由电器盒、收发透镜组、棱镜小车、带标尺导轨等组成，如图 4.14.7 所示。

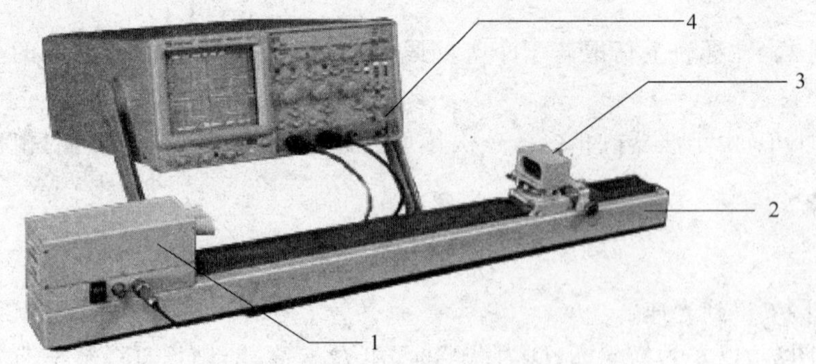

图 4.14.7　实验仪器装置图

1—光学电路箱；2—带刻度尺燕尾导轨；3—带游标反射棱镜小车；

4—示波器/相位计

(1) 电器盒

电器盒采用整体结构，稳定可靠，端面安装有收发透镜组，内置收、发电子线路板。侧面有两排 Q9 插座，如图 4.14.8 所示。Q9 座输出的是将收、发正弦波信号整形后的方波信号，为的是便于用示波器来测量相位差。

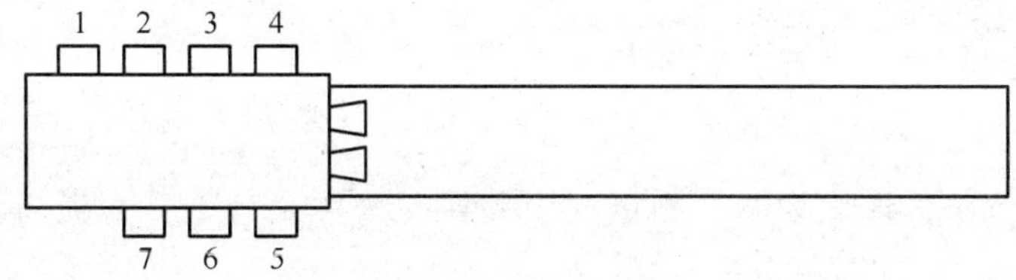

图 4.14.8　Q9 座接线图

1,2—发送基准信号(5 V 方波)；3—调制信号输入(模拟通信用)；4—测频；
5,6—接收测相信号(5 V 方波)；7—接收信号电平(0.4～0.6 V)

(2) 棱镜小车

棱镜小车上有供调节棱镜左右转动和俯仰的两只调节把手。由直角棱镜的入射光与出射光的相互关系可以知道，其实左右调节时对光线的出射方向不起什么作用，在仪器上加此左右调节装置，只是为了加深对直角棱镜转向特性的理解。

在棱镜小车上有一只游标，使用方法与游标卡尺相同，通过游标可以读至 0.1 mm，可进一步熟悉游标卡尺的使用。

(3) 光源和光学发射系统

采用 GaAs 发光二极管为光源。这是一种半导体光源，当发光二极管上注入一定的电流时，在 PN 结两侧的 P 区和 N 区分别有电子和空穴的注入，这些非平衡载流子在复合过程中将发射波长为 0.65 μm 的光，此即上文所说的载波。用机内主控振荡器产生的 100 MHz 正弦振荡电压信号控制加在发光二极管上的注入电流。当信号电压升高时注入电流增大，电子和空穴复合的机会增加而发出较强的光；当信号电压下降时注入电流减小，复合过程减弱，所发出的光强度也相应减弱。用这种方法实现对光强的直接调制。图 4.14.9 是发射、接收光学系统的原理图。发光管的发光点 S 位于物镜 L_1 的焦点上。

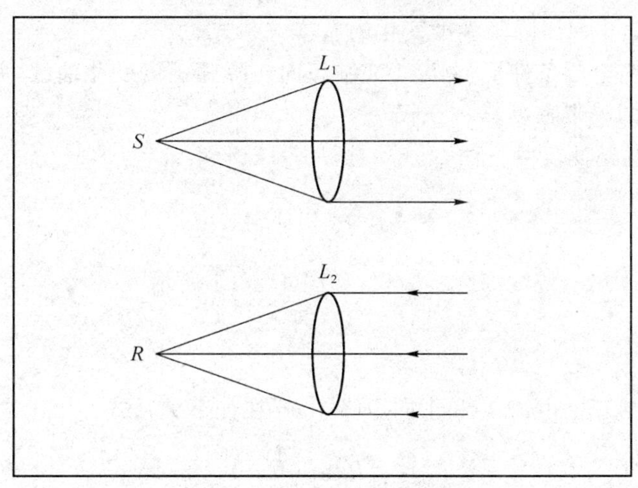

图 4.14.9　收、发光学系统原理图

(4) 光学接收系统

用硅光电二极管作为光电转换元件,该光电二极管的光敏面位于接收物镜 L_2 的焦点 R 上。光电二极管所产生的光电流的大小随载波的强度而变化。因此在负载上可以得到与调制波频率相同的电压信号,即被测信号。被测信号的位相对于基准信号落后了 $\varphi=\omega t$,t 为往返一个测程所用的时间。

【思考题】

(1) 通过实验观察,你认为波长测量的主要误差来源是什么?为提高测量精度需进行哪些改进?

(2) 本实验所测定的是 100 MHz 调制波的波长和频率,能否把实验装置改成直接发射频率为 100 MHz 的无线电波并对它的波长进行绝对测量?为什么?

(3) 如何将光速仪改成测距仪?

实验 4.15 半导体 PN 结正向压降与温度关系的研究和应用

常用的温度传感器有热电偶、测温电阻器和热敏电阻等,这些温度传感器均有各自的优点,但也有它的不足之处,如热电偶适用温度范围宽,但灵敏度低且需要参考温度;热敏电阻灵敏度高、热响应快、体积小,缺点是非线性,且一致性较差,这对于仪表的校准和调节均感不便;测温电阻如铂电阻有精度高、线性好的优点,但灵敏度低且价格较贵。而 *PN* 结温度传感器则有灵敏度高、线性较好、热响应快和体小轻巧易集成化等优点,所以其应用势必日益广泛。但是这类温度传感器的工作温度一般为 −50～150 ℃,与其他温度传感器相比,测温范围的局限性较大,有待于进一步改进和开发。

【实验目的】

(1) 了解 PN 结正向压降随温度变化的基本关系式。

(2) 在恒定正向电流条件下,测绘 PN 结正向压降随温度变化曲线,并由此确定其灵敏度被测 PN 结材料的禁带宽度。

(3) 学习用 PN 结测温的方法。

【实验仪器】

YJ-SB-1 半导体热电特性综合实验仪,如图 4.15.1 所示。

【实验原理】

理想的 PN 结的正向电流 I_F 和正向压降 V_F 存在如下关系式:

$$I_F=I_s\exp\left(\frac{qV_F}{kT}\right) \tag{4.15.1}$$

式中,q 为电子电荷;k 为玻尔兹曼常数;T 为绝对温度;I_S 为反向饱和电流,它是一个和 PN

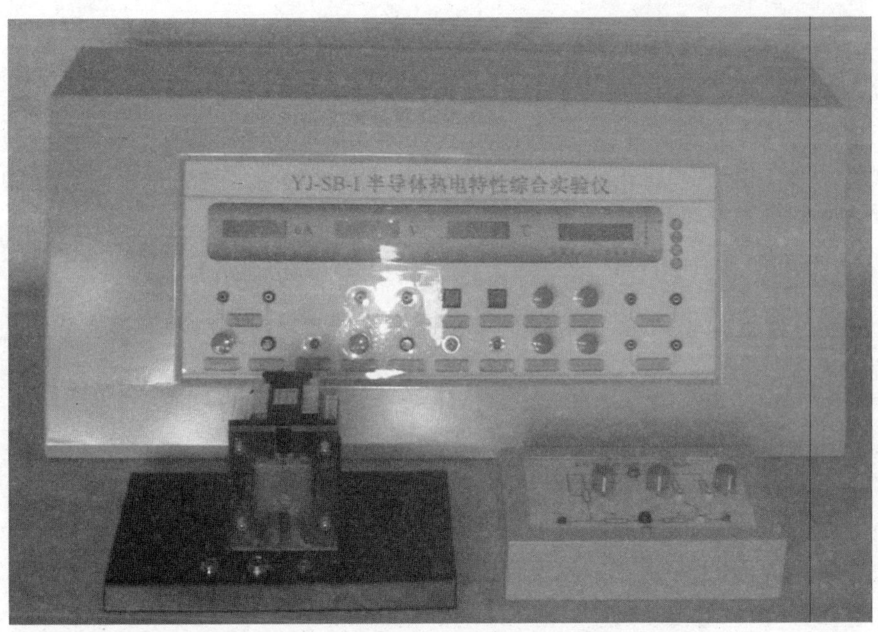

图 4.15.1　YJ-SB-1 半导体热电特性综合实验仪

结材料的禁带宽度以及温度有关的系数，可以证明

$$I_F = CT^r \exp(-\frac{qV_{g(0)}}{kT}) \tag{4.15.2}$$

式中，C 是与结面积、掺质浓度等有关的常数，r 也是常数（见附录）；$V_g(0)$ 为绝对零度时 PN 结材料的带底和价带顶的电势差。

将式(4.15.2)代入式(4.15.1)，两边取对数可得

$$V_F = V_{g(0)} - (\frac{k}{q}\ln\frac{C}{I_F})T - \frac{kT}{q}\ln T^r = V_1 + V_{n1} \tag{4.15.3}$$

其中　$V_1 = V_{g(0)} - (\frac{k}{q}\ln\frac{C}{IF})T$

$V_{n1} = -\frac{kT}{q}\ln T^r$

方程(4.15.3)就是 PN 结正向压降作为电流和温度函数的表达式，它是 PN 结温度传感器的基本方程。令 I_F = 常数，则正向压降只随温度而变化，但是在方程(4.15.3)中还包含非线性顶 V_{n1}。下面来分析一下 V_{n1} 项所引起的线性误差。

设温度由 T_1 变为 T 时，正向电压由 V_{F1} 变为 V_F，由式(4.15.3)可得

$$V_F = V_{g(0)} - (V_{g(0)} - V_{F1})\frac{T}{T_1} - \frac{kT}{q}\ln(\frac{T}{T_1})^r \tag{4.15.4}$$

按理想的线性温度响应，V_F 应取如下形式

$$V_{理想} = V_{F1} + \frac{\partial V_{F1}}{\partial T}(T - T_1) \tag{4.15.5}$$

$\frac{\partial V_F}{\partial T}$ 为曲线的斜率，且 T_1 温度时的 $\frac{\partial V_{F1}}{\partial T}$ 等于 T 温度时的 $\frac{\partial V_F}{\partial T}$ 值。

由式(4.15.3)可得

$$\frac{\partial V_{F1}}{\partial T}=-\frac{V_{g(0)}-V_{F1}}{T_1}-\frac{k}{q}r \tag{4.15.6}$$

所以

$$V_{理想}=V_{F1}+\left(-\frac{V_{g(0)}-V_{F1}}{T_1}-\frac{k}{q}r\right)(T-T_1)$$

即

$$V_{理想}=V_{g(0)}-(V_{g(0)}-V_{F1})\frac{T}{T_1}-\frac{k}{q}(T-T_1)r \tag{4.15.7}$$

由理想线性温度响应式(4.15.7)和实际响应式(4.15.4)相比较，可得实际响应对线性的理论偏差为

$$\Delta=V_{理想}-V_F=-\frac{k}{q}(T-T_1)r+\frac{kT}{q}\ln\left(\frac{T}{T_1}\right)^r \tag{4.15.8}$$

设 $T_1=300°$ K，$T=310°$ K，取 $r=3.4$，由式(4.15.8)可得 $\Delta=0.048$ mV，而相应的 V_F 的改变量约 20 mV，相比之下误差甚小。不过当温度变化范围增大时，V_F 温度响应的非线性误差将有所递增，这主要由于 r 因子所致。

综上所述，在恒流供电条件下，PN 结的 V_F 对 T 的依赖关系取决于线性质项 V_1，即正向压降几乎随温度升高而线性下降，这就是 PN 结测温的理论依据。必须指出，上述结论仅适用于杂质全部电离，本征激发可以忽略的温度区间(对于通常的硅二极管来说，温度范围约 −50～150 ℃)。如果温度低于或高于上述范围时，由于杂质电离因子减小或本征载流子迅速增加，V_F-T 关系将产生新的非线性，这一现象说明 V_F-T 的特性还随 PN 结的材料而异，对于宽带材料(如 GaAs，Eg 为 1.43 eV)的 PN 结，其高温端的线性区则宽；而材料杂质电离能小(如 Insb)的 PN 结，则低温端的线性范围宽。对于给定的 PN 结，即使在杂质导电和非本征激发温度范围内，其线性度亦随温度的高低而有所不同，这是非线性项 V_{n1} 引起的，由 V_{n1} 对 T 的二阶导数 $\frac{d^2V}{dT^2}=\frac{1}{T}$ 可知，$\frac{dV_{n1}}{dT}$ 的变化与 T 成反比，所以 V_F-T 的线性度在高温端优于低温端，这是 PN 结温度传感器的普遍规律。此外，由式(4.15.4)可知，减小 I_F，可以改善线性度，但并不能从根本上解决问题，目前行之有效的方法大致有两种：

(1) 利用对管的两个 be 结(将三极管的基极与集电极短路与发射极组成一个 PN 结)，分别在不同电流 I_{F1}、I_{F2} 下工作，由此获得两者之差($I_{F1}-I_{F2}$)与温度成线性函数关系，即

$$V_{F1}-V_{F2}=\frac{kT}{q}\ln\frac{I_{F1}}{I_{F2}}$$

由于晶体管的参数有一定的离散性，实际值与理论值仍存在差距，但于单个 PN 结相比其线性度与精度均有所提高，这种电路结构与恒流、放大等电路集成一体，便构成电路温度传感器。

(2) 采用电流函数发生器来消除非线性误差。由式(4.15.3)可知，非线性误差来自 T^r 项，利用函数发生器，I_F 比例于绝对温度的 r 次方，则 V_F-T 的线性理论误差为 $\Delta=0$。实验结果与理论值比较一致，其精度可达 0.01 ℃。

【实验内容】

(1) 安装好实验仪器，将装有 PN 结的恒温体插入恒温腔中。

(2) 用导线和专用电缆将实验装置与主机相连，PN 结与恒流输出相连，并用导线连接到数字多功能表的输入端，打开主机电源开关，选择适当的功能(制冷或加热)。

(3) 将 PN 结恒流调节选择 50 μA，然后将制冷加热开关打开，若选择的是制冷功能就逆时针调节“制冷温度粗选”和“制冷温度细选”旋钮到底，“加热/制冷”功能选择开关上的指示灯发亮(制冷状态)，同时观察紫铜恒温体的温度(数字温度表)的变化，当数字温度表上的温度即将达到所需温度(如 0.0 ℃)时顺时针调节“制冷温度粗选”和“制冷温度细选”旋钮使指示灯闪烁(恒温状态)，仔细调节“制冷温度细选”使温度恒定在所需温度(如 0.0 ℃)。

待恒温腔内的温度稳定在所需温度(0.0 ℃)后，记下对应的 PN 结正向压降 V_1；再将 PN 结恒流选择为 100 μA，保持温度不变，记下对应的 PN 结正向压降 V_1'。

(4) 重新选择所需温度 T_2(10.0 ℃)、T_3(20.0 ℃)、T_4(30.0 ℃)、T_5(40.0 ℃)、T_6(50.0 ℃)、T_7(60.0 ℃)、T_8(70.0 ℃)、T_9(80.0 ℃)、T_{10}(90.0 ℃)、T_{11}(100.0 ℃)、T_{12}(110.0 ℃)、并测量出其对应的正向压降 V_2、V_3、V_4、V_5、V_6、V_7、V_8、V_9、V_{10}、V_{11}、V_{12}、V_{13} 值和 V_2'、V_3'、V_4'、V_5'、V_6'、V_7'、V_8'、V_9'、V_{10}'、V_{11}'、V_{12}'。

(5) 描绘 ΔV-T 曲线，求出 PN 结正向压降随温度变化的灵敏度 S(mV/℃)，即曲线斜率。

(6) 估算被测 PN 结的禁带宽度，根据式(4.15.6)，略去非线性项，可得 $V_{g(0)}=V_{F1}-S\cdot T_1$，禁带宽度 $E_{g(0)}=qV_{g(0)}$。

(7) 数据记录

如表 4.15.1 所示，记录实验数据，比较两组测量结果。

表 4.15.1　实验数据

I_F		1	2	3	…	12
50 μA	T_R	0.0 ℃	10.0 ℃	20.0 ℃		110.0 ℃
	V_F					
	ΔV					
100 μA	T_R'	0.0 ℃	10.0 ℃	20.0 ℃		110.0 ℃
	V_F'					
	$\Delta V'$					

【思考题】

(1) 测 $V_{F(0)}$ 或 $V_{F(TR)}$ 的目的何在？为什么实验要求测 ΔV-T 曲线而不是 V_F-T 曲线。

(2) 在测量 PN 结正向压降和温度的变化关系时，温度高时 ΔV-T 线性好，还是温度低好？

(3) 测量时，为什么温度必须在 −50～150 ℃范围内？

第5章 设计性物理实验

实验5.1 重力加速度的测定

重力加速度 g 是一个反映地球引力强弱的重要的地球物理常数，地球上各个地区重力加速度的数值与物体所处地区的经纬度、海拔高度及地下资源的分布有关（两极的 g 最大，赤道附近的 g 最小，两者相差约1/300）。准确地测定重力加速度的量值在科学研究和工程技术方面都具有重大意义。

【实验目的和要求】

(1) 掌握用单摆测量重力加速度的原理与方法，研究单摆的周期与单摆的摆长、摆角之间的关系，精确测量当地的重力加速度 g。

(2) 用自由落体法测定重力加速度，对测量结果与单摆法进行比较，分析其优缺点。

(3) 选做复摆法，了解其原理及方法。

(4) 学习使用秒表、数字毫秒计。

(5) 学习用最小二乘法处理测量数据。

【提供的实验仪器】

GM-1新型单摆实验仪、MS-1多功能毫秒计、集成霍尔开关、激光光电传感器、米尺、螺旋测微器、自由落体测定仪、光电门、秒表等。

【实验原理提示】

1. 单摆法

在忽略空气阻力和浮力的情况下，由单摆振动时能量守恒可得质量为 m 的小球在摆角 θ 处动能和势能之和为常数，可推得单摆周期的一般表达式为

$$T=2\pi\sqrt{\frac{L}{g}}\left[1+\left(\frac{1}{2}\right)^2\sin^2\frac{\theta}{2}+\left(\frac{1}{2}\right)^2\left(\frac{3}{4}\right)^2\sin^4\frac{\theta}{2}+\cdots\right] \tag{5.1.1}$$

式中，L 为单摆的摆长；θ 为单摆的摆角；g 为当地的重力加速度的大小。在实验中，测出摆长 L、周期 T 以及摆角 θ，即可以推算出重力加速度 g。

根据摆角 θ 的大小，周期 T 可取一级近似或二级近似：

$$T=2\pi\sqrt{\frac{L}{g}} \quad \text{（一级近似，一般 } \theta<5^\circ\text{）} \tag{5.1.2}$$

$$T=2\pi\sqrt{\frac{L}{g}}\left[1+\frac{1}{4}\sin^2\frac{\theta}{2}\right]\quad（二级近似）\tag{5.1.3}$$

由式(5.1.3)可知，依测量值作 $2T\text{-}\sin^2(\theta/2)$ 图，并进行直线拟合（利用最小二乘法），得到相关系数 r、斜率 B、截距 A，由截距 $A=4\pi\sqrt{\frac{L}{g}}$ 可得重力加速度 g。

2. 自由落体法

在重力作用下，物体的下落运动是匀加速直线运动，这种运动可以表示为

$$s=v_0t+\frac{1}{2}gt^2$$

式中，s 为在时间 t 秒内物体下落的距离；g 为重力加速度。

如果物体下落的初速度为零，即 $v_0=0$，则

$$s=\frac{1}{2}gt^2$$

可见，如果能测得物体在最初 t 秒内通过的距离 s，就可以算出重力加速度 g 的值。

3. 复摆法

复摆振动周期为

$$T=2\pi\sqrt{\frac{I}{mgh}}$$

式中，I 为复摆对转轴的转动惯量；h 为复摆质心到转轴的距离。根据平行轴定理可知

$$I=I_G+mh^2$$

I_G 为绕过质心的转轴的转动惯量，所以

$$T=2\pi\sqrt{\frac{I_G+mh^2}{mgh}}$$

对比单摆公式 $T=2\pi\sqrt{\frac{L}{g}}$，$l=\frac{I_G+mh^2}{mh}$ 称为复摆的等效摆长，因此，测得周期 T 和等效摆长 l 即可得重力加速度 g。

【实验内容】

(1) 用 GM-1 新型单摆实验仪测量重力加速度 g，要求有 6 位有效数字，测定值与标准值（以实验提供的数据 $g=979.211\ \text{cm/s}^2$）比较，相对误差须小于 1%。研究单摆的周期与单摆摆角之间的关系，比较摆角大小（如一级近似、二级近似）对计算重力加速度带来的影响。

(2) 用自由落体法测量重力加速度 g。

(3) 用复摆法测量重力加速度 g，可选用凯特摆。

(4) 分别用单摆法和自由落体法测量，自拟实验方案、数据表格、实验步骤，画图，用最小二乘法线性拟合，对两种测量方法的测量结果进行比较并作分析讨论。

(5) 写出实验报告。

【思考题】

(1) 单摆的运动是简谐振动吗？为什么？为什么在摆球经平衡位置时开始计时？

(2) 如果摆线的质量不可忽略，单摆的周期比一般公式的表达式数值大还是小或者不变？

(3) 测量重力加速度还有其他什么方法？请阐述。

【仪器简介】

1. ZLY-2 型自由落体仪

自由落体仪是由支架、电磁铁、光电门等组成的。如图 5.1.1 所示，支柱是一根固定在铸铁底座上的长金属杆，其垂直度可由底座上的三个调节螺钉来调节。金属杆的上端装有电磁铁 M，由多功能数字计数计时仪提供电源。为了测定小球下落的时间，在支柱上装有两个可以上下移动并能固定在某一位置的光电门 E_1、E_2。每个光电门上都装有光敏二极管和聚光灯泡。光敏二极管用的导线与多功能数字计数计时仪连接。小球在下落过程中对两个光电门光敏二极管分别遮光，光敏二极管把遮光信号转换为电信号去控制多功能数字计数计时仪开始计时或停止计时。支柱下端的扑球网用来接住下落的小球。

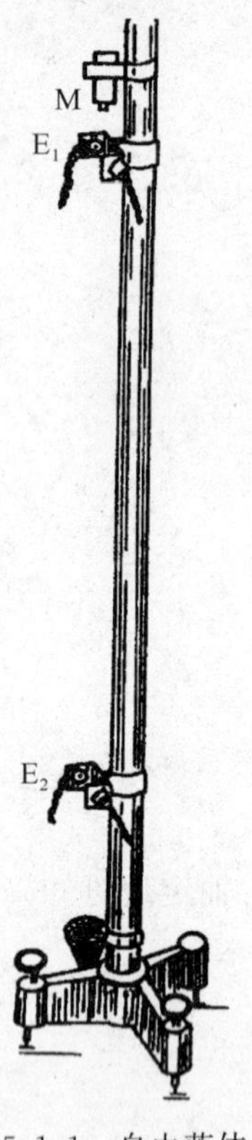

图 5.1.1　自由落体仪

2. GM-1 单摆实验仪

采用集成开关型霍尔传感器和多功能毫秒仪实现自动计时，能在很短几个振动周期内准确测得单摆在大摆角下的周期，这样便可忽略空气阻尼的影响，顺利地研究周期与摆角的关系，再应用外推到摆角为零的方法，求出摆角极小时的振动周期，从而精确地测量重力加速度。集成霍耳开关放于小球正下方 1.0 cm 处，如图 5.1.2 所示。1.1 cm 为该霍耳开关导通或截止的最大距离。将一钕铁硼小磁钢放置在小球正下方，当小磁钢随小球从霍耳开关上方经过时，会使集成霍耳开关输出一个由高电平向低电平的跳变信号，此跳变信号使 MS-1 多功能毫秒仪开始计时以及自开始计时后磁钢经过霍耳开关进行次数的自动记录，当记录的次数和计时器面板上预置的次数一样时，则该信号便是计时器停止的信号。计时器可锁存和显示计时数。次数预置拨码开关可从 0～64 次任意调节，并可查阅与计时次数相对应的时间数值。

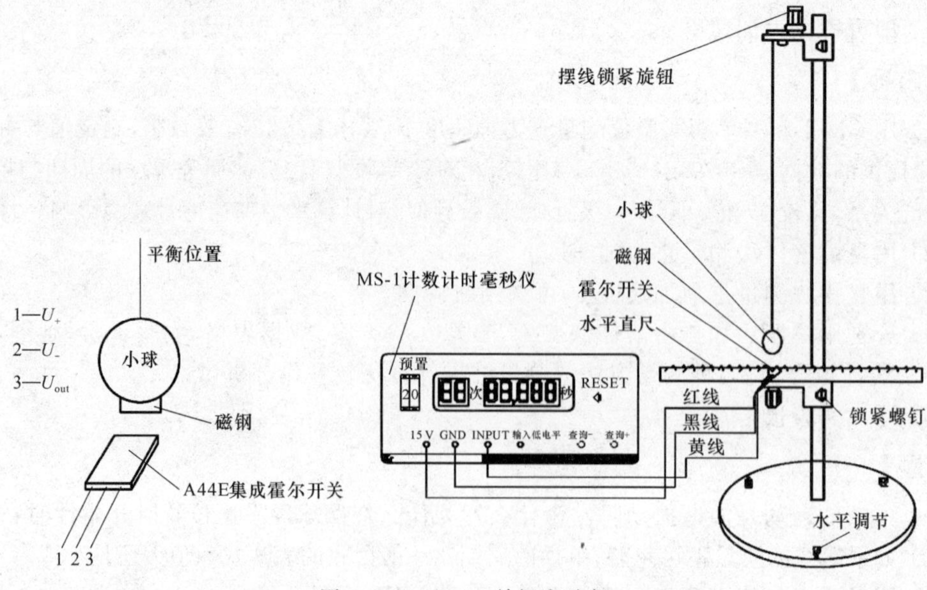

图 5.1.2　GM-1 单摆实验仪

实验 5.2　简谐振动的研究

自然界中存在各种振动现象，最基本、最简单的振动是简谐振动。一切复杂的振动都可以分解为若干个简谐振动，即把复杂的振动看作若干个简谐振动的合成。弹簧在机械装置中占有重要的地位。劲度系数表征了弹簧最重要的特性。在一定外力下弹簧的形变、弹簧作周期振动的频率均与劲度系数有关。本实验将对弹簧振子简谐振动的规律进行观察和研究。

【实验目的和要求】

1. 目的

(1) 观测简谐振动的运动特征，验证胡克定律。

(2) 测定弹簧的劲度系数，研究弹簧在振动时的有效质量。

(3) 掌握多种数据处理方法。

2. 要求

(1) 设计一个验证胡克定律的实验方案，写出要验证的规律与验证方法。

(2) 设计测量弹簧的劲度系数和有效质量的实验方法。

(3) 根据实验提供的仪器，拟订实验方案，列出实验步骤。

(4) 正确记录数据，分别用作图法，最小二乘法，逐差法处理数据，计算弹簧的劲度系数和有效质量。

【提供的实验仪器】

焦里秤、轻弹簧、砝码、秒表等。

【实验原理提示】

1. 胡克定律和弹簧的劲度系数

在弹性限度内，弹簧的伸长量 x 与它在伸长方向所受外力 F 成正比，这就是胡克定律。定量关系为

$$F=kx \tag{5.2.1}$$

比例系数 k 称为该弹簧的劲度系数。

一个竖直悬挂的弹簧，底部悬一重物 m。当不考虑弹簧的自重并在外力 mg 作用下达到平衡时，弹簧的伸长量为 x_0，于是有

$$mg=kx_0 \tag{5.2.2}$$

如图 5.2.1 所示。由式(5.2.2)可以求出弹簧的劲度系数 k。

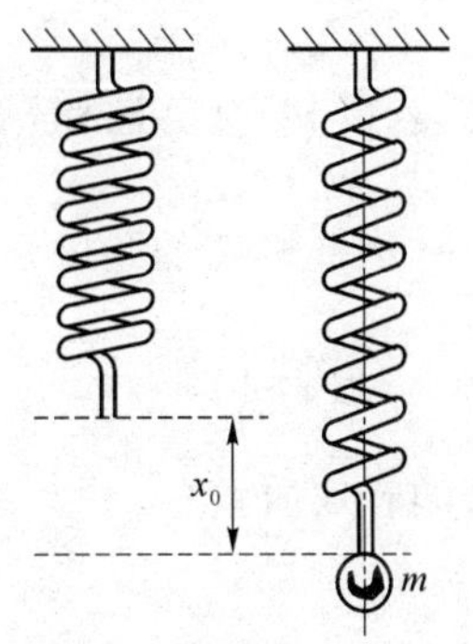

图 5.2.1　弹簧振子示意图

2. 弹簧的简谐振动

将弹簧系统自平衡位置 x_0 处再向下拉伸一段距离。此时弹簧总伸长量为 x，弹簧所受弹性恢复力大小为 kx，方向向上，然后放开手，让它自由运动。

这时,弹簧系统受两个力,即重力 mg 和弹性恢复力 kx,并且弹性力大于重力 mg,于是弹簧系统向上运动。当经过平衡位置 x_0 时,二力相等。但由于惯性,弹簧继续向上做减速运动直至停止,然后再向下运动。如此往复不已就产生了振动。如果略去阻力,振动的幅度将不会衰减,这就是简谐振动。

理论计算表明,弹簧振子做简谐振动时,其周期 T(完成一次全振动所需要的时间)由下式给出:

$$T=2\pi\sqrt{\frac{m}{k}} \tag{5.2.3}$$

在上式中忽略了弹簧的质量,实际上弹簧有一定质量也参加了振动,它对振动有影响。弹簧振子在振动中,弹簧上各点的振动情况不同,整个弹簧的影响可以等效为一个质量为 m' 的质点附加在振子自由端的重物上,这个附加的质量 m' 称为弹簧振动时的有效质量,m' 小于弹簧本身的质量,m' 约为弹簧质量的 $\frac{1}{3}\sim\frac{1}{2}$。若弹簧的质量不能忽略,这时式(5.2.3)可改写为

$$T=2\pi\sqrt{\frac{m+m'}{k}} \tag{5.2.4}$$

【实验内容】

(1) 用静态法测定弹簧的劲度系数 k。

(2) 验证弹簧振子周期 T 与质量 m 的关系。

(3) 求弹簧的有效质量 m'。

【设计举例】

以作图法为例,计算弹簧的劲度系数 k 和有效质量 m'。

1. 计算过程

由 $T=2\pi\sqrt{\frac{m+m'}{k}}$, 将此式平方得

$$T^2=\frac{4\pi^2}{k}m+\frac{4\pi^2}{k}m' \tag{5.2.5}$$

可见,若以 m 为横坐标,T^2 为纵坐标,作 T^2-m 图应为一直线,其斜率 $\alpha=\frac{4\pi^2}{k}$,截距 $b=\frac{4\pi^2 m'}{k}$,因此弹簧的劲度系数

$$k=\frac{4\pi^2}{\alpha} \tag{5.2.6}$$

弹簧的有效质量

$$m'=\frac{kb}{4\pi^2}=\frac{b}{\alpha} \tag{5.2.7}$$

2. 实验步骤

(1) 将弹簧上端固定,下端挂一砝码盘,在砝码盘上放入一定质量的砝码,再使其从平

衡位置下移一小段距离，然后释放，砝码与砝码盘将在平衡位置附近作简谐振动。用停表测出若干个全振动的时间，求出周期 T，并记下砝码盘与砝码的质量 m。

(2) 依次在砝码盘中加一定量的砝码共 7 次，同样测出相应的周期和质量。

(3) 作 T^2-m 图看是否为一直线，利用 T^2-m 图线，求得该直线的斜率与截距代入式(5.2.6)和式(5.2.7)，即可求出 k 和 m' 的值。

【注意事项】

绝不能用手去随便拉伸作简谐振动的弹簧，因为它的弹性限度很小，如果超过弹性限度，弹簧就不能恢复原状了。

【思考题】

(1) 测定弹簧的劲度系数 k 值时，应如何确定每次所加砝码值？

(2) 本实验中，每次在弹簧下悬挂一定砝码后，测周期时要多次测量，在多次测量周期时是否一定要保持振幅一定？

(3) 用物理天平称量弹簧的实际质量 m，与测得的有效质量 m' 相比较，能粗略地说明什么？

实验 5.3　薄透镜焦距的测定

透镜组是组成各种光学仪器的基本光学元件，焦距则是透镜最重要的参数。在不同的使用场合，往往要选择合适的透镜或透镜组，这就需要测定透镜的焦距。本实验通过对薄透镜成像规律的研究，设计出实验的基本方法，并测定其焦距。

【实验目的和要求】

(1) 复习 2.3 节，了解透镜的成像规律；掌握光学系统的同轴调节。

(2) 根据透镜的成像规律分别用物距像距法、自准法、共轭法测定透镜焦距。

(3) 自行选择和组合配套仪器设备。

(4) 自拟实验步骤，写出实验原理及测量公式。

(5) 自拟实验数据表格，并对实验数据进行计算、处理。

(6) 掌握几种透镜焦距的测量方法。根据所学误差理论，对三种实验方法的结果进行比对，分析误差大小，并提出减小误差的方法。比较三种测量方法的优缺点。

(7) 写出完整的设计实验总结报告。

【提供的实验仪器】

光具座、薄凸透镜、薄凹透镜、光源、物屏、像屏、平面反射镜、刻度尺等。

【实验原理提示】

1. 物距像距法(公式法)

在近轴光线的条件下，薄透镜成像的规律可表示为

$$\frac{1}{u}+\frac{1}{v}=\frac{1}{f} \tag{5.3.1}$$

式中，u 为物距；v 为像距；f 为透镜的焦距，u、v 和 f 均从透镜的光心 O 点算起。并且规定 u 恒取正值；当物和像在透镜的异侧时，v 为正值；在透镜的同侧时，v 为负值。根据式(5.3.1)求出焦距 f。

2. 自准法

如图 5.3.1 所示，A 为镂空 1 字形物屏，M 是一与主光轴垂直的平面反射镜，移动透镜(或物屏)，当物屏 A 正好位于凸透镜之前的焦平面时，物屏 A 上任一点发出的光线经透镜折射后，将变为平行光线，然后被平面反射镜反射回来。再经透镜折射后，仍会聚在它的焦平面上，即原物屏平面上，形成一个与原物大小相等方向相反的倒立实像 A'。此时物屏到透镜之间的距离就是待测透镜的焦距，即

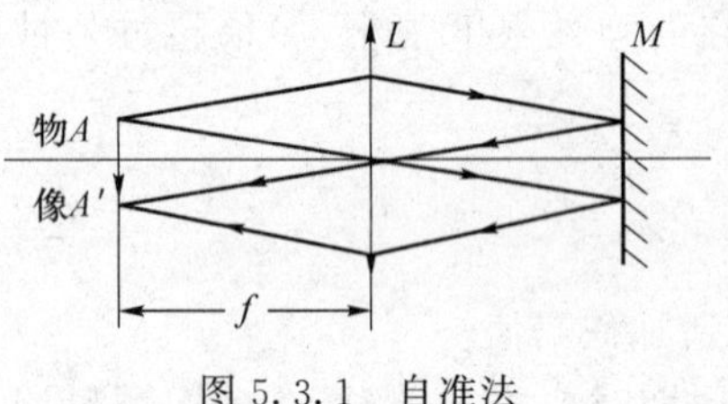

图 5.3.1　自准法

$$f=u \tag{5.3.2}$$

3. 共轭法(或贝塞尔法)

如图 5.3.2 所示，设物和像屏之间的距离为 D(要求 $D>4f$)，并保持不变。移动透镜，当在 O_1 位置处时，屏上将出现一个放大的、倒立的实像；当透镜在位置 O_2 处时，在屏上又得到一个缩小的、倒立的实像，这就是物像共轭。若物屏与像屏之间距离为 D，两次成像透镜之间的距离为 d，根据透镜成像公式得知

$$u_1=v_2=\frac{D-d}{2}$$

$$v_1=u_2=D-u_1=D-\frac{D-d}{2}=\frac{D+d}{2}$$

由此可得

$$f=\frac{u_1v_1}{u_1+v_1}=\frac{\frac{D-d}{2}\frac{D+d}{2}}{D}=\frac{D^2-d^2}{4D} \tag{5.3.3}$$

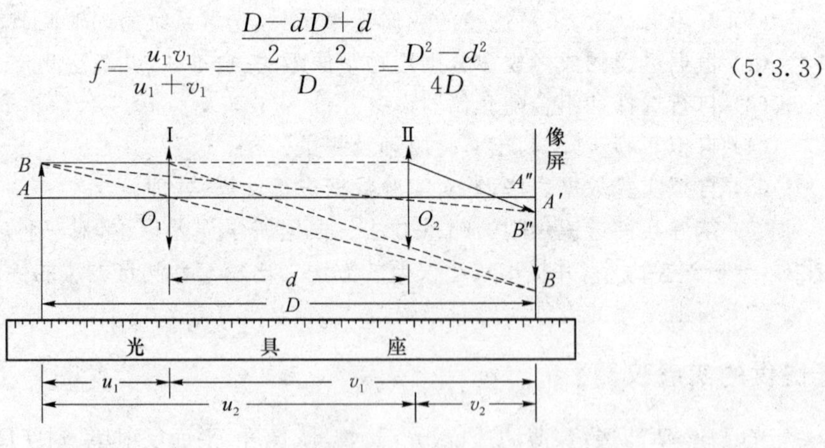

图 5.3.2　共轭法

【实验内容】

(1) 首先在光具座上对各光学元件进行同轴等高的调节。

(2) 自拟实验步骤。

(3) 根据实验原理自拟实验表格,将测量数据记入表格内。

(4) 求出三种方法下的焦距,进行误差分析。

(5) 写出实验报告。

【思考题】

(1) 在用共轭法测凸透镜焦距 f 时,为什么要选取物屏和像屏的距离大于 4 倍焦距?

(2) 实验中用什么方法确定像的准确位置?

(3) 为什么测量前要调节光学系统同轴等高?有什么要求?如何调节?

实验 5.4　用电位差计校准电表和测定电阻

磁电式电表在电学测量中被广泛应用,但由于电表结构、使用条件变化以及使用长时间后所导致的性能变化等原因,其示值与实际值有所偏差,故需要校正。

电位差计是最常用的电工仪器之一,其工作原理基于补偿法,在测量时由于补偿回路中电流为零,即不从被测电路中取得电流,故不改变被测电路的工作状态(当然不是绝对的,检流计灵敏度越高,电流越接近于零。)电位差计不仅可以用来测定电源的电动势,而且还可以作为校准电流表或电压表的标准仪器或对电阻作精确测定。

【实验目的和要求】

(1) 复习 3.10 节,要求对电位差计的补偿法测量原理有充足的认识。

(2) 掌握用电位差计校准电压表、电流表和测量电阻的方法。

(3) 根据原理及相关提示,自行选择和组合配套仪器设备,自拟实验步骤和数据记录表格,完成电表校对和电阻测量。

(4) 写出完整的设计实验总结报告。

【提供的实验仪器】

电位差计一套(包括标准电池、检流计、工作电源)、直流稳压电源、分压器、标准电阻(若干)、变阻器、待校电压表、待校电流表、待测电阻(约 100 Ω,0.25 W)、开关、导线等。

【实验原理提示】

校准电表可用高一级的电表进行,但是电表的级别越高,保存和使用的条件越苛刻。相比之下,电位差计是电阻型仪器,电阻可以做得相当准确,其性能也不易随时间变化,故用电位差计来校准电表,是一种准确度很高的校准方法。

1. 分压器和分压比

不同型号的电位差计,测量范围各不相同,量程有几十毫伏到几十伏的多种规格。若配上分压器,则可使测量范围扩大。

图 5.4.1 所示为分压器，A、B 为电压输入端，其总阻值为 R_0，A、C 为输出端，移动滑动头 C，可控制输出电压的大小。当 C 在某一位置时，若令其电阻为

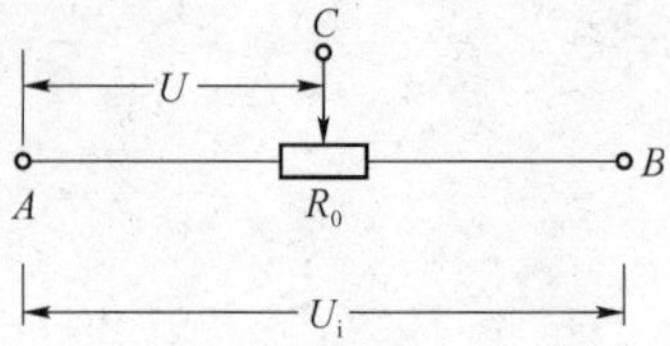

$$R_i=R_{AC}=\frac{1}{m}R_0$$

图 5.4.1　分压器

由串联电路的特点可知

$$\frac{U_i}{U}=\frac{R_i}{R_0}=\frac{1}{m}$$

则

$$U_i=\frac{1}{m}U$$

式中，$\frac{1}{m}$称为分压比。

2. 测电阻值时的测量条件

在测定电阻值时，选择合适的测量条件可以从以下几方面考虑。

(1) 由电阻的相对误差

$$E=\frac{\Delta R_x}{R_x}=\frac{\Delta U_x}{U_x}+\frac{\Delta U_N}{U_N}+\frac{\Delta R_N}{R_N}\approx\frac{\Delta U_x}{U_x}+\frac{\Delta U_N}{U_N}$$

令$\frac{dE}{dU_N}=0$，可选定标准电阻 R_N。

(2) 计算待测电阻上允许通过的电流 I_{max}，为避免在测量过程中电阻发热，常选取 $0.2I_{max}$ 作为最大工作电流。

【实验内容】

1. 校准量程为 5 V 的电压表

(1) 令稳压电源在 0～24 V 作连续可调输出，设计标准电压表的控制电路。

(2) 根据电位差计和待校表的量程选取适当的分压比和分压器总电阻。

(3) 做 ΔU-U 校准曲线(ΔU 为标准值与电压示值之差，U 为被校电压表示值)。

(4) 根据校准曲线对待校表的准确度等级重新标定。

2. 校准量程为 3 mA 的电流表

(1) 令稳压电源固定输出 3 V，设计校准电流表的控制电路。

(2) 要求控制电路的电流调节范围为 0.5～3 mA，选取适当的标准电阻和变阻器阻值。

(3) 作 ΔI-I 校准曲线(ΔI 为标准值与电流示值之差)，对待校表的精度作出评价。

3. 测定电阻值

(1) 令稳压电源固定输出 1.5 V，设计测定电阻的控制电路。若所用电位差计只有一组输出端，则应设计一个能对标准电阻和待测电阻的端电压作连续测量的控制电路。

(2) 选择合适的测量条件，包括标准电阻值、控制电路的工作电流和变阻器阻值。

(3) 测量次数不少于 6 次，并进行误差分析。

【设计举例】

先将电位差计工作必需的标准电池、工作电源、检流计等与电位差计连接好。下面讨论

与本实验相关的两种电位差计测量线路。

(1) 校准电流表。校准电流表的测量线路如图 5.4.2 所示。图中“mA”为被校电流表，R 为限流器，R_s 为标准电阻。R_s 有四个接头，上面两个大的是电流头，接电流表，下面两个小的是电压头，接电位差计。

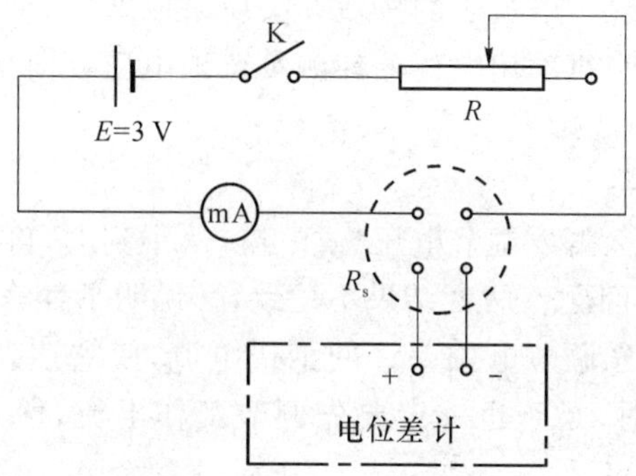

图 5.4.2　校准电流表测量图

电位差计可测出 R_s 上的电压 U_s，则流过 R_s 中的电流实际值为 $I_0=\frac{U_s}{R_s}$。在毫安表上读出的电流表指示值 I 与 I_0 的差值称为电流表指示值的绝对误差，即 $\Delta I=I-I_0$。找出所测值中的最大绝对误差，按下式确定电流表级别 K：

$$K=\frac{\Delta K_m}{\text{量限}}$$

(2) 用校准电流表校准电阻箱阻值。如图 5.4.3 所示，R 为大电阻，将待校准电阻箱 R_x 与标准电阻箱 R_s 串联后接入测量回路，分别测出各电阻的电压降 U_x 和 U_s，则 $U_x=IR_x$，$U_s=IR_s$，$R_s=\frac{U_x}{U_s}R_s$。

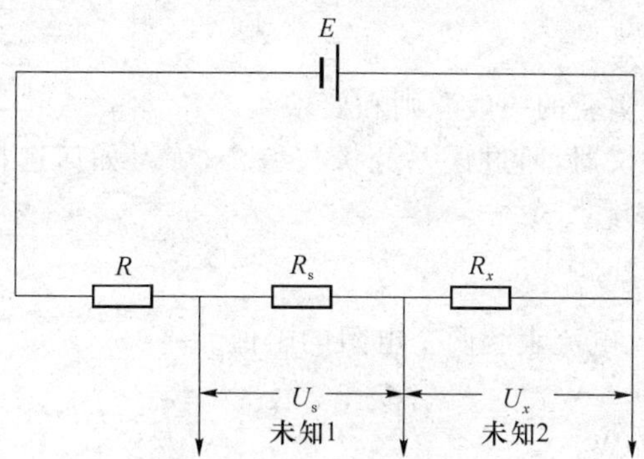

图 5.4.3　校准电阻箱图

为了使得被校电流表校准后有较高的准确度，电位差计与标准电阻的准确度等级 K 必须比被校电表的级别高得多(至少 3 级)。箱式电位差计直接可以测量电压，故可以用来校准电压表(直流表)，这种测量比较简单，这里就不再叙述了。

【注意事项】

(1) 测量结束后,倍率开关应放在断位置上,电键开关放在中间位置,避免不必要的能量消耗。

(2) 注意正负极不能接反,电流表的按钮开关应采取跃接。

(3) 为了保证测量准确,每次用电位差计测量待测电压以前必须进行工作电流校准。

【思考题】

(1) 校准电表时,为什么需要调节电压(或电流)从小到大,再从大到小一遍?如果两者结果完全一致,说明了什么问题?两者结果不一致,又说明了什么问题?

(2) 电表校准时,必须先调节电位差计的工作电流,使它达到标准后才能进行测量,这是为什么?在电阻值测定时,是否也一定要先调节工作电流,使它达到标准后才能进行测量?为什么?

实验 5.5 伏安法测电阻

根据电压和电流计算电阻的方法称为伏安法。它是欧姆定律应用的典型实例,也是电学测量的基本方法之一,具有原理简单,测量方便等优点。它既可用来测量线性电阻,又可用来测量非线性电阻,还可用来测绘它们的伏安特性曲线,尤其是适用于非线性电阻的测量,更加显示了该方法的优越性。然而,用这种方法测量电阻时,电表内阻引入系统误差,影响测量结果。这也正是本实验所讨论的问题和研究的对象。

【实验目的和要求】

1. 目的

(1) 学习从事设计性实验的一般原则和要求。

(2) 根据给定的实验仪器,通过误差分析与综合,练习如何选择测量仪器与实验条件,保证电阻测量的安全与精度。

2. 要求

(1) 用多量程电压表、电流表测两个电阻的阻值。

① $R_{x_1}\approx 330\ \Omega, P=0.5\ \mathrm{W}$。

② $R_{x_2}\approx 8.4\ \Omega, P=1\ \mathrm{W}$。

(2) 根据原理及相关计算提示所述,选择实验条件和测量线路,自拟实验步骤和数据记录表格,对所给电阻进行测量,要求相对误差 $E_R\leqslant 1.5\%$。

(3) 对测量结果引入的系统误差进行修正。

(4) 写出实验总结报告。

【提供的实验仪器】

多量程电压表(精确度等级 $a=0.5\%$,量程:2.5—5.0—10.0(V),内阻:500—1 000—

2 000(Ω))、多量程电流表(精确度等级 $a=0.5\%$，量程：1.5—3.0—7.5—15.0—30.0—75.0—150.0—300.0(mA)，内阻：17.0—11.5—5.4—2.5—1.3—0.5—0.2—0.1(Ω))、直流稳压电源(输出电压可调范围 3—6—12—18—24—30(V))、滑线变阻器(7(A)，10(Ω))、开关 1 个、导线若干。

【实验原理提示】

若用电压表测得电阻两端的电压 U，同时用电流表测出通过该电阻的电流 I，由 $R=U/I$ 算出被测电阻 R_x 的数值，这种用电表直接测出电压和电流的数值，由欧姆定律计算电阻的方法，称为伏安法。

1. 伏安法测电阻的两种接法及其系统误差

用伏安法测电阻时，要同时测出被测电阻两端的电压和通过它的电流，电表的接法有两种，即内接法和外接法。但这两种接法都不可能同时测准电压和电流，使测量结果产生系统误差。如果想得到被测电阻的精确值，可利用公式进行修正。

(1) 内接法系统误差的修正

用内接法测电阻时，电流表的示值 $I_{测}$ 的确是通过电阻 R_x 的电流，但电压表测得的电压 $U_{测}$ 则是被测电阻 R_x 与电流表内阻 R_A 这两个电阻上的压降之和，即

$$U_{测}=I_{测}(R_x+R_A) \tag{5.5.1}$$

上式也可写成

$$R_x=\frac{U_{测}}{I_{测}}-R_A=R_{测}-R_A \tag{5.5.2}$$

由此可以看出，若以$\frac{U_{测}}{I_{测}}$作为实验结果，则存在一个系统误差值 S，$S=R_A$。只有当被测电阻远大于电流表内阻 R_A 时，内接法测得的结果才是近似正确的，所以此方法适用于测量较大阻值的电阻。如果知道电流表的内阻 R_A，则可以对测量结果按式(5.5.2)进行修正，从而获得精确结果。

(2) 外接法系统误差的修正

用外接法测电阻时，电压表读数 $U_{测}$ 正好反映了 R_x 上的压降，而电流表的读数 $I_{测}$ 却是 R_x 与电压表两部分通过的电流之和。设电压表内阻为 R_V，则有

$$I_{测}=U_{测}\left(\frac{1}{R_x}+\frac{1}{R_V}\right) \tag{5.5.3}$$

$$R_{测}=\frac{U_{测}}{I_{测}}=R_x\frac{R_V}{R_x+R_V} \tag{5.5.4}$$

显然，$R_{测}$ 实际上小于被测电阻的真实值 R_x，若以它作为结果，就存在系统误差 S，

$$S=\frac{U_{测}}{I_{测}}-\frac{R_VU_{测}}{R_VI_{测}-U_{测}} \tag{5.5.5}$$

因此，只有当 $R_x \ll R_V$ 时外接法才是近似正确的。如果知道电压表的内阻 R_V，对测量结果可按式(5.5.6)进行修正：

$$R_x=\frac{R_VR_{测}}{R_V-R_{测}} \tag{5.5.6}$$

综上所述，在用 $R_x=\frac{U_{测}}{I_{测}}$计算 R_x 的实际测量中，必须根据被测电阻与电表内阻的相对

大小，适当选择测量电路，使电表内阻对测量的影响降到最小。如果对结果进行修正，则不论采用哪种电路均能得到被测电阻的精确值。

2. 测量条件选择的提示

确定测量的有利条件，要考虑很多方面。在本实验中所取得电压值、电流值和所用电压、电流表的等级、量程等都是实验的条件，如何正确地选择，必须从安全、精度和经济方便等方面进行考虑。

如何根据误差要求选择仪器和测量条件，完成本设计实验要求，下面进行简要说明，以供参考。

(1) 确定被测电阻的安全条件

为了避免被测电阻击穿或烧毁，我们首先要根据被测电阻的大约阻值和额定功率，计算其最大耐压与可承受电流值。

(2) 确定电表使用的安全条件

通常，为了保证电表的使用安全，同时照顾测量的精度，选定量程后，要求待测的电压或电流要小于并接近所选择的电表量程进行测量。

(3) 考虑电源安全

实验中使用的晶体管直流稳压电源稳定性高，内阻小，输出连续可调，使用方便。电源上标明最大输出电压和最大输出电流，使用时应注意使其小于稳压电源的最大输出电流。

(4) 考虑测量精度

根据实验室提出的误差要求，采用"误差均分法"原则，在实验室允许的条件下合理选择电表的等级和量程。

(5) 设计测量线路图

根据被测电阻的大小，选取适合于该电阻的一种接法，使系统误差较小。若接线方法所产生的系统误差很大，则必须进行修正，才能满足实验所提出的要求。至于线路的其他部分，滑线变阻器接成分压电路即可。

(6) 测量及计算

① 按所设计的电路图连线，注意操作规程。

② 正确进行测量和读数。

③ 对数据进行记录和正确计算；估算测量误差，做出适当结论。

【实验内容】

选择确定合适的实验条件，按照以上"实验要求"用伏安法测量两个电阻的阻值。

【思考题】

设欲通过伏安法测阻值约 250 Ω、额定功率为 0.5 W 的电阻值。现有 3/7.5/15 V 这 3 个量程的 1 级电压表一块、20/50/100 mA 3 个量程的 1 级电流表一块（两块电表的内阻已知）及 10 V 输出最大电流为 1 A 的直流稳压电源、开关、滑线变阻器、导线等器材，要求测量的相对误差小于 1.5%，试确定合适的实验条件。

实验 5.6　用示波器测电容

电容是电容器的参数之一，电容器在交流电路中的电压与电流间除了数值发生变化，相位也有改变。而通过示波器可以很清楚地观察到这些变化。本实验利用示波器及电容的交流特性测定待测电容器的电容量 C。

【实验目的和要求】

(1) 熟悉示波器的工作原理，掌握其使用方法。

(2) 掌握容抗的计算公式 $Z_C=\frac{1}{\omega C}$；掌握 RC 电路充电规律 $u_C=U_0(1-e^{-\frac{t}{\tau}})$，$\tau=RC$；掌握 RC 串联电路总电压与电容 C 上电压间相位差的计算公式 $\varphi=\arctan(R\omega C)$。

(3) 确定实验方案，用示波器测量电容器的电容 C。

【提供的实验仪器】

信号发生器、示波器、定值电阻、待测电容器、导线等。

【实验原理提示】

根据 RC 电路充放电规律，求出电路的时间常数。一般从示波器上测量 RC 放电曲线的半衰期比测时间常数要方便。所以，可先测量半衰期 $T_{\frac{1}{2}}$，然后除以 $\ln 2$ 得到时间常数，由 $\tau=RC$ 求出电容器的电容 C（当电容器的电压 u_C 在放电时由 U_0 减小到 $U_0/2$ 时，相应经过的时间称为半衰期）。

【实验内容】

按实验要求自拟实验步骤。

【数据与结果】

自拟表格并计算出结果。

【注意事项】

(1) 电阻 R 与纯电容 C 串联接于内阻为 r 的方波信号发生器中，电容器内电荷通过电阻 $R+r$ 放电，电容器上电压 u_C 随时间 t 的变化规律为

$$u_C=U_0(1-e^{-\frac{t}{(R+r)C}}) \quad （充电过程）$$

$$u_C=U_0 e^{-\frac{t}{(R+r)C}} \quad （放电过程）$$

$$T_{\frac{1}{2}}=(R+r)C\ln 2=0.693(R+r)C \quad （半衰期）$$

(2) 用半偏法测量方波信号发生器内阻 r：在没负载情况下，方波输入示波器为满偏度（信号发生器幅度不变，调节 y 轴增益达到），当方波信号发生器接有可调节电阻值负载 R（如 50 Ω）时，将负载 R 两端电压输入到示波器中，从屏幕上若得到方波为 1/2 满度，这时方波信号源内阻 $r=R$。

【思考题】

(1) 如何用示波器来测定信号的电压及周期信号的频率?

(2) 在 RC 串联电路中,R 两端电压瞬时值 $u_{\mathrm{R}}=iR$,C 两端电压瞬时值 $u_{\mathrm{C}}=iZ_{\mathrm{C}}$,总电压瞬时值为 u,则 u 是否等于 u_{R} 加上 u_{C}? 总电压的最大值(或有效值)U 是否等于 R 两端电压的最大值(或有效值)U_{R} 加上电容两端电压的最大值(或有效值)U_{C}?

(3) 在 RC 串联电路中,固定方波频率 f 而改变电阻 R,在电容 C 两端输出电压为什么会有各种不同的波形? 同样,固定电阻 R 改变方波频率 f,为什么会得到类似的波形?

实验 5.7　*RC* 串联电路暂态过程的研究

在有电阻、电容、电感元件的电路中,接通或断开直流电源的短暂时间内,电路从一个平衡态到另一个平衡态,这个过渡过程称为暂态过程。RC 电路的暂态过程就是电容器通过电阻充电或放电的过程。

【实验目的和要求】

(1) 掌握 RC 串联电路暂态过程的规律。

(2) 了解影响暂态过程变化快慢的电路参数——时间常数的意义。

(3) 学会暂态过程的一种观测方法。

【提供的实验仪器】

直流稳压电源、数字电压表、微安表、电阻、电容、秒表、双刀双掷开关。

【实验原理提示】

1. *RC* 电路的充、放电过程

(1) 充电过程

图 5.7.1 是一个 RC 电路。当开关 K 合向 a 时,电源 E 通过电阻 R 对电容器 C 进行充电。充电开始时,电容器上没有电荷,随着时间的推移,电荷 q 逐渐积累在电容器的极板上,其电压 U_C 随之增大,二者的关系为

$$q=CU_C \tag{5.7.1}$$

同时电阻 R 两端的电压为

$$U_R=E-U_C \tag{5.7.2}$$

由欧姆定律及式(5.7.1),可得到通过电阻 R 的电流,即充电电流为

$$i=\frac{E-U_C}{R}=\frac{1}{R}\left(E-\frac{q}{C}\right) \tag{5.7.3}$$

式中,q、U_C、i 都是时间 t 的函数。

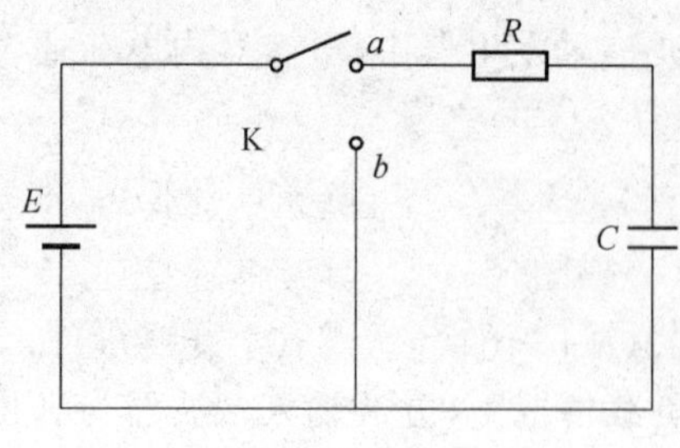

图 5.7.1　RC 充放电电路

为了求出电容器充电过程中 U_C 及 i 随时

间 t 的变化关系，将式(5.7.3)改写为

$$iR+\frac{q}{C}=E$$

将 $i=\frac{dq}{dt}$代入上式得

$$R\frac{dq}{dt}+\frac{q}{C}=E \tag{5.7.4}$$

由初始条件 $t=0$，$q=0$，可求出微分方程式(5.7.4)的解为

$$q=CE(1-e^{-\frac{t}{RC}}) \tag{5.7.5}$$

由式(5.7.1)和式(5.7.5)得

$$U_C=\frac{q}{C}=E(1-e^{-\frac{t}{RC}}) \tag{5.7.6}$$

式(5.7.5)和式(5.7.6)表明，q 和 U_C 是按时间 t 的指数函数规律增长的，如图 5.7.2(a)所示。

将式(5.7.5)、式(5.7.6)代入式(5.7.3)、式(5.7.2)中得

$$i=\frac{E}{R}e^{-\frac{t}{RC}} \tag{5.7.7}$$

$$U_R=iR=Ee^{-\frac{t}{RC}} \tag{5.7.8}$$

式(5.7.7)和式(5.7.8)表明，充电电流 i 和电阻的端电压 U_R 也是按 t 的指数函数规律衰减的，其曲线示意图为 5.7.2(b)。

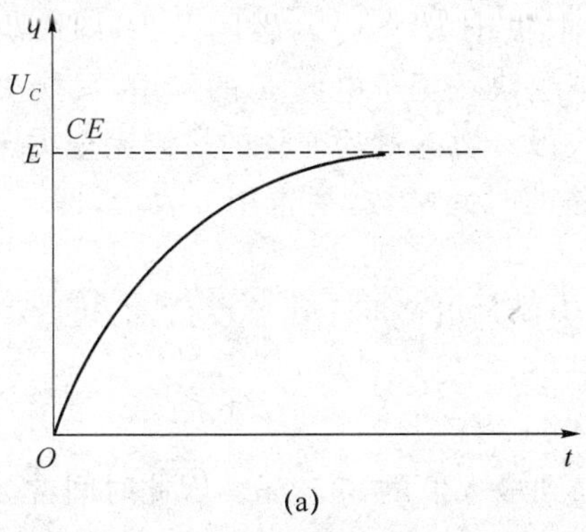

(a)

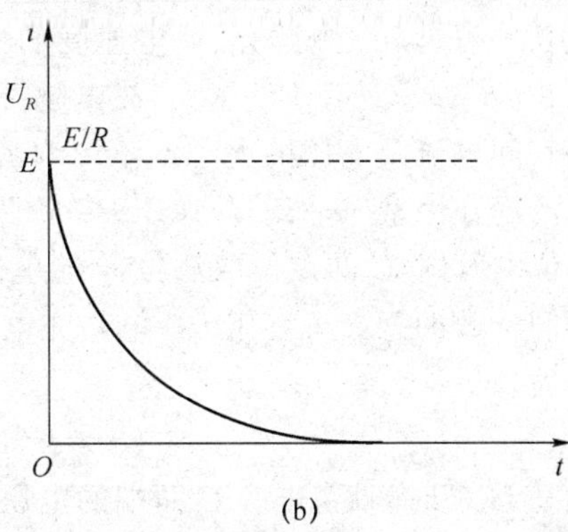

(b)

图 5.7.2　RC 电路的开关特性曲线

从 RC 电路充电过程的规律可以看出，接通开关瞬间，电容器上没有电荷，全部电动势 E 作用在 R 上，最大充电电流 $I_0=E/R$。随着电容器上电荷的积累，U_C 增大，R 的端电压减小，充电电流随着减小，这又反过来使 q 及 U_C 的增长率变得更缓慢，充电速度越来越慢，直至 U_C 等于 E 时，充电过程终止，电路达到稳定状态。

(2) 放电过程

在图 5.7.1 中的电路中，充电后的电容器已带有电荷，电压 $U_C=E_0$。现把开关 K 从 a 合向 b，电容器 C 将通过电阻放电。放电过程中 $E=0$，由式(5.7.4)可得

$$R\frac{dq}{dt}+\frac{q}{C}=0 \tag{5.7.9}$$

在 $t=0$ 时，$q_0=CE$ 的条件下，并利用式(5.7.1)可解得

$$q=q_0 e^{-\frac{t}{RC}} \tag{5.7.10}$$

$$U_C=E e^{-\frac{t}{RC}} \tag{5.7.11}$$

由此可得到放电过程中放电电流和电阻的端电压为

$$i=\frac{dq}{dt}=-\frac{E}{R}e^{-\frac{t}{RC}} \tag{5.7.12}$$

$$U_R=iR=-E e^{-\frac{t}{RC}} \tag{5.7.13}$$

式中，i、U_R 出现负号，表示放电电流与充电电流方向相反。式(5.7.10)～(5.7.13)表明，放电过程中 q、U_C、i、U_R 都是按 t 的指数函数规律减小的。

从 RC 电路放电过程的规律可以看出，在 K 合向 b 的一瞬间，全部电压 E 作用在 R 上，最大放电电流 $I_0=E/R_0$ 随着电容器上的电荷 q、电压 U_C 逐渐减小，放电电流也随之减小，这反过来使 U_C 变化得更为缓慢，直至 U_C 趋于零，放电过程终止。

2. 时间常数

我们用各种数值的电阻 R、电容 C 及电源 E 来重复充、放电实验时，可以发现不论 R、C 及 E 的值如何，电路中的暂态电流及电压都是按指数规律变化的。在 R、C 数值不同的电路中，暂态电流或电压虽然可能从相同的初始值变化到相同的终了值，但它们变化的速度却不一定相同。我们知道，一个电容器上的电压与充入的电荷成正比，即 $U_C=q/C$，故充到同样的电压 E，电容大的电容器充入的电荷就多。如果用同样大小的电流放电，电容大的电容器放电时间必然长。另一方面，如果放电电路的电阻较大，放电电流就较小，放出同样电荷的时间就长。可见 RC 电路充、放电速度的快慢同时取决于 R 及 C 两者的大小，即取决于二者的乘积 RC 的大小。RC 越大，放电越慢；反之，则越快。至于电源 E 的作用，只能决定电路中每瞬间电流及电压的大小而不影响其变化的快慢。暂态过程变化的快慢完全决定于电路本身的内在因素——RC。乘积 RC 称为 RC 电路的时间常数，通常用 τ 表示，即 $\tau=RC$。R 的单位取欧姆，C 的单位取法拉，τ 的单位取秒。

时间常数的意义可以用 RC 电路充电时的 U_C 为例加以说明。由式(5.7.6)可知，当 $t=\tau=RC$ 时，

$$U_C=E(1-e^{-1})=0.632E$$

即经过 $\tau=RC$ 时间后，电容 C 两端的电压由零增加到最大值的 63.2%。因此时间常数 τ 是暂态过程已经变化了总变量的 63.2%(尚余 36.8%)所经历的时间。充电电流以及放电时的暂态过程也是如此。从理论上来说，$t\to\infty$ 时暂态过程才能完，但在实验上，$t=4\tau$ 时，$U_C=E(-e^{-4})=0.982E$；$t=5\tau$ 时，$U_C=E(-e^{-5})=0.993E$。所以 $t=4\tau$～5τ 时，可以认为暂态过程已经基本结束，电路进入稳定状态了。

【实验内容】

(1) 测绘充放电电流、电压曲线(选取 $R=510\ \text{k}\Omega$，$C=30\ \mu\text{F}$)。

以测得的数据 U_C 及 i 为纵轴，t 为横轴，在坐标纸上做出充、放电的 U_C-t、i-t 曲线。再以 $\ln U_C$ 为纵轴、t 为横轴作 $\ln U_C$-t 放电曲线，如果是一条直线，则证明 U_C-t 是指数函数关系。因为将式(5.7.11)两边取对数可得：$\ln U_C=-t/\tau+\ln E$，$\ln U_C\propto t$ 是直线关系。

(2) 观察时间常数对暂态过程变化快慢的影响(选取 $R=510\ \text{k}\Omega$，$C=100\ \mu\text{F}$)。

(3) 实验步骤自拟。

【数据处理】

(1) 记录 $R=510\ \text{k}\Omega$、$C_1=30\ \mu\text{F}$ 时充电电压与充电时间的关系，并作 U_{C1}-t 关系曲线。

(2) 记录 $R=510\ \text{k}\Omega$、$C_1=30\ \mu\text{F}$ 时放电电流与放电时间的关系，并作 i_{C1}-t 关系曲线。

(3) 记录 $R=510\ \text{k}\Omega$、$C_2=100\ \mu\text{F}$ 时充电电压与充电时间的关系，并作 U_{C2}-t 关系曲线。

(4) 记录 $R=510\ \text{k}\Omega$、$C_2=100\ \mu\text{F}$ 时放电电流与放电时间的关系，并作 i_{C2}-t 关系曲线。

注意：① 以上几种对应关系要求每隔 5 s 记录一次。

② 要求 U_{C1}-t、i_{C1}-t、U_{C2}-t、i_{C2}-t 关系曲线分别作在同一坐标系中。

③ 数据表格自拟。

(5) 以 $\ln U_C$ 为纵坐标，t 为横坐标，作 $\ln U_{C1}$-t、$\ln U_{C2}$-t 充电关系曲线。

【注意事项】

(1) 实验所用电容器为电解电容器，使用时应注意“＋”“－”极。

(2) 充电过程实验时，应注意先给电容器放电(放电电阻由实验室准备)。

【思考题】

电容两端电压是否会大于电源电动势？做实验时，电容的耐压值取多大才能保证安全？

实验 5.8　劈尖法测量细丝的直径和透明液体的折射率

利用透明薄膜上下表面对入射光的依次反射，将入射光的振幅分解成有一定光程差的两部分，若两束反射光在相遇时的光程差取决于产生反射光的薄膜厚度，则同一干涉条纹所对应的薄膜厚度相同，这就是所谓的等厚干涉。“劈尖干涉”是典型的等厚干涉现象之一，在科研和生产实践中可应用于精密测量，如精确地测量微小物体的长度、薄膜厚度、微小角度，检测加工工件表面的光洁度和平整度以及机械零件的内应力分布等。

【实验目的和要求】

(1) 观察劈尖等厚干涉条纹，加深理解等厚干涉原理。

(2) 测量细丝直径 d，总结利用劈尖测量微小长度的方法。

(3) 扩展探究利用劈尖测量薄膜厚度、劈尖角度，检测加工件表面光洁度，测量透明液体折射率等的方法。

(4) 熟悉测量显微镜的调整使用方法。

【提供的实验仪器】

测量显微镜、低压钠灯、劈尖装置、待测细丝、薄片等。

【实验原理提示】

1. 测量细丝直径或微小长度

将两块光学平面玻璃叠放在一起，并在其中一端垫入待测的细丝(或薄片)，则在两块玻璃片之间形成一劈尖空气薄膜，称为“劈尖”。当用单色平行光垂直照射时，在空气劈尖上、下两表面反射的两束相干光发生干涉，其干涉图样是一簇平行于两玻璃片交线（即劈尖的棱）、明暗相间、间隔相等的干涉直条纹，如图 5.8.1 所示。

在劈尖上、下两表面反射的两束相干光的光程差及干涉明暗条件为：

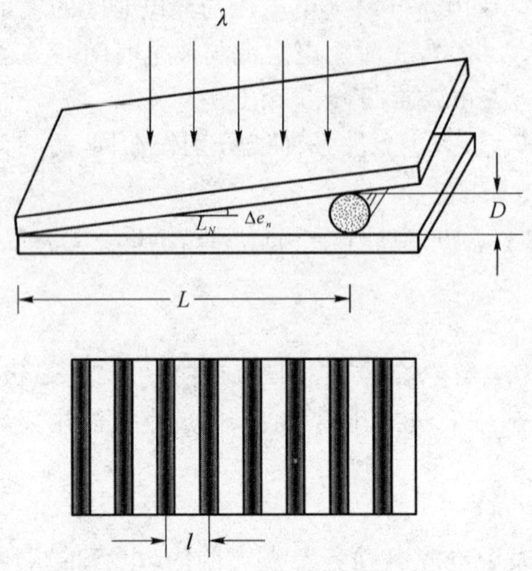

图 5.8.1　空气劈尖干涉

$$\delta=2ne_k+\frac{\lambda}{2}=(2k+1)\frac{\lambda}{2}\quad k=0,1,2,\cdots \qquad \text{（暗）}$$

$$\delta=2ne_k+\frac{\lambda}{2}=k\lambda \qquad k=1,2,\cdots \qquad \text{（明）}$$

式中，n 为介质折射率，空气 $n=1$，e_k 是第 k 级暗（或明）纹对应的空气劈尖厚度，即 $e_k=k\frac{\lambda}{2}$，采用暗纹测量，则第 $k+1$ 级暗纹对应的空气劈尖厚度为 $e_{k+1}=(k+1)\frac{\lambda}{2}$，所以两相邻暗纹间对应的空气厚度差为

$$\Delta e=e_{k+1}-e_k=(k+1)\frac{\lambda}{2}-k\frac{\lambda}{2}=\frac{\lambda}{2}$$

上式表明任意相邻的两条暗纹（或明纹）所对应的空气劈尖厚度差为 $\lambda/2$。由此可推出相隔 N 个暗纹的两条干涉暗条纹所对应的空气劈尖厚度差为

$$\Delta e_N=N\frac{\lambda}{2}$$

再由几何相似性条件可得待测的细丝直径 D 为：

$$D=\frac{L}{L_N}\Delta e_k=\frac{L}{L_N}N\frac{\lambda}{2}=\frac{NL\lambda}{2L_N}$$

式中，L 为两玻璃片交线与所测细丝的距离（即劈尖的有效长度），L_N 为 N 个条纹间的距离，它们可由读数显微镜测出。

由以上原理，很容易可以推出劈尖夹角

$$\theta\approx\frac{\Delta e}{\Delta L}=\frac{N\lambda}{2\Delta L}$$

式中，ΔL 为第 m 级、第 $m+N$ 级暗纹间的距离。

2. 测量透明液体折射率

在劈尖装置中滴 1～2 滴待测透明液体，使之形成一含液滴的劈尖。用单色平行光垂直照射在劈尖上，即可通过读数显微镜观察测量。

可证明，在有透明液体处，相邻明纹或暗纹的间距 l 为

$$l=\lambda/(2n\theta)$$

式中，n 为透明液体的折射率；θ 为劈尖夹角；λ 为单色平行光的波长。在无透明液体处，相邻明纹或暗纹的间距 l' 为

$$l'=\lambda/(2\theta)$$

由此得被测透明液体的折射率为

$$n=l'/l$$

测量时为减少误差，可分别测出两种干涉条纹的 N 个条纹间距 L 和 L'，则

$$n=L'/L$$

式中，L 和 L' 分别为有透明液体和无透明液体处 N 个条纹间距。

【实验内容】

(1) 自拟实验方案，组装并调整仪器，自拟实验步骤测量：①细丝直径或薄片厚度；②水的折射率。

(2) 探究测量镀膜厚度、劈尖角度，检测加工件表面光洁度的方法。

(3) 自拟数据表格记录并处理实验数据，计算出结果，并对实验中的系统误差进行修正。

【注意事项】

(1) 测量显微镜的测微鼓轮在每一次测量过程中只能向一个方向旋转，中途不能反转，以免产生空程差。

(2) 测量显微镜物镜调焦时，正确的调节方法是使镜筒移离待测物（即提升镜筒），以防止损坏显微镜物镜和被测物。

(3) 目镜中十字叉丝与暗条纹中央对齐。

【思考题】

(1) 实验时劈尖夹角大些好还是小些好？

(2) 当增加被测物厚度时，劈尖干涉条纹有何变化？为什么？

(3) 在用劈尖干涉法检测表面平整度时如何判断平面是凹的还凸的？

实验 5.9　硅光电池特性的研究

光电池是一种光电转换元件，它不需要外加电源而能直接把光能转换成电能。光电池的种类很多，常见的有硒、锗、硅、砷化镓、氧化铜和硫化镉等，其中最受重视、应用最广的是硅光电池。硅光电池有一系列的优点：性能稳定、光谱范围宽、频率响应好、转换效率高和耐高温辐射等，同时它的光谱灵敏度与人眼的灵敏度最相近；它在很多分析仪器、测量仪器、曝

光表、自动控制检测仪器以及计算机的输入与输出设备上用做探测元件,因而硅光电池在现代科学技术中占有十分重要的地位。

【实验目的和要求】

(1) 学习掌握硅光电池的工作原理。

(2) 设计简单的光路和电路,研究硅光电池的基本特性。

【提供的实验仪器】

光学导轨及光具座、光源、聚光透镜、硅光电池、电位差计、电阻箱、毫安表、伏特表、电流计、滤色片等。

【实验原理提示】

硅光电池是一种 PN 结的单结光电池,基本结构如图 5.9.1 所示。当半导体 PN 结处于零偏或反偏时,在它们的结合面耗尽区存在一内电场,当有光照时,入射光子把处于介带中的束缚电子激发到导带,激发出的电子空穴对在内电场作用下分别漂移到 N 型区和 P 型区,PN 结两端产生光生电动势。如果把它与外电路中的负载接通,则负载电路中将有光电流产生。

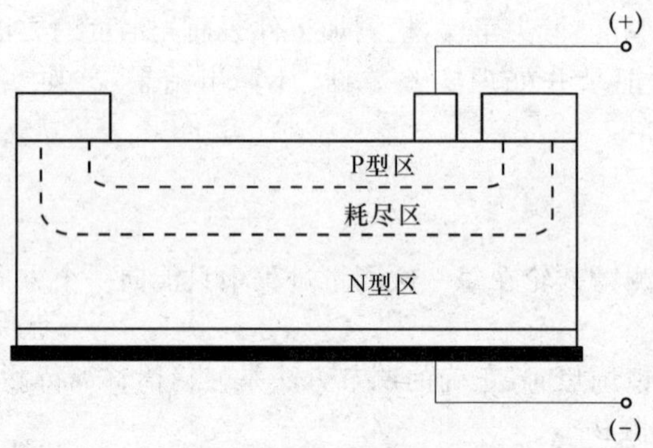

图 5.9.1　硅光电池结构示意图

硅光电池的基本特性如下。

1. 硅光电池的照度特性

(1) 开路电压曲线:光电池在一定的光照条件下产生的光生电动势称为开路电压,开路电压与入射光照强度的特性曲线称为开路电压曲线。

(2) 短路电流曲线:在一定的光照条件下,光电池被短路时所输出的光电流称为短路电流,短路电流与入射光照强度的特性曲线称为短路电流曲线。

2. 硅光电池的负载特性

(1) 最佳匹配电阻:随着负载电阻发生变化,回路中电流和输出电压相应发生变化。当负载很小时,电流较大而电压较小;当负载很大时,电流较小而电压较大。当负载电阻取某一值时,其输出功率最大,称为最佳匹配,此时的电阻称为最佳匹配电阻。

(2) 硅光电池的内阻:硅光电池的内阻等于开路电压除以短路电流。可以观察到当光照面积不同时,硅光电池的内阻将发生变化。

3. 硅光电池的光谱特性

在入射光能量保持一定的情况下，硅光电池所产生的短路电流与不同的入射光波长之间的关系称为硅光电池的光谱特性。硅光电池的响应范围为 400～1 100 nm，峰值波长在 850 nm 附近，因此硅光电池可以在很宽的范围内应用。

4. 硅光电池的温度特性

硅光电池的开路电压、短路电流随温度变化的曲线表征了它的温度特性。一般开路电压随温度升高而迅速下降，短路电流随温度升高而缓慢上升。

【实验内容】

(1) 测量不同照度下的开路电压和短路电流，绘出开路电压曲线和短路电流曲线。

(2) 在硅光电池输入光强度不变时，测量不同负载时回路中的电流和输出电压，绘出电压与电流之间的关系曲线，计算最佳匹配电阻和硅光电池的内阻。

(3) 在入射光能量一定的情况下，测量不同波长入射光下的短路电流，绘出光谱特性曲线。

(4) 在一定的光照条件下，测量不同温度时的开路电压和短路电流，绘出温度特性曲线。

【思考题】

(1) 在测定硅光电池内阻时，对毫安表的内阻有何要求？

(2) 硅光电池在工作时为什么要处于零偏或反偏？

(3) 硅光电池开路电压、短路电流与受光面积之间有什么关系？

实验 5.10　偏振光的观测与研究

1808 年马吕斯(英国人，1775—1812 年)发现了光的偏振现象后，人们进一步认识了光的本性。通过光的偏振现象研究，人们对光的传播规律又有了新的认识。由光的偏振特性所产生的光测弹性效应、电光效应及旋光现象等在工程实践和科学研究方面都获得了广泛的应用。例如，应用于立体电影、汽车行驶的安全照明、溶液浓度的测定、土建结构物和机械零件中的应力分析等。

光的偏振证明了光是横波，通过本实验，将进一步证明光是横波而不是纵波，即其 E 和 H 的振动方向是垂直于光的传播方向的。

【实验目的和要求】

(1) 观察光的偏振现象，加深对光的偏振基本规律的认识。

(2) 了解常用的起偏器和检偏器的用法。

(3) 掌握偏振光的产生方法和其检验原理。

【提供的实验仪器】

分光计、偏振片、$\frac{\lambda}{2}$波片、$\frac{\lambda}{4}$波片。

【实验原理提示】

1. 自然光与偏振光

光波是一种电磁波，它的电矢量 $\boldsymbol{E}$ 的振动方向和磁矢量 $\boldsymbol{H}$ 的振动方向相互垂直，且均与波的传播方向 $\boldsymbol{C}$ 相垂直，因此是横波。振动方向和传播方向所构成的平面称为光的振动面。具有单一振动面的光称为平面偏振光或线偏振光。一般光源发出的光，由于电矢量出现在各方向的概率是相同的，因而不显现偏振性，称为自然光。有些光的振动在某个方向附近出现的概率大，这样的光称为部分偏振光。有些偏振光的振动方向和光强随时间作有规律的变化，其电矢量末端在垂直于光传播方向的平面上的轨迹呈圆或椭圆，这种偏振光称为圆偏振光或椭圆偏振光，如图 5.10.1 所示。

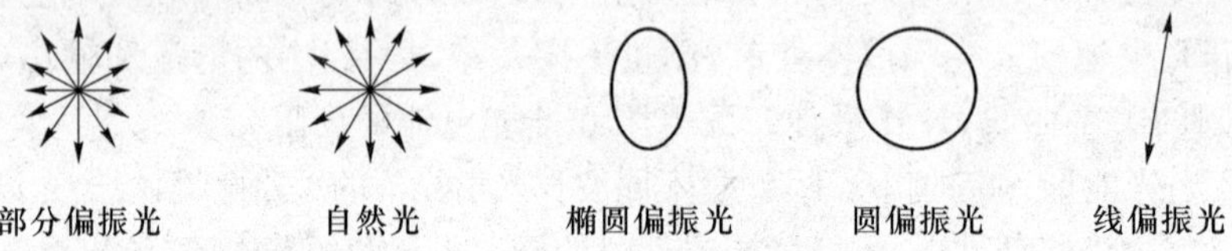

图 5.10.1　自然光与偏振光示意图

2. 获得偏振光的常用方法

(1) 非金属镜面反射起偏

当自然光射向两种介质的界面时，反射光和折射光都会成为部分偏振光。当入射角等于某一特定值 φ_b 时，反射光成为平面偏振光，其振动面垂直于入射面，如图 5.10.2 所示，φ_b 称为起偏角或布儒斯特角。

由布儒斯特定律得

$$\tan\varphi_b=\frac{n_2}{n_1}=n$$

式中，n_1、n_2 分别为两种介质的折射率；n 为相对折射率。

如果自然光从空气入射到玻璃表面反射时，对于各种不同材料的玻璃，已知其相对折射率 n 的变化范围为 1.50～1.77，布儒斯特角 φ_b 为 56°～60°，可用此方法测定物质的折射率。

(2) 偏振片的二向色性起偏

对两个互相垂直的电矢量具有不同的吸收性能，这种选择吸收性质称为二向色性。即只允许一个方向的光振动通过，所以透射光为线偏振光。某些有机化合物晶体(如硫酸奎宁、硫酸金鸡纳碱、电气石等)具有二向色性。在透明塑料薄膜上涂敷一层二向色性的晶体，然后拉伸，使微晶体沿拉伸方向整齐排列。由于其选择性吸收的作用，拉伸过的薄膜只允许某一个振动方向的光线通过，该方向称偏振化方向或偏振轴。此薄膜就称为偏振片。利用这类材料制成的偏振片可获得较大截面积的偏振光束，但由于吸收不完全，所得到的偏振光只能达到一定的偏振度。

(3) 多层玻璃折射起偏

当自然光以布儒斯特角 φ_b 入射到由多层平面玻璃重叠在一起的玻璃片堆上时，由于在各个界面上的反射光都是振动面垂直入射面的线偏振光，故经过多次反射后，透出的光也就接近于振动方向平行入射面的线偏振光，如图 5.10.3 所示。

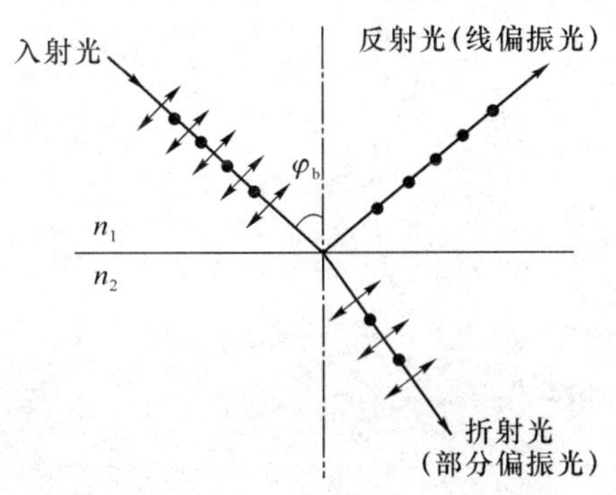

图 5.10.2　布儒斯特定律

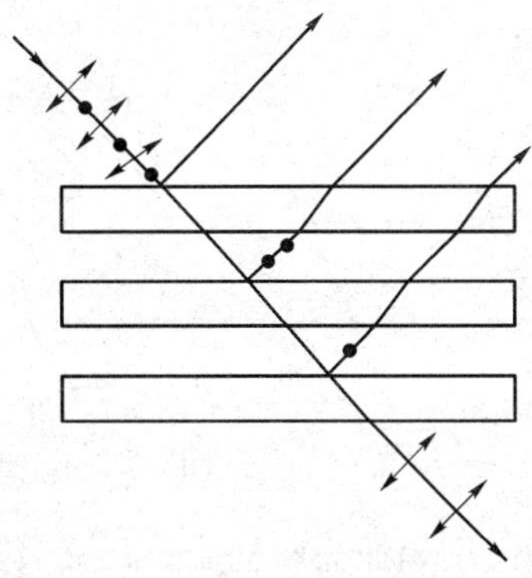

图 5.10.3　玻片堆

(4) 双折射晶体起偏

自然光通过各向异性的晶体(如方解石、冰洲石等)时将发生双折射现象,即射向该晶体的光会折射成两束线偏振光。这类晶体中存在一个特殊的方向,沿此方向传播的光不发生双折射,该方向称该晶体的光轴。

上述两束线偏振光其中一束光的振动方向垂直于主平面(由传播方向和晶体光轴所决定的平面),称为寻常光(或 o 光);另一束光线的振动方向在主平面内,称为非常光(或 e 光),如图 5.10.4 所示。由方解石制成的尼科耳棱镜使 e 光透过、o 光反射掉,故透射光为线偏振光。

若自然光以起偏角射到由多层平行玻璃片组成的玻璃片堆上,则经过多次反射最后透射出来的光也就近似于线偏振光了,如图 5.10.4 所示。

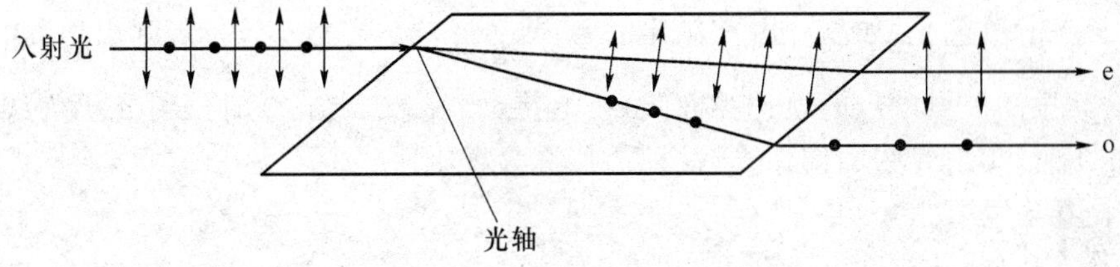

图 5.10.4　双折射起偏

3. 偏振光的检测与马吕斯定律

能产生偏振光的器件同时也能检测偏振光。自然光经过偏振片 A(用于此处称起偏器)成为线偏振光,再入射到偏振片 B 上(用于此处称检偏器)。如果偏振片 B 绕自身中心轴转动,那么当 A 与 B 的偏振化方向一致时,偏振光几乎全部通过 B,亮度最大。当两者的偏振化方向垂直时,偏振光不能通过 B,亮度最小。当起偏器 A 和检偏器 B 的偏振化方向间的夹角为 θ 时自然光经过偏振片 A、B 后的光强度 I 满足马吕斯定律:

$$I=I_0\cos^2\theta$$

式中,I_0 为自然光经过偏振片 A 后的线偏振光的光强度,如图 5.10.5 所示。

4. 偏振光振动面的旋转

当线偏振光通过某些晶体(如石英)和某些溶液(如蔗糖溶液)时,其振动方向相对于原入射光的振动方向会旋转一个角度,这种现象称为旋光性。利用旋光性可测定某些溶液的浓度。

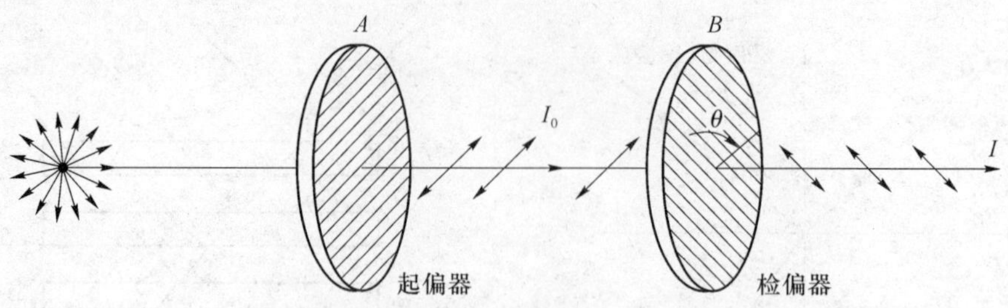

图 5.10.5　自然光通过起偏器和检偏器

5. 波片、圆偏振光和椭圆偏振光

如果将双折射晶体切割成光轴与表面平行的晶片，当波长为 λ 的平面偏振光垂直入射到晶片时，o 光和 e 光的传播方向是一致的，但折射率不同，传播速度也不同，因此透过晶片后，两种光就产生恒定的相位差。在正晶体（石英）中，o 光速度比 e 光快。而在负晶体（方解石）中，e 光比 o 光快。对于负晶体，o 光和 e 光的相位差为

$$\delta=\frac{2\pi}{\lambda}(n_o-n_e)d$$

式中，d 为晶片厚度；n_o 和 n_e 分别表示波片对 o 光和 e 光的折射率。

对波长 λ 的单色光，如晶片厚度满足 $\delta=2k\pi(k=1,2,3,\cdots)$，则出射光线偏振状态不变，这种晶片称为全波片。

对波长 λ 的单色光，如晶片厚度满足 $\delta=(2k+1)\pi(k=1,2,3,\cdots)$，则与晶片光轴成 α 角的线偏振光经过晶片后仍为线偏振光，但其振动面转过 2α 角，这种晶片称为$\frac{1}{2}\lambda$ 片。

对波长 λ 的单色光，如晶片厚度满足 $\delta=\frac{(2k+1)\pi}{2}(k=1,2,3,\cdots)$，则出射光一般为椭圆偏振光（其振动矢量端点的轨迹为椭圆）。但是，当 $\alpha=0$ 或 $\pi/2$ 时出射光仍为线偏振光，而当 $\alpha=\pi/4$ 时，出射光为圆偏振光，这种晶片称为 $\lambda/4$ 片。

【实验内容】

本实验以观察、分析、记录偏振现象为主。主要设备是一个分光计，在分光计上可放置各种光学元件。本实验所用的光学元件是偏振片、波片（$\lambda/4$、$\lambda/2$）和滤色片。

1. 平面偏振光的产生和检验

在分光计上用偏振片直接对着自然光（光源），转动 360°，观察明暗变化情况。再用另一偏振片观察来自前一偏振片的透射光，将偏振片转动 360°，观察明暗变化情况。比较前后两种情况有何区别？为什么？

2. 观察反射起偏，检验布儒斯特定律

如图 5.10.6 所示，A 为光源，M 为反射面，P 为检偏器，光以不同的入射角照射反射镜 M。实验时，用眼在 B 点处观察，旋转检偏器 P，以检测反射光的偏振状态，定性地记录当 φ 角变大时反射光的偏振程度的变化。

3. 检验平面偏振光经过 $\lambda/2$ 片后的偏振特性

（1）在分光计上放置起偏振片和检偏振片，使两偏振片的振动面相互垂直，此时应观察

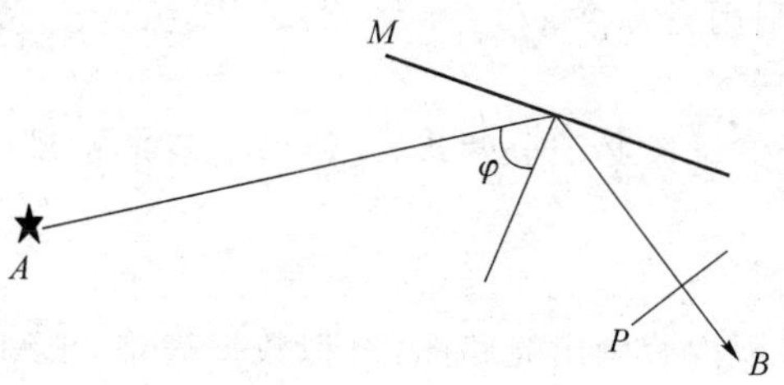

图 5.10.6　反射起偏

到消光现象。

(2) 在两偏振片之间插入 $\lambda/2$ 片，如图 5.10.7 所示，转动 $\lambda/2$ 片，直到在检偏振片后观察到消光现象。

(3) 设此时的 $\lambda/2$ 片和检偏振片为初始位置，再将 $\lambda/2$ 片转 15°，破坏其消光，然后同向转动检偏振片至消光位置，记录检偏振片所转动角度。

(4) 将 $\lambda/2$ 片依次转动 30°、45°、60°、75°、90°(以初始位置为准)，读出每次达到消光时检偏振片所转过的角度(以初始位置为准)。分析上面实验的结果。

(5) 将 $\lambda/2$ 片转动 360°，能观察到几次消光？若固定 $\lambda/2$ 片，将检偏振片转动 360°能观察到几次消光现象？

4. 检验平面偏振光经过 $\lambda/4$ 片后的偏振特性

(1) 在分光计上放置起偏振片和检偏振片，使两偏振片的振动面相互垂直，此时应观察到消光现象。

(2) 将两偏振片之间的 $\lambda/2$ 片换成 $\lambda/4$ 片，仍如图 5.10.7 所示，转动该波片，直至在检偏振片后观察到消光现象。

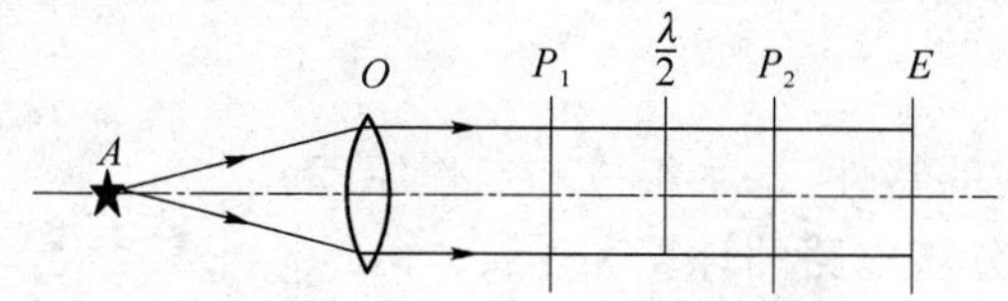

图 5.10.7　观察 $\lambda/2$ 片、$\lambda/4$ 的作用

(3) 将 $\lambda/4$ 片转动 15°，然后将检偏振片转动 360°，将观察到的明暗变化次数及变化程度记录下来。

(4) 依次将 $\lambda/4$ 片转动 30°、45°、75°、90°(以初始位置为准)，每次将检偏振片转动360°，记录所观察到的现象。

5. 区别和检验圆偏振光和自然光、椭圆偏振光和部分偏振光

单用一个 $\lambda/4$ 片无法区别圆偏振光和自然光，也无法区别椭圆偏振光和部分偏振光，因此必须再用一个 $\lambda/4$ 片使偏振状态发生变化，才能区别它们。

(1) 在两正交消光的偏振片之间放入 $\lambda/4$ 片，将 $\lambda/4$ 片从消光位置转动 45°，然后转动检偏振片 360°；若发现光强不变，则在 $\lambda/4$ 片与检偏振片之间再插入另一个 $\lambda/4$ 片，转动检偏振片，观察光的强度有何变化。分析圆偏振光经过 $\lambda/4$ 片后，偏振状态的变化。如果是一束自然光，通过 $\lambda/4$ 片后，其偏振状态又将怎样变化？

(2) 同步骤(1)，将 $\lambda/4$ 片转至任意角度($\alpha \neq 45°, 0°$)，这时经过 $\lambda/4$ 片的光为椭圆偏振

光。试设计一实验，如何利用另一个 λ/4 片，将此椭圆偏振光变为平面偏振光，以区别椭圆偏振光和部分偏振光。

以上实验说明偏振光的检验必须分两步，才能确定该光为哪一种偏振光。

【数据与结果】

要求根据实验中的各项内容画出光路图，自拟数据表格，填写实验数据，并回答实验内容中提出的各种问题。

【思考题】

(1) 偏振光的特点是什么？产生偏振光的方法一般有几种？

(2) 通过起偏和检偏的观测，应当怎样判别自然光和偏振光？

(3) 简述偏振光经过 λ/4 后的偏振特性。

实验 5.11　数字万用表的设计与校准

随着大规模集成电路的发展，数字测量技术日趋普及，指针式仪表存在的问题也逐渐显现出来。与指针式万用表相比，数字万用表具有许多优良特性，如高准确度和高分辨率，作为电压表具有高达 10 MΩ 以上的输入阻抗，能够自动判别极性，自动调零，全部测量实现数字直读，具备比较完善的保护电路，具有较强的抗过压过流的能力等。

通过对数字万用表的设计与校准这一设计性实验可进一步了解数字万用表的工作原理及模拟信号转换成数字信号的基本方法。

【实验目的和要求】

(1) 了解数字万用表的特性、基本组成和工作原理。

(2) 掌握分压电路、分流电路的计算和连接。

(3) 学会数字万用表的电压校准方法。

(4) 正确连接、组成测试电压的基本电路，掌握数字万用表的使用方法。

【提供的实验仪器】

JD-SB-Ⅱ型数字万用表设计性实验仪、三位半或四位半数字万用表(作为标准表)。

【实验原理提示】

1. 数字万用表的基本组成

数字万用表的基本组成如图 5.11.1 所示。

不同型号的数字万用表还有其他一些附加功能，本实验只研究数字万用表的这些基本组成部分和基本功能。

由图 5.11.1 可见，数字测量仪表的核心是模/数(A/D)转换、译码显示电路。本实验仪的核心是一个三位半数字表头，它由数字表专用 A/D 转换译码驱动电路和 LED 数码管等构成。该表头有 7 个输入端，包括两个测量电压输入端(IN＋，IN－)、两个基准电压输入端(V_{REF+}，

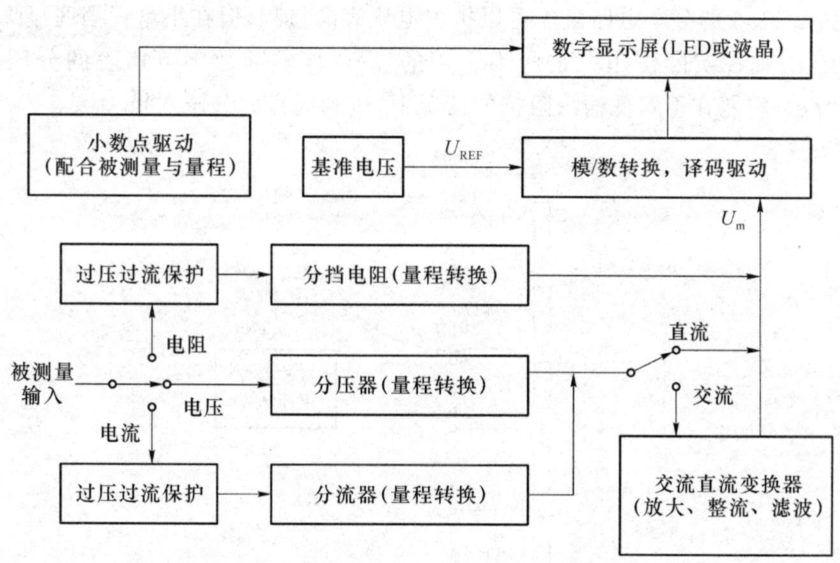

图 5.11.1　数字万用表的基本组成

V_{REF-})和三个小数点驱动输入端(表头最左边一位小数点为 dp1,依次为 dp2、dp3)。为了使电路的连接清晰明了,本仪器不用数字万用表通常采用的拨盘式多刀量程转换开关,而是采用特殊的迭插头对,由实验者自己用连线连接有关电路,从而达到设计性实验的目的。

下面将从实验仪测电压、测电流、测电阻三方面分别介绍其工作原理。

2. 直流电压测量电路

在数字电压表头前面加一级分压电路(分压器),可以扩展直流电压测量的量程。如图 5.11.2 所示,U_0 为数字电压表头的量程(如 200 mV),r 为其内阻(如 10 MΩ),r_1、r_2 为分压电阻,U_{i0} 为扩展后的量程。

由于 $r \gg r_2$,所以分压比为

$$\frac{U_0}{U_{i0}}=\frac{r_2}{r_1+r_2}$$

扩展后的量程为

$$U_{i0}=\frac{r_1+r_2}{r_2}U_0 \tag{5.11.1}$$

多量程分压器原理电路如图 5.11.3 所示,5 挡量程的分压比分别为 1、0.1、0.01、0.001 和 0.000 1,对应的量程分别为 2 000 V、200 V、20 V、2 V 和 200 mV。

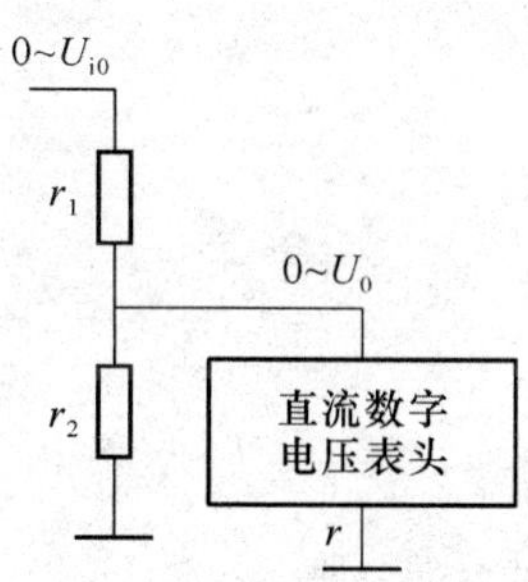

图 5.11.2　分压电路原理

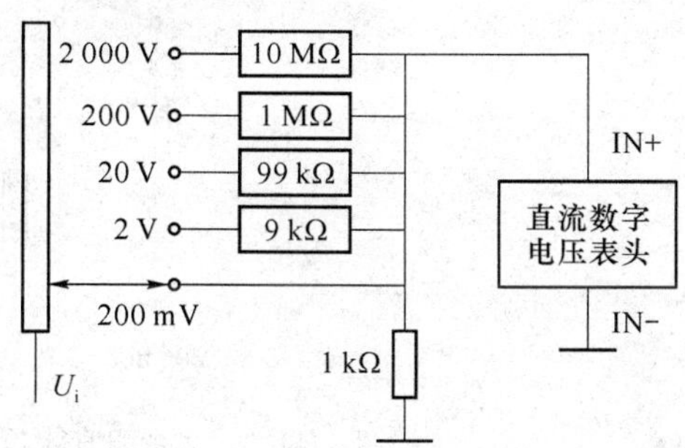

图 5.11.3　多量程分压器原理

采用图 5.11.3 的分压电路虽然可以扩展电压表的量程，但在小量程挡明显降低了电压表的输入阻抗，这在实际使用中是所不希望的。所以，实际数字万用表的分压器电路为图 5.11.4所示，它能在不降低输入阻抗的情况下，达到同样的分压效果。

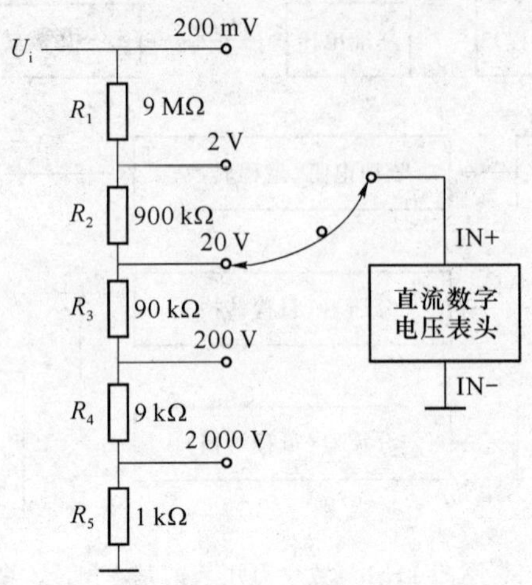

图 5.11.4　实用分压器电路

例如，其中 200 V 挡的分压比为

$$\frac{R_4+R_5}{R_1+R_2+R_3+R_4+R_5}=\frac{10\ \text{k}\Omega}{10\ \text{M}\Omega}=0.001$$

其余各挡的分压比可同样算出，请同学们自己计算。

尽管上述最高量程挡的理论量程是 2 000 V，但通常的数字万用表出于耐压和安全考虑，规定最高电压量限为 1 000 V。

换量程时，实际万用表的拨盘式多刀量程转换开关可以根据挡位自动调整小数点的显示，使用者可方便地直读出测量结果。本实验仪略去了拨盘开关，由实验者用导线将待测电压量程和数字表头相连，而小数点也是由实验者根据量程将小数点设置电路连接到相应的小数点位，如图 5.11.5 所示。

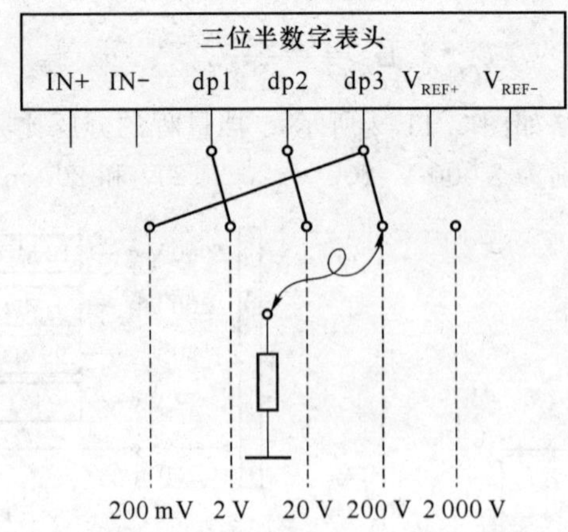

图 5.11.5　多量程直流数字电压表的小数点设置电路

对于后面将要叙述的电流和电阻的测量，小数点设置如表 5.11.1 所示。

表 5.11.1　电压、电流、电阻分挡量程与小数点位置对照

小数点 / 测试种类	dp1	dp2	dp3
电压	2 V	20 V	200 mV，200 V
电流	2 mA，2 A	20 mA	200 μA，200 mA
电阻	2 kΩ，2 MΩ	20 kΩ	200 Ω，200 kΩ

3. 直流电流测量电路

测量电流的原理是：根据欧姆定律，用合适的取样电阻把待测电流转换为相应的电压，再进行测量。如图 5.11.6 所示，由于 $r \gg R$，取样电阻 R 上的电压降为

$$U_i = RI_i$$

即被测电流

$$I_i = \frac{U_i}{R} \tag{5.11.2}$$

若数字表头的电压量程为 U_0，欲使电流挡量程为 I_0，则该挡的取样电阻(也称分流电阻)为

$$R = \frac{U_0}{I_0} \tag{5.11.3}$$

多量程分流器原理电路如图 5.11.7 所示。

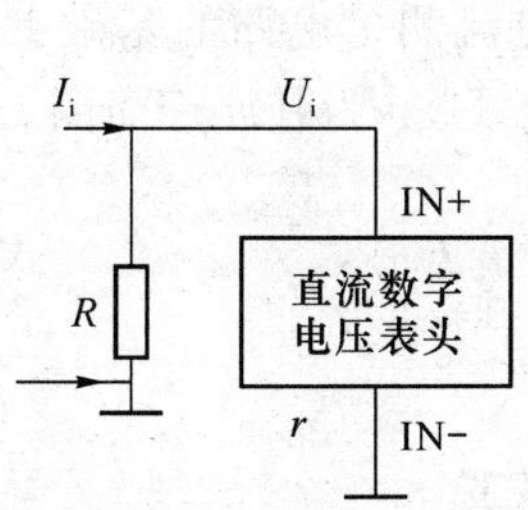

图 5.11.6　电流测量原理

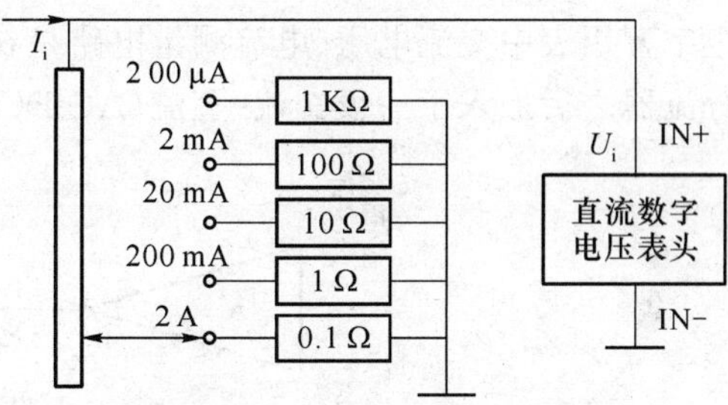

图 5.11.7　多量程分流器原理

图 5.11.7 中的分流器在实际使用中有一个缺点，就是当换挡开关接触不良时，被测电路的电压可能使数字表头过载，所以实际数字万用表的直流电流挡电路如图 5.11.8 所示。

图 5.11.8 中各挡分流电阻的阻值是这样计算的：

先计算最大电流挡的分流电阻 R_5：

$$R_5 = \frac{U_0}{I_{m5}} = \frac{0.2}{2}\ \Omega = 0.1\ \Omega$$

再计算下一挡的 R_4：

$$R_4 = \frac{U_0}{I_{m4}} - R_5 = \frac{0.2}{0.2}\ \Omega - 0.1\ \Omega = 0.9\ \Omega$$

依次可计算出其他电阻值。

图中的 BX 是 2 A 熔丝管，电流过大时会快速熔断，起过流保护作用。两只反向连接且

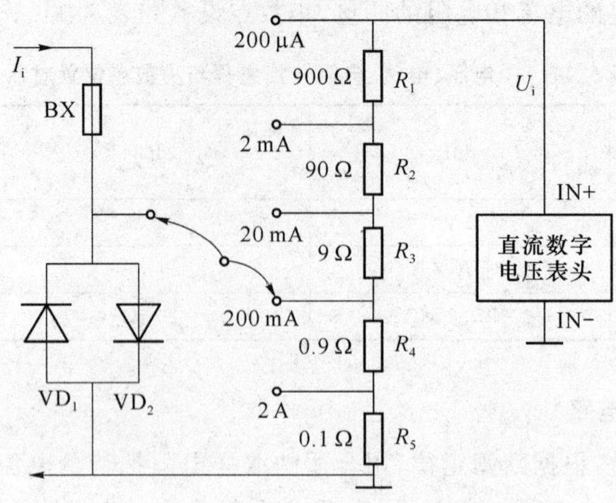

图 5.11.8　实用分流器电路

与分流电阻并联的二极管 VD_1、VD_2 为塑封硅整流二极管，它们起双向限幅过压保护作用。正常测量时，输入电压小于硅二极管的正向导通压降，二极管截止，对测量毫无影响。一旦输入电压大于 0.7 V，二极管立即导通，两端电压被限制住（小于 0.7 V），保护仪表不被损坏。

用 2 A 挡测量时，若发现电流大于 1 A 时，应不使测量时间超过 20 s，以避免大电流引起的较高温升影响测量精度，甚至损坏电表。

4. 交流电压、电流测量电路

数字万用表中交流电压、电流测量电路是在直流电压、电流测量电路的基础上，在分压器或分流器之后加入了一级交流-直流（AC-DC）变换器，图 5.11.9 为其原理简图。

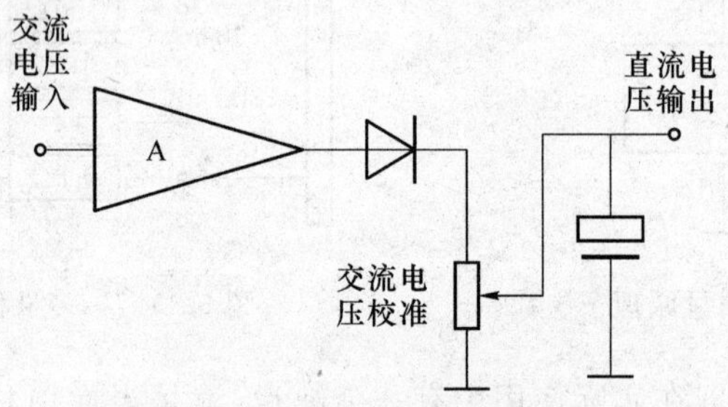

图 5.11.9　AC-DC 变换原理简图

该 AC-DC 变换器主要由集成运算放大器、整流二极管、*RC* 滤波器等组成，还包含一个能调整输出电压高低的电位器，用来对交流电压挡进行校准。

同直流电压挡类似，出于对耐压、安全方面的考虑，交流电压最高档的量限通常限定为 700 V（有效值）。

数字万用表交流电压、电流挡适用的频率范围通常为 40～400 Hz（如 DT830A、M3900 等型号），有些型号的交流挡测量频率可达 1 000 Hz（如 M3800、PF72 等）。

5. 电阻测量电路

数字万用表中的电阻挡采用的是比例测量法，其原理电路如图 5.11.10 所示。

由稳压管 ZD 提供测量基准电压，流过标准电阻 R_0 和被测电阻 R_x 的电流基本相等(数字表头的输入阻抗很高，其取用的电流可忽略不计)。

所以 A/D 转换器的参考电压 U_{REF} 和输入电压 U_{IN} 如下关系：

$$\frac{U_{REF}}{U_{IN}}=\frac{R_0}{R_x}$$

即

$$R_x=\frac{U_{IN}}{U_{REF}}R_0 \tag{5.11.4}$$

根据所用 A/D 转换器的特性可知，数字表显示的是 U_{IN} 与 U_{REF} 的比值。当 $U_{IN}=U_{REF}$ 时，显示“1 000”；$U_{IN}=0.5U_{REF}$ 时，显示“500”，依此类推。所以，当 $R_x=R_0$ 时，表头将显示“1 000”；当 $R_x=0.5R_0$ 时，显示“500”，这称为比例读数特性。因此，只要选取不同的标准电阻并适当地对小数点进行定位，就能得到不同的电阻测量挡。

如对 200 Ω 挡，取 $R_{01}=100\ \Omega$，小数点定在十位上。当 $R_x=100\ \Omega$ 时，表头就会显示出 100.0 Ω。当 R_x 变化时，显示值相应变化，可以从 0.1 Ω 测到 199.9 kΩ。

数字万用表多量程电阻挡电路如图 5.11.11 所示。

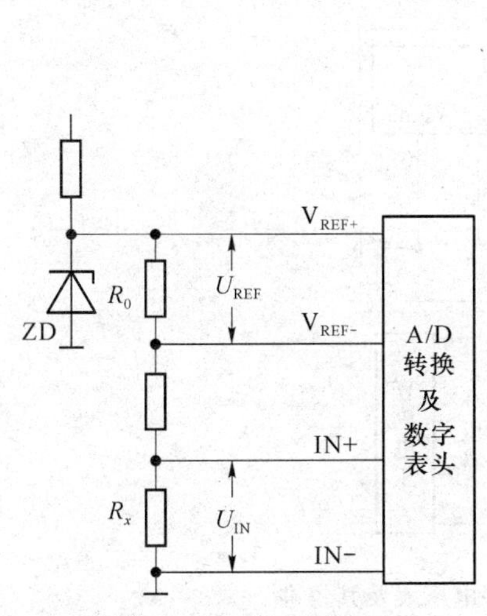

图 5.11.10　电阻测量原理图

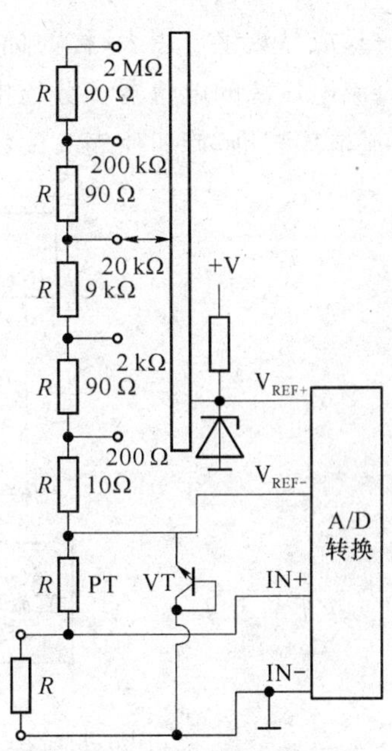

图 5.11.11　电阻测量电路

由上分析可知，

$$R_1=R_{01}=100\ \Omega$$

$$R_2=R_{02}-R_{01}=(1\ 000-100)\Omega=900\ \Omega$$

$$R_3=R_{03}-R_{02}=(10-1)\ \text{k}\Omega=9\ \text{k}\Omega$$

…

图 5.11.11 中由正温度系数(PTC)热敏电阻 R_t 与晶体管 VT 组成了过压保护电路，以防误用电阻挡去测高电压时损坏集成电路。当误测高电压时，晶体管 VT 发射极将击穿从而限制了输入电压的升高。同时 R_t 随着电流的增加而发热，其阻值迅速增大，从而限制了

电流的增加，使 VT 的击穿电流不超过允许范围。即 VT 只是处于软击穿状态，不会损坏，一旦解除误操作，R_t 和 VT 都能恢复正常。

【实验内容】

(1) 设计制作多量程直流数字电压表。

(2) 设计制作多量程交流数字电压表。

(3) 设计多量程数字电流表测量线路(选做)。

(4) 设计多量程电阻测量线路(选做)。

【设计举例】

1. 制作 200 mV(199.9 mV)直流数字电压表头并校准

使用电路单元有三位半数字表头、直流电压校准、待测直流电压、分压器。

按图 5.11.12 接线，参考电压 U_{REF} 输入端接直流电压校准电位器。

把一只成品数字万用表(称为标准表)置于直流 200 mV 挡与表头输入端并联，利用调整待测直流电压源的电位器和分压电阻获得 100 mV 左右的校准电压(由标准表读出)，再调整"直流电压校准"旋钮使表头读数与标准表读数一致(允许误差±0.5 mV)。

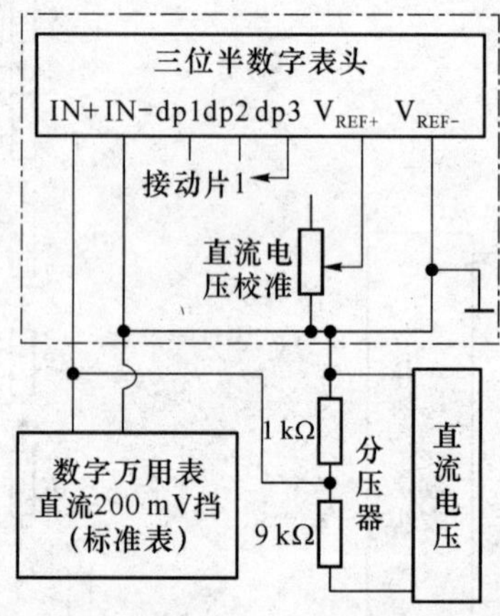

图 5.11.12　200 mV 直流数字电压表及其校准

2. 扩展电压表头成为多量程直流电压表

使用电路单元有直流数字电压表头、分压器、小数点设置电路。

3. 用自制电压表测直流电压

测量实验仪上的待测直流电压。按图 5.11.4 的分压器电路连接电路，将分压器的 U_i 端连到待测直流电压电流的 V 测试端，将已校好的数字电压表头的 IN－接地，IN＋接到分压器的某一量程。

调节"待测直流电压电流"单元的电位器，可以改变直流电压"V"的大小和极性。

测量并记录待测直流电压可调范围和中间三点的电压值。同时把作标准用的数字电压表接入，进行对比测量。

【注意事项】

(1) 实验时应当“先接线，再加电；先断电，再拆线”，加电前应确认接线无误，避免短路。

(2) 即使加有保护电路，也应注意不要用电流挡或电阻挡测量电压，以免造成不必要的损失。

(3) 当数字表头最高位显示“1”(或“1”)而其余位都不亮时，表明输入信号过大，即超量程。此时应尽快换大量程挡或减小(断开)输入信号，避免长时间超量程。

(4) 200 mV 直流数字电压表头是数字电压表的基础单元，一旦校准，这个电位器就不能变动，若不慎改动，就必须重新校准。否则，各种测量将产生很大的误差。

【思考题】

(1) 为什么表头的校准要选择 200 mV 量程？

(2) 设计电流表时，表头示数与实际电流值的偏差与什么有关？

实验 5.12　半导体热电特性的研究

半导体制冷与传统的压缩气体制冷方法不同的是它没有制冷剂，无复杂的运动机械部件和管路。其优点为外形尺寸小、重量轻、无机械运动摩擦、无噪声、可精确控制、可平移调节温度工况与制冷量，不存在由于制冷剂泄露而引起的大气污染，其维护简单，使用管理方便，在许多领域尤其是在医疗领域中有广泛的应用。

【实验目的和要求】

(1) 了解半导体制冷电堆的工作原理。

(2) 了解半导体材料的帕尔贴效应。

(3) 了解半导体材料的塞贝克效应。

【提供的实验仪器】

YJ-SB-1 半导体热电特性综合实验仪。

【实验原理提示】

1. 半导体热电材料的制冷原理

半导体制冷又称热电制冷或温差电制冷，主要是利用热电效应中的帕耳帖效应达到制冷目的。1834 年法国人珀尔帖发现了珀尔帖效应(PELTIER EFFECT)，帕耳帖效应是指在两种不同材料构成的回路上加上直流电压，相交的结点上会出现吸热或放热的现象。因此，在由 A 有最佳热电转换特性的半导体热电材料组成的 PN 结两端，加上一定的直流电压，利用半导体热电材料的特性就可以实现制冷或制热功能。

图 5.12.1 为半导体热电单元制冷原理图。电子从电源负极出发，经金属片 B1、结点 4、P 型半导体、结点 3、金属片 A、结点 2、N 型半导体、结点 1、金属片 B2，再回到电源的正极。但是 P 型半导体的多数载流子为空穴，其空穴电流方向与电子相反。而空穴在金属中所具

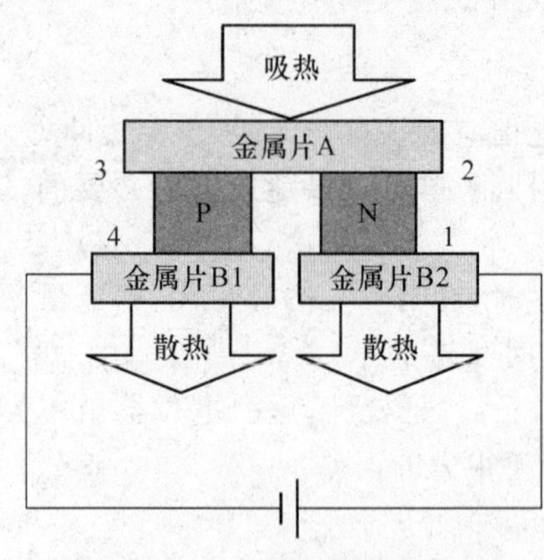

图 5.12.1 半导体热电单元制冷原理图

有能量低于在 P 型半导体中所具有的能量。因此空穴在电场的作用下由金属片 A 通过结点 3 到达 P 型半导体时,必须增加一部分能量。但是空穴自身无法增加能量,只有从金属片 A 处吸收能量,并且把这部分热能转变成空穴的势能,因而使金属片 A 处的温度降低。而当空穴沿 P 型半导体经结点 4 流向金属片 B1 时,由于 P 型半导体中空穴能量大于金属 B1 中空穴的能量,因而空穴要释放出多余的势能,并且将其转变为热能释放出来,则使金属片 B1 处温度升高。而图 5.12.1 中右半部分是由 N 型半导体与金属片 A 和金属片 B2 相连。N 型半导体的多数载流子为电子,而电子在金属中的势能低于在 N 型半导体中所具有的势能。在电场的作用下,电子从金属片 A 通过结点 2 到达 N 型半导体时必然要增加势能,而这部分势能只能从金属片 A 处取得,结果金属片 A 处的温度必然会降低。而当电子从 N 型半导体经结点 1 流向金属片 B2 时,因电子由势能高处流向势能低处,因此在金属片 B2 处释放能量,使之转变为热能释放出来,则使金属片 B2 处温度升高。

综上分析,金属片 A 处的温度在此电流状态下温度会降低而成为冷端,因而低温的金属片 A 便从周围介质吸收热量而使周围介质得到冷却;金属片 B1 和 B2 处由于载流子的释放能量而使之温度升高,成为热端,在制冷过程中热端所产生的热量必须排走。吸热和放热的大小是通过电流的大小以及半导体材料 N、P 的元件对数来决定。一般制冷片内部是由上百对电偶联成的热电堆,以达到增强制冷(制热)的效果。本实验所使用的半导体制冷片每片上集成了 126 对电偶串联成的热电堆。把直流电流反向,半导体制冷堆的冷端、热端就会互换。

2. 半导体热电材料的温差电效应

早在 1823 年德国的物理学家 Thomas Seebeck 就在实验中发现,在具有温度梯度的样品两端会出现电压降,这一效应成为制造热电偶测量温度和将热能直接转换为电能的理论基础,称为 Seebeck(塞贝克)效应。这一效应成为实现将热能直接转换为电能的理论基础。

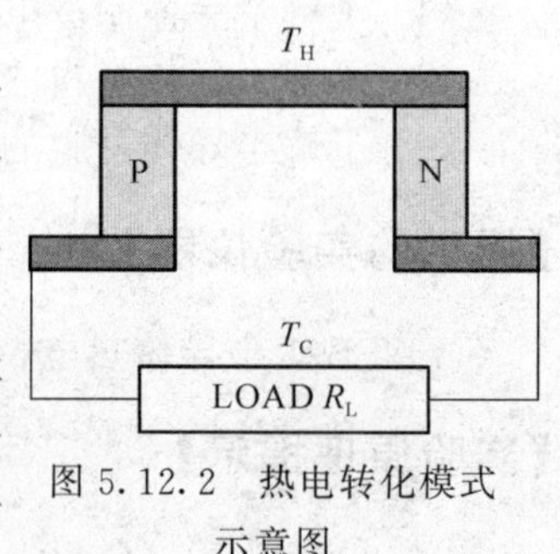

图 5.12.2 热电转化模式示意图

图 5.12.2 为实现热电转化模式的简单示意图。随着半导体材料的深入研究和广泛应用,热电性能良好的半导体材料和半金属材料使热电效应的效率大大提高,从而使热电效应发电逐渐步入实用阶段,目前在国防、工业、农业、医疗和日常生活等领域热电效应均有一定应用。

【实验内容】

(1) 安装好实验仪器,用导线将直流稳压电源输出与实验装置的两接线柱相连,用专用电缆将主机测温电缆与实验装置相应的电缆座相连,数字多功能表输入端与实验装置的两接线柱相连。

(2) 打开主机电源开关,记下室温 T_0。

(3) 调节直流稳压电源,使直流电压输出最小,用连接线将直流电压输出与实验装置的两接线柱相连。缓慢调节直流稳压电源，使直流电压输出为 5 V 左右，若紫铜恒温体的温度逐步升高(半导体制冷片处于制热状态)。

(4) 关闭直流稳压电源，将输出的两根导线互换位置使半导体制冷片处于制冷状态。

(5) 关闭直流稳压电源，将输出的两根导线互换位置使半导体制冷片处于制热状态，打开电源，待紫铜恒温体的温度升高到 100 ℃时，关闭电源停止加热；拔掉直流稳压电源上的两根电源线，观察半导体制冷片的热电势与温差的关系。

实验 5.13　金属电阻温度系数的测定

【实验目的和要求】

(1) 了解和测量金属电阻与温度的关系。

(2) 了解金属电阻温度系数的测定原理。

(3) 了解测量金属电阻温度系数的方法。

【提供的实验仪器】

YJ-SB-1 半导体热电特性综合实验仪、Pt100 温度传感器、数字万用表。

【实验原理提示】

1. 电阻温度系数

各种导体的电阻随着温度的升高而增大，在通常温度下，电阻与温度之间存在着线性关系，可用下式表示

$$R=R_0(1+\alpha t) \tag{5.13.1}$$

式中，R 是温度为 t ℃时的电阻；R_0 为 0 ℃时的电阻；α 称为电阻温度系数。

严格说，α 和温度有关，但在 0～100 ℃范围内，α 的变化很小，可以看作不变。

2. 铂电阻

导体的电阻值随温度变化而变化，通过测量其电阻值推算出被测环境的温度，利用此原理构成的传感器就是热电阻温度传感器，能够用于制作热电阻的金属材料必须具备以下特性：

(1)电阻温度系数要尽可能大和稳定，电阻值与温度之间应具有良好的线性关系。

(2)电阻率高，热容量小，反应速度快。

(3)材料的复现性和工艺性好，价格低。

(4)在测量范围内物理和化学性质稳定。

目前，在工业应用最广的材料是铂铜。

铂电阻与温度之间的关系，在 0～630.74 ℃范围内用下式表示

$$R_T=R_0(1+AT+BT^2) \tag{5.13.2}$$

在－200～0 ℃的温度范围内为

$$R_T=R_0[1+AT+BT^2+C(T-100\ ℃)T^3] \tag{5.13.3}$$

以上两式中,R_0和R_T分别为在0 ℃和温度T时铂电阻的电阻值,A、B、C为温度系数,由实验确定,$A=3.908\,02\times10^{-3}$℃$^{-1}$,$B=-5.801\,95\times10^{-7}$℃$^{-2}$,$C=-4.273\,50\times10^{-12}$℃$^{-4}$。

由式(5.13.2)和式(5.13.3)可见,要确定电阻R_T与温度T的关系,首先要确定R_0的数值,R_0值不同时,R_T与T的关系不同。目前国内统一设计的一般工业用标准铂电阻R_0值有100 Ω和500 Ω两种,并将电阻值R_T与温度T的相应关系统一列成表格,称其为铂电阻的分度表,分度号分别用Pt100和Pt500表示。

铂电阻在常用的热电阻中准确度较高,国际温标ITS-90中还规定,将具有特殊构造的铂电阻作为13.503 3 K～961.78 ℃标准温度计使用,铂电阻广泛用于－200～850 ℃范围内的温度测量,工业中通常在600 ℃以下。

在实验中,由于B、C数量级较小通常情况下可以不计。

【实验内容】

(1) 安装好实验仪器,将装有金属电阻Pt100插入恒温腔中。

(2) 用导线和专用电缆将实验装置与主机相连,打开主机电源开关,选择适当的功能(制冷或加热)。

(3) 将金属电阻Pt100输出端与万用电表(或直流电桥)相连,然后将制冷加热开关打开,若选择的是制冷功能就逆时针调节"制冷温度粗选" 和"制冷温度细选"旋钮到底,"加热/制冷"功能选择开关上的指示灯发亮(制冷状态),同时观察紫铜恒温体的温度(数字温度表)的变化,当数字温度表上的温度即将达到所需温度(如0.0 ℃)时顺时针调节"制冷温度粗选" 和"制冷温度细选"旋钮使指示灯闪烁(恒温状态),仔细调节"制冷温度细选"使温度恒定在所需温度(如0.0 ℃)。

待恒温腔内的温度稳定在所需温度(0.0 ℃)后,记下对应的金属电阻Pt100的阻值R_0。

(4) 重新选择所需温度T_2(10.0 ℃)、T_3(20.0 ℃)、T_4(30.0 ℃)、T_5(40.0 ℃)、T_6(50.0 ℃)、T_7(60.0 ℃)、T_8(70.0 ℃)、T_9(80.0 ℃)、T_{10}(90.0 ℃)、T_{11}(100.0 ℃)、T_{12}(110.0 ℃),测量出其对应的阻值$R10$、$R20$、$R30$、$R40$、$R50$、$R60$、$R70$、$R80$、$R90$、$R100$、$R110$。

根据上述实验数据,绘出R-t曲线。

(5) 求Pt100的电阻温度系数

根据R-t曲线,从图上任取相距较远的两点t_1-R_1及t_2-R_2根据式(5.13.1)有:

$$R_1=R_0+R_0\alpha t_1$$

$$R_2=R_0+R_0\alpha t_2$$

联立求解得:

$$\alpha=(R_2-R_1)/(R_1t_2-R_2t_1)$$

【注意事项】

(1) 供电电源插座必须良好接地。

(2) 在整个电路连接好之后才能打开电源开关。

(3) 严禁带电插拔电缆插头。

附　　录

附录1　基本物理常数表(1998年CODATA 国际推荐值)

量	符号	数值	单位	不确定度
真空中光速	c,c_0	299 792 458	$m\cdot s^{-1}$	(精确)
真空磁导率	μ_0	$4\pi\times10^{-7}=12.566\ 370\ 614\cdots\times10^{-7}$	$N\cdot A^{-2}$	(精确)
真空电容率,$\frac{1}{\mu_0c^2}$	ε_0	$8.854\ 187\ 817\cdots\times10^{-12}$	$F\cdot m^{-1}$	(精确)
真空特征阻抗,$\sqrt{\frac{\mu_0}{\varepsilon_0}}=\mu_0c$	Z_0	$376.730\ 313\ 461\cdots$	Ω	(精确)
牛顿引力常数	G	$6.673(10)\times10^{-11}$	$m^3\cdot kg^{-1}\cdot s^{-2}$	1.5×10^{-3}
普朗克常数	h	$6.626\ 068\ 76(52)\times10^{-34}$	$J\cdot s$	7.8×10^{-8}
基本电荷	e	$1.602\ 176\ 462(63)\times10^{-19}$	C	3.9×10^{-8}
玻尔磁子,$e\hbar/2m_e$	u_B	$927.400\ 899(37)\times10^{-26}$	$J\cdot T^{-1}$	4.0×10^{-8}
里德伯常数	R_∞	$10\ 973\ 731.568\ 549(83)$	m^{-1}	7.6×10^{-12}
玻尔半径	α_0	$0.529\ 177\ 208\ 3(19)\times10^{-10}$	m	3.7×10^{-9}
电子质量	m_e	$9.109\ 381\ 88(72)\times10^{-31}$	kg	7.9×10^{-8}
电子荷质比	$-e/m_e$	$-1.758\ 820\ 174(71)\times10^{11}$	$C\cdot kg^{-1}$	4.0×10^{-8}
电子摩尔质量	$M(e),M_e$	$5.485\ 799\ 110(12)\times10^{-7}$	$kg\cdot mol^{-1}$	2.1×10^{-9}
电子康普顿波长	λ_c	$2.426\ 310\ 215(18)\times10^{-12}$	m	7.3×10^{-9}
经典电子半径	r_e	$2.817\ 940\ 285(31)\times10^{-15}$	m	1.1×10^{-8}
电子磁矩	μ_e	$-928.476\ 362(37)\times10^{-26}$	$J\cdot T^{-1}$	4.0×10^{-8}
以玻尔磁子为单位	μ_e/μ_B	$-1.001\ 159\ 652\ 186\ 9(41)$		4.1×10^{-12}
以核磁子为单位	μ_e/μ_N	$-1\ 838.281\ 966\ 0(39)$		2.1×10^{-9}
质子质量	m_p	$1.672\ 621\ 58(13)\times10^{-27}$	kg	7.9×10^{-8}
		$1.007\ 276\ 466\ 88(13)$	u	1.3×10^{-10}
相当的能量	m_pc^2	$1.503\ 277\ 31(12)\times10^{-10}$	J	7.9×10^{-8}
		$938.271\ 998(38)$	MeV	4.0×10^{-8}
质子-电子质量比	m_p/m_e	$1\ 836.152\ 667\ 5(39)$		2.1×10^{-9}

续 表

量	符号	数值	单位	不确定度
质子摩尔质量，$N_A m_p$	$M(p)$，M_p	$1.007\,276\,466\,88(13)\times10^{-3}$	$kg \cdot mol^{-1}$	1.3×10^{-10}
质子康普顿波长	$\lambda_{C,p}$	$1.321\,409\,847(10)\times10^{-15}$	m	7.6×10^{-9}
$\lambda_{C,p}/2\pi$	$\bar{\lambda}_{C,p}$	$0.210\,308\,908\,9(16)\times10^{-15}$	m	7.6×10^{-9}
质子磁矩	μ_p	$1.410\,606\,633(58)\times10^{-26}$		4.1×10^{-8}
以玻尔磁子为单位	μ_p/μ_B	$1.521\,032\,203(15)\times10^{-3}$	$J \cdot T^{-1}$	1.0×10^{-8}
以核磁子为单位	μ_p/μ_N	$2.792\,847\,337(29)$		1.0×10^{-8}
中子质量	m_n	$1.674\,927\,16(13)\times10^{-27}$	kg	7.9×10^{-8}
		$1.008\,664\,915\,78(55)$	u	5.4×10^{-10}
相当的能量	$m_n c^2$	$1.505\,349\,46(12)\times10^{-10}$	J	7.9×10^{-8}
		$939.565\,330(38)$	MeV	4.0×10^{-8}
中子康普顿波长	λ_c	$1.319\,508\,98(10)\times10^{-15}$	m	7.6×10^{-9}
中子磁矩	μ_n	$-0.966\,236\,40(23)\times10^{-26}$		2.4×10^{-7}
以玻尔磁子为单位	μ_n/μ_B	$-1.041\,875\,63(25)\times10^{-3}$	$J \cdot T^{-1}$	2.4×10^{-7}
以核磁子为单位	μ_n/μ_N	$-1.913\,042\,72(45)$		2.4×10^{-7}
α粒子质量	m_α	$6.644\,655\,98(52)\times10^{-27}$	kg	7.9×10^{-8}
		$4.001\,506\,174\,7(10)$	u	2.5×10^{-10}
相当的能量	$m_\alpha c^2$	$5.971\,918\,97(47)\times10^{-10}$	J	7.9×10^{-8}
		$3\,727.379\,04(15)$	MeV	4.0×10^{-8}
α粒子摩尔质量	$M(\alpha)$，M_α	$4.001\,506\,174\,7(10)\times10^{-3}$	$kg \cdot mol^{-1}$	2.5×10^{-10}
阿伏伽德罗常数	N_A, L	$6.022\,141\,99(47)\times10^{23}$	mol^{-1}	7.9×10^{-8}
法拉第常数	F	$96\,485.341\,5(39)$	$C \cdot mol^{-1}$	4.0×10^{-8}
摩尔气体常数	R	$8.314\,472(15)$	$J \cdot mol^{-1} \cdot K^{-1}$	1.7×10^{-6}
玻尔兹曼常数 R/N_A	k	$1.380\,650\,3(24)\times10^{-23}$	$J \cdot K^{-1}$	1.7×10^{-4}
理想气体摩尔体积 RT/P	V	$22.413\,996(39)\times10^{-3}$	$m^3 \cdot mol^{-1}$	1.17×10^{-4}
维恩位移定律常数 $b=\lambda_{max}T=c_2/4.965\,114\,231\cdots$	b	$2.897\,768\,6(51)\times10^{-3}$	m K	1.7×10^{-6}

附录 2　中华人民共和国法定计量单位

我国的法定计量单位(以下简称法定单位)包括：

(1) 国际单位制的基本单位(如附表 2.1 所示)；

(2) 国际单位制的辅助单位(如附表 2.2 所示)；

(3) 国际单位制中具有专门名称的导出单位(如附表 2.3 所示)；

(4) 国家选定的非国际单位制单位(如附表 2.4 所示)；

(5) 由以上单位构成的组合形式的单位；

(6) 由词头和以上单位所构成的十进倍数和分数单位(词头如附表2.5所示)。

法定单位的定义、使用方法等由国家计量局另行规定。

附表 2.1　国际单位制的基本单位

量的名称	单位名称	单位符号
长　度	米	m
质　量	千克(公斤)	kg
时　间	秒	s
电　流	安[培]	A
热力学温标	开[尔文]	K
物质的量	摩[尔]	mol
发光强度	坎[德拉]	cd

附表 2.2　国际单位制的辅助单位

量的名称	单位名称	单位符号
平面角	弧度	rad
立体角	球面度	sr

附表 2.3　国际单位制中具有专门名称的导出单位

量的名称	单位名称	单位符号	其他表示式例
频率	赫[兹]	Hz	s^{-1}
力、重力	牛[顿]	N	$kg \cdot m/s^2$
压力、压强、应力	帕[斯卡]	Pa	N/m^2
能量、功、热	焦[耳]	J	$N \cdot m$
功率、辐射通量	瓦[特]	W	J/s
电荷量	库[仑]	C	$A \cdot s$
电位、电压、电动势	伏[特]	V	W/A
电容	法[拉]	F	C/V
电阻	欧[姆]	Ω	V/A
电导	西[门子]	S	A/V
磁通量	韦[伯]	Wb	$V \cdot s$
磁通量密度、磁感应强度	特[斯拉]	T	Wb/m^2
电感	亨[利]	H	Wb/A
摄氏温度	摄氏度	℃	
光通量	流[明]	lm	$cd \cdot sr$
光照度	勒[克斯]	lx	lm/m^2

附表 2.4　国家选定的非国际单位制单位

量的名称	单位名称	单位符号	换算关系和说明
时间	分 [小]时 天(日)	min h d	1 min＝60 s 1 h＝60 min＝3 600 s 1 d＝24 h＝86 400 s
平面角	[角]秒 [角]分 度	(″) (′) (°)	1″＝(π/648 00) rad　(π 为圆周率) 1′＝60″＝(π/10 800) rad 1°＝60′＝(π/180) rad
旋转速度	转每分	r/min	1 r/min＝(1/60) s^{-1}
长度	海里	n mile	1 n mile＝1 852 m(只用于航程)
速度	节	kn	1 kn＝1 n mile/h ＝(1 852/3 600) m/s (只用于航行)
质量	吨 原子质量单位	t u	1 t＝10^3 kg 1 u≈1. 660 565 5×10 kg
体积	升	L,(l)	1 L＝1 dm^3＝10^{-3} m^3
能	电子伏	eV	1 eV≈1. 602 189 2×10^{-19} J
级差	分贝	dB	
线密度	特[克斯]	tex	1 tex＝1 g/km

附表 2.5　用于构成十进倍数和分数单位的词头

所表示的因数	词头名称		词头符号
10^{18}	艾[可萨]	(exa)	E
10^{15}	拍[它]	(peta)	P
10^{12}	太[拉]	(tera)	T
10^{9}	吉[咖]	(giga)	G
10^{6}	兆	(mega)	M
10^{3}	千	(kilo)	k
10^{2}	百	(hecto)	h
10^{1}	十	(deca)	da
10^{-1}	分	(deci)	d
10^{-2}	厘	(centi)	c
10^{-3}	毫	(milli)	m
10^{-6}	微	(micro)	μ
10^{-9}	纳[诺]	(nano)	n
10^{-12}	皮[可]	(pico)	p
10^{-15}	飞[母托]	(femto)	f
10^{-18}	阿[托]	(atto)	a

附录3　常用物理常数表

附表3.1　空气的成分在海平面上的重量百分比

氮	75.60	氙	3×10^{-6}
氧	23.05	氖	8.4×10^{-4}
氩	1.3	氦	7×10^{-5}
二氧化碳	0.047	氢	7×10^{-6}
氪	14×10^{-6}		

附表3.2　元素在固态时的密度(未标出温度是室温下的值)

元素	密度/g·cm^{-3}	元素	密度/g·cm^{-3}	元素	密度/g·cm^{-3}
Ag 银	10.492,10.49 *	B 硼	2.535	Bi 铋	9.87,9.86 *
Al 铝	2.70,2.692 *	Ba 钡	3.5	C 碳	3.52(金刚石),
Ar 氩	5.73, 5.75 *	Be 铍	1.85,1.83 *		2.25(石墨)
Au 金	18.88,19.3,19.4 *	Br 溴	4.2(−273 ℃)	Ca 钙	1.55,1.54 *
Cd 镉	8.65,8.56 *	Lu 镥	9.84	Se 硒	4.82,4.86 *
Cl 氯	2.2(−273%)	Mg 镁	1.74,1.71 *	Si 硅	2.42,2.32 *
Co 钴	8.71,8.67 *	Mn 锰	7.3,7.21 *	Sm 钐	7.7～7.8
Cr 铬	7.14,7.22 *	Mo 钼	9.01,10.20 *	Sn 锡	7.29(白,四方)
Cs 铯	1.873	N 氮	1.14(−273 ℃)		6.55(白,正交)
Cu 铜	8.933,8.95 *	Na 钠	0.9712,0.954		5.75(灰)
Dy 镝	8.54	Nb 铌	8.4	Sr 锶	2.60
Er 铒	4.77	Nd 钕	7.00	Ta 钽	16.6,17.1
Eu 铕	5.26	Ne 氖	1.204(−245 ℃)	Tb 铽	8.27
F 氟	1.5(−273 ℃)	Ni 镍	8.8,9.04	Te 碲	6.25,6.26 *
Fe 铁	7.86,7.92 *	O 氧	1.568(−273 ℃)	Th 钍	11.00,12.0 *
Ga 镓	5.93	Os 锇	22.5,22.8 *	Ti 钛	4.5,4.58 *
Ge 锗	5.46,5.38 *	P 磷	1.83,2.20,2.69	Tl 铊	11.86,11.7 *
Gd 钆	7.89	Pb 铅	11.342,11.48	Tm 铥	9.33
H 氢	0.763(−260 ℃)	Pd 钯	12.16,12.25 *	U 铀	18.7
He 氦	0.19(−273 ℃)	Pr 镨	6.48	V 钒	5.87,5.98 *
Hf 铪	13.3,11.3 *	Pt 铂	21.37,21.5 *	W 钨	19.3,193 *
Hg 汞	14.193(−38.8 ℃)	Rb 铷	1.53	Xe 氙	3.06(−110 ℃)
Ho 钬	8.80	Re 铼	20.53	Y 钇	3.8
I 碘	4.94	Rh 铑	12.44	Yb 镱	6.98
In 铟	7.28,7.43 *	Ru 钌	12.1	Zn 锌	6.92,4.32
Ir 铱	2242,22.8 *	S 硫	2.07(正交),1.96		(−273 ℃)7.04 *
K 钾	0.87		(单斜),2.02 *	Zr 锆	6.44,6.47 *
Kr 氪	3.4(−273 ℃)	Sb 锑	6.62,6.73 *		
La 镧	6.15	Sc 钪	3.02		

注：有 * 的是根据 X 射线数据计算的值。

附表 3.3　某些合金的密度(室温下 17～23 ℃)

物质	成分	密度/g/cm^{-3}
铝铜合金	Al_{10},Cu_{90}	7.69
	Al_{5},Cu_{95}	8.37
	Al_{3},Cu_{97}	8.69
黄　铜	Cu_{70},Zn_{30}	8.5～8.7
	Cu_{90},Zn_{10}	8.6
	Cu_{50},Zn_{50}	8.2
青　铜	Cu_{90},Zn_{10}	8.78
	Cu_{85},Zn_{15}	8.89
	Cu_{80},Zn_{20}	8.74
	Cu_{75},Zn_{25}	8.83
康　铜	Cu_{60},Ni_{40}	8.88
硬　铜	Cu_{4},$Mn_{0.5}$,$Mg_{0.5}$,Al_{95}	2.79
德　铜	$Cu_{26.3}$,$Zn_{36.6}$,$Ni_{36.8}$	8.30
	Cu_{52},Zn_{26},Ni_{22}	8.45
	Cu_{59},Zn_{30},Ni_{11}	8.34
	Cu_{63},Zn_{31},Ni_{6}	8.30
锰　铜(锰、镍铜合金)		8.50
殷　钢	$Fe_{63.8}$,Ni_{36},$C_{0.20}$	8.0
钢		7.8
不锈钢	Cr_{18},Ni_{8}	7.91
铅锡合金	$Pb_{87.5}$,$Sn_{12.5}$	10.6
	Pb_{84},Sn_{16}	10.33
	$Pb_{72.8}$,$Sn_{22.2}$	10.05
	$Pb_{63.7}$,$Sn_{36.3}$	9.43
	$Pb_{46.7}$,$Sn_{53.3}$	8.73
	$Pb_{30.5}$,$Sn_{69.5}$	8.24
莫涅尔合金	Ni_{71},Cu_{27},Fe_{2}	8.90
磷青铜	$Cu_{79.7}$,Sn_{10},$Sb_{9.5}$,$P_{0.8}$	8.8
镁铜铝合金		2.0～2.5
伍德合金		9.5～10.5

附表 3.4　某些非金属固态物质的密度(室温下 17～23 ℃)

物质	密度/g·cm^{-3}	物质	密度/g·cm^{-3}
熔化石英	2.1～2.2	水　泥	1.38
硼硅酸玻璃	2.3	建筑石块	2.5
重硅钾铅玻璃	3.88	瓷	2.32
轻氯铜银冕玻璃	2.24	蜡	0.97
云　母	2.6～3.2	石　蜡	0.9
丙烯树脂	1.1/82	结晶石膏	2.25
尼　龙	1.11	烧石膏	1.8
聚乙烯	0.90	水　晶	2.66
聚苯乙烯	1.056	花岗石	2.65
砖	1.8	石　墨	2.10
白粉(粉笔用)	2.4	松软土	1.2
食　盐	2.14	潮湿土	1.4
赛璐珞	1.4	方解石	2.67
硬橡胶	1.15	石　炭	1.35
玛　瑙	2.6	干　砂	1.5
雪花石膏	2.7	湿　砂	2.0

续表

物质	密度/g·cm^{-3}	物质	密度/g·cm^{-3}
无烟炭	1.5	雪　花	0.125
石　棉	2.0～2.8	冰/℃	0.917
石棉纸板	1.2	牛　油	0.91
沥　青	1.2	软木塞	0.22～0.26
混凝土	2.25	香　木	0.12～0.20
大理石	2.7	榆　木	0.5～0.6
橡　木	0.6～0.9	黑　木	1.2
松　木	0.6～0.8	硬　脂	0.97
柚　木	0.7～0.9	树　脂	1.07
木	0.6～0.8	象　牙	1.88

附表 3.5　某些液体的密度(一般在 15 ℃情况下)

物质	密度/g·cm^{-3}	物质	密度/g·cm^{-3}
苯　胺	1.02	标准液	
丙　酮	0.792	H_2SO_4	1.030 4
汽　油	0.899	HCL	1.016 2
海　水	1.025	HNO_3	1.032 2
甘　油	1.26	NaOH	1.041 4
煤　油	0.8	KOH	1.048
松节油	0.87	KCL	1.044 6
橄榄油(干性油)	0.92	液态金属	
润滑油	0.90～0.92	铝	2.382(659 ℃)
甲　醇	0.810	钾	0.83(63.5 ℃)
乙　醇	0.791	镁	1.572(650 ℃)
醚	0.736	钠	0.93(97.7 ℃)
乙　醚	0.791	锡	6.97(232 ℃)
人　血	1.054	铅	10.88(327 ℃)
全脂牛乳	1.032	银	9.46～9.51(960.5 ℃)

附表 3.6　标准状态下一些气体的密度

物质	密度 /10^{-3} g·cm^{-3}	物质	密度 /10^{-3} g·cm^{-3}	物质	密度 /10^{-3} g·cm^{-3}
氮	1.251	溴	7.139	氟	1.69
氨	0.770 8	氧	1.429	氯	3.220
硫化氢	1.539	氪	3.68	氖	0.900
氦	0.178 5	氙	5.85	一氧化碳	1.250 2
二氧化碳	1.976 8	氢	0.089 9	甲　烷	0.716 7
氩	0.783	空气	0.292 8	氯化氢	1.639

附表 3.7　不同温度下水和汞的密度

温度/℃	水的密度/g·cm^{-3}	汞的密度/g·cm^{-3}	温度/℃	水的密度/g·cm^{-3}	汞的密度/g·cm^{-3}
0	0.999 841	13.595 1	50	0.988 04	13.472 5
1 或 7	0.999 902	—	60	0.982 31	13.448 2
2 或 6	0.999 941	—	70	0.977 79	13.424 0
3 或 5	0.999 965	—	80	0.971 80	13.400 0
4	0.999 973	—	90	0.965 31	13.375 8
10	0.999 70	13.570 4	100	0.958 35	13.351 8
20	0.998 203	13.545 8	150	0.917 3	13.232 6
30	0.995 646	13.521 3	200	0.862 8	13.114 4
40	0.992 21	13.497 0			

附表 3.8　一些固体物质的弹性常数　(表中弹性模量单位:10^{10} N/m^2)

物质	杨氏模量	切变模量	泊松比	物质	杨氏模量	切变模量	泊松比
金属:				钨	39.0	15.0	—
铝	7.0	2.5	0.34	铁(熟铁)	21.0	7.7	0.28
铋	3.2	1.5	0.33	金	8.0	2.8	0.42
镉	5.0	2.1	0.30	磷青铜	12.0	4.4	0.38
镁	4.1	1.7	—	黄　铜	9.0	3.5	0.35
铜	11.0	4.4	0.34	锌白银	11.0	4.5	0.37
镍	21.0	7.8	0.30	钢	20.0	7.5	0.28
锡	5.3	1.9	0.33	回火钢	22.0	8.0	0.28
铂	17.0	6.3	0.39	其他材料:			
铅	1.6	0.6	0.44	木　材	0.9	—	—
银	7.7	2.8	0.37	橡　木	1.3	—	—
钽	19.0	—	—	柚　木	1.7	—	—
锌	8.0	3.6	0.23	石英(丝)	5.4	3.0	—
铸　铁	11.0	5.0	0.27	橡　胶	0.05	0.000 15	0.48
合金:				玻　璃			
青　铜	10.5	3.7	0.36	(冕　牌)	6.0	2.5	0.25

注:泊松比 $\sigma=\dfrac{\text{棒在垂直于拉伸方向的收缩应变}}{\text{棒在拉伸方向的拉伸应变}}$。

附表 3.9　某些物质的比热容　(单位:10^3 J/(kg·K))

物　质	比　热		物　质	比　热	
	18 ℃	100 ℃		18 ℃	100 ℃
金刚石	0.50		蓖麻油	1.8	
铝	0.88	0.92	火　油	2.1	
混凝土	0.88		砖(0～100 ℃)	0.79～1.0	
铋	0.12		焦碳(0～100 ℃)	0.84	
水	4.177	4.22	黄　铜	0.39	
甘　油	2.4		冰(−40～100 ℃)	1.8	
花岗石(0～100 ℃)	0.84		大理石(0～100 ℃)	0.88	
石　墨		0.84	铂	0.13	0.14
木炭(0～100 ℃)	0.84		软木塞		
木(0～100 ℃)	2.4		镍	0.46	0.50
枫木(0～100 ℃)	2.7		橄榄油	2.0	
水　银	0.14		锡	0.22	0.23
铅	0.13		石　蜡	3.2	
硫	0.71～0.75		砂石(0～100 ℃)	0.92	
铜	0.38		玻　璃	0.84	
银	0.23		水泥(35 ℃)	0.79	
硫　酸	1.4		锌	0.38	0.40
二硫化碳	1.0		生铁(0～100 ℃)	0.54	
松节油	1.8		炉渣(0～100 ℃)	0.75	
松木(0～100 ℃)	2.7		硬橡胶	1.4	
酒　精	2.4		乙　醚	2.3	
钢	0.46		汽　油	1.7	
铁	0.46		煤　油	2.2	
金	0.13		甲　醇	2.5	
岩盐(0～100 ℃)	0.92		乙　醇	2.4	
气体和蒸气	c_P	c_P/c_V	气体和蒸气	c_P	c_P/c_V
氢	14.3	1.41	氧	0.911	1.40
空　气	1.01	1.40	甲　烷	2.2	1.31
氦	5.23	1.66	氮	1.04	1.40
氨	2.2	1.31	二氧化硫	0.644	1.29
氩	0.53	1.65	硫化氢	1.1	1.34
乙　炔	1.68	1.24	二氧化碳	0.844	1.30
一氧化碳	1.05	1.40	氯	0.518	1.36

附表 3.10　几种固体物质的熔点

物　质	熔　点/℃	物　质	熔　点/℃
股　钢	1 500	萘	80
石英(熔化的)	1 700	硝酸钠	335
康铜(镍铜合金)	1 290	锡焊料(软焊料)	180(约)
黄　铜	900	炮　铜	1 014
石　蜡	50～60	伍德合金	65
镁铜铝合金	610	钢	1 400
氯化钠	801		

附表 3.11　几种液体物质的沸点(在 1 个大气压下)

物质	沸点/℃	物质	沸点/℃	物质	沸点/℃
苯　胺	184.2	二硫化碳	46.2	三氯化钾	61.2
丙　酮	56.7	松节油	161	四氯化碳	76.7
汽　油	80.2	甲　醇	64.7	醚	34.6
甘　油	290	乙　醇	78.3		

附表 3.12　几种气态物质的熔点和沸点

物质	熔点/℃	沸点/℃	物质	熔点/℃	沸点/℃
氨	−78	−33.5	亚硫酸酐	−72	−10
二氧化氮	−10	21	硫化氢	−83	−61.5
甲　烷	−184	−161.5	二氧化碳	−57	−78.5
一氧化氮	−167	−150	氯化氢	−111	−85
一氧化碳	−199	−190			

附表 3.13　某些物质的溶解热

物质	熔解热 /10^3 J · kg^{-1}	物质	熔解热 /10^3 J · kg^{-1}	物质	熔解热 /10^3 J · kg^{-1}
蜂　蜡	176	磷	21	硬　脂	201
甘　油	176	铝	393	白色生铁	138
冰	334	甲　醇	1116	灰色生铁	96
二硫化碳	348	乙　醇	857	炼铁炉渣	209
萘	150	石　蜡	146	伍德合金	32

附表 3.14　某些液体的表面张力系数与温度的关系

在水与空气界面处		在苯与空气界面处		在锡与氢气界面处	
温度 /℃	表面张力系数 /10^{-3} N · m^{-1}	温度 /℃	表面张力系数 /10^{-3} N · m^{-1}	温度 /℃	表面张力系数 /10^{-3} N · m^{-1}
0	75.64	10	30.19	253	526
5	74.92	15	29.53	299	527
10	74.22	20	28.88	401	526
15	73.49	25	28.23	600	525
20	72.75	30	27.58	800	520
25	71.97	—	—	964	514
30	71.18	—	—	—	—
40	69.56	—	—	—	—
50	67.91	—	—	—	—
60	66.18	—	—	—	—
70	64.42	—	—	—	—
80	62.61	—	—	—	—
90	60.75	—	—	—	—
100	58.85	—	—	—	—

附表 3.15　某些物质的表面张力系数

物　质	界　面	温　度	表面张力系数 $/10^{-3}\ N \cdot m^{-1}$
氢	同样蒸汽	20.4 K	1.91
氦	同样蒸汽	4 K	0.12
氮	同样蒸汽	85 K	7.2
氧	同样蒸汽	85 K	14.5
一氧化碳	同样蒸汽	85 K	8.74
氯	同样蒸汽	−60 ℃	31.2
氨	同样蒸汽	−29 ℃	41.2
二氧化硫	同样蒸汽	−25 ℃	32.6
硫　酐	同样蒸汽	17.5 ℃	33.1
液态空气	同样蒸汽	−190.5 ℃	12.2
二氧化碳	同样蒸汽	0 ℃	4.49
溴	空气或同样蒸汽	20 ℃	41.5
过氧化氢	空气或同样蒸汽	18.5 ℃	76.1
硫酸(98%)	空气或同样蒸汽	20 ℃	55.1
氯化钠	氮	803 ℃	113.8
硫酸钠	氮	900 ℃	194.8
氯化钾	氮	800 ℃	95.8
浓硝酸	空气	20 ℃	41
三氯甲烷	空气	20 ℃	27.2
硫	空气	455 ℃	38.97
汞	氢气	20 ℃	470
铅	氢气	336 ℃	442
锌	氢气	477 ℃	753
钠	氢气	103 ℃	206.4
铁	氢气	靠近熔点	963
铜	氢气	1 140 ℃	1 120
铂	空气	2 000 ℃	1 819
乙　醚	空气	20 ℃	16.96
乙　醇	空气	20 ℃	22.27
醋　酸	空气	20 ℃	27.63
甘　油	空气	20 ℃	63.4
苯　胺	空气	20 ℃	42.9
石　蜡	空气	54 ℃	30.56
蛋白(鸡)	空气	15～20 ℃	52.69
丙　酮	空气	20 ℃	23.7
汽　油	空气	20 ℃	28.9
煤　油	空气	20 ℃	26
松节油	空气	20 ℃	27
橄榄油	空气	20 ℃	33

附表 3.16　不同温度下水蒸气和汞蒸气的压强　（单位：mmHg）

温　度/℃	水	汞	温　度/℃	水	汞
−180（液态空气）	—	2×10^{-27}	50	92.5	—
−75（液态 CO_2）	6×10^{-4}	3×10^{-9}	60	149.4	0.03
−20	0.79	—	70	234	—
−10	1.97	—	80	355	0.09
0	4.58	0.000 4	90	526	—
10	9.2	—	100	760	0.28
20	17.5	0.001 3	150	3 580	2.9
30	31.8	—	200	11 700	18
40	55.3	0.006	300	—	247

附表 3.17　某些金属的电阻率（室温下）

金　属	$\rho/10^{-6}\ \Omega\cdot m$	金　属	$\rho/10^{-6}\ \Omega\cdot m$	金　属	$\rho/10^{-6}\ \Omega\cdot m$
银	0.016	铝	0.029	钠	0.047
铜	0.017	镁	0.044	锰	0.05
金	0.023	钙	0.046	铱	0.063
钨	0.053	黄　铜	0.08	铬	0.131
铜镍合金	0.33	钴	0.097	钽	0.146
锰镍铜合金	0.43	铁	0.10	青　铜	0.18
康铜	0.49	钯	0.107	钍	0.18
钼	0.054	锇	0.602	铅	0.208
铑	0.047	殷　钢	0.81	高镍铜	0.45
锌	0.061	汞	0.958	锑	0.405
钾	0.066	铂	0.110	白　铜	0.42
镍	0.070	锡	0.113	铋	1.19
镉	0.076				

附表 3.18　某些绝缘体的电阻率（室温下）

物　质	$\rho/\Omega\cdot m$	物　质	$\rho/\Omega\cdot m$
石　棉	10^{8}	石英⊥晶轴	10^{16}
板　岩	10^{8}	云　母	10^{15}
干木料	10^{10}	瓷	2×10^{15}
大理石	10^{10}	火　漆	5×10^{15}
赛璐珞	2×10^{10}	松　香	10^{16}
电　木	10^{11}	硫	10^{17}
金刚石	10^{12}	聚苯乙烯	10^{17}
石　墨	8×10^{4}	硬橡胶	10^{18}
钠玻璃	10^{12}	石　蜡	3×10^{18}
石英玻璃	2×10^{14}	琥　珀	10^{19}
石英/晶轴	10^{14}		

附表 3.19　在海平面上不同纬度处的重力度

纬度 / (°)	g/m·s^{-2}	纬度 / (°)	g/m·s^{-2}
0	9.780 66	50	9.811 16
5	9.781 06	55	9.815 54
10	9.782 23	60	9.819 64
15	9.784 14	65	9.823 35
20	9.786 74	70	9.826 56
25	9.789 95	75	9.829 16
30	9.793 66	80	9.831 07
35	9.797 76	85	9.832 24
40	9.802 14	90	9.832 64
45	9.806 65		

注:表中所列数据是根据公式 $g=9.806\,65(1-0.002\,65\cos 2\phi)$ 算出的,其中 ϕ 为纬度。

附表 3.20　彩色电阻代号表

彩色	棕	红	橙	黄	绿	蓝	紫	灰	白	黑
数号	1	2	3	4	5	6	7	8	9	0

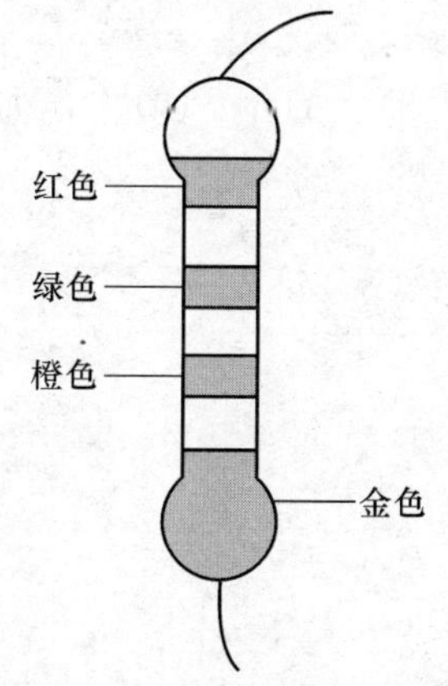

用法说明:

1. 彩色电阻尾部涂有金色线或银色线。金线表示误差为 5%,银线表示误差为 10% 。

2. 彩色电阻阻值均为两位数字,从头部开始看第一条彩条颜色代表的数字为第一位数,第二条彩条颜色代表的数字为第二位数,第三条彩条颜色代表的数字表示以 10 为底的幂次数。

例,尾部为金色,从头开始查看第一彩条为红色,彩号为 2;第二彩条为绿色,彩号为 5;第三彩条为橙色,彩号为 3,以 10 为底的幂指数为 3。故电阻的阻值 R 为$25\times10^3\ \Omega$;误差为 5%。

附表 3.21　不同温度时干燥空气中的声速　　(单位:m/s)

温度/℃	0	1	2	3	4	5	6	7	8	9
60	366.05	366.60	367.14	367.69	368.24	368.78	369.33	369.87	370.42	370.96
50	360.51	361.07	361.62	362.18	362.74	363.29	363.84	364.39	364.95	365.50
40	354.89	355.46	356.02	356.58	357.15	357.71	358.27	358.83	359.39	359.95
30	349.18	349.75	350.33	350.90	351.47	352.14	352.62	353.19	353.75	354.32
20	343.37	343.95	344.54	345.12	345.70	346.29	346.87	347.44	348.02	348.60
10	337.46	338.06	338.65	339.25	339.94	340.43	341.02	341.61	342.20	342.78
0	331.45	332.06	332.66	333.27	333.87	334.47	335.07	335.67	336.27	336.87

续表

温度/℃	0	−1	−2	−3	−4	−5	−6	−7	−8	−9
0	331.45	330.84	330.23	329.62	329.01	328.40	327.79	327.18	326.56	325.94
−10	325.33	324.71	324.09	323.47	322.84	322.22	321.60	320.97	320.34	319.72
−20	319.09	318.45	317.82	317.19	316.55	315.92	315.28	314.64	314.00	313.36
−30	312.72	312.08	311.43	310.78	310.14	309.49	308.84	308.19	307.53	306.88
−40	306.22	305.56	304.91	304.25	303.58	302.92	302.26	301.59	300.92	300.25
−50	299.58	298.91	298.24	297.56	296.89	296.21	295.53	294.85	294.16	293.48
−60	292.79	292.11	291.42	290.73	290.03	289.34	288.64	287.95	287.25	286.55
−70	285.84	285.14	284.43	283.73	283.02	282.30	281.59	280.88	280.16	279.44
−80	278.72	278.80	277.27	276.55	275.82	275.09	274.36	273.62	272.89	272.15
−90	271.41	270.67	269.92	269.18	268.43	267.68	266.39	266.17	265.42	264.66

附录4　1901—2011年诺贝尔物理学奖获得者一览表

年份	获奖者	国籍	获奖成果
1901	W.C. 伦琴	德国	发现伦琴射线(X射线)
1902	H.A. 洛伦兹	荷兰	塞曼效应的发现和研究
	P. 塞曼	荷兰	
1903	H.A. 贝克勒尔	法国	发现天然铀元素的放射性
	P. 居里	法国	放射性物质的研究,发现放射性元素钋与镭并发现钍也有放射性
	M.S. 居里	法国	
1904	L. 瑞利	英国	在气体密度的研究中发现氩
1905	P. 勒纳德	德国	阴极射线的研究
1906	J.J 汤姆逊	英国	通过气体电传导性的研究测出电子的电荷与质量的比值
1907	A.A 迈克耳逊	美国	创造精密的光学仪器和用以进行光谱学度量学的研究,并精确测出光速
1908	G. 里普曼	法国	发明应用干涉现象的天然彩色摄影技术
1909	G. 马可尼	意大利	发明无线电极及其对发展无线电通信的贡献
	C.F. 布劳恩	德国	
1910	J.D. 范德瓦耳斯	荷兰	对气体和液体状态方程的研究
1911	W. 维恩	德国	热辐射定律的导出和研究
1912	N.G. 达伦	瑞典	发明点燃航标灯和浮标灯的瓦斯自动调节器
1913	H.K. 昂尼斯	荷兰	在低温下研究物质的性质并制成液态氦
1914	M.V. 劳厄	德国	发现伦琴射线通过晶体时的衍射,既用于决定X射线的波长,又证明了晶体的原子点阵结构
1915	W.H. 布拉格	英国	用伦琴射线分析晶体结构
	W.L. 布拉格	英国	
1917	C.G. 巴克拉	英国	发现标识元素的次级伦琴辐射
1918	M.V. 普朗克	德国	研究辐射的量子理论,发现基本量子,提出能量量子化的假设,解释了电磁辐射的经验定律
1919	J. 斯塔克	德国	发现阴极射线中的多普勒效应和原子光谱线在电场中的分裂
1920	C.E. 吉洛姆	法国	发现镍钢合金的反常性以及在精密仪器中的应用
1921	A. 爱因斯坦	德国	对现代物理方面的贡献,特别是阐明光电效应的定律
1922	N. 玻尔	丹麦	研究原子结构和原子辐射,提出他的原子结构模型
1923	R.A. 密立根	美国	研究元电荷和光电效应,通过油滴实验证明电荷有最小单位
1924	K.M.G. 西格班	瑞典	伦琴射线光谱学方面的发现和研究

续表

年份	获奖者	国籍	获奖成果
1925	J. 弗兰克	德国	发现电子撞击原子时出现的规律性
	G.L. 赫兹	德国	
1926	J.B. 佩林	法国	研究物质分裂结构，并发现沉积作用的平衡
1927	A.H. 康普顿	美国	发现康普顿效应
	C.T.R. 威尔逊	英国	发明用云雾室观察带电粒子，使带电粒子的轨迹变为可见
1928	O.W. 里查逊	英国	热离子现象的研究，并发现里查逊定律
1929	L.V. 德布罗意	法国	电子波动性的理论研究
1930	C.V. 拉曼	印度	研究光的散射并发现拉曼效应
1932	W. 海森堡	德国	创立量子力学，并导致氢的同素异形的发现
1933	E. 薛定谔	奥地利	量子力学的广泛发展
	P.A.M. 狄立克	英国	量子力学的广泛发展，并预言正电子的存在
1935	J. 查德威克	英国	发现中子
1936	V.F 赫斯	奥地利	发现宇宙射线
	C.D. 安德逊	美国	发现正电子
1937	J.P. 汤姆逊	英国	通过实验发现受电子照射的晶体中的干涉现象
	C.J. 戴维逊	美国	通过实验发现晶体对电子的衍射作用
1938	E. 费米	意大利	发现新放射性元素和慢中子引起的核反应
1939	F.O. 劳伦斯	美国	研制回旋加速器以及利用它所取得的成果，特别是有关人工放射性元素的研究
1943	O. 斯特恩	美国	测定质子磁矩
1944	I.I. 拉比	美国	用共振方法测量原子核的磁性
1945	W. 泡利	奥地利	发现泡利不相容原理
1946	P.W. 布里奇曼	美国	研制高压装置并创立了高压物理
1947	E.V. 阿普顿	英国	发现电离层中反射无线电波的阿普顿层
1948	P.M.S. 布莱克特	英国	改进威尔逊云雾室及在核物理和宇宙线方面的发现
1949	汤川秀树	日本	用数学方法预见介子的存在
1950	C.F. 鲍威尔	英国	研究核过程的摄影法并发现介子
1951	J.D. 科克罗夫特	英国	首先利用人工所加速的粒子开展原子核
	E.T.S. 瓦尔顿	爱尔兰	蜕变的研究
1952	E.M. 珀塞尔	美国	核磁精密测量新方法的发展及有关的发现
	F. 布洛赫	美国	
1953	F. 塞尔尼克	荷兰	论证相衬法，特别是研制相差显微镜
1954	M. 玻恩	德国	对量子力学的基础研究，特别是量子力学中波函数的统计解释
	W.W.G. 玻特	德国	符合法的提出及分析宇宙辐射
1955	P. 库什	美国	精密测定电子磁矩
	W.E. 拉姆	美国	发现氢光谱的精细结构

续表

年份	获奖者	国籍	获奖成果
1956	W. 肖克莱	美国	研究半导体并发明晶体管
	W. H. 布拉顿	美国	
	J. 巴丁	美国	
1957	李政道	美国	否定弱相互作用下宇称守恒定律,使基本粒子研究获重大发现
	杨振宁	美国	
1958	P. A. 切连柯夫	苏联	发现并解释切连柯夫效应(高速带电粒子在透明物质中传递时放出蓝光的现象)
	I. M. 弗兰克	苏联	
	I. Y. 塔姆	苏联	
1959	E. 萨克雷	美国	发现反质子
	O. 张伯伦	美国	
1960	D. A. 格拉塞尔	美国	发明气泡室
1961	R. 霍夫斯塔特	美国	由高能电子散射研究原子核的结构
	R. L. 穆斯堡	德国	研究 γ 射线的无反冲共振吸收和发现穆斯堡效应
1962	L. D. 朗道	苏联	研究凝聚态物质的理论,特别是液氦的研究
1963	E. P. 维格纳	美国	原子核和基本粒子理论的研究,特别是发现和应用对称性基本原理方面的贡献
	M. G. 迈耶	美国	发现原子核结构壳层模型理论,成功地解释原子核的长周期和其他幻数性质的问题
	J. H. D. 詹森	德国	
1964	C. H. 汤斯	美国	在量子电子学领域中的基础研究导致了根据微波激射器和激光器的原理构成振荡器和放大器
	N. G. 巴索夫	苏联	用于产生激光光束的振荡器和放大器的研究工作
	A. M. 普洛霍罗夫	苏联	在量子电子学中的研究工作导致微波激射器和激光器的制作
1965	R. P. 费曼	美国	量子电动力学的研究,包括对基本粒子物理学的意义深远的结果
	J. S. 施温格	美国	
	朝永振一郎	日本	
1966	A. 卡斯特莱	法国	发现并发展光学方法以研究原子的能级的贡献
1967	H. A. 贝特	美国	恒星能量的产生方面的理论
1968	L. W. 阿尔瓦雷斯	美国	对基本粒子物理学的决定性的贡献,特别是通过发展氢气泡室和数据分析技术而发现许多共振态
1969	M. 盖尔曼	美国	关于基本粒子的分类和相互作用的发现,提出"夸克"粒子理论
1970	H. O. G. 阿尔文	瑞典	磁流体力学的基础研究和发现并在等离子体物理中找到广泛应用
	L. E. F. 尼尔	法国	反铁磁性和铁氧体磁性的基本研究和发现,这在固体物理中具有重要的应用
1971	D. 加波	英国	全息摄影术的发明及发展

续表

年份	获奖者	国籍	获奖成果
1972	J. 巴丁	美国	提出所谓BCS理论的超导性理论
	L. N. 库珀	美国	
	J. R. 斯莱弗	美国	
1973	B. D. 约瑟夫森	英国	关于固体中隧道现象的发现，从理论上预言了超导电流能够通过隧道阻挡层（即约瑟夫森效应）
	江崎岭于奈	日本	从实验上发现半导体中的隧道效应
	I. 迦埃弗	美国	从实验上发现超导体中的隧道效应
1974	M. 赖尔	英国	研究射电天文学，尤其是孔径综合技术方面的创造与发展
	A. 赫威期	英国	射电天文学方面的先驱性研究，在发现脉冲星方面起决定性作用
1975	A. N. 玻尔	丹麦	发现原子核中集体运动与粒子运动之间的联系，并在此基础上发展了原子核结构理论
	B. R. 莫特尔逊	丹麦	原子核内部结构的研究工作
	L. J. 雷恩瓦特	美国	
1976	B. 里克特	美国	分别独立地发现了新粒子 J/Ψ，其质量约为质子质量的三倍，寿命比共振态的寿命长上万倍
	丁肇中	美国	
1977	P. W. 安德逊	美国	对晶态与非晶态固体的电子结构作了基本的理论研究，提出“固态”物理理论
	J. H. 范弗莱克	美国	
	N. F. 莫特	英国	对磁性与不规则系统的电子结构作了基本研究
1978	A. A. 彭齐亚斯	美国	3K 宇宙微波背景的发现
	R. W. 威尔逊	美国	
	P. L. 卡皮查	苏联	建成液化氦的新装置，证实氦亚超流低温物理学
1979	S. L. 格拉肖	美国	建立弱电统一理论，特别是预言弱电流的存在
	S. 温伯格	美国	
	A. L. 萨拉姆	巴基斯坦	
1980	J. W. 克罗宁	美国	CP 不对称性的发现
	V. L. 菲奇	美国	
1981	N. 布洛姆伯根	美国	激光光谱学与非线性光学的研究
	A. L. 肖洛	美国	
	K. M. 瑟巴	瑞典	高分辨率电子能谱的研究
1982	K. 威尔逊	美国	关于相变的临界现象
1983	S. 钱德拉塞卡尔	美国	恒星结构和演化方面的理论研究
	W. 福勒	美国	宇宙间化学元素形成方面的核反应的理论研究和实验
1984	C. 鲁比亚	意大利	由于他们的努力导致了中间玻色子的发现
	S. 范德梅尔	荷兰	

续表

<table>
<tr><th>年份</th><th>获奖者</th><th>国籍</th><th>获奖成果</th></tr>
<tr><td>1985</td><td>K.V. 克利青</td><td>德国</td><td>量子霍尔效应</td></tr>
<tr><td rowspan="3">1986</td><td>E. 鲁斯卡</td><td>德国</td><td>电子物理领域的基础研究工作,设计出世界上第一架电子显微镜</td></tr>
<tr><td>G. 宾尼</td><td>瑞士</td><td rowspan="2">设计出扫描式隧道效应显微镜</td></tr>
<tr><td>H. 罗雷尔</td><td>瑞士</td></tr>
<tr><td rowspan="2">1987</td><td>J.G. 柏诺兹</td><td>美国</td><td rowspan="2">发现新的超导材料</td></tr>
<tr><td>K.A. 穆勒</td><td>美国</td></tr>
<tr><td rowspan="3">1988</td><td>L.M. 莱德曼</td><td>美国</td><td rowspan="3">从事中微子波束工作及通过发现 μ 介子中微子从而对轻粒子对称结构进行论证</td></tr>
<tr><td>M. 施瓦茨</td><td>美国</td></tr>
<tr><td>J. 斯坦伯格</td><td>英国</td></tr>
<tr><td rowspan="3">1989</td><td>N.F. 拉姆齐</td><td>美国</td><td>发明原子铯钟及提出氢微波激射技术</td></tr>
<tr><td>W. 保罗</td><td>德国</td><td rowspan="2">创造捕集原子的方法以达到能极其精确地研究一个电子或离子</td></tr>
<tr><td>H.G. 德梅尔特</td><td>美国</td></tr>
<tr><td rowspan="3">1990</td><td>J. 杰罗姆</td><td>美国</td><td rowspan="3">发现夸克存在的第一个实验证明</td></tr>
<tr><td>H. 肯德尔</td><td>美国</td></tr>
<tr><td>R. 泰勒</td><td>加拿大</td></tr>
<tr><td>1991</td><td>P.G. 德燃纳</td><td>法国</td><td>液晶基础研究</td></tr>
<tr><td>1992</td><td>J. 夏帕克</td><td>法国</td><td>对粒子探测器特别是多丝正比室的发明和发展</td></tr>
<tr><td rowspan="2">1993</td><td>J. 泰勒</td><td>美国</td><td rowspan="2">发现一对脉冲星,质量为两个太阳的质量,而直径仅 10～30 km,故引力场极强,为引力波的存在提供了间接证据</td></tr>
<tr><td>L. 赫尔斯</td><td>美国</td></tr>
<tr><td rowspan="2">1994</td><td>C. 沙尔</td><td>美国</td><td rowspan="2">发展中子散射技术</td></tr>
<tr><td>B. 布罗克豪斯</td><td>加拿大</td></tr>
<tr><td rowspan="2">1995</td><td>M.L. 珀尔</td><td>美国</td><td rowspan="2">珀尔及其合作者发现了 τ 轻子
雷恩斯与 C. 考温首次成功地观察到电子反中微子,他们在轻子研究方面的先驱性工作为建立轻子-夸克层次上的物质结构图像做出了重大贡献</td></tr>
<tr><td>F. 雷恩斯</td><td>美国</td></tr>
<tr><td rowspan="3">1996</td><td>戴维·李</td><td>美国</td><td rowspan="3">发现氦-3 中的超流动性</td></tr>
<tr><td>奥谢罗夫</td><td>美国</td></tr>
<tr><td>R.C. 里查森</td><td>美国</td></tr>
<tr><td rowspan="3">1997</td><td>朱棣文</td><td>美国</td><td rowspan="3">激光冷却和陷俘原子</td></tr>
<tr><td>K. 塔诺季</td><td>法国</td></tr>
<tr><td>菲利浦斯</td><td>美国</td></tr>
<tr><td rowspan="3">1998</td><td>劳克林</td><td>美国</td><td rowspan="3">分数量子霍尔效应的发现</td></tr>
<tr><td>斯特默</td><td>美国</td></tr>
<tr><td>崔琦</td><td>美国</td></tr>
</table>

续表

年份	获奖者	国籍	获奖成果
1999	H. 霍夫特	荷兰	阐明了物理中电镀弱交互作用的定量结构
	M. 韦尔特曼	荷兰	
2000	阿尔费罗夫	俄罗斯	因其研究具有开拓性，奠定资讯技术的基础，分享今年诺贝尔物理奖
	基尔比	美国	
	克雷默	美国	
2001	克特勒	美国	在"碱性原子稀薄气体的玻色-爱因斯坦凝聚态"以及"凝聚态物质性质早期基础性研究"方面取得成就
	康奈尔	美国	
	维曼	美国	
2002	里卡尔多·贾科尼	美国	在"探测宇宙中微子"方面取得的成就，这一成就导致了中微子天文学的诞生
	雷蒙德·戴维斯	美国	
	小柴昌俊	日本	
2003	阿列克谢·阿布里科索夫	俄、美	在超导体和超流体理论上做出开创性贡献
	维塔利·金茨堡	俄罗斯	
	安东尼·莱格特	英、美	
2004	戴维·格罗斯	美国	发现了强相互作用理论中的"渐近自由"现象
	戴维·波利策		
	弗兰克·维尔切克		
2005	罗伊·格劳伯	美国	对光学相干的量子理论的贡献
	约翰·霍尔	美国	对基于激光的精密光谱学发展做出贡献
	特奥多尔·亨施	德国	
2006	约翰·麦泽尔	美国	发现了黑体结构以及宇宙背景辐射的微波各向异性
	乔治·斯穆特		
2007	阿尔贝·费尔	法国	发现了"巨磁电阻"效应
	彼得·格林贝格尔	德国	
2008	南部阳一郎	美籍日本裔	亚原子物理学中自发对称性破缺机制，有关对称性破缺的起源
	小林诚、益川敏英		
2009	高锟	英籍华裔	在光学通信领域中光的传输的开创性成就
	韦拉德·博伊尔	美国	发明了成像半导体电路——电荷耦合器件 CCD 图像传感器
	乔治·史密斯	美国	
2010	安德烈·海姆	英籍俄罗斯裔	研究二维材料石墨烯的开创性实验
	康斯坦丁·诺沃肖洛夫		
2011	索尔 珀尔马特	美国	通过观测遥远的超新星而发现宇宙正在加速扩张
	亚当·里斯	美国	
	布赖恩·施密特	澳大利亚	

续表

年份	获奖者	国籍	获奖成果
2012	赛尔日·阿罗什	法国	发现测量和操控单个量子系统的突破性实验方法
	大卫·维因兰德因	美国	
2013	弗朗索·瓦恩格勒	比利时	希格斯玻色子(上帝粒子)的理论预言
	彼得·希格斯	英国	
2014	赤崎勇	日本	发明蓝色发光二极管(LED)
	天野浩	日本	
	中村修二	美籍日裔	
2015	梶田隆章	日本	发现中微子振荡方面做出的贡献
	阿瑟·麦克唐纳	加拿大	

附录5　1583—1962年重要物理实验年表

1583年，意大利科学家伽利略做单摆实验，发现单摆周期和振幅无关，创用单摆周期作为时间量度的单位。

1593年，意大利科学家伽利略发明空气温度计。

1600年，英国科学家吉尔伯特做铁磁体来说明地球的磁现象，认识到磁极不能孤立存在，必须成对出现。

1638年，意大利科学家伽利略的《两种新科学》一书出版，书内载有斜面实验的详细描述。伽利略的动力学研究与1609—1618年间德国科学家开普勒根据天文观测总结所得开普勒三定律，同为牛顿力学的基础。

1643年，意大利科学家托里拆利做大气压实验，发明水银气压计。

1646年，法国科学家帕斯卡实验验证大气压的存在。

1654年，德国科学家格里开发明抽气泵，获得真空。

1662年，英国科学家波意耳实验发现波意耳定律。十四年后，法国科学家马里奥特也独立地发现此定律。

1663年，格里开做马德堡半球实验。

1666年，英国科学家牛顿用三棱镜做色散实验。

1669年，巴塞林那斯发现光经过方解石有双折射的现象。

1675年，牛顿做牛顿环实验，这是一种光的干涉现象，但牛顿仍用光的微粒说解释。

1752年，美国科学家富兰克林做风筝实验，引雷电到地面。

1767年，美国科学家普列斯特勒根据富兰克林导体内不存在静电荷的实验，推得静电力的平方反比定律。

1780年，意大利科学家加伐尼发现蛙腿筋肉收缩现象，认为是动物电所致。不过直到1791年他才发表这方面的论文。

1785年，法国科学家库仑用他自己发明的扭秤，从实验得静电力的平方反比定律。在这以前，英国科学家米切尔已有过类似设计，并于1750年提出磁力的平方反比定律。

1787年，法国科学家查理发现了气体膨胀的查理-盖·吕萨克定律。盖·吕萨克的研究发表于1802年。

1792年，伏打研究加伐尼现象，认为是两种金属接触所致。

1798年，英国科学家卡文迪许用扭秤实验测定万有引力常数G。

1798年，美国科学家伦福德发表他的摩擦生热的实验，这些实验事实是反对热质说的重要依据。

1799年，英国科学家戴维做真空中的摩擦实验，以证明热是物体微粒的振动所致。

1800年，英国科学家赫休尔从太阳光谱的辐射热效应发现红外线。

1801年，德国科学家里特尔从太阳光谱的化学作用，发现紫外线。

1801年，英国科学家托马斯·杨用干涉法测光波波长。

1802年，英国科学家沃拉斯顿发现太阳光谱中有暗线。

1808 年，法国科学家马吕斯发现光的偏振现象。

1811 年，英国科学家布儒斯特发现偏振光的布儒斯特定律。

1815 年，德国科学家夫琅和费开始用分光镜研究太阳光语中的暗线。

1819 年，法国科学家杜隆与珀替发现克原子固体比热是一常数，约为 6 卡/度·克原子，称杜隆-珀替定律。

1820 年，丹麦科学家奥斯特发现导线通电产生磁效应。

1820 年，法国科学家毕奥和萨伐尔由实验归纳出电流元的磁场定律。

1820 年，法国科学家安培由实验发现电流之间的相互作用力，1822 年进一步研究电流之间的相互作用，提出安培作用力定律。

1821 年，爱沙尼亚科学家塞贝克发现温差电效应（塞贝克效应）。

1827 年，英国科学家布朗发现悬浮在液体中的细微颗粒作不断地杂乱无章运动，是分子运动论的有力证据。

1830 年，诺比利发明温差电堆。

1831 年，法拉第发现电磁感应现象。

1834 年，法国科学家珀耳帖发现电流可以制冷的珀耳帖效应。

1835 年，美国科学家亨利发现自感，1842 年发现电振荡放电。

1840 年，英国科学家焦耳从电流的热效应发现所产生的热量与电流的平方、电阻及时间成正比，称焦耳-楞茨定律（楞茨也独立地发现了这一定律）。其后，焦耳先后于 1843 年、1845 年、1847 年、1849 年直至 1878 年测量热功当量，历经四十年，共进行四百多次实验。

1842 年，法国科学家勒诺尔从实验测定实际气体的性质，发现与波意耳定律及盖·吕萨克定律有偏离。

1843 年，法拉第从实验证明电荷守恒定律。

1845 年，法拉第发现强磁场使光的偏振面旋转，称法拉第效应。

1849 年，法国科学家斐索首次在地面上测光速。

1851 年，法国科学家傅科做傅科摆实验，证明地球自转。

1852 年，英国科学家焦耳与威廉·汤姆逊发现气体焦耳-汤姆逊效应（气体通过狭窄通道后突然膨胀引起温度变化）。

1858 年，德国科学家普吕克尔在放电管中发现阴极射线。

1859 年，德国科学家基尔霍夫开创光谱分析，其后通过光谱分析发现铯、铷等新元素，他还发现发射光谱和吸收光谱之间的联系，建立了辐射定律。

1866 年，德国科学家昆特做昆特管实验，用以测量气体或固体中的声速。

1869 年，德国科学家希托夫用磁场使阴极射线偏转。

1871 年，英国科学家瓦尔莱发现阴极射线带负电。

1875 年，英国科学家克尔发现在强电场的作用下，某些各向同性的透明介质会变为各向异性，从而使光产生双折射现象，称克尔电光效应。

1876 年，德国科学家哥尔德茨坦开始大量研究阳极射线的实验，导致极坠射线的发现。

1879 年，英国科学家克鲁克斯开始一系列实验，研究阴极射线。

1879 年，奥地利科学家斯忒藩发现黑体辐射经验公式。

1879 年，美国科学家霍尔发现电流通过金属时，在磁场作用下产生横向电动势的霍尔效应。

1880 年，法国科学家居里兄弟发现晶体的压电效应。

1881 年，美国科学家迈克尔逊首次做以太漂移实验，得到零结果。由此产生迈克尔逊干涉仪，灵敏度极高。

1885 年，迈克尔逊与莫雷合作改进斐索流水中光速的测量。

1887 年，迈克尔逊与莫雷再次做以太漂移实验，又得零结果。

1887 年，德国科学家赫兹做电磁波实验，证实了英国科学家麦克斯韦的电磁场理论。同时，赫兹发现光电效应。

1890 年，匈牙利科学家厄沃做实验证明惯性质量与引力质量相等。

1893 年，德国科学家勒纳德研究阴极射线时，在射线管上装一薄铝窗，使阴极射线从管内穿出进入空气，射程约 1 cm，人称勒纳德射线。

1895 年，P. 居里发现居里点和居里定律。

1895 年，德国科学家伦琴发现 X 射线。

1896 年，法国科学家贝克勒尔发现放射性。

1896 年，荷兰科学家塞曼发现磁场使光谱线分裂，后称塞曼效应，并证实了荷兰科学家洛伦兹关于电子论的推测。

1897 年，英国科学家 J.J. 汤姆逊从阴极射线证实电子的存在，测出的荷质比与塞曼效应所得数量级相同，其后 J.J. 汤姆逊进一步从实验确证电子存在的普遍性，并直接测量电子电荷。

1898 年，新西兰裔英国科学家卢瑟福揭示铀辐射组成，他把“软”的成分称为 α 射线，“硬”的成分称为 β 射线。

1898 年，居里夫妇发现放射性元素镭和钋。

1899 年，俄国科学家列别捷夫实验证实光压的存在。

1899 年，德国科学家卢梅尔与鲁本斯等人做空腔辐射实验，精确测得辐射能量分布曲线，为普朗克的量子假说(1900 年)提供了重要实验依据。

1900 年，法国科学家维拉尔德发现 γ 射线。

1901 年，德国科学家考夫曼从镭辐射测量 β 射线在电场和磁场中的偏转，从而发现电子质量随速度变化，实验所得早于爱因斯坦的狭义相对论的理论结果(1905 年)。

1901 年，英国科学家理查森发现灼热金属表面的电子发射规律。后经多年实验和理论研究，又对这一定律作了进一步修正。

1902 年，勒纳德从光电效应实验得到光电效应的基本规律：电子的最大速度与光强无关，为爱因斯坦的光量子假说提供了实验基础。

1908 年，法国科学家佩兰实验证实布朗运动方程，求得阿佛伽德罗常数。

1908 年，荷兰科学家卡梅林·翁内斯首次将氦液化。

1908—1910 年，德国科学家布雪勒等人分别精确测量出电子质量随速度的变化，证实了洛伦兹-爱因斯坦的质量变化公式。

1908 年，德国科学家盖革发明计数管。卢瑟福等人从 α 粒子测定电子电荷值。

1906—1917 年，美国科学家密立根测单个电子电荷值，前后历经十一年，实验做过三次改革。

1909年，英国科学家盖革与马斯登在卢瑟福的指导下，实验发现α粒子碰撞金属箔产生大角度散射，导致1911年卢瑟福提出有核原子模型的理论，这一理论于1913年为盖革和马斯登的实验所证实。

1911年，荷兰科学家卡梅林·翁内斯发现低温下金属的超导现象。

1911年，英国科学家威尔逊发明威尔逊云室，为核物理的研究提供了重要实验手段。

1911年，奥地利科学家海斯发现宇宙射线。

1912年，德国科学家劳厄提出方案，弗里德里希、克尼平进行X射线衍射实验，从而证实了X射线的波动性。

1913年，德国科学家斯塔克发现原子光谱在电场作用下的分裂现象(斯塔克效应)。

1913年，英国科学家布拉格父子研究X射线衍射，用X射线晶体分光仪测定X射线衍射角，并根据布拉格公式算出晶格品格常数。

1914年，英国科学家莫塞莱发现原子序数与元素辐射特征线之间的关系，奠定了X射线光谱学的基础。

1914年，德国科学家弗朗克与赫兹测量汞的激发电位。1915年，丹麦科学家玻尔判定他们测的结果实际上应是第一激发电位，这正是玻尔1913年定态跃迁原子模型理论的极好证据。

1914年，英国科学家查德威克发现β能谱。

1915年，在爱因斯坦的倡议下，荷兰科学家德哈斯首次测量回转磁效应。

1916年，荷兰科学家德拜提出X射线粉末衍射法。

1919年，英国科学家阿斯顿发明质谱仪，为同位素的研究提供重要手段。

1919年，卢瑟福首次实现人工核反应。

1919年，德国科学家巴克豪森发现磁畴。

1922年，德国科学家斯特恩与盖拉赫使银原子束穿过非均匀磁场，观测到分立的磁矩，从而证实空间量子化理论。

1923年，美国科学家康普顿用光子和电子相互碰撞解释X射线散射中波长变长的实验结果，称康普顿效应。

1927年，美国科学家戴维森与革末用低速电子进行电子散射实验，证实了电子衍射。同年，英国科学家G.P.汤姆逊用高速电子获电子衍射花样，他们的工作为法国科学家德布罗意的物质波理论提供了实验证据。

1928年，卡文迪许实验室的印度科学家拉曼等人发现散射光的频率变化，即拉曼效应。

1931年，美国科学家劳伦斯等人建成第一台回旋加速器。

1932年，英国科学家考克拉夫特与爱尔兰科学家瓦尔顿共同发明高电压倍加器，用以加速质子，实现人工核蜕变。

1932年，美国科学家尤里将天然液态氢蒸发浓缩后，发现氢的同位素——氘的存在。

1932年，查德威克发现中子。在这以前，卢瑟福于1920年曾设想原子核中还有一种中性粒子，质量大体与质子相等。据此曾安排实验，但未获成果。1930年，德国科学家玻特等人在α射线轰击铍的实验中，发现过一种穿透力极强的射线，误认为γ射线；1931年，法国科学家约里奥与伊伦·居里让这种穿透力极强的射线通过石蜡，打出高速质子。查德威克接着做了大量实验，并利用威尔逊云室拍照，以无可辩驳的事实说明这一射线即是卢瑟福预言的中子。

1932年,美国科学家安德森从宇宙线中发现正电子,证实狄拉克的预言。

1933年,美国科学家图夫建立第一台静电加速器。

1933年,英国科学家布拉凯特等人从云室照片中发现正负电子对。

1934年,苏联科学家切仑柯夫发现液体在β射线照射下发光的一种现象,称切仑柯夫辐射。

1934年,法国科学家约里奥·居里夫妇发现人工放射性。

1936年,安德森等人发现μ介子。

1938年,德国科学家哈恩与史特拉斯曼发现铀裂变。

1938年,苏联科学家卡皮查用实验证实液氦的超流动性。

1939年,奥地利裔美国科学家拉比等人用分子束磁共振法测核磁矩。

1940年,美国科学家开尔斯特等人用分子建造第一台电子感应加速器。

1946年,美国科学家珀塞尔用共振吸收法测核磁矩,布拉赫用核感应法测核磁矩,两人从不同的角度实现了核磁共振。这种方法可以使核磁矩和磁场的测量精度大大提高。

1947年,德裔美国科学家库什精确测量电子磁矩,发现实验结果与理论预计有微小偏差。

1947年,美国科学家兰姆与雷瑟福用微波方法精确测出氢原子能级的差值,发现英国科学家狄拉克的量子理论仍与实际有不符之处。这一实验为量子电动力学的发展提供了实验依据。

1948年,美国科学家肖克利、巴丁与布拉顿共同发明晶体三极管。

1952年,美国科学家格拉塞发明气泡室,比威尔逊云室更为灵敏。

1954年,美国科学家汤斯等人制成受激辐射的微波放大器——曼塞。

1955年,美国科学家张伯伦与希格里等人发现反质子。1957年,希格里等人又发现反中子。

1956年,华裔美国科学家吴健雄等人实验验证了华裔美国科学家李政道、杨振宁提出的在弱相互作用下宇称不守恒的理论(1956年)。实验方法是将钴-60置于极低温(0.01 K)的环境中测量β蜕变。

1958年,德国科学家穆斯堡尔实现γ射线的无反冲共振吸收(穆斯堡尔效应)。

1960年,美国科学家梅曼制成红宝石激光器,实现了肖洛和汤斯1958年的预言。

1962年,英国科学家约瑟夫森发现约瑟夫森效应。